STÄDTEFORSCHUNG

Veröffentlichungen des Instituts für vergleichende Städtegeschichte in Münster

in Verbindung mit

K. Blaschke, H. Duchhardt, W. Ehbrecht, H. Heineberg, H. Jäger,
R.-E. Mohrmann, F. Opll, H. Schilling, H. K. Schulze und H. Stoob

herausgegeben von

Peter Johanek

Reihe A: Darstellungen

Band 38

JOHAN VAN VALCKENBURGH

DAS WIRKEN DES NIEDERLÄNDISCHEN FESTUNGSBAUMEISTERS IN DEUTSCHLAND 1609–1625

von

Karl-Klaus Weber

1995

BÖHLAU VERLAG KÖLN WEIMAR WIEN

Diese Arbeit wurde mit Mitteln der Stichting Menno van Coehoorn
und des Autors gedruckt.

Die Deutsche Bibliothek - CIP-Einheitsaufnahme

Weber, Karl-Klaus:
Johan van Valckenburgh : Das Wirken des niederländischen Festungsbaumeisters in Deutschland 1609–1625 /
von Karl-Klaus Weber. – Köln ; Weimar ; Wien : Böhlau, 1995
(Städteforschung : Reihe A, Darstellungen ; Bd. 38)
Zugl.: Hamburg, Univ. Diss., 1993
ISBN 3-412-04495-4
NE: Städteforschung / A

Satzherstellung: Mechtilde Boland, Institut für vergleichende Städtegeschichte, Münster
Belichtung: Richarz Publikations-Service GmbH, Sankt Augustin

Printed in Germany
ISBN 3-412-04495-4

INHALT

Würdigung der Person und des Werkes Valckenburghs

VORWORT

Die vorliegende Arbeit wurde im Juni 1993 vom Fachbereich Geschichtswissenschaft der Universität Hamburg als Dissertation angenommen. Danken möchte ich an dieser Stelle vor allem Herrn Prof. Dr. Rainer Postel, der mich auf das Thema aufmerksam machte und damit meinem Wunsch nach einer Arbeit, in die meine Kenntnisse und Erfahrungen als Städtebauer und Architekt einfließen konnten, nachkam. Er begleitete, diskutierte und betreute die Arbeit im Sinne des alten Begriffes des ‚Doktorvaters'. Herr Prof. Kersten Krüger übernahm freundlicherweise die Aufgabe des Zweitgutachters und förderte, wie auch Prof. Dr. Bernhard Sicken, die Arbeit durch kritische Anmerkungen.

Mein Dank gilt auch den vielen Mitarbeiterinnen und Mitarbeitern der zahlreichen Landes- und Stadtarchive, die mir bereitwillig bei der Erschließung der Quellen halfen oder mir Hinweise auf weiterführendes Material gaben. Stellvertretend für alle darf ich Herrn Kortlang vom Allgemeinen Reichsarchiv in 's-Gravenhage und Frau Y. Welings vom Reichsarchiv Nord-Brabant in 's-Hertogenbosch nennen. Herr Oberstleutnant a. D. Klaus Grot hat mir durch seine allgemeinen Kenntnisse über den Festungsbau manchen nützlichen Hinweis gegeben und die Verbindung zur niederländischen Stiftung Menno van Coehoorn hergestellt, der ich ganz besonders für ihre finanzielle Unterstützung bei der Veröffentlichung der Arbeit verbunden bin.

Danken möchte ich dem Wissenschaftlichen Beirat der Werner-Hahlweg-Stiftung, der meine Arbeit im Rahmen der Verleihung des Werner-Hahlweg-Preises 1994 auszeichnete.

Zu Dank verpflichtet bin ich darüberhinaus vom Institut für vergleichende Städtegeschichte an der Westfälischen Wilhelms-Universität Münster Herrn Prof. Dr. Peter Johanek, Frau Dr. Mechthild Siekmann und ihren Mitarbeiterinnen und Mitarbeitern, vor allem Frau Dr. Mechtilde Boland, welche die Herausgabe der Arbeit in der Reihe Städteforschung ermöglichten und förderten.

EINLEITUNG

Die politische Entwicklung im Heiligen Römischen Reich deutscher Nation in der 2. Hälfte des 16. und zu Beginn des 17. Jahrhunderts zwang die Städte, wollten sie ihre erworbenen Rechte und Freiheiten bewahren, ihrer Verteidigungskraft erhöhte Beachtung zu schenken. Das galt nicht nur für die Ausrüstung mit modernen Waffen, sondern insbesondere für den Zustand ihrer Befestigungsanlagen. Dabei genügte es nicht, die im wesentlichen aus dem Mittelalter stammenden Stadtmauern mit ihren Toren und Türmen instandzusetzen und zu verbessern; als Antwort auf den erreichten Stand der Belagerungs- und Geschütztechnik wurde ein vollständiges Umdenken in Bezug auf Bauweise und Landbedarf sowie den Finanzaufwand für die Herstellung dieser Anlagen erforderlich.

Führend in der Festungsbaukunst um die Jahrhundertwende waren die Niederländer, die sich sehr intensiv mit Konstruktion und Anwendung neuer Formen befaßt hatten und in den kriegerischen Auseinandersetzungen mit Spanien vielfache, für die weitere Entwicklung wertvolle Erfahrungen sammeln konnten. So war es folgerichtig, daß viele derjenigen Städte, die durch politische, wirtschaftliche, kulturelle oder konfessionelle Gemeinsamkeiten mit den Generalstaaten verbunden waren, sich deren Spezialisten zu bedienen suchten.

Einer der bedeutendsten dieser Fachleute war der Holländer Johan van Valckenburgh[1]. Die vorliegende Arbeit verfolgt das Ziel, sein Wirken als Ingenieur und Festungsbaumeister in Deutschland von 1609 bis zu seinem Tode 1625 erstmals zusammenfassend und unter Ausschöpfung aller bekannten Quellen darzustellen und bisher in der Forschung unerkannt gebliebene Tätigkeitsfelder und Arbeitsbereiche aufzuzeigen. Die zeitliche Begrenzung ergibt sich aus der Tatsache, daß Valckenburgh ab 1609 als eigenverantwortlicher, nicht mehr unter die Fachaufsicht eines Vorgesetzten gestellter Ingenieur auftrat. Es soll weiter an Hand des zur Verfügung stehenden Materials die Komplexität der Anforderungen verdeutlicht werden, die an Valckenburgh zur Erfüllung seiner Aufgaben gestellt wurden, um daraus das umfangreiche Wissen und Können dieses Mannes abzuleiten und die Wertschätzung, die er bei seinen Auftraggebern genoß, wie die Bedeutung, die er für die einzelnen Städte erlangte, zu erklären.

Valckenburgh war als Praktiker fest mit dem theoretischen Gedankengut der frühniederländischen Festungsbaukunst verbunden. Zum Verständnis seiner Arbeit ist ein kurzer Blick auf die Entwicklung des Befestigungswesens bis zu den Jahren seiner Tätigkeit unumgänglich, wie es auch erforderlich ist, die jeweilige politische und

[1] In den Quellen finden sich die unterschiedlichsten Schreibweisen: Valckenborch, Valkenberg, Falkenberg, Falckenbarch u. a. Es konnten 14 verschiedene Schreibweisen gezählt werden. Valckenburgh hat, soweit erkennbar, stets in der hier gezeigten Form unterschrieben.

wirtschaftliche Situation der einzelnen Städte an der Wende vom 16. zum 17. Jahrhundert anzusprechen. Nur so werden Einfluß und Auswirkungen der Baumaßnahmen des Ingenieurs auf die Städte, aber auch Entscheidungen für oder gegen den Ausbau der Festungsanlagen durch ihre politischen Gremien verständlich. In einem gesonderten Kapitel werden die Städte im Westen des Reiches behandelt, die in dem genannten Zeitraum von den Generalstaaten besetzt waren und in denen der Einsatz Valckenburghs zwangsläufig anderen Kriterien unterlag. Schließlich werden alle jene Städte in einem Kapitel zusammengefaßt, für die Aufenthalte oder Tätigkeiten Valckenburghs zwar nachzuweisen sind, deren Einfluß auf die Entwicklung dieser Städte jedoch unwesentlich waren oder bei denen die überlieferten Quellen für eine intensive Behandlung nicht ausreichen.

Die Anzahl der Quellen, die Valckenburghs privates Leben betreffen, ist sehr gering, und die Quellenlage bei den einzelnen Städten unterscheidet sich in quantitativer und qualitativer Hinsicht derart voneinander, daß an dieser Stelle lediglich eine allgemeine Übersicht gegeben werden kann, während das Nähere in den betreffenden Kapiteln angesprochen wird.

Als wichtigste Quellengruppe für die Städte Lüneburg, Hamburg, Bremen, Lübeck, Rostock und Ulm, aber auch Braunschweig und Stralsund sind die Rats- und Bürgerschaftsprotokolle, die Kämmereibücher sowie die Wall-, Fortifikations- oder ähnlich benannte Sammelakten, in denen Briefe, Briefentwürfe und die aussagefähigen Memorials[2] Valckenburghs liegen, zu nennen. Insbesondere die Kämmereibücher geben – soweit vorhanden[3] – manchen Aufschluß, da sie überwiegend mit buchhalterischer Akribie geführt wurden.

Wichtig zum Verständnis der Valckenburghschen Arbeit ist das beigefügte Planmaterial. Zur Verdeutlichung der Festungsmanieren sind vom Verfasser zwei Konstruktionszeichnungen gefertigt worden; in einem zweiten Komplex werden Verkleinerungen von Originalplänen Valckenburghs aus Rostock und Ulm[4] sowie verschollene, in früheren Jahren jedoch bereits veröffentlichte Pläne gezeigt; in der dritten Gruppe sind Stadtdarstellungen in Form von Vogelschauen, die – soweit Bastionsbefestigungen durchgeführt wurden – das Aussehen der Städte vor und nach der Durchführung zeigen, zusammengefaßt. Die Grundrißpläne der zeitgenössischen Ingenieure weisen einen hohen Realitätsgehalt auf, denn sie hatten nur dann einen Wert, wenn ihnen Vermessungen zugrunde lagen, die wiederum zur Grundlage für die nach komplizierten mathematischen Regeln zu konstruierenden Bastionsbefestigungen wurden. Bezüglich der topographischen Stadtansichten und Vogelschauen muß bei Verwendung für eine Aussage gegenwärtig bleiben, daß sie primär künstlerische Schöpfungen waren, die anderen als den heute üblichen Seh- und Gestaltungsweisen unterlagen[5]. Die Festungsanlagen, Charakteristika der Wehrhaftigkeit, wurden häufig überdimensioniert, die Grundstrukturen der Stadtgrundrisse entsprachen zwar in etwa der Realität, das

---

[2]Valckenburgh bezeichnete seine schriftlichen Ausarbeitungen als Memorial, Advys oder Bericht.

[3]Verschollen sind die Kämmereibücher von Lübeck, Ulm und den westdeutschen Städten.

[4]Um eine Vervielfältigung der Pläne zu ermöglichen, wurden die Kopien vom Verfasser zum Teil leicht bearbeitet, d.h. Linien wurden nachgezogen, Stockflecken entfernt, Lavierungen verstärkt u. ä.

[5]S. zu diesem und den folgenden Problemen: MICHAEL SCHMITT: Das Stadtbild in Druckgraphik und Malerei. Neuss 1477–1900, Köln, Wien 1991; MICHAEL SCHMITT, JOCHEN LUCKHARD: Realität und Abbild in Stadtdarstellungen des 16. bis 19. Jahrhunderts. Untersuchungen am Beispiel Lippstadt, München 1982, (Beiträge zur Volkskultur in Nordwestdeutschland 31), hier S. 5. In beiden Arbeiten weitere Literaturhinweise.

Detail wurde dagegen vernachlässigt. Ähnlich der seinerzeitigen Chronistik und dem humanistischen Städtelob wurden die Heimat- oder Gaststadt sowie die des Auftraggebers in verklärendem Licht dargestellt und ihre Schönheit, ihr Reichtum und ihre Verteidigungsbereitschaft gepriesen. Gegen Ende des 16. Jahrhunderts lassen die Stadtdarstellungen jedoch bereits einen „Wandel von der symbolischen Abbildung des Ideals zur [wahren] Gestalt der Stadt fortschreitend erkennen"[6]. Man scheute sich allerdings nicht, Darstellungen verschiedener Zeitabschnitte ‚zu mischen' oder ältere Zustandsaufnahmen mit jüngerem Datum zu versehen[7]. Die zeitgenössischen Ingenieure wußten um diese Ungenauigkeit, wie aus einem Hinweis Valckenburghs deutlich wird[8]. Solange jedoch kein verläßliches Planmaterial zur Verfügung steht, müssen zur Erforschung städtischer Topographien diese historischen Darstellungen beigezogen werden. Für die vorliegende Arbeit können bei allen Vorbehalten vornehmlich bei Plänen, die erst Jahrzehnte nach Valckenburghs Tod entstanden sind, wichtige Schlüsse über Ausbauart und -umfang der Befestigungsanlagen vor und nach der Einschaltung des Ingenieurs gezogen werden.

Der zumeist geringe Umfang des Quellenmaterials in diesen Städten ist auf verschiedene Ursachen zurückzuführen. In den Ratsarchiven wurden vorrangig diejenigen Schriftstücke aufbewahrt, die zum Nachweis oder zur Wahrung der städtischen Rechte dienten. Die Auffassungen der Ratsobrigkeiten über das Erfordernis, Diskussionsabläufe oder interne Beschlüsse schriftlich zu fixieren, waren unterschiedlich; so umfaßt beispielsweise das Emder Ratsprotokollbuch des Jahres 1617 nur sechs Seiten, von denen dreieinhalb beschrieben sind[9], und in Hamburg wurden in 22 Jahren ab 1603 nur sechzehn Ratssitzungen verzeichnet[10]. In späterer Zeit sind durch Interesselosigkeit und „Nachlässigkeit der früheren Archivverwaltungen", so klagte der Lübecker Historiker Wilhelm Brehmer schon 1898, die Akten und Pläne, die sich auf die Befestigung bezogen, in ihrer Mehrzahl abhanden gekommen[11]. Feuer, Krieg und Auslagerung haben im Laufe der Jahrhunderte, vor allem im 2. Weltkrieg, unersetzbare Verluste verursacht; Rückgeführtes ist verdorben oder derzeit noch nicht zugänglich. Doch bestehen auch Hoffnungen auf Wiedererlangung von Materialien, die das Bild über Valckenburgh noch erweitern könnten[12].

Eine abweichende Situation ergibt sich bei der Gruppe von Städten im Nordwesten und Westen des Reiches, die zu jener Zeit unter der Besatzung oder dem Einfluß der

6 Heinz-Dieter Heimann: Stadtideal und Stadtpatriotismus in der ‚Alten Stadt' am Beispiel der ‚Laudationes Coloniae', in: HJB 111 (1991), S. 3-27, hier S. 8; dazu auch Horst Brunner (Hg.): Literatur in der Stadt. Bedingungen und Beispiele städtischer Literatur des 15. bis 17. Jahrhunderts, Göppingen 1982, (Göppinger Arbeiten zur Germanistik 343), S. 95-114.

7 S. als Beispiel Rostock (Plan 21 und Hinweis S. 77 dieser Arbeit). S. hierzu auch den Hinweis bei Friedrich Bachmann (Hg.): Die alte deutsche Stadt. Ein Bildatlas der Städteansichten bis zum Ende des 30-jährigen-Krieges, Bd. 3, Stuttgart 1949, Einleitung o.S.: Hogenberg hat bei Herausgabe seines 6. Bandes auf eine Reihe von Stichen das Erscheinungsjahr des Bandes, also 1617, gesetzt, obwohl ausdrücklich vermerkt war, daß die Vorlagen 1600 durch Georg Hufnagel übersandt worden waren.

8 S. Valckenburghs Bemerkungen zu seinem Lüneburger Plan (S. 38 dieser Arbeit und Anlage 2).

9 StA Emd, Diarien IV. 4, 1617.

10 StA H, Erbgesessene Bürgerschaft 1603–1630, Bd. 2.

11 W[ilhelm] Brehmer: Beiträge zu einer Baugeschichte Lübecks, 5. Die Befestigungswerke Lübecks, in: ZVLGA 7 (1898), S. 341-498, hier S. 341. Diese Aussage gilt für viele der untersuchten Städte.

12 S. hierzu exemplarisch Antjekatrin Grassmann: Lübeck ohne Vergangenheit? Zu den Lübecker Archivalien in der Deutschen Demokratischen Republik und in der Sowjetunion, in: Der Wagen 1986, S. 83-92.

Generalstaaten standen, wie Emmerich, Rees, Jülich, Rheydt, Leerort und Ravenstein. In den dortigen Archiven und im zuständigen Landeshauptarchiv in Düsseldorf befinden sich keinerlei Unterlagen über die Befestigungsanlagen, da diese auf Veranlassung, zu Lasten und unter Aufsicht der Niederländer ohne Konsultation der Städte entstanden oder ausgebaut wurden. Die Akten in den Reichsarchiven in 's-Gravenhage, Groningen und Nord-Brabant sprechen in Bezug auf das Thema in der Mehrzahl die Grundsatzfragen der Befestigungen an, geben jedoch auch manchen, bisher in der Forschung nicht beachteten Hinweis über Valckenburghs Arbeit. Sein Einsatz erfolgte vorwiegend auf mündliche Anweisungen seines Landesherrn[13], so daß für diesen Arbeitsbereich Schlußfolgerungen aus wenigen Vorgängen, Briefen und Berichten gezogen werden müssen. Eine Zwischenstellung, die auch in der Quellenlage sichtbar wird, hat Emden eingenommen, das sich eine gewisse Selbständigkeit erhalten konnte. In Düren und Dillenburg waren die Städte von der Valckenburghschen Arbeit nicht betroffen, da es sich im ersten Fall um waffentechnische Verstärkung gehandelt zu haben scheint und im zweiten um die Befestigung des Schlosses. In keiner der Städte finden sich Hinweise auf die Anwesenheit des Ingenieurs.

Generell gilt, daß nur die Verknüpfung der einzelnen Fundstücke untereinander und mit den politischen Ereignissen sowie Analogieschlüsse zu Vorgängen sowohl der damaligen Zeit als auch zu heutigen Verhältnissen ein Bild vom Leben und Wirken Valckenburghs ergeben. Bezüglich der Verknüpfung ist zu berücksichtigen, daß in Darstellungen über die Festungsbaugeschichte gemeinhin nur diejenigen Quellen Verwendung finden, welche die behandelte Stadt betreffen. Aussagen über andere Städte werden in diesem Zusammenhang kaum beachtet. Ihr Wert kann jedoch ermessen werden, wenn man bedenkt, daß Valckenburgh als ein äußerst umworbener Fachmann zur Bewältigung seiner Aufgaben ein dementsprechend ruheloses Leben führte, was umfangreiche Korrespondenz und schriftliche Einlassungen über Reisevorhaben, Terminabsprachen, technische Anleitungen, Bautenstände o.ä. auslöste, oder daß allein durch die Adressierung und Datierung Beweise für seinen Aufenthalt zu einer bestimmten Zeit an einem bestimmten Ort gegeben sind. So findet sich der einzige bisher in der deutschen Forschung verwendete Hinweis auf Valckenburghs Einsatz an den Jülicher Befestigungen in Hamburg, Anhaltspunkte über seine Arbeit in Braunschweig sind in Lüneburg, Versäumnisse beim Ausbau der dortigen Verteidigung dagegen in Rostock aktenkundig und dorthin hat er auch über unliebsame Vorgänge aus Ulm und Bremen berichtet.

Doch selbst mit der nicht unbeträchtlichen Zahl neu beigezogener Quellen entsteht ein Bild des Festungsbaumeisters, das aus mehr oder minder bedeutenden Mosaiksteinen besteht, die es zusammenzusetzen und deren Zwischenräume es auszufüllen gilt. Dieses wird möglich und nimmt den eventuell aufkommenden Verdacht des Spekulativen durch die Tatsache, daß Valckenburgh in einem Bereich – dem Bauwesen – tätig war, in welchem die Entscheidungs- und Entstehungsstrukturen einschließlich ihrer Problemstellungen bei Bauplanung und Durchführung zu jeder Zeit und an allen Orten gleich waren und sind[14].

---

[13] In Briefen Valckenburghs und niederländischer Kontrolleure an Moritz von Oranien wird häufig auf ‚mondelighe' Anordnungen des Prinzen Bezug genommen; s. z.B. Brief Valckenburghs vom 23. Juli 1615 aus Emmerich, A.R.A., 1.01.19, 581.

[14] Zum Thema allgemein Martin Warnke: Bau und Überbau. Soziologie der mittelalterlichen Architektur nach den Schriftquellen, Frankfurt/M. 1984, (Suhrkamp-Taschenbücher Wissenschaft 48), S. 36f., 58 u.

Unabhängig von der Frage, ob ein Zweck-, Sakral- oder Repräsentativbau entstehen soll, unabhängig auch von der Art des herrschenden politischen Systems: Jeder Bauvorgang unterlag und unterliegt einem logischen, sich zwangsläufig ergebenden Ablauf, dessen Einzelschritte zwar beliebig unterbrochen, abgebrochen oder verzögert werden können, sie sind jedoch nicht austauschbar. Eine Planung kann nicht ohne Vorgabe eines Programms erfolgen, und kein Unternehmer kann ein Bauwerk beginnen, ohne zu wissen, was er eigentlich bauen soll oder wer ihn bezahlt. Diese Abläufe haben auch für die Zeit Valckenburghs gegolten und sind an seinen Arbeiten nachzuvollziehen. Es gibt eine Vielzahl weiterer, logischer Bezüge: beispielsweise wird kein Rat einer Stadt Zahlungen geleistet haben, wenn nicht entsprechende Arbeiten abgeliefert wurden; aus der Höhe eines Entgeltes, der Anzahl der eingesetzten Mitarbeiter oder der Dauer des Aufenthaltes kann auf den Umfang dieser Arbeit geschlossen werden. Bei gewissenhafter und fachkundiger Auswertung der Quellen sind umfassende Aussagen zu Valckenburghs Person, seinen Fähigkeiten, seiner Arbeitsweise und nicht zuletzt zu der Bedeutung, die er als Ingenieur und Festungsbaumeister für die Städte gehabt hat, möglich. Die überlieferten Zeichnungen und Baubeschreibungen geben darüber hinaus Auskunft über die technischen Vorstellungen Valckenburghs und lassen die vielfältigen Anforderungen, die in damaliger Zeit an den Beruf des Festungsbauingenieurs gestellt wurden, erkennen.

Diese Parallelität ist jedoch bei den Entscheidungsprozessen der politischen Gremien zur Verwirklichung der Valckenburghschen Planungen nicht gegeben, so daß nur aus wenigen Quellen die Diskussionen, Beschlüsse oder Widerstände abzulesen sind, und häufig nur das gegenüber den ersten Vorstellungen abweichende Ergebnis Schlußfolgerungen erlaubt.

In die Untersuchung einbezogen wurden alle Staats- und Stadtarchive der angesprochenen Städte einschließlich der Landeshauptarchive in Niedersachsen, Mecklenburg-Vorpommern, Nordrhein-Westfalen, Sachsen-Anhalt, Hessen und das Bayerische Hauptstaatsarchiv. Erstmals im Zusammenhang mit Forschungen über Valckenburgh wurden die Untersuchungen ausgedehnt auf das Algemene Rijksarchief 's- Gravenhage und die Rijksarchieven Groningen und Nord-Brabant in 's-Hertogenbosch sowie das Koninklijke Huisarchief in Den Haag.

Besonderer Beachtung bei der Auswertung der Schriftstücke jener Zeit bedarf die Datierung. In den Niederlanden galt zu Beginn des 17. Jahrhunderts die neue Zeitrechnung (n.St.), während in den protestantischen Städten nach dem alten Kalender (a.St.) – zehn Tage nachlaufend – gerechnet wurde. Ob Valckenburgh sich bei seinem Briefwechsel stets des an seinem Aufenthaltsort gültigen Datums bediente, ist nicht mit Sicherheit zu sagen. Unklar ist auch die Datumsfrage in den durch die Generalstaaten besetzten Städten. In dieser Arbeit werden die in bzw. auf den Archivalien vermerkten Daten genannt; eine nähere Bestimmung erfolgt nur dort, wo es für das Verständnis der Abläufe geboten erscheint und eindeutig ist.

Die überlieferten Schriftstücke Valckenburghs sind teils in niederländischer, teils in niederdeutscher Sprache geschrieben – oftmals auch in einer Mischung aus beiden – und, den Gepflogenheiten seiner Zeit entsprechend, mit französischen und lateini-

115; Karl-Klaus Weber: Verdingung von Bauleistungen bei öffentlichen Bauten in Griechenland [...], in: Architectura, H.1/1992, S. 1-16, hier S. 2f.

schen Ausdrücken durchsetzt. Übertragungen wurden die ‚Empfehlungen zur Edition frühneuzeitlicher Texte' zugrunde gelegt[15].

Bei der dürftigen Quellenlage verwundert es nicht, daß dem Leben und Werk Valckenburghs bisher keine eingehende wissenschaftliche Darstellung gewidmet worden ist. Den umfassendsten Beitrag zum Leben des Ingenieurs lieferte Jürgen Soenke in einem 1974 erschienenen Aufsatz[16], in welchem allerdings Valckenburghs Arbeit nur summarisch behandelt wird. Kürzere Ausführungen finden sich in den meisten Einzelabhandlungen über die Festungsanlagen derjenigen Städte, in denen Valckenburgh seine bedeutendsten Werke geplant und ausgeführt hat. Als erster hatte der Diplomat Hermann Albert Schuhmacher in einem Vortrag am 12.Februar 1869 über die Bremer Festungsanlagen und den ‚Begründer der Neustadt' Johan van Valckenburgh gesprochen[17], doch ein ihm unterlaufener Lesefehler führte zu mancherlei Verwirrung; er gelangte zu der Feststellung, daß Valckenburgh 1629 – also vier Jahre nach seinem Tode – von Bremen aus einen Brief an den Hamburger Senat gerichtet habe. Dieser Fehler und weitere Irrtümer über Valckenburgh und die Geschichte der Bremer Befestigungen sind über ein Jahrhundert später in dem sehr umfassenden und wissenschaftlich fundierten Aufsatz von Wilhelm Lührs 1973 richtiggestellt worden[18]. Lührs konnte sich auf verschiedene, nach Schuhmacher ermittelte und in Zusammenhang mit Schilderungen über städtische Festungsanlagen genannte Lebensdaten des Ingenieurs stützen. 1909 hatte A.Hulshoff im Auftrag der niederländischen Regierung unter anderem über Valckenburghs Tätigkeit in Rostock berichtet[19], und 1913 wurden von J.Eysten in Verfolg dieser Arbeit einige Dokumente veröffentlicht und Lebensstationen Valckenburghs aufgezeichnet[20]. Friedrich Bachmann, ein Schweriner Pastor und Heimatforscher, zeichnete 1933 auf Grund der bis dahin bekannten Angaben und durch die Auskünfte einiger Archive ergänzt, im Rahmen einer Gesamtdarstellung des Rostocker Festungsbaues das Leben Valckenburghs chronologisch nach[21]. Die ihm angeblich unterlaufenen Fehler werden an gegebener Stelle behandelt.

Die Forschungen über die Festungsanlagen der betreffenden Städte sind – trotz des Mangels an aussagekräftigen Quellen – in den letzten Jahrzehnten intensiviert worden, wobei verständlicherweise den Befestigungen als Bestandteil der Stadtorganismen größere Aufmerksamkeit gewidmet wurde als den Verdiensten Valckenburghs an diesen Werken; auch hier jedoch dürfte die Ursache eher in fehlendem Material als in Interesselosigkeit zu finden sein. Neben den genannten Arbeiten von Wilhelm Lührs für Bremen und Friedrich Bachmann für Rostock sind die 1939 entstandenen Ausarbeitungen von Hugo Rathgens für Lübeck[22] und die 1979 erschienene, leider nicht mit

---

[15]Empfehlungen zur Edition frühneuzeitlicher Texte, in: JHF 1980/81, S. 85-96.

[16]Jürgen Soenke: Johan van Rijswijck und Johan van Valckenburgh, in: Mitteilungen des Mindener Geschichtsvereins, Jg. 46 (1974), S. 9-39.

[17]Hermann Albert Schuhmacher: Johann von Valckenburg, der Begründer der Neustadt, und die Geschichte der bremischen Festungswerke, in: Weser Zeitung vom 14. und 16.2.1869.

[18]Wilhelm Lührs: Die Anfänge der Bremer Neustadt, in: Jahrbuch der Wittheit 17 (1973), S. 7-50.

[19]A. Hulshoff: Verslag van een Onderzoek te Rostock naar Handschriften, Drukwerken en Bescheiden belangrijk voor de Geschiedenis van Nederland, 's-Gravenhage 1909, S. 48-56.

[20]J. Eysten: Adviezen van den Hollandsche Ingenieur Johan van Valckenburg over de Bevestiging van Rostock, in: Bijdragen en Mededelingen van het Historisch Genootschap 34 (1913), S. 272-292.

[21]Friedrich Bachmann: Ein Plan der Belagerung Rostocks von 1631 und die Befestigungen der Stadt seit etwa 1613, in: BGRo 18 (1933), S. 5-78, hier S. 74-78.

[22]Hugo Rathgens u. Friedrich Bruns (Bearb.): Die Bau- und Kunstdenkmäler der Hansestadt Lübeck, Bd. 1, Teil 1: Stadtpläne und -ansichten, Stadtbefestigung, Wasserkünste und Mühlen, Lübeck 1939.

Anmerkungen vorgelegte Veröffentlichung von Klaus Bocklitz für Hamburg[23] hervorzuheben. Beide räumen in ihren Darstellungen dem Wirken Valckenburghs einen gebührenden Platz ein. Der Erwähnung bedürfen jedoch auch einige Arbeiten aus dem vorigen Jahrhundert zu diesem Thema, auf die sich die jüngeren Autoren stützen. Für Lübeck hatte Wilhelm Brehmer schon 1898 die bereits zitierte Arbeit vorgelegt, derer sich, in einigen Punkten berichtigt und ergänzt, Rathgens bediente, und auch Bocklitz fand in der Untersuchung von Cipriano Francisco Gaedechens aus dem Jahre 1880 einen gewissenhaften Vorläufer[24]. Das grundlegende Werk über die Befestigungsanlagen der Stadt Ulm von Emil v.Loeffler, seinerzeit Generalmajor der Pioniere a. D., ist 1881 erschienen[25] und hat bisher keine wesentliche Ergänzung in der Sache erfahren. Wertvolle, bei Loeffler fehlende Angaben zu den Quellen gibt Hans Eugen Specker in seinem Werk über die Stadtgeschichte Ulms[26]. Während für Emden eine zusammenhängende Stadtgeschichte fehlt, können die Lüneburgs, Braunschweigs und Stralsunds insofern keine weitere Auskunft über das Wirken Valckenburghs geben, als nennenswerte Baumaßnahmen zu Lebzeiten Valckenburghs nicht erfolgten.

Wenige Aussagen – und diese sind eher allgemeiner Natur – ergeben die in einzelnen Städten bis in das späte 18. Jahrhundert niedergeschriebenen Chroniken, für die spektakuläre Ereignisse seit jeher von größerem Interesse waren als Befestigungsanlagen oder deren Erbauer. Lediglich in Ulm existiert die Abschrift eines zeitgenössischen, in dem entsprechenden Kapitel zu behandelnden Tagebuches mit interessanten Bemerkungen über die Arbeit Valckenburghs. Es versteht sich von selbst, daß eine große Anzahl von Einzelaufsätzen, die eine Fülle von Detailfragen der jeweiligen Stadtgeschichte behandeln, manche Schlußfolgerungen und Ergänzungen im Zusammenhang mit dem Thema dieser Arbeit erlauben; sie werden in den einzelnen Kapiteln angesprochen.

Die Arbeiten Valckenburghs sind Teil der Aktivitäten, die sich aus den politischen Veränderungen, den Entwicklungen der Militärtechnik und den Wandlungen der Militärstruktur in der zweiten Hälfte des 16. Jahrhunderts in ganz Europa ergaben[27]. Diese Vorgänge nahmen entscheidenden Einfluß auch auf die Gestalt der Städte, ihre Verfassungen, ihre wirtschaftlichen und sozialen Strukturen, und nicht selten verloren sie ihre Funktion als zentrale Handelsstadt, um als Festungsstadt Teil der territorialen Landesverteidigung zu werden[28]. Der Grad der Veränderungen und der Grad der verbleibenden Eigenentscheidung hing ab von der Aufgabe, die eine Stadt im Rahmen des Verteidigungskonzeptes des jeweiligen Landesherrn oder auch einer Besatzungs-

---

[23] Klaus Bocklitz: Hamburgische Festungsanlagen, in: Armin Clasen u. Klaus Bocklitz: Studien zur Topographie Hamburgs, Hamburg 1979, (Beiträge zur Geschichte Hamburgs 14), S. 95-152.

[24] C[ipriano] F[rancisco] Gaedechens: Historische Topographie der Freien und Hansestadt Hamburg und ihrer nächsten Umgebung, 2. unveränd. Aufl., Hamburg 1880.

[25] Emil v. Loeffler: Geschichte der Festung Ulm, Ulm 1881.

[26] Hans Eugen Specker: Ulm – Stadtgeschichte, Ulm 1977, S. 184-190.

[27] S. hierzu Rainer Wohlfeil: Das Heerwesen im Übergang vom Ritter- zum Söldnerheer, in: Barbara Stollberg Rillinger und Johannes Kunisch (Hg.): Staatsverfassung und Heeresverfassung in der europäischen Geschichte der frühen Neuzeit, Berlin 1986, (Historische Forschung 28), S. 108-127, hier S. 109 und S. 117.

[28] Vergl. Kersten Krüger: Militär und Stadt – Ratzeburg 1689–1695: Befestigung, Bombardierung und Wiederaufbau, in: Ders. (Hg.): Europäische Städte im Zeitalter des Barock, Köln, Wien 1988, (Städteforschung A/28), S. 399-436; Ders.: Wandel des Stadtbildes durch Festungsbau – Oldenburg in dänischer Zeit. Rainer Wohlfeil zum 60. Geburtstag, in: Oldenburger Jahrbuch 87 (1987), S. 47-108.

macht erhielt[29], sie wurde jedoch auch beeinflußt durch das Integrationsvermögen einer Stadt, das nicht zuletzt von dem rechnerischen Verhältnis von Einwohnern zu Söldnern abhing.

Neben den einem speziellen Zweck dienenden Neugründungen nahmen diejenigen Städte eine Sonderstellung ein, die sich durch ihre wirtschaftliche Kraft und ihr politisches Selbstbewußtsein die eigenständige Selbstregierung bewahren konnten, Städte also, „mit durchgebildeter innerer Autonomie und weitgehend selbständiger außenpolitischer Handlungsfreiheit“[30]. Zwar waren bei ihnen die Auswirkungen der baulichen Maßnahmen und die daraus entstehenden wirtschaftlichen Folgen vergleichbar, doch häufig verbanden oder planten sie mit dem Festungsneubau eine Erweiterung ihres Stadtareals und lösten damit zumindest für eine gewisse Zeit ihre Wachstumsprobleme. Gewichtiger jedoch war, daß die Entscheidungshoheit über die militärischen Erfordernisse bei den Stadtregierungen verblieb und Eingriffe in ihre Verfassung somit ausgeschlossen waren. Veränderungen der Sozialstrukturen ergaben sich nicht, da Söldnertruppen nur in Notfällen angeworben und sobald als möglich wieder entlassen wurden[31].

Die Forschung über diesen für die Städte bedeutenden Zeitabschnitt, der „nie besonders im Blickfelde der Historiker lag“[32], und speziell über die Zusammenhänge von Festungsbau und Stadtentwicklung, steht erst am Anfang. Je genauer die Rahmenbedingungen untersucht wurden und je umfangreicher sich die Forschungsergebnisse darstellten, desto mehr zeigte sich das Erfordernis, „auch die Städte selbst als mehrdimensionale Handlungseinheiten zu begreifen“[33]. Neben der Binnenstruktur, der Einbindung in übergreifende Zusammenhänge und der Eigenheiten, die sich aus den verschiedenen Stadtlandschaften ergaben, wurden insbesondere die unterschiedlichen Städtetypen zum Ausgangspunkt geschichtswissenschaftlicher Forschungsansätze. Der Architekt und Stadthistoriker Karl Gruber hatte schon 1914 in seiner Dissertation, die, 1937 erweitert und vertieft, noch heute Gültigkeit besitzt, eine Unterscheidung nach Städtetypen getroffen[34]. Er wies insbesondere auf die Zusammenhänge zwischen politischer Ordnung und gebauter Umwelt hin, auf den „Städtebau als steingewordene

---

[29] Als Beispiel mag die Stadt Goch gelten, die zusammen mit Jülich, Emmerich u. a. 1614 von den Niederländern besetzt, jedoch als einzige dieser Städtegruppe nicht befestigt wurde. Noch 1625 diskutierten die Deputierten von Holland und West-Friesland, ob die Stadt befestigt oder neutral gehalten werden sollte, s. R.A.Hb, Res. v. de Staten van Holland en West-Friesland v. 11.7.1625, 0.26.06-705, S. 508f. Für das Barrierekonzept der Niederländer (s. S. 29 und 105 dieser Arbeit) war Goch uninteressant.

[30] Otto Brunner: Souveränitätsproblem und Sozialstruktur in den deutschen Reichsstädten der frühen Neuzeit, in: Ders.: Neue Wege der Verfassungs- und Sozialgeschichte, 2. verm. Aufl., Göttingen 1968, S. 294-334, hier S. 297.

[31] S. hierzu z. B. für Hamburg: Theodor Muhsfeldt: Das hamburgische Militär. Übersicht über seine Organisation und seine Offiziere bis zu seiner Auflösung im Jahre 1811, in: ZHG 14 (1909), S. 37-149; Joachim Ehlers: Die Wehrverfassung der Stadt Hamburg im 17. und 18. Jahrhundert, Boppard a. Rh. 1966, (Wehrwissenschaftliche Forschungen, Abt. Militärgeschichtliche Studien 1). S. für Bremen: Johann Focke: Vom bremischen Stadtmilitär, in: BJB 19 (1900), S. 1-35. S. für Augsburg: Jürgen Kraus: Das Militärwesen der Reichsstadt Augsburg 1548–1806. Vergleichende Untersuchungen über städtische Militäreinrichtungen in Deutschland vom 16.–18. Jahrhundert, Augsburg 1980, (Abhandlungen zur Geschichte der Stadt Augsburg 26).

[32] Volker Press (Hg.): Städtewesen und Merkantilismus, Köln, Wien 1983, (Städteforschung A/14), Einleitung S. 1.

[33] Michael Stolleis (Hg.): Recht, Verfassung und Verwaltung in der frühneuzeitlichen Stadt, Köln, Wien 1991, (Städteforschung A/31), Einleitung S. XI.

[34] Karl Gruber: Die Gestalt der deutschen Stadt – Ihr Wandel aus der geistigen Ordnung der Zeiten, 4. Aufl., München 1983, (1. Aufl. 1952).

Gesellschaftsordnung"[35]. Die Zuordnung der einzelnen städtischen Elemente zueinander, die ihnen zugestandene Wertigkeit im Stadtorganismus sowie die Ordnung, die dem Grundriß gegeben wird, sind Spiegelbild der Gesellschaft. Im Zeitalter des Absolutismus wurde der ‚ordo religio' des Mittelalters abgelöst durch die Ordnung der Macht; Bauen war nicht mehr Gottesdienst, sondern Fürstendienst und die in freiheitlicher Ordnung gewachsene Bürgerstadt mußte der verordneten, geometrischen Regelmäßigkeit mit fürstlicher Zentralität weichen. So fremd dieser Einstieg in die vergleichende Städteforschung in einer Zeit rationaler Betrachtungsweisen anmuten mag, er sollte nicht vernachlässigt werden. Die Idealstadtentwürfe Albrecht Dürers und Daniel Speckles[36] zeigen sehr eindeutig diese geistige Grundhaltung; zu Recht stellt Kersten Krüger fest: „Dürer nahm planerisch die Verbindung von Absolutismus, Militarismus und Merkantilismus [...] vorweg"[37]. Allerdings sollte die in der Forschung immer wieder anzutreffende Verbindung des Begriffes ‚Idealstadt' mit schachbrettartig geplanten Stadtgrundrissen richtiger durch ‚Idealstadt des Absolutismus' ersetzt werden. Jede Zeit hatte und hat ‚ihre' Idealstadt[38]. Im übrigen entspricht im Hinblick auf den Festungsbau der sternförmig konzipierte Entwurf Speckles mit der Minimierung der Verteidigungslinie und den kurzen Straßenverbindungen weit eher der Idealstadt des Absolutismus.

Den Weg, über eine Städtetypologie das Phänomen ‚Stadt' zu erhellen, hat Heinz Stoob mit seinen grundlegenden Aussagen konsequent verfolgt[39], wie auch Edith Ennen durch den Begriff der ‚frühneuzeitlichen Sondertypen' versucht, die verschiedenartigen, kaum miteinander zu vergleichenden Stadtcharaktere in ein Ordnungsschema zu bringen[40]. Für Klaus Gerteis wird diese Typologie „den in der Frühen Neuzeit auftretenden Differenzierungen aber nur begrenzt gerecht"[41]. Eine typologische Beschreibung könne nur mit Hilfe von Variablen zu Ergebnissen führen, die in drei Kategorien zu ordnen seien: traditionelle Elemente rechtlicher und wirtschaftlicher Art, zentralitätsfördernde Komponenten und Sonderfunktionen. Er weist damit auf die in jeder Stadt anzutreffenden Funktionsüberlagerungen hin, deren Wertigkeiten sich im Laufe der Geschichte ändern konnten[42]; die jeweils überwiegenden Merkmale aus den drei Kategorien seien bestimmend für den Typus und die zu erwartende Entwicklung einer Stadt. Es mag offen bleiben, ob eine derart spezifizierte Aufschlüsselung als Ordnungsprinzip brauchbar ist, auftretende Widersprüche können auf diesem Weg nicht beseitigt werden. Es wird deutlich: „Die Forschung ist [...] differenzierter,

---

[35] Diesen Ausspruch Karl Grubers fand ich in meinen Vorlesungsunterlagen aus dem Jahr 1954.

[36] S. hierzu KERSTEN KRÜGER: Albrecht Dürer, Daniel Speckle und die Anfänge frühmoderner Stadtplanung in Deutschland, in: Mitteilungen des Vereins für Geschichte der Stadt Nürnberg 67 (1980), S. 79-97.

[37] Ebenda S. 84.

[38] Vergl. auch HANNO-WALTER KRUFT: Utopie und Idealstadt, in: „Klar und lichtvoll wie eine Regel", Planstädte der Neuzeit vom 16. zum 17. Jahrhundert. Katalog zur Ausstellung des Badischen Landesmuseums in Karlsruhe 1990, Karlsruhe 1990, S. 31-37.

[39] HEINZ STOOB: Über frühneuzeitliche Städtetypen (1965), in: DERS.: Forschungen zum Städtewesen, Bd. 1, Köln, Wien 1970, S. 246-284. DERS.: Frühneuzeitliche Städtetypen, in: Ders. (Hg.): Die Stadt. Gestalt und Wandel bis zum industriellen Zeitalter, 2. überarb. u. verm. Aufl., Köln, Wien 1985, (Städtewesen 1), S. 191-224.

[40] EDITH ENNEN: Die Stadt zwischen Mittelalter und Gegenwart, in: Rheinische Vierteljahrsblätter 30 (1965), S. 118-131, und in: DIES.: Gesammelte Abhandlungen, Bonn 1977, S. 198-209.

[41] KLAUS GERTEIS: Die deutschen Städte in der Frühen Neuzeit, Darmstadt 1986, S. 31.

[42] Gerteis führt eine Anzahl von Beispielen an, so Mannheim im 17. und 18. Jahrhundert als Festungs-, Exulanten-, zugleich Residenz- und Hauptstadt, S. 23f.

aber auch diffuser geworden, weil für jeden generellen Satz wieder Ausnahmen beigebracht werden können"[43]. Stoob warnt in diesem Zusammenhang vor „ärgerlicher Verallgemeinerung [...], die aus regional oder gar punktuell begrenztem Belegmaterial zu grundsätzlicher Definition von Begriffen im nun einmal vielschichtig-komplexen Rahmen des europäischen Städtewesens glaub[t]en gelangen zu können"[44].

Seit im Rahmen der genannten Arbeiten von Heinz Stoob und Edith Ennen die Festungs- und Garnisonsstädte als Sondertypen der frühen Neuzeit hervorgehoben wurden, ist ein steigendes Interesse für dieses Thema zu verzeichnen. Doch wie bei allen die Stadt dieses Zeitraumes betreffenden Fragestellungen fehlt es nicht nur an verläßlichem Grundlagenmaterial[45], sondern in vielen Fällen konnten auch hier bisher keine allseits anerkannten Definitionen gefunden werden[46]; ein Vergleich wird dadurch sehr erschwert. Es erstaunt nicht, daß keine umfassende Untersuchung zum Thema Militär und Stadt vorliegt[47] und wohl auch nicht vorliegen kann. Wie umfangreich und arbeitsintensiv sich eine derartige Analyse gestaltet, zeigt ein Blick auf die weiterentwickelte und mit erstaunlicher Beharrlichkeit zusammengestellte ‚Verbreitungskarte der Städte in Mitteleuropa' von Heinz Stoob, die in farbig und signativ dargestellten Stufen Art und Entstehungszeitraum der Stadtbefestigungen wiedergibt[48]. Vor allem die letzte der Stufen, die den Zeitraum von 1450–1800 umfaßt und dem Stoobschen, statistisch zu verstehenden ‚Städtetal' entspricht[49], fordert in Hinblick auf die Festungsgeschichte geradezu zu einer Vertiefung heraus. Von einer weiteren zeitlichen Eingrenzung, die den Beginn und die Veranlasser des Baues der Bastionärsbefestigungen aufzeigt, sind wertvolle Hinweise auf die politische Stellung der Städte im Territorialgefüge, den Grad ihrer verbliebenen Hoheitsrechte sowie ihre Einbindung und Aufgabe in übergeordnete Verteidigungssysteme zu erwarten; für die fehlende Untersuchung über Festungsbau und Stadterweiterung, deren Beweggründe und Auswirkungen kann Grundlagenmaterial abgeleitet werden; aus geplanten, jedoch unterbliebenen Umgestaltungen der Festungen sind Schlußfolgerungen auf die innerstädtischen Machtstrukturen und das politische Selbstverständnis zu ziehen. Die Aufzählung könnte um einiges erweitert werden.

Die Forschung kann nicht umhin, über Querschnittuntersuchungen und Einzelstudien die Erkenntnisse Schritt für Schritt zu erweitern. R.R.Heinisch hat 1978 in einem Beitrag über die Stadt als Festung versucht, einen allgemeinen Überblick zu vermitteln, in welchem er gleichzeitig vertiefend auf die Stellung und Pflichten der Bürger und

---

[43]STOLLEIS, Recht, Verfassung und Verwaltung, S. X.

[44]HEINZ STOOB: Die Stadtbefestigung, in: KERSTEN KRÜGER (Hg.): Europäische Städte im Zeitalter des Barock, Köln, Wien 1988, (Städteforschung A/28), S. 25-56, hier S. 27. Stoob weist auf die Fragwürdigkeit hin, die Städtebefestigung als Kriterium zur Definition der Stadt heranzuziehen.

[45]Als Beispiel mag der Erkenntnisstand der historischen Demographie gelten. Aussagen zu sozialen Veränderungen in der Stadt durch das Militär sind ohne entsprechendes Basismaterial kaum möglich; s. hierzu ARTHUR E. IMHOF: Demographische Aspekte des frühneuzeitlichen Städtewesens, in: KERSTEN KRÜGER (Hg.): Europäische Städte im Zeitalter des Barock, Köln, Wien 1988, (Städteforschung A/28), S. 57-92.

[46]HEINZ STOOB: Kartographische Möglichkeiten zur Darstellung der Stadtentwicklung, besonders zwischen 1450 und 1800 (1956), in: DERS.: Forschungen zum Städtewesen, Bd. 1, Köln, Wien 1970, S. 15-42, hier S. 15.

[47]KRÜGER, Militär und Stadt, S. 399; STOOB, Frühneuzeitliche Städtetypen, S. 222.

[48]STOOB, Stadtbefestigung – Kartenbeilage. Nachzutragen ist die Bastionsbefestigung von Leerort, heute Stadtteil von Leer/Ostfriesland (s. S. 121 dieser Arbeit).

[49]STOOB, Kartographische Möglichkeiten, S. 20.

die sehr unterschiedlichen Militärverfassungen der Städte einging[50]. Aufschlußreich waren die anschließenden Diskussionsbeiträge, welche die ganze Breite der zu beantwortenden Fragen widerspiegelten, aber auch die verschiedenen Vorgehensweisen der Historiker, die letztlich über ‚ihre' Einzelfälle zu generalisierenden Aussagen glaubten gelangen zu können[51]. Ein wichtiger Ansatz ist im Kolloquium in Saarlouis 1980, das der Geschichte der frühneuzeitlichen Garnisons- und Festungsstadt gewidmet war, zu sehen. Edith Ennen unterstrich dort noch einmal, daß diese Städtegruppe als eigener Stadttyp zu betrachten ist[52]. Einen umfassenden Überblick über die Kriegsbaukunst des 16.–19.Jahrhunderts gibt Hartwig Neumann in dem Wolfenbütteler Ausstellungskatalog „Architekt und Ingenieur" von 1984[53], in dem die Entwicklung des Festungsbaues und die unterschiedlichen Festungsmanieren ebenso behandelt werden wie das Artillerie-, Zeughaus- und Meßwesen. Aufschlußreich ist auch die Zusammenstellung der Literatur zur Architectura Militaris mit Kurzbiographien und Würdigung der Arbeiten, die den Bogen von Dürer bis Vauban spannt. Ähnlich in der Aussage zu Militär und Stadt ist der Katalog der Karlsruher Ausstellung von 1990, der, als Aufsatzband konzipiert, eine Vielzahl von Einzelbeiträgen zur Theorie und Geschichte der geplanten Stadt bringt. Beide Kataloge weisen umfangreiche, den einzelnen Kapiteln zugeordnete Literaturhinweise auf[54]. Erwähnt werden muß noch einmal Heinz Stoobs schon angesprochener Beitrag ‚Die Stadtbefestigung' von 1984, der die Vorstellung des Entwurfes der Verbreitungskarte zum Anlaß nimmt, nicht nur eine Gesamtschau über das Werden der Stadtbefestigungen von der Zeit vor 1190 bis 1800 zu geben, sondern auch die Folgen für die Städte in den europäischen Stadtlandschaften und für die verschiedenen Städtetypen anspricht. Darüberhinaus findet sich mancher Hinweis auf Grundsatzpositionen der Städteforschung[55].

Als aussagekräftig erweisen sich die Arbeiten zu Einzelfällen, sei es aus thematischer oder geographischer Sicht. Für viele Städte liegen Untersuchungen zur Militär- und Wehrverfassung[56] und anderen relevanten Fragestellungen vor. Als Beispiele mögen die genannten Arbeiten Krügers über Oldenburg und Ratzeburg, Sickens über

---

50 Reinhard Rudolf Heinisch: Die Stadt als Festung im 17. Jahrhundert, in: Wilhelm Rausch (Hg.): Die Städte Mitteleuropas im 17. und 18. Jahrhundert, Linz 1981, (Beiträge zur Geschichte der Städte Mitteleuropas 5), S. 283-310, hier S. 291ff.

51 Ebenda, S. 374-380.

52 Beiträge zur Geschichte der frühneuzeitlichen Garnisons- und Festungsstadt. Referate eines Kolloquiums in Saarlouis 1980, zus. gest. von Hans-Walter Hermann und Franz Irsigler, Saarbrücken 1983. Der Beitrag Ennens: Die Festungsstadt als Forschungsgegenstand – die Herausbildung der Festungs- und Garnisonsstadt als Stadttyp, S. 19-40.

53 Architekt & Ingenieur. Baumeister in Krieg & Frieden. Ausstellung der Herzog-August-Bibliothek Wolfenbüttel, Bearb. Ulrich Schütte u. a., Wolfenbüttel 1984 (Ausstellungskatalog der HAB 42).

54 „Klar und lichtvoll wie eine Regel", Planstädte der Neuzeit vom 16. bis zum 17. Jahrhundert. Katalog zur Ausstellung des Badischen Landesmuseums in Karlsruhe 1990, Karlsruhe 1990.

55 Allgemeine Überblicke, zum Teil auf regionaler Basis, bieten: Henning Eichberg: Militär und Technik. Schwedenfestungen des 17. Jahrhunderts in den Herzogtümern Bremen und Verden, phil. Diss. Düsseldorf 1976; Gerhard Eimer: Die Stadtplanungen im schwedischen Ostseebereich 1600–1715, Stockholm 1961; Paul Menne: Die Festungen des norddeutschen Raumes, Oldenburg 1942, (Schriften der wirtschaftswissenschaftlichen Gesellschaft zum Studium Niedersachsens e.V., Neue Folge 18); Hartwig Neumann: Festungsbaukunst und Festungsbautechnik. Deutsche Wehrbauarchitektur vom XV. bis XX. Jahrhundert, Koblenz 1988; Rudolf Schott: Die Stellung des Wehrbaues in der Baukunst des 16. bis 18. Jahrhunderts, Ing. Diss. Karlsruhe 1941, (masch.); J. Snep u. a.: Vesting. Vier eeuwen vestingbouw in Nederland, Den Haag 1982.

56 S. als Beispiel Anm. 31.

Würzburg[57], Spohrs über Düsseldorf[58] und Aders' über Bonn[59] gelten, um nur einige zu nennen[60].

Die Valckenburghschen Arbeiten berühren, wie zu zeigen ist, die Vielfalt der Forschungsthematik ‚Militär und Stadt' im Zeitraum des Überganges von der bürgerlichen zur absolutistischen Stadt. Seine Auftraggeber waren gleichermaßen Städte, die am Beginn einer neuen Blütezeit standen, wie auch Städte, deren wirtschaftliche Entwicklung stagnierte oder abnahm und deren politische Unabhängigkeit verloren zu gehen drohte; tätig war er auch im Westen des Reiches als Beauftragter der Niederländer in Städten, denen wegen ihrer Besetzung keinerlei Mitspracherechte bei Fragen der Verteidigung zugestanden wurden. Seine Planungen umfaßten die ganze Breite der Möglichkeiten von einfachen Befestigungsverbesserungen bis hin zu modernsten, Stadterweiterungen einbeziehenden Vorschlägen. Er erlebte die Auseinandersetzungen zwischen Räten und Bürgerschaften über Art, Umfang und Erfordernis seiner Arbeiten. Viele seiner Planungen wurden verwirklicht, andere kamen über das Stadium der Diskussion nicht hinaus. Eine Fülle weiterer Detailpunkte ist aus den Quellen zu erschließen, so daß aus der in erster Linie dem Festungsbaumeister Valckenburgh geltenden Arbeit wichtige Erkenntnisse über die Bedeutung des frühneuzeitlichen Festungsbaus für die Städte gewonnen werden können.

---

[57] Bernhard Sicken: Residenz und Fortifikation. Politische, soziale und wirtschaftliche Probleme der barocken Neubefestigung Würzburgs, in: Beiträge zur frühneuzeitlichen Festungsstadt, S. 124-147.

[58] Edmund Spohr: Düsseldorf – Stadt und Festung. Die städtebauliche Entwicklung, 2. verb. u. erw. Aufl., Düsseldorf 1979.

[59] Gebhard Aders: Bonn als Festung. Ein Beitrag zur Topographie der Stadt und zur Geschichte ihrer Belagerung, Bonn 1973, (Veröffentlichungen des Stadtarchivs Bonn 12).

[60] Umfangreiche Literatur findet sich bei Hermann Werner: Das bastionäre Befestigungssystem und seine Einwirkungen auf den Grundriß deutscher Städte, Nat. Diss. Würzburg 1935, S. VII-XIV, [vor 1935]; Neumann, Festungsbaukunst, S. 387-438, [1945–1987]; Johannes Habich (Hg.): Stadtkernatlas Schleswig-Holstein, Neumünster 1976, S. 196-199, [nur Schleswig-Holstein]; in den genannten Katalogen; Gerteis, Deutsche Städte, S. 183-211, und umfassend in: Bibliographie zur deutschen historischen Städteforschung, bearb. von B. Schröder u. H. Stoob. In Verb. m. W. Ehbrecht u. B. Schröder hg. v. H. Stoob, Teil 1, Köln, Wien 1986, (Städteforschung B 1/I).

JOHAN VAN VALCKENBURGH UND SEINE ZEIT

I. Die politische Entwicklung in Deutschland nach dem Augsburger Religionsfrieden und ihre Auswirkung auf die Städte

Der Augsburger Religionsfrieden von 1555 hatte Deutschland nicht die erhoffte politische Ruhe gebracht. Die Ausklammerung der Kalvinisten aus der neuen Ordnung, der von den Protestanten nie anerkannte ‚Geistliche Vorbehalt' und die Absicherung der bestehenden Bikonfessionalität der Reichsstädte wurden in den folgenden Jahrzehnten Ausgangspunkt bitterer Auseinandersetzungen. Sicherung und Ausdehnung der Konfessionen waren für das politische Leben in Deutschland die beherrschende Antriebskraft und das geistige Leitmotiv geworden, wobei die Fixierung der Glaubensregeln zu starren, Alleingültigkeit beanspruchenden Lehren bei allen Konfessionen gleichermaßen zu Intoleranz und wachsender Militanz führte[1].

Durch die in Augsburg festgeschriebene Bekenntnishoheit der Landesherren entwickelte sich ein Staatskirchentum, welches – wie stark auch religiöse Überzeugungen Triebfeder gewesen sein mögen – die konfessionellen Fragen unter politisch-taktischen Überlegungen, bis hin zum politisch motivierten Glaubenswechsel, in ihre Entscheidungen mit einbezog[2]. Gleichzeitig waren im Reichsabschied von 1555 wichtige Bestimmungen über die Landfriedenswahrung und die Reichskreise beschlossen worden, welche die partikularen Kräfte stärkten. Erhaltung und Ausbau dieser neu erworbenen Unabhängigkeit wurden vorrangiges Ziel landesherrlicher Politik. Das Kaisertum konnte das Auseinanderfallen der Reichsteile nicht verhindern.

Die gegensätzlichen Auffassungen über Inhalt und Auslegung der Augsburger Vereinbarungen wurden erstmals durch den Kölner Krieg in vollem Umfang deutlich[3]. Der Streit um das Bistum Straßburg, die Vorgänge anläßlich des Magdeburger Sessionsstreites[4] und der Ablauf des sogenannten Vierklösterstreites[5] ließen die Reichsjustiz endgültig zusammenbrechen und wenig später auch den Reichstag beschluß- und handlungsunfähig werden. Der Konflikt um die Reichsstadt Donauwörth 1607 wurde mit der Verhängung der Reichsacht, der Exekution durch Maximilian I. von Bayern

[1] S. hierzu ERNST WALTER ZEEDEN: Das Zeitalter der Glaubenskämpfe, in: GEBHARDT, Handbuch der deutschen Geschichte, Bd. 2, 9. neu bearb. Aufl., Stuttgart 1970, S. 119-157.

[2] ERNST WALTER ZEEDEN (Hg.): Gegenreformation, Darmstadt 1973, S. 5.

[3] S. hierzu GÜNTHER V. LOJEWSKI: Bayerns Weg nach Köln – Geschichte der bayerischen Bistumspolitik in der zweiten Hälfte des 16. Jahrhunderts, Bonn 1962.

[4] HEINRICH LUTZ: Reformation und Gegenreformation, 2.Aufl., München, Wien 1982 (Oldenbourg, Grundriß der Geschichte, Bd. 10), S. 77.

[5] S. hierzu MORIZ RITTER: Deutsche Geschichte im Zeitalter der Gegenreformation und des Dreißigjährigen Krieges (1555–1648), Bd. 2, Stuttgart 1895, S. 160ff.

und der Pfandbesitznahme der Stadt durch den Exekutor gewaltsam beendet[6]. Eine der Folgen war die Gründung konfessioneller Schutzbündnisse. Im Mai 1608 wurde die protestantische ‚Union'[7] und im Sommer 1609 die katholische ‚Liga'[8] gegründet. Der folgende Jülich-klevische Erbfolgestreit 1609/14 zeigte schließlich die Entwicklung an, welche die innerdeutschen Auseinandersetzungen nehmen sollten: konfessionelle Parteien im Kampf um territoriale Macht und zunehmende Einwirkung ausländischer Staaten auf die Vorgänge in Deutschland, wobei in entscheidenden Situationen politisches Kalkül schwerer wog als religiöse Überzeugung.

Das Zeitalter der Glaubenskämpfe war für die städtische Freiheit der Reichsstädte und der bedeutenden Territorialstädte äußerst schwierig. Die verbriefte Unabhängigkeit der ersten Gruppe bot, wie der Fall Donauwörth, aber auch die Preisgabe von Metz, Toul und Verdun durch das Reich[9] und andere Vorgänge gezeigt hatten, keinerlei Schutz. Die Territorialstädte, welche ihre Rechte aus eigener Kraft, durch wirtschaftliche Macht und politisches Geschick ihren Landesherren abgetrotzt hatten und oftmals durch ihre Zwischenstellung einen größeren Handlungsfreiraum als die Reichsstädte besaßen, verloren in dieser Zeit zum Teil in entscheidendem Maße ihre wirtschaftliche Bedeutung und damit die Grundlage ihrer Stärke[10].

Die zum Protestantismus übergetretenen Fürsten hatten durch die Säkularisierung von katholischem Kirchenbesitz ihre Finanzlage nicht nur verbessern können, sondern besaßen nun auch die Mittel, eine eigene moderne Verwaltung aufzubauen und ihre militärischen Machtinstrumente zu erweitern. Auftretende Spannungen zwischen Stadtregierungen und Gemeinden gaben dem Landesherrn – häufig von einer der Parteien gerufen – die Gelegenheit, als Vermittler, Schutzherr oder Herrscher aufzutreten, Rechte der Städte zu beschneiden und Privilegien allmählich abzubauen. Unterstützend trat die neue Lehre Luthers hinzu, welche die Stellung des Fürsten als von Gott eingesetzter Obrigkeit und als Erhalter und Förderer des allgemeinen Wohls festigte.

Die Reformation hatte eine besondere Anziehungskraft für die Städte. Von den 65 freien und Reichsstädten zu Beginn der Bewegung haben sich 51 im Laufe ihrer Geschichte der Reformation angeschlossen, wenn auch einige nur vorübergehend[11]. Alle Städte, für die Johan van Valckenburgh Anfang des 17. Jahrhunderts tätig werden sollte, hatten den neuen Glauben in der einen oder anderen Ausprägung übernommen und bewahrt.

---

[6] Dieter Albrecht: Das konfessionelle Zeitalter, 2. Teil: Die Herzöge Wilhelm V. und Maximilian I., in: Max Spindler (Hg.): Handbuch der bayerischen Geschichte, Bd. 2, München 1969, S. 351-410.

[7] S. hierzu Moriz Ritter: Geschichte der deutschen Union – von der Vorbereitung bis zum Tode Kaiser Rudolph II. (1598–1612), Bd. 1 u.2, Schaffhausen 1873. Zur weiteren Geschichte der Union s. Julius Otto Opel: Der niedersächsisch-dänische Krieg, Bd. 1, Halle 1872, und Hermann Maurer: Die Reichsstadt Ulm und die letzten Tage der Union 1620/21, phil. Diss. Tübingen 1925, (masch.).

[8] S. hierzu Franziska Neuer-Landfried: Die katholische Liga. Gründung, Neugründung und Organisation eines Sonderbundes 1608–1620, Kallmünz/Opf. 1968, (Münchener Hist. Studien: Abt. Bayer. Geschichte, Bd. 9).

[9] Lutz, S. 71.

[10] Friedrich Wilhelm Henning: Das vorindustrielle Deutschland 800–1800, in: Ders.: Wirtschafts- und Sozialgeschichte, Bd. 1, 4. überarb. Aufl., Paderborn, München, Wien, Zürich 1985, (UTB Taschenbuch 398), S. 232.

[11] Gerteis, Deutsche Städte, S. 15. Diese Zahl ist nicht identisch mit der Zahl der in den Reichsmatrikeln von 1521 verzeichneten Städte, s. auch Bernd Moeller: Reichsstadt und Reformation, Gütersloh 1962, (SVRG 180), S. 9.

Wie diese skizzenhaften Ausführungen zeigen, sahen sich die Städte also etwa seit der zweiten Hälfte des 16. Jahrhunderts mit den verschiedensten Bedrohungen konfrontiert. Keine Stadt konnte vor Übergriffen der konfessionellen Gegenpartei sicher sein. Die Möglichkeit des Eingreifens ausländischer Staaten in die innerdeutschen Angelegenheiten war ständig gegeben – nur zu gern wurde politische Schwäche des Nachbarn unter konfessionellem Deckmantel zur Erweiterung des eigenen Machtbereiches genutzt. Selbst gegenüber befreundeten Truppenverbänden war bereitwilliges Öffnen der Stadt oftmals verhängnisvoll. Die Territorialstädte schließlich waren zudem immer stärker dem Druck ihrer Landesherren ausgesetzt, die mit allen Mitteln versuchten, diese wieder in den Territorialverband einzugliedern.

Wollten die Städte ihre Freiheit bewahren, mußten sie dieses aus eigener Stärke bewirken. Voraussetzung hierfür waren die Modernisierung und der Ausbau ihrer Verteidigungskraft und der Zusammenschluß gleichermaßen Betroffener zu möglichst starken politisch-militärischen Bündnissen, deren Mitglieder bereit und in der Lage waren, sich wirkungsvoll am Kampf gegen fürstliche Gewalt zu beteiligen. Schließlich waren auch Verbindungen mit mächtigen Schutzherren, die den Städten gewogen oder aus politischen Überlegungen deren Selbständigkeit zu erhalten bestrebt waren, ein möglicher Weg. Wie eng jedoch ein politisches Hilfsnetz auch geknüpft sein mochte, bei ausbrechenden Kampfhandlungen mußten die Städte dem ersten Schlag eines Feindes aus eigener Kraft standhalten können. Die Frage, ob die Festungen dem Ziel der Bewahrung städtischer Freiheiten dienten, oder ob insbesondere bei den Territorialstädten mit nachlassender Bedeutung auch der Wehrwille und damit die Einsicht in die Notwendigkeit des Festungsbaues schwand, wird zwar unterschiedlich diskutiert[12], es wäre jedoch falsch, verallgemeinernd das Anwachsen des landesherrlichen Anspruches mit dem Verfall politischen Bewußtseins des Städtebürgertums gleichzusetzen[13].

Anders stellte sich die Lage für diejenigen, meist unbedeutenderen Städte dar, die aus politisch-strategischen Gründen von fremden Mächten besetzt und zu militärischen Stützpunkten ausgebaut wurden. Der Festungsbau diente in diesen Fällen nicht mehr vornehmlich dem Schutz der Bürger. Die Städte verloren unter Umständen ihre historisch gewachsene Funktion und verkümmerten unter dem Druck der Besatzung. Der Verlust politischer Unabhängigkeit bedeutete jedoch nicht notwendig wirtschaftlichen Abstieg. Nicht selten führten die von den Fremdstaaten getätigten Investitionen und die Änderung der Funktionen zu einer, wenn auch nur vorübergehenden Blütezeit.

Wie unterschiedlich die Motivation für den Ausbau der Befestigungsanlagen bei den einzelnen Städtegruppen auch sein mochte, die militärtechnischen Anforderungen zur optimalen Erfüllung ihrer Aufgabe waren die gleichen. Es erscheint daher sinnvoll, zunächst einige allgemeine Erläuterungen zu dieser Aufgabe und ihrem Entwicklungsstand für den Zeitraum, in welchem Valckenburgh tätig war, zu geben.

---

[12] S. die unterschiedlichen Auffassungen zwischen Edith Ennen: Mitteleuropäische Städte im 17. und 18. Jahrhundert, in: Die Städte Mitteleuropas im 17. und 18. Jahrhundert, Linz/Donau 1981, (Beiträge zur Geschichte der Städte Mitteleuropas 5), S. 1-20, hier S. 15, und Stoob, Stadtbefestigung, S. 47 u. 54.

[13] S. hierzu Heinz Schilling: Stadt und frühmoderner Territorialstaat: Stadtrepublikanismus versus Fürstensouveränität, in: Michael Stolleis (Hg.): Recht, Verfassung und Verwaltung in der frühneuzeitlichen Stadt, Köln, Wien 1991, (Städteforschung A/31), S. 19-40, hier S. 34ff.

II. Aufgabe und Entwicklung des Festungsbaues an der Wende vom 16. zum 17. Jahrhundert

1. Aufgabe des Festungsbaues

Seit Menschen sich in Gemeinschaften zusammenfanden, versuchten sie, Leben und Besitz vor feindlichen Übergriffen zu schützen, indem sie ihre Wohnstätten mit Hindernissen umgaben[14]. Aufgabe dieser Hindernisse oder Befestigungen war und ist es, Verteidigung zur Behauptung eines Ortsbesitzes mit möglichst geringen Kräften zu ermöglichen oder – spezieller auf das Militärische des Vorganges ausgerichtet – „die Abwehrkraft der Waffen durch Ausnutzung natürlicher Vorteile des Geländes und durch seine künstliche Verstärkung zu steigern“[15]. Diese und ähnliche in den Lehrbüchern zum Festungsbau zu findende Definitionen weisen auf zwei Aufgabenschwerpunkte hin: Verteidigung einer Örtlichkeit und Stärkung und Ergänzung der Selbstverteidigungskräfte. Unter dem Gesichtspunkt der Verteidigung hat diejenige Befestigung ihren Zweck am besten erfüllt, bei der das Maß ihrer Selbstverteidigungsfähigkeit bis zur Uneinnehmbarkeit verbessert werden konnte.

Hauptmerkmale jeder Befestigung sind die Bindung an den Ort, passiver Schutz und aktive Abwehr[16]. In der Regel wird eine Verteidigung durch einen Angriff ausgelöst; demzufolge muß das Verfahren, welches bei der Verteidigung angewandt wird, dem des Angriffes entsprechen. Die Entwicklung der Festungsbau- und Verteidigungskunst vollzog sich also in enger und wechselseitiger Abhängigkeit zur Entwicklung der Angriffsverfahren mit ihren technischen Neuerungen, wobei häufig letztere durch ihren zeitlichen Vorsprung zur Überlegenheit gegenüber den Verteidigungsvorkehrungen führten. Aufgabe der Festungsbaumeister aller Zeiten war es zu versuchen, die Vorteile, die der feste Standort mit seinen Schutzmaßnahmen bot, aufzuspüren, durch geeignete Maßnahmen systematisch auszubauen und derart zu unterstützen, daß die Nachteile aufgehoben und eine Überlegenheit der Verteidigungsverfahren erreicht wurden.

Von den verschiedenen Aufgaben, welche die Kriegführung den Befestigungen zuwies[17], werden in dem zeitlichen und geographischen Rahmen dieser Untersuchung im wesentlichen die der Selbstverteidigung der Städte, sowie für den Westen des Reiches auch die Sicherung von Durchzugsgebieten, die Unterstützung der Feldarmee und die aus politischer Zweckmäßigkeit wünschenswerte Militärpräsenz als Aufgabe anzusprechen sein.

2. Weiterentwicklung des Festungsbaues

Die Phase einer verstärkten Weiterentwicklung des Festungsbaues setzte mit der zunehmenden Wirkungskraft der Artillerie, die neben der technischen Verfeinerung auf

[14] JOHANNES SCHROETER: Technik des Befestigungswesens, in: M. SCHWARTE (Red.): Technik des Kriegswesens, Bd. 4, Berlin, Leipzig 1913, S. 472-568, hier S. 475.

[15] HERMANN FRANKE (Hg.): Handbuch der neuzeitlichen Wehrwissenschaft, Bd. 1, Berlin, Leipzig 1936, S. 74.

[16] S. hierzu SCHROETER, S. 478ff.

[17] S. hierzu SCHROETER, S. 477.

geschulter Bedienungsmannschaft beruhte, im 15. Jahrhundert ein[18], und auch die veränderte, in taktischen Verbänden zusammengefaßte Organisation des Fußvolkes, welche schon in den Schweizer- und Hussitenkriegen ihre Schlagkraft bewiesen hatte, erforderte eine Antwort[19]. War im Mittelalter durch den frontal ausgetragenen Kampf das Verhältnis von Angriffs- und Verteidigungstechnik noch ausgeglichen[20], konnte nunmehr die Überlegenheit des Angreifers nur durch Veränderungen im Einsatz der Abwehrwaffen und der daraus resultierenden baulichen Vorkehrungen im Festungsbau ausgeglichen werden. Damit war der Übergang von der schon in der Antike entwickelten und im Mittelalter übernommenen Mauer-Turm-Befestigung oder auch der zum Teil anzutreffenden Erdwall- und Palisadenanlagen, die sich als Polygonring um die Städte legte, zum bastionierten Festungssystem erfolgt.

Kernpunkte dieses Systems waren zum einen das Bestreben, den Festungsgürtel derart zu konzipieren, daß im Vorfeld keine Räume verblieben, die nicht durch Artillerie- oder Musketenfeuer gedeckt, d. h. bestrichen werden konnten, und zum anderen das Bemühen, die Festungswerke selbst gegen das weitreichende Geschützfeuer des Feindes unempfindlich zu machen und den Verteidigern eine optimale Deckungsmöglichkeit zu gewährleisten. Erreicht wurde dies durch das Anlegen von vor die Mauer springenden, mauerhohen Bauwerken, die, mit Geschützen ausgestattet, eine Flankenbestreichung ermöglichten, durch Verstärkung der Mauerkonstruktionen, durch vorgelegte Deckungswälle, Abtragung von Türmen und überhöhten Mauern sowie Aktivierung des Grabens zum Schutz der unteren Mauerbereiche[21].

Auf diesen Grundgedanken beruhte Dürers Befestigungsweise mit Rondellen[22] (Plan 1, Abb. 1), die jedoch noch unter mangelhafter Seitenbestreichung litt. Die Beseitigung der ‚toten Räume' erfolgte durch Ausfüllung der Rundungen der Rondelle, so daß eckige Bastionen entstanden (Plan 1, Abb. 2). Diese Bastionen, auch Bollwerke, Wehre, Streichwehre, Boulevards oder Propugnacula genannt, standen nun für annähernd 250 Jahre im Mittelpunkt aller Befestigungsfragen, und sie haben im Laufe der Zeit in ihren konstruktiven Einzelheiten, ihren Materialien und ihrer Gesamtkonzeption unzählige Modifizierungen erfahren, die im wesentlichen Ergebnis der „Beschaffenheit ihres Landes, ihres besonderen Charakters und der ihnen zur Ausführung zu Gebote stehenden Mittel" gewesen sind[23]. Die Wichtigsten sind häufig und eingehend beschrieben worden[24] und können im Rahmen dieser Arbeit nur andeutungsweise und bis zu dem hier interessierenden ersten Viertel des 17. Jahrhunderts angesprochen werden.

Der Grundaufbau des bastionären Systems bestand aus vier um den zu schützenden Ort gelegten Ringen: 1. der inneren bastionären Grundumwallung aus Bollwerken und Kurtinen, 2. dem nassen oder trockenen Graben, 3. dem Gürtel der Außenwerke aus

---

[18] Max Jähns: Geschichte der Kriegswissenschaft vornehmlich in Deutschland, Bd. 1, München, Leipzig 1889 (Nachdruck New York, Hildesheim 1966), hier Bd. 1, S. 774. Dazu im Einzelnen: Johan Gottfried Hoyer: Geschichte der Kriegskunst, Bd. 2.1 und 2, Göttingen 1799; W. Gohlke: Geschichte der gesamten Feuerwaffen, Krefeld 1977, (Nachdruck von 1912).

[19] Menne, S. 16.

[20] Werner, S. 2.

[21] S. hierzu Schroeter, S. 507; Werner, S. 2ff.; Menne, S. 16f.

[22] Albrecht Dürer: Etliche underricht zu befestigung der Stett, Schloß und Flecken, Nürnberg 1527.

[23] M. v. Prittwitz und Gaffron: Lehrbuch der Befestigungskunst, Berlin 1865, S. 214.

[24] Schroeter, S. 507; Werner, S. 10ff.; Menne, S. 20f.

Ravelins, Hornwerken oder Ähnlichem und 4. dem gedeckten Gang mit dem Glacis[25]. (Zur Bezeichnung der einzelnen Bauelemente s. Plan 1, Abb. 3-8 und S. 196ff.).

Die altitalienische Manier, auch als spanische Befestigungsmanier bezeichnet, beruhte auf der mittelalterlichen polygonalen Mauerbefestigung, bei der sehr kleine, durch lange Kurtinen verbundene Bastionen an den Polygonalecken angeordnet waren. Sie erhielten einen herzförmigen Grundriß mit zurückgezogenen Doppelflanken, die zur Grabenbestreichung kasemattiert wurden. Durch die ohrenartig übergreifenden Flügel der Bastionen, die Orillons, wurde eine gute Deckung für die dort postierten Geschütze erreicht (Plan 1, Abb.3).

Die neuitalienische Manier erfüllte erstmals eine der Grundforderungen jeder soliden Befestigung. Danach durften die flankierenden Werke von den flankierten, also der Abstand der Bastionen zueinander, nicht weiter als die Reichweite eines Gewehres entfernt liegen; damit war die Seitenbestreichung nicht nur durch Kanonen- sondern auch für Gewehrfeuer gegeben. Entsprechend wurden die Kurtinen verkürzt und zusätzlich durch ein Außenwerk, das Ravelin, gedeckt. Gleichzeitig vergrößerte man die Bastionen, um Aufstellungsmöglichkeiten für Geschütze zu gewinnen und den Bewegungsraum zu vergrößern; die Orillons wurden weiterhin beibehalten. Hinzu traten erstmals durchgehende Baumaßnahmen jenseits des Grabens in Gestalt des Gedeckten Ganges mit kleinem Glacis. Auf dieser Grundform beruhten im Prinzip alle folgenden Manieren der Deutschen, Holländer und Franzosen[26] (Plan 1, Abb. 4).

Der Straßburger Festungsbaumeister Daniel Speckle (gest. 1589) entwickelte die nach ihm benannte erste ‚verstärkte' Manier. Er veränderte die neuitalienische Manier insofern, als er den Außenwerken, den Ravelins, die Aufgabe zuwies, das Vorland der Festung zu beherrschen, dem Hauptwall die der Flankenverteidigung. Infolgedessen wurde die Anzahl der Ravelins erhöht, wurden die Werke selbst vergrößert und verstärkt. Die Bastionen rückten näher zusammen, wurden damit zum Hauptwerk der Anlage und gewährleisteten die vollständige Deckung des Mauerwerks[27].

3. Frühniederländische Befestigungsmanier

Die Weiterentwicklung, welche der Festungsbau speziell in den Niederlanden genommen hat, bedarf einer näheren Betrachtung, da es die Bauart ist, die von Valckenburgh während seiner Tätigkeit in Deutschland angewandt wurde. Für kaum eine andere ist die Aussage von M.v.Prittwitz treffender als für die frühniederländische Manier. Beschaffenheit des Landes und zu Gebote stehende Mittel ließen eine Festungskonstruktion entstehen, die eine erstaunliche Widerstandsfähigkeit besaß und die in der Folgezeit häufig angewandt, verfeinert und variiert wurde.

Der mit einer zwölfjährigen Unterbrechung von 1568 bis 1648 dauernde Befreiungskrieg zwang die Niederländer, der Not des Augenblickes folgend, neue Wege zu gehen[28]. Zwar übernahmen auch sie zunächst die italienischen Grundformen, da sie jedoch gezwungen waren, in höchster Eile und ohne großen Kostenaufwand ihre Befestigungen zu errichten, ersetzten sie das vorherrschende Baumaterial Stein durch Erde.

---

[25] Gut beschrieben bei Werner, S. 6ff.

[26] Werner, S. 11.

[27] Jähns, Bd. 1, S. 830f.; Werner, S. 11.

[28] Jähns, Bd. 1, S. 838f.; Werner, S. 12; Menne, S. 21f.

Gleichzeitig trat, durch die Natur des Landes begünstigt, ein breiter, nasser Graben an die Stelle von Steinwällen, Futter- und Stützmauern. Dieser wurde durch Außenwerke – Ravelins, Hornwerke, Grabenscheren – verstärkt, um den Hauptwall dem direkten Beschuß zu entziehen und ihm besseren Schutz vor dem Breschieren zu geben. Die Bestreichung des Grabens, die bisher durch die in Kasematten stationierte Feuerkraft erfolgte, wurde nunmehr von einem vor dem Hauptwall zusätzlichen angelegten Niederwall, die Faussebraie, durchgeführt, die teilweise mit ihrem Gang noch unter dem Wasserspiegel lag. Damit wurde eine waagerechte Bestreichung des Grabens durch dort aufgestellte Geschütze und Infanteriewaffen möglich (s. Plan 1, Abb.5 u. 6, und Plan 2)[29]. Die Funktionsweise dieser neuartigen Festungsanlage, wie auch ein unmittelbares Bild von der Führung eines Festungskrieges unter Prinz Moritz von Oranien finden sich in dem Kriegstagebuch des Grafen Johann VII. von Nassau-Siegen, eines Vetters des Prinzen[30].

Aus den Memoranden Valckenburghs für Rostock, Lüneburg und Lübeck sind einige bemerkenswerte Detailpunkte über die Baukonstruktion bekannt. So bestand der Hauptwall aus gestampfter Erde, die durch schichtweises Einlegen von Quecke im Abstand von $^3/_4$ Fuß eine abfedernde, für die Neutralisierung von Geschoßwirkungen besonders geeignete ‚Bewehrung' erhielt. Dadurch wurde es möglich, den Neigungswinkel des Walles auf 45 Grad (1:1) zu erhöhen, steiler also als beim Deichbau möglich, wobei wie bei diesem aufgelegte Grassoden die Schräge vor Auswaschungen schützte. Der nasse Graben wurde zu einem Haupthindernis für einen Angreifer. Bei einer vorgesehenen Breite von 150 Fuß, ungefähr 45 m, und einer Wassertiefe von 7 Fuß, ungefähr 2 m – also über Mannshöhe – war er nur mit technischen Hilfsmitteln unter dem Feuer der Verteidiger zu überwinden. In den Fällen, in denen wegen der topographischen Verhältnisse eine natürliche Bewässerung nicht oder nur zeitweise gegeben war, erfolgte der Einbau von Staudämmen (Bären), die ihrerseits durch Palisaden gegen Überquerung durch feindliche Truppen gesichert waren[31].

Diese Bauweise hatte den weiteren Vorteil, daß nur sehr wenige Fachkräfte, wie Maurer oder Zimmerleute, benötigt wurden; die wesentliche Arbeit bestand aus Schanzarbeiten, die durch ungelernte Arbeiter oder dienstverpflichtete Bürger und Soldaten, die nicht mehr als ihren Sold oder nur geringes Zubrot erhielten, geleistet werden konnten. Nachteilig wirkte sich der erhebliche Flächenbedarf aus, der insbesondere in den dicht besiedelten Städten häufig zu Bürgerprotesten führte und über den noch zu sprechen sein wird.

---

[29] Plan 2 zeigt einen isometrischen Querschnitt durch die Wallanlage. Zur Vereinfachung ist die Rute mit 30 cm angenommen. Maßangaben aus dem Rostocker Memorial von Valckenburgh (Anlage 6.1 u. 2).

[30] Werner Hahlweg (Bearb.): Die Heeresreform der Oranier, Das Kriegsbuch des Grafen Johann von Nassau-Siegen, Wiesbaden 1973, (Veröffentlichungen der Historischen Kommission für Nassau 20). Auf die Nachteile dieser Befestigungsform, die Ausgangspunkte für eine Weiterentwicklung wurden, hat ausführlich A. v. Zastrow: Geschichte der beständigen Befestigung, 2. umgearb. u. verm. Aufl., Leipzig 1839, S. 81f., hingewiesen.

[31] Zu Abmessungen und Aufbau s. Memoranden für Lüneburg, Anlage 2, Lübeck, Anlage 5, Rostock, Anlage 6.1 u. 2, Pläne 7 u. 9.

4. Theoretische Grundlagen des Festungsbaues

Nur kurz angedeutet werden sollen die idealtheoretisch-geometrischen Grundlagen der damaligen Festungsbaukunst. Die Architectura militaris, noch bis Anfang des 19. Jahrhunderts von der Architectura civilis unterschieden, umfaßte das gesamte militärische Bauwesen in weitestem Sinne. Dazu zählten der Hoch- und Tiefbau, der Maschinenbau, Wagen- und Geräteherstellung und die mathematischen Hilfswissenschaften, gelegentlich auch die Herstellung von Waffen[32]. Dem Umfang des Stoffes und der Bedeutung des Festungsbaues entsprach die Vielfalt und Vielseitigkeit der zeitgenössischen Literatur. Von praktischen und theoretischen Anweisungen für militärische Bauwerke, auf eigenen Erfahrungen beruhenden oder übernommenen Konstruktionsvorschlägen, ausführlichen Angaben zur Detailgestaltung, der Sammlung ausgeführter Beispielanlagen bis hin zur Darlegung der Ansichten des Verfassers zum Idealentwurf einer Festung: es war einfach alles zu finden. Mit fortschreitender Zeit wurde die Literatur über das Fortifikationswesen von abstrakten mathematischen Regeln und geometrischen Formen beherrscht, hinter denen häufig militärische Belange zurückzutreten hatten[33]. Aus der Vielzahl der Autoren können hier nur die für den Festungsbau bahnbrechenden, vor Valckenburghs Zeit tätigen angesprochen werden.

Schon Leonardo da Vinci hatte bei seinen Studien zu diesem Thema auf Berechnungen und zeichnerischen Lösungen aufgebaut[34]. Dürer gilt als der erste Autor seit dem Altertum, der in seinem oben genannten Werk die Befestigungskunst schriftlich behandelt hat[35], und er wurde damit – allerdings erst für die Nachwelt – zum „Begründer einer besonderen deutschen Festungsbaukunst“[36]. Obwohl wegen der nicht finanzierbaren Kompaktheit seiner Anlagen nie ein ‚Regelwerk‘ errichtet wurde, nahmen seine Vorstellungen entscheidenden Einfluß auf das Fortifikationswesen des 16. Jahrhunderts. Einer der bedeutendsten Befestigungswissenschaftler war der Italiener Francesco de Marchi, der in einem erst 34 Jahre nach Fertigstellung 1599 in Brüssel veröffentlichtem Werk seine fortifikatorische Grundsätze und Entwürfe zusammentrug. Die neuitalienische Manier wurde durch ihn in ihrer Grundform beeinflußt[37]. Über den 1536 in Straßburg geborenen Daniel Speckle ist oben bereits berichtet worden. Auch er ging in seinem dreiteiligen Werk bei den Festungskonstruktionen von mathematischen Grundsätzen aus. Neben Marchi ist „Speckles verstärkte Manier [...] auf Jahrhunderte hinaus tatsächlich ebenso die Grundlage der europäischen Befestigungskunst gewesen“[38]. Als letzter Festungstheoretiker, der um 1600 Einfluß auf das Befestigungswesen erlangte, ist Simon Stevin mit seinem Werk ‚De Sterctenbouwing‘ von 1594 zu nennen[39]. Allerdings ist er nicht, wie immer wieder irrtümlich behauptet wird, der theoretische Begründer der frühniederländischen Manier, denn er gab

32 Schott, S. 6.

33 S. zu diesem Komplex Henning Eichberg: Geometrie als barocke Verhaltensnorm. Fortifikation und Exercitien, in: ZHF 4 (1977), H. 1, S. 17-50, und Schott, S. 5 und 14f.

34 Leonardo da Vinci, Codex Atlanticus, fol. 45, verso b und Manuscript B, fol. 24, verso 57, veröffentlicht in: o. V.: Leonardo da Vinci, Wiesbaden, Berlin 1955, S. 303 und 298.

35 Zastrow, S. 31ff.

36 Jäns, S. 790.

37 Ebenda, S. 803ff.

38 Ebenda, S. 831.

39 Simon Stevin: De Sterctenbouwing, Leiden 1594. Ediert und kommentiert durch W. H. Schukking: The Art of War, in: Ernst Crone u. a. (Hg.): The Principal Works of Simon Stevin, Bd. 4: De Sterctebouwing, Amsterdam 1964, S. 31-231.

noch der mauerbekleideten Escarpe den Vorzug, und die Faussebraie, eine der typischen Konstruktionselemente dieser Manier, wird von ihm nicht erwähnt[40]. Zahlreiche zumeist weniger bedeutende Autoren versuchten, mit Grundregeln, Lehrsätzen und Beweisführungen der Lehre vom Festungsbau ein theoretisch-wissenschaftliches Fundament zu verschaffen, das in der Folgezeit bis zur Skurrilität gesteigert wurde. Die Anwendung der ‚regelmäßigen' Befestigung (fortification regulaire), bei welcher die gleichnamigen Geraden und Winkel jedes Polygons gleich zu sein hatten, wurde zur Forderung erhoben. Die frühniederländische Manier und auch Valckenburgh selbst waren, wie zu zeigen ist, nicht ganz frei von derartigen Gedankengängen.

III. Das Leben Johan van Valckenburghs

Johan van Valckenburgh war im ersten Viertel des 17. Jahrhunderts wohl der einflußreichste Ingenieur und Festungsbaumeister im norddeutschen Raum. Über sein Leben ist jedoch, wie eingangs bereits gesagt, wenig überliefert, und nur anhand der Aneinanderreihung einzelner Daten, welche Zeit und Ort seines jeweiligen Aufenthaltes und die Aufgabenstellung aufzeigen, ist ein – häufig genug lückenhaftes – Bild seiner Tätigkeit zu erkennen. Ähnlich wie bei bekannten Architekten und Ingenieuren der heutigen Zeit konzentrierte sich Valckenburghs Arbeit auf die Beratung, die Planung und Vorbereitung sowie – bei späterer Ausführung – die Oberaufsicht vor Ort. Die Durchführung oblag einheimischen oder von dem Ingenieur empfohlenen Werk- und Wallmeistern. Das ermöglichte ihm, mehrere Aufgaben zeitgleich zu erfüllen, bedeutete wegen der wiederholten Besuche der einzelnen Auftraggeber jedoch ein äußerst bewegtes, mit zahlreichen Reisen verbundenes Leben. Es ist nun wenig sinnvoll, diese Stationen, soweit sie bekannt sind, aneinanderzureihen und die erhaltenen Quellen chronologisch aufzuzählen. Zum Verständnis seiner Arbeit und zur Wahrung der Übersicht müssen letztere im Zusammenhang mit den einzelnen Stätten seiner Tätigkeit benannt und behandelt werden.

Valckenburgh wurde um 1575 in Holland geboren, sein Geburtsort ist nicht bekannt[41]. Möglicherweise war er der Stiefsohn seines späteren Lehrmeisters, des „Generaals der fortificatiën" Johan van Rijswijck[42]. Daß Valckenburgh die 1599 auf Initiative von Prinz Moritz von Oranien durch Simon Stevin in Leiden gegründete Ingenieurschule besuchte, wäre möglich, ist jedoch nicht belegt. Anfang des 17. Jahrhunderts kam er mit Rijswijck nach Deutschland und wurde am Hofe des Grafen

[40] So Lührs, S. 13; Soenke, S. 32; F. A. J. Vermeulen: Handboek tot de Geschiedenes der Nederlands Bouwkunst, Bd. 2, 's-Gravenhage 1931, S. 426; Burchard Scheper: Die Anfänge der Carlsburg bis 1674, in: Kersten Krüger (Hg.): Europäische Städte im Zeitalter des Barock, Köln, Wien 1988, (Städteforschung A/28); S. 355-398, hier S. 356f. Ohne Stevins Verdienste schmälern zu wollen, sagt Schukking, S. 27: „Stevin has become better known as a scientific adviser, in the first place to Prince Maurice and occasionally to the States General or thé Council of State. Yet Maurice consulted him more for mathematical advice and his mathematical studies that in his campaigns and sieges [...]. In the domain of town fortification however, he is not the first man"; und S. 37: „We must therefore not blame Stevin for the fact that his art of building fortresses as such has not been put into practice, yea that a system much simpler and inferior, military and technically to his was introduced", nämlich die frühniederländische Manier.

[41] Eysten, S. 275.

[42] Soenke, S. 35 und 37.

Simon VI. zu Lippe tätig. Rijswijck hat ihn zu seinem Stellvertreter, seinen „vornehmsten Diener“ ernannt[43], und in dieser Funktion galt er schon 1602 als anerkannter Fachmann[44]. Am 6. Januar 1606 wurde Valckenburgh im Alter von etwa 30 Jahren zum Ingenieur der Generalstaaten bestellt[45], und am 18. des gleichen Monats legte er seinen Eid ab[46].

Mit diesem Eid war Valckenburgh Zeit seines Lebens, wie alle Offiziere der Generalstaaten, sowohl an seinen Staat als auch an seine Provinz gebunden. Er blieb auch bei Tätigkeiten außerhalb seines Landes Untertan des Statthalters und Generalkapitäns der Generalstaaten, des Prinzen Moritz von Oranien, und war diesem stets dienstverpflichtet[47]. Für Arbeiten im Ausland wurde er lediglich bei Beschränkung der Löhnung beurlaubt. Hatten die einzelnen Städte oder Bündnisse den Entschluß gefaßt, durch Neu- oder Umbauten ihrer Festungsanlagen ihre Verteidigungskraft zu erhöhen, konnten sie also nicht den holländischen Ingenieur unmittelbar in ihre Dienste nehmen, sondern sie oder der von ihnen mit den Verteidigungs- und Koordinierungsaufgaben Beauftragte mußten zunächst seine Freistellung von Prinz Moritz erwirken. Doch auch vom Ausland aus blieb Valckenburgh ständig mit Moritz in Verbindung, stimmte die meisten seiner Planungen mit ihm ab und wurde häufig zur Erledigung von Aufgaben in die Niederlande zurückbeordert bzw. nach Besuchen am Hofe zurückgehalten. Daß Valckenburgh, war er erst einmal von seinen Verpflichtungen in den Niederlanden dispensiert, gewisse Handlungsfreiheiten hatte, dürfte sich von selbst verstehen; anderseits war er im Ausland demjenigen zu Gehorsam verpflichtet, der ihn dort in Dienst genommen hatte und von dem er seinen Sold bezog.

Doch nach seiner Bestallung wurde Valckenburgh zunächst in den Niederlanden eingesetzt. Im Februar 1606 erhielt er den Auftrag, in Bergen-op-Zoom die Festung, welche die Spanier im Vorjahr zweimal durch Überraschungsangriffe einzunehmen versucht hatten, auszubauen[48]. Weitere Nachrichten aus jener Zeit liegen nicht vor.

Von 1609 bis zu seinem Tode war er überwiegend in Deutschland tätig und erfüllte in rastlosem Einsatz die an ihn herangetragenen Aufgaben, die am Vorabend und zu Beginn des Dreißigjährigen Krieges gewaltige Ausmaße annahmen. Nachweisbar sind seine Aufenthalte und entsprechende Arbeiten in Lüneburg (1609, 1611, 1612), Hamburg (1609, 1611, 1613, 1615–1625), Bremen (1611, 1614, 1615, 1618, 1623–1625), Lübeck (1609, 1611, 1613, 1618, 1621, 1622), Braunschweig (1611, 1615, 1616), Rostock (1613, 1624), Stralsund (1624), Ulm (1617, 1619), Düren (1610) und Dillenburg (1619). Des weiteren wurde er vor allem in den Jahren 1614 bis 1617 von Moritz in den westlichen Gebieten des Reiches, die in diesen Jahren unter Einfluß oder Besatzung der Generalstaaten standen, eingesetzt, so in Jülich, Rheydt, Emmerich, Rees, Ravenstein sowie in Emden (1614–1616) und Leer-Leerort (1621). Darüber hinaus scheinen weitere deutsche Städte versucht zu haben, Valckenburgh zur Mitarbeit zu gewinnen. Erhalten ist ein wohl durch Prinz Moritz abschlägig beschiedenes Ersuchen der Stadt Danzig vom 3. November 1617[49].

[43]StA B, 2-P.2.b.1. Handschriftlicher Vermerk auf Konzept eines Schreibens vom 21. Juli 1601.
[44]StA B, 2-P.2.b.1. Schreiben des Drosten zu Lingen vom 7. Mai 1602.
[45]A.R.A., Res. R. v. St., 1.01.19, nr. 24.
[46]Eysten, S. 275.
[47]Soenke, S. 12.
[48]Eysten, S. 276.
[49]A.R.A., Res. R. v. St., 1.01.19, 583.

Zwischenzeitlich kehrte Valckenburgh immer wieder nach Den Haag zurück, von wo aus er zu Besichtigungen, Planbearbeitungen und Baudurchführungen im Bereich der niederländischen Provinzen abkommandiert wurde. Bekannt sind sein Einsatz beim Ausbau des Forts Crèvecœur bei ’s-Hertogenbosch (1612, 1614)[50], seine Planung für Vlissingen (1612)[51], sein Änderungsvorschlag, bestehend aus einem Plan (Plan 11b) und einer Baubeschreibung für das Fort Bellingwolde (1613)[52], und sein zumindest geplanter Einsatz in Nijmwegen (1615)[53]. Vermutlich handelt es sich jedoch bei dieser Aufzählung nur um einen geringen, aus gewissen Zufällen überlieferten Teil seiner Tätigkeit in den Niederlanden.

Valckenburgh erhielt wie alle Ingenieure und Kontrolleure, welche im Dienst der Niederlande standen, einen Jahressold von zunächst 20 Lb, später 25 Lb, der bei Einsatz für die Niederlande um 2 Lb/Tag erhöht wurde[54].

Mit den Städten Ulm und Hamburg ging Valckenburgh feste Bestallungen ein. Es handelte sich in diesen Fällen um Dienstverträge – vergleichbar etwa den heutigen, zwischen Architekten oder Ingenieuren abzuschließenden Werkverträgen – die ihn verpflichteten, eine bestimmte Planung zu entwickeln und bis zur Fertigstellung fachmännisch zu begleiten, nicht jedoch um Bindungen, die ihn hinderten, anderweitigen Verpflichtungen nachzukommen. Selbst die bisher in der Forschung unerkannt gebliebenen Episoden in Valckenburghs Leben, seine Einstellung als Truppenführer in Braunschweig[55] und Hamburg[56], ließen ihm diese Freiheit.

Trotz des Ansehens, welches Valckenburgh bei den Städten genoß, und trotz der Wertschätzung, die seinem Urteil beigemessen wurde[57], ist kaum etwas über seine Person und seine Lebensumstände bekannt. Das mag aus der sozialen und wirtschaftlichen Stellung zu erklären sein, welcher er als Bürgerlicher und Angehöriger des Bauberufes verhaftet war. Es gibt nur ein einziges Zeugnis über den Eindruck, den er als Person hinterlassen hat, welches sich in Lüneburg findet. Der spätere Bürgermeister Elvers berichtete in einer Niederschrift über eine Unterredung mit dem Ingenieur: „wir haben der städte Ingenieur Johan van Falckenbergh abgehoret. Derselbe ist wenig von welten, redet niederlendisch, mitunter auch sonsten wes unverstendlich“[58]. Am 16. April 1616 heiratete Valckenburgh in Deventer Anna Meyrinck, Tochter des Kapitäns Adolf Meyrinck. Als Wohnsitz ist ’s-Gravenhage angegeben[59]. Aus dieser Ehe gingen zwei

50 A.R.A., Res. S. G., v. 28.5.1612 und 19.6.1614.

51 A.R.A., Res. R. v. St., 1.01.19, nr. 30, S. 120v f.

52 R.A.Gr, inventar-nr. 805, Topographisch-historische Atlas, stamm-nr. 1210.

53 A.R.A., Res.S. G., v. 14.10.1615. Ob Valckenburgh diesen Auftrag ausführen konnte, ist fraglich, da er ab Mitte Oktober Dienst im Entlastungsheer für Braunschweig tat.

54 R.A.Hb, 026.06-472, S. 241v, 314, 357; 026.06-473, o. S.; 026.06-474, o. S.; Secrete Resoluties van de R. v. St.-Oorlog [Soldlisten]. Aus dem interessierenden Zeitraum sind nur die Ausgaben für 1607–1609, 1617 und 1621 erhalten. In den ersten drei Jahren erhielt Va. 20 Lb, 1617 und 1621 25 Lb. Bei der letzten Eintragung ist für alle Ingenieure vermerkt, daß zusätzlich 2 Lb/Tag für auswärtigen Dienst und solchen in der Armee gezahlt werden und obendrein 1 Lb/Pferd. Im Hilfsdepot Schambergen des A.R.A., Nr. 601, Nr. 5, ist in der dort befindlichen Soldliste für 1613 eine Zahlung von ebenfalls 25 Lb ausgewiesen. Legt man nur 300 Arbeitstage/Jahr zugrunde, hätte das Einkommen eines Ingenieurs zu jener Zeit 625 Lb/Jahr betragen.

55 S. Seite 119 dieser Arbeit.

56 S. Seite 50 dieser Arbeit.

57 Eysten, S. 279.

58 StA Lbg, UA b 1609–1612, Nr. 3. Relatio Dr. Elvers vom 18. Mai 1611.

59 Soenke, S. 28.

Töchter und ein Sohn hervor[60], letzterer wurde in der reformierten Kirche in Hamburg am 23.Juni 1622 getauft[61]. Valckenburgh, den seine Aufträge in den Jahren 1622/24 schwerpunktmäßig an Norddeutschland banden, hatte demnach mit seiner Familie – vermutlich nur für kurze Zeit – seinen Wohnsitz in Hamburg genommen. Ende Mai oder Anfang Juni 1625 starb der Ingenieur[62] in Voorburg bei 's-Gravenhage[63], im Range eines Oberstleutnants[64]. Der berufliche Werdegang Valckenburghs wurde entscheidend von drei Männern geprägt: dem bereits erwähnten General der Fortifikation Rijswijck, seinem Landesherrn Prinz Moritz von Oranien und dem Grafen Friedrich zu Solms-Laubach. Rijswijck[65] hatte Valckenburgh in die Grundlagen der frühen niederländischen Festungsbaukunst eingewiesen. Wie groß sein Einfluß gewesen ist, zeigt sich daran, daß Valckenburgh in den Städten Lübeck, Bremen und Ulm, in denen vor ihm Rijswijck Vorschläge für den Ausbau der jeweiligen Befestigungsanlagen gefertigt hatte, die Grundkonzeptionen für die Verbesserungen übernahm und lediglich in Detailpunkten veränderte.

Die Bedeutung des Prinzen Moritz lag nicht nur in seiner Funktion als Landesherr, aufgrund derer er über den Einsatz seines Ingenieurs zu entscheiden hatte, sondern auch in der Tatsache, daß der Prinz ein in militärischen Fragen hochbegabter Mann war, dessen organisatorische Fähigkeiten, gepaart mit seinen Durchsetzungsmöglichkeiten, einschneidende Veränderungen im Militärwesen der Niederlande und darüber hinaus im europäischen Raum bewirkten[66]. Neben seinen Aufgaben als Staatsmann, Oberbefehlshaber der Truppen der Generalstaaten und Heeresreformer hatte er sich sehr eingehend mit dem Festungsbau befaßt, die erwähnte Gründung der Ingenieurschule durch Simon Stevin veranlaßt und das neue, bis heute gültige Berufsbild des Ingenieuroffiziers geschaffen[67]. Mit Recht galt er als Großmeister des Festungsbaues,

---

[60]Ebenda, S. 38, Anm. 34.

[61]StA H, V B b 3a, S. 4. Deutsch.-evang.-reform. Gemeinde.

[62]A.R.A., Res. R. v. St., 1.01.19, nr. 43, S. 74v. Eintragung vom 9. Juni 1625 (n. St.) über ein Gesuch der Witwe des „Ingenieur Oberstenlieutnant van Valckenburch" an das Regimentskomitee der Armee, welches sie nach Absprache mit seiner Excellenz – Prinz Friedrich Heinrich – gestellt hatte. In der bisherigen Forschung wurde Valckenburghs Tod, durch zwei Briefe gestützt, Ende Juli/Anfang August 1625 angenommen: StA B, 2-P.3.A.1.(48), Brief des Bremer Rates an den Ingenieur Jan van Laer in Emden vom 26. August 1625 (a. St.); StA Ro, Rat-Kriegswesen 42, Brief Peter von Kampens an Rat von Rostock vom 1. November 1625 (a. St.). Ob die Krankheit, an der Valckenburgh Anfang 1624 litt, wie Lührs, S. 19, glaubt, mit seinem frühen Tod zusammenhing, ist unbewiesen.
In der Literatur finden sich des öfteren Angaben über eine längere Lebenszeit Valckenburghs, die z.T. auf Verwechslungen mit Personen gleichen Namens beruhen; so bei Werner Spiess: Geschichte der Stadt Braunschweig im Nachmittelalter – vom Ausgang des Mittelalters bis zum Ende der Stadtfreiheit (1491–1671), 2. Halbbd., Braunschweig 1966, S. 591, der Va. noch 1631/32 in Braunschweig sieht; Antjekathrin Grassmann: Lübeck im 17. Jahrhundert: Wahrung des Erreichten, in: Dies. (Hg.): Lübeckische Geschichte, Lübeck 1988, S. 435-488, hier S. 461, wonach die Befestigung Travemündes 1627 unter Va.s Leitung fertiggestellt wurde, und Herbert Ewe (Hg.): Geschichte der Stadt Stralsund, Weimar 1984, S. 156, demzufolge Va. 1627 vom Rat in Dienst genommen wurde.

[63]Diese Aussage findet sich bei Soenke, S. 30 und 37, gestützt auf Jonkheer Mr. C. C. van Valckenburg in Ardenhout.

[64]S. Anm. 122. Die Eintragung vom 28. August 1624 im Hamburger Kämmereibuch, Kämmerei I, 22 Band 94, S. 102, spricht noch vom ‚Capitain' Valckenburgh, möglicherweise um weniger Sold zahlen zu müssen.

[65]S. zu Rijswijck: J. Belonje: Johan van Rijswijck – Generaal der Fortificatiën, in: Brabantsche Leeuw, Jg. 16/1 (1967), S. 3-9, und Soenke, S. 9-22.

[66]Hahlweg, Heeresreform, S. 8*f.

[67]Soenke, S. 33f.

der seinen Ingenieuren bis ins Detail gehende Anweisungen und Ratschläge geben konnte[68].

Der Dritte der genannten Männer, Friedrich Graf zu Solms-Laubach, erster regierender Graf zu Rödelheim[69], hatte bei Moritz von Oranien das Kriegshandwerk erlernt. 1574 in der hessischen Grafschaft Lich geboren, führte er ein abwechslungsreiches Leben als Truppenführer, Diplomat und regierender Graf. Bis 1603 in niederländischen Diensten, infolge der Vorgänge um Donauwörth ab 1607 Befehlshaber der Truppen des Pfalzgrafen Philipp Ludwig von Neuburg und ab 1608 im militärischen Führungsgremium der Union tätig, war er es, der den Anstoß zu Valckenburghs Einsatz in Deutschland gab und damit dessen dortige Laufbahn als Festungsbaumeister einleitete.

Diese entscheidende Veränderung in Valckenburghs Leben und insbesondere die Frage, wie die einzelnen Städte, eingedenk der erwähnten, unaufhebbaren Dienstherrschaft des Prinzen Moritz, mit dem Ingenieur in Beziehung traten, sollen zunächst näher behandelt werden.

IV. Die Auftraggeber Valckenburghs

1. Das Bündnis der sechs korrespondierenden Hansestädte

In der nördlichen Hälfte Deutschlands war der bedeutendste Städtebund noch immer die Hanse. Der wirtschaftliche Niedergang hatte keineswegs alle ihre Mitglieder gleichermaßen getroffen, im Gegenteil, viele von ihnen konnten vom spanisch-niederländischen Krieg profitieren, indem sie den Spanienhandel der Niederländer – wenn auch nur auf Zeit – übernahmen. In der zweiten Hälfte des 16. Jahrhunderts konnte man „eine richtiggehende Wiedergeburt der Hanse beobachten“[70] mit sehr ernsthaften Versuchen, den Zusammenhalt der Gemeinschaft[71] wieder zu stärken. Vor allem Bremen vertrat die Ansicht, die Hanse müsse über einen wirtschaftlichen Interessenverband hinaus zu einem politisch-militärischen Verteidigungsbündnis entwickelt werden, dem nur treue und verläßliche Städte angehören sollten. Der bremische Ratsherr und spätere Bürgermeister Heinrich Kreffting wurde zur Triebfeder dieser Bestrebungen. Unermüdlich versuchte er, die zaudernden Mitglieder auf die von ihm als notwendig erachtete Vorgehensweise festzulegen[72]. Der Hansetag im April 1600 konn-

[68] Als Beispiel kann die Aufzeichnung eines Gespräches, möglicherweise durch Valckenburgh, über Einzelanweisungen des Prinzen gelten; Archives generales Royaume, Brüssel, arch. Merode Westeloo 1768, Livre militaire, zit. bei Hahlweg, Heeresreform, S. 746f.

[69] S. hierzu und dem Folgenden Otto Graf zu Solms-Rödelheim: Friedrich Graf zu Solms-Laubach – erster regierender Graf zu Rödelheim (1574–1635), Bd. 1 (einziger Band), Berlin 1888.

[70] Philippe Dollinger: Die Hanse, 4. erw. Aufl., Übers. Marga und Hans Krabusch, (Kröner Taschenausgabe, Bd. 371), Stuttgart 1989, S. 426.

[71] Die Frage, ob es sich bei der Hanse um einen Bund oder eine Gemeinschaft handelte, ist in der Forschung umstritten, im Rahmen dieser Arbeit jedoch ohne Belang. S. hierzu V[olker] Henn: Die Hanse: Interessengemeinschaft oder Städtebund?, in: HGbll 102 (1984), S. 119-126.

[72] Die diesbezügliche Entwicklung schildert sehr ausführlich W[ilhelm] v. Bippen: Heinrich Kreffting und das engere Bündnis der sechs korrespondierenden Hansestädte, in: BJB 18 (1896), S. 151-174. Die folgenden Ausführungen stützen sich in weiten Teilen auf diesen Aufsatz.

te sich jedoch gegen den Widerspruch Bremens und Hamburgs nur zur Erneuerung der Konföderation von 1579, die auf den Beschlüssen von 1557 basierte, durchringen[73]. Eine weitere Zusammenkunft im Oktober in Lübeck brachte keine Fortschritte. So befürchtete Rostock, das die ersten Erfahrungen mit dem Machtstreben seines Landesherrn schon durchgestanden hatte, die Reaktion der Fürsten auf einen sichtlich gegen sie gerichteten Bund, und Stralsund wandte sich gegen den Beitritt der westdeutschen Hansestädte, die in den spanisch-niederländischen Konflikt einbezogen und entsprechend „ausgemergelt" seien; die Seestädte sollten unter sich bleiben[74]. Zwischenzeitlich hatten die Streitigkeiten zwischen der Stadt Braunschweig und ihrem Herzog Heinrich Julius zur Blockade der Stadt geführt und die Notwendigkeit gemeinsamen Handelns unterstrichen. Doch erst im April 1604 kam die Erneuerung der Konföderation zustande.

Auf dem Hansetag im Mai 1605 in Lübeck erhielt der Syndicus Dr. Doman Anweisung, Grundsätze auch für ein militärisches Zusammengehen auszuarbeiten. Wiederum waren es die Vorgänge um Braunschweig, welche die Angelegenheit beschleunigten. Der im Oktober 1605 vom Braunschweiger Herzog unternommene Versuch, die Stadt im Handstreich zu nehmen, führte am 1. November zu dem Beschluß der Städte Lübeck, Hamburg und Lüneburg, der Schwesterstadt militärische Hilfe zu leisten. Bremen und Magdeburg wurden zur Teilnahme aufgefordert. Dieser Entschluß mußte dazu führen, ein Schutzbündnis ins Auge zu fassen, das die gemeinsame Sicherung der Handelsstraßen und der Handelsfreiheiten und darüber hinaus die gegenseitige Garantie der politischen Unabhängigkeit beinhaltete.

Doch weitere zwei Jahre vergingen, bis endlich am 2. August 1607 das Bündnis in Lüneburg abgeschlossen werden konnte[75]. Eine Anzahl von Schwierigkeiten und Einwänden war bis zu diesem Zeitpunkt ausgeräumt worden. So mußte der Herzog von Braunschweig-Lüneburg zumindest soweit für das Unternehmen gewonnen werden, daß er den Durchzug der hanseschen Truppen duldete; Hamburg waren Bedenken gekommen, da es erst vor kurzem dem Dänenkönig Christian IV. als Herzog von Holstein gehuldigt hatte und somit seinen Verbündeten nicht beistehen zu können glaubte, falls dieser dem Herzog von Braunschweig, seinem Schwager, zu Hilfe kam; Magdeburg nutzte noch am Tage des Vertragsabschlusses die Verhandlungen als Druckmittel gegen Hamburg im Streit um Stapelrechte.

Sieben Jahre waren vergangen, seit Heinrich Kreffting erste Bemühungen um diesen Bund begonnen hatten. Von nun an versuchten die Städte Lübeck, Hamburg, Bremen, Lüneburg, Magdeburg und Braunschweig als Bündnis der sechs korrespondierenden Hansestädte, durch gemeinsame Politik ihre Unabhängigkeit gegenüber ihren Landesherren oder mächtigen Nachbarn zu bewahren und, soweit Einzelinteressen nicht entgegenstanden, gemeinsame Handelsunternehmungen einzuleiten. Im Jahre 1608 bestellten sie den Grafen Friedrich zu Solms-Laubach zum militärischen Befehlshaber des Bündnisses. Am 24. Juni des gleichen Jahres unterschrieb er in Lübeck seine Bestallung und leistete seinen Eid. Er übernahm das Amt eines hanseatischen „Generall Obristen zue landt undt waßer" und die Direktion „über daß kriegs volk zu roß, fueß unndt schiff, auch artolerey". In seinem Vertrag wurde ein Passus verankert,

[73] Dollinger, S. 429.
[74] Bippen, Kreffting, S. 154.
[75] Ebenda, S. 165.

der besagte, daß er einen Festungsbauingenieur auf seine Kosten zu stellen habe[76]. Graf Solms-Laubach war es also, der die Freistellung Johan van Valckenburghs für seine Tätigkeit in Deutschland beim Prinzen Moritz von Oranien erwirkte, um den Vertrag mit den Hansestädten erfüllen zu können. Am 1. Mai 1609 legte der Ingenieur in Lübeck vor den Deputierten der Hansestädte den Eid ab[77] (Anlage 1).

2. *Die Hansestädte Rostock und Stralsund*

Die beiden Hansestädte Rostock und Stralsund hatten schon bei den Verhandlungen im Jahre 1600 über die Erneuerung der Konföderation eine sehr unentschlossene, ja ängstliche Haltung eingenommen. Ob dies der Grund für die sechs korrespondierenden Hansestädte war, ihnen die Mitgliedschaft nicht anzubieten, ist ungewiß, hätte jedoch auf der Linie Kreffting gelegen. Desungeachtet waren die Verbindungen beider Ostseestädte insbesondere zu Lübeck als Haupt der Hanse und auf Grund gleicher Interessenlage sehr eng. Der bereits erwähnte Syndicus der Hanse, Dr. Doman, war überdies Rostocker Bürger. So scheint es nur folgerichtig, daß beide Städte, als sie sich zum Ausbau ihrer Befestigungsanlagen entschlossen hatten, Verbindung mit ihrer Schwesterstadt aufnahmen, Rostock erstmals im Jahre 1613, Stralsund – über Rostock – erst 1623. Wie weit das Bündnis Lübecks mit den Generalstaaten, das 1616 auf weitere Hansestädte ausgedehnt wurde, für das Anliegen mitentscheidend war, ist offen. In beiden Fällen ist Valckenburgh demnach auf die Empfehlung des Rates der Stadt Lübeck tätig geworden.

3. *Die Reichsstadt Ulm und die Union*

Schon im Mittelalter hatte die Stadt Ulm in verschiedenen Städtebünden und Friedenseinungen eine führende Stellung eingenommen. Im Schwäbischen Bund (1488–1534) war sie maßgeblich an der militärischen Führung und der Finanzverwaltung beteiligt; im Schwäbischen Reichskreis wurde sie mit einer Reihe verantwortlicher Aufgaben betraut[78]. Die Entwicklung im Reich veranlaßte den Rat im Jahre 1609, den Beitritt zur protestantischen Union zu vollziehen[79]. An der Grenze zum katholisch gebliebenen Teil des Reiches liegend, wurde Ulm für den Bund zu einem strategisch bedeutungsvollen Platz. Hinreichend befestigt wurde es zu einem schwer einnehmbaren Hindernis,

---

[76]Zitiert nach Solms-Rödelheim, S. 160 und S. 425. Originale verschollen.

[77]Die Deputierten erhielten Abschriften des Originaltextes. Lediglich in Bremen ist eine, in zweifacher Ausfertigung, erhalten; StA B, 2-P.2.b.1 und 2-A.5.6.a.Nr.2.

[78]S. hierzu Heinrich Richard Schmidt: Der Schmalkaldische Bund und die oberdeutschen Städte bis 1536. Ein Beitrag zur politischen Konfessionalisierung im Protestantismus, in: Zwingliana 18 (1989), S. 36-61; Georg Schmidt: Die Freien und Reichsstädte im Schmalkaldischen Bund, in: V. Press u. D. Siekmann: Martin Luther. Probleme seiner Zeit, Stuttgart 1986, S. 177-218; Winfried Dotzauer: Die deutschen Reichskreise in der Verfassung des alten Reichs und ihr Eigenleben (1500–1806), Darmstadt 1989, S. 205-235 u. 352ff.; Herbert Jäger: Reichsstadt Ulm und Schwäbischer Kreis. Korporative Städtepolitik im 16. Jahrhundert unter der Führung von Ulm und Augsburg, Göppingen 1975, (Göppinger Akademische Beiträge 95); Adolf Laufs: Der Schwäbische Kreis. Studien über Einungswesen und Reichsverfassung im deutschen Südwesten zu Beginn der Neuzeit, Aalen 1971, (Untersuchungen zur deutschen Staats- und Rechtsgeschichte, N. F. 16).

[79]StA Ulm, A 1302-1306.

gut ausgerüstet und vermögend bot es Rückhalt für die eigenen Truppen. Als beispielsweise im Oktober 1610 das etwa 9.000 Mann starke Heer der unierten Fürsten vor Ulm lag, wurde es von der Stadt voll verpflegt: 18.000 kg Brot und 6.700 kg Fleisch waren täglich aufzubringen[80].

Bereits im August 1608 hatte die Union in Rothenburg eine Verabredung über die Besetzung des Kriegsrates und die Personen der höheren militärischen Befehlshaber getroffen. Für die ersten drei Jahre sollte Markgraf Joachim Ernst von Ansbach die Armeeführung übernehmen, Friedrich Graf zu Solms-Laubach war als Generalwachtmeister vorgesehen[81].

Vom 22. bis 25. Juni 1616 besichtigte der Graf als „Generalobrist" der Union die Befestigungen von Ulm[82]. Der angetroffene Zustand der Anlagen konnte einen Fachmann wie ihn nicht befriedigen. Zwar hatte die Stadt sich Jahrzehnte hindurch in unterschiedlichster Form um Modernisierungen bemüht, doch fehlte es an einer umfassenden, die neuen militärischen Gegebenheiten einbeziehenden Planung. Valckenburgh wurde dem Rat der Stadt als Spezialist für das Befestigungswesen von dem Generalobristen empfohlen. Die erste Nachricht von seiner Anwesenheit in der Stadt stammt vom Januar 1617[83]. Von diesem Zeitpunkt ab agierte Valckenburgh also in einer dreifachen Funktion: als „der hochmögenden Herrn Staten General undt der unirten Hanse Stetten, wie auch der heylligen Reychs Stadt Ulm bestalter Capitain und Ingenieur"[84]. Gefördert worden sein mag sein Einsatz durch die enge politische Bindung, welche die Union durch den Vertrag vom Dezember 1614 mit den Generalstaaten eingegangen war[85].

4. Die Stadt Emden, Festung Leerort und die Generalstaaten

Die Auseinandersetzungen zwischen der Bürgerschaft der Stadt Emden und ihrem Landesherrn, dem Reichsgrafen von Ostfriesland, hatten im vorletzten Jahrzehnt des 16. Jahrhunderts an Schärfe zugenommen. Als auf Anrufen der streitenden Parteien der Kaiser zu vermitteln und entscheiden suchte, wurde das Mißtrauen der Generalstaaten geweckt. Sie befürchteten bei Stärkung der Position Edzards II. eine Unterstützung der Interessen Erzherzog Albrechts, wußten anderseits, daß die reformierten Emder Bürger sich ihnen verbunden fühlten[86]. Auch war die Konkurrenz, die der Emder Hafen während der Zeit des Niederganges der niederländischen Städte in der ersten Phase des Unabhängigkeitskrieges gegen diese aufgebaut hatte, sicherlich nicht vergessen[87]. Als im März 1595 die Emder sich offen gegen ihren Landesherrn stellten, und dieser mit militärischer Gewalt antwortete, griffen die Generalstaaten in den Konflikt ein

80 Loeffler, S. 118.

81 Solms-Rödelheim, S. 166.

82 Loeffler, S. 120.

83 StA Ulm, Rp. v. 31. Jan. 1617, fol. 42v.

84 StA Ulm, Plansammlung (Festungspläne) K 22 L 1. Aufschrift Valckenburghs auf dem Befestigungsplan Ulms von 1619.

85 A.R.A., Res. S. G., v. 10., 20. u. 23.12.1614. S. auch Opel, Bd. 1, S. 25.

86 Ritter, Deutsche Geschichte, S. 275f.

87 Hermann de Buhr: Konjunktur und beginnender Niedergang einer Hafenstadt. Emden in der zweiten Hälfte des 16. Jahrhunderts, in: H. Stoob (Hg.): See- und Flußhäfen vom Hochmittelalter bis zur Industrialisierung, Köln, Wien 1986, (Städteforschung A/28), S. 161-174, hier S. 166f.

und besetzten die für sie wichtige Hafenstadt. Im Vertrag von Delfzijl 1595 erzwangen sie das Nachgeben des Grafen. Von dieser Zeit an fühlten sie sich nicht nur als vermittelnde Kraft, sondern als Garant für die Einhaltung der Vereinbarungen.

Nach erneuten Unruhen, die mit der militärischen Niederlage Ennos II. endeten[88], wurden im Den Haager Akkord vom April 1603 zwischen den Generalstaaten, der Stadt und dem Grafen erneut Festlegungen getroffen, die das friedliche Miteinander ermöglichen sollten. Die eingreifendste Bestimmung war die Errichtung einer Garnison von 600-700 Soldaten in Emden, die ihren Eid zwar auf die Stadt und den Grafen ablegen mußten, deren Kommandant jedoch ein Niederländer war[89]. Damit hatten die Generalstaaten de facto die Stellung eines Landesfürsten übernommen, die sie nutzten, um mit dem Aufbau eines besonderen Verteidigungssystems für ihr Land, der sogenannten Ostbarriere, einem Gürtel von befestigten Plätzen auf fremdem Boden, zu beginnen[90].

Doch auch diese Vereinbarungen konnten die streitenden Parteien nicht befrieden. In einem weiteren Akkord, abgeschlossen 1611 in Osterhusen, setzten die Generalstaaten auch die Besetzung der gräflichen Festung Leerort – heute ein Stadtteil Leers – durch[91], die zunächst auf fünf Jahre vereinbart wurde. Politische Ohnmacht und der fehlgeschlagene Versuch, Ostfriesland in den Verbund der Generalstaaten zu führen, veranlaßten Graf Enno, die Generalstaaten 1615 um Verlängerung der Besetzung zu ersuchen[92], ein Ansinnen, welches den Vorstellungen der Niederländer sehr entgegenkam; mit Emden und Leerort beherrschten sie für lange Zeit nicht nur die Schiffahrt auf der unteren Weser, sondern sie hatten für ihren Verteidigungsring zwei wichtige Glieder gewonnen, welche sie bis zur preußischen Übernahme 1744 besetzt hielten[93].

Die Arbeiten Valckenburghs in Emden und Leerort – sein Aufenthalt in Emden ist in den Jahren 1614 bis 1616 und in Leerort 1621 nachzuweisen – sind also im Zusammenhang mit den politischen, strategischen und ökonomischen Interessen der Generalstaaten in Ostfriesland zu sehen. Sein Landesherr, Prinz Moritz von Oranien, setzte ihn dort ein, wo es galt, diesem Interesse zu dienen.

5. Westdeutsche Städte als Teil des niederländischen Verteidigungskonzeptes

Der Jülich-klevische Erbfolgekrieg, häufig als Vorspiel zum Dreißigjährigen Krieg bezeichnet[94], rief die politischen Kräfte fast ganz Europas auf den Plan. Die Besetzung Düsseldorfs durch den Pfalzgraf zu Neuburg und der Festung Jülich durch Erzherzog Leopold nach dem Ableben des regierenden Herzogs ließ einen Krieg unvermeidlich

[88] Harm Wiemann: Das Reich, die Niederlande, der Graf und die Stände Ostfrieslands 1595–1603, in: NJb 39 (1967), S. 115-149, hier S. 142.

[89] Ebenda, S. 145.

[90] S. hierzu W[erner] Hahlweg: Untersuchungen zur Barrierepolitik Wilhelms III.von Oranien und der Generalstaaten im 17. und 18. Jahrhundert, in: Westfälische Forschungen 14 (1961), S. 42-81, hier S. 42.

[91] J. Schöffer: De Crisis van de jonge Republiek, 1609–1625, in: J. A. Houtte u. a. (Hg.): Algemene Geschiedenis der Nederlanden, Teil 6, Utrecht 1953, S. 1-60, hier S. 28. S. dazu auch A.R.A., Res. S. G., v. 24.1., 2.2. und 24.5.1611.

[92] A.R.A., 1.01.04, 6706 v. 18.6.1615.

[93] Günther Möhlmann: Die Epochen der ostfriesischen Geschichte, in: NJB 40 (1968), S. 14-30, hier S. 25.

[94] Lutz, S. 101.

erscheinen. Zwar kam er infolge des Todes Heinrichs IV. von Frankreich am 14. Mai 1610 nicht zum Ausbruch, doch rückte Prinz Moritz zur Wahrung generalstaatischer Interessen von Schenkenschanz aus nach Jülich vor und eroberte die Stadt nach einer methodisch vorgetriebenen Belagerung am 1. September 1610[95]. Ausbleibende Gegenmaßnahmen der Kaiserlichen ließen auf eine Beruhigung der Lage hoffen, eine Hoffnung, die durch die Übertritte des Pfalzgrafen von Neuburg zum Katholizismus und des Kurfürsten von Brandenburg zum Kalvinismus ein jähes Ende fand. Im Mai 1614 verstärkte Moritz die Garnison der Stadt Jülich[96] und besetzte, da ein Eingreifen der erzherzoglichen Armee unter Spinola bevorstand, im September die Städte Emmerich, Rees, Rheydt, Kleve und Goch. Spanien hatte sich zwischenzeitlich der Städte Aachen und Wesel bemächtigt. Der Vertrag von Xanten vom November 1614 unterband die drohende Kriegsgefahr, die besetzten Festungen und Städte blieben jedoch in Händen der jeweiligen Parteien. Kurz darauf war das militärisch-weltanschauliche Ringen um die Zugehörigkeit des nördlichen Niederrheins zu einer der Mächtegruppen und Konfessionen erneut aufgeflammt[97]. Im Verlauf der Auseinandersetzungen wurden die Niederländer 1621 aus Jülich vertrieben, während die näher an ihrer Grenze liegenden Städte gehalten werden konnten.

Für die Generalstaaten waren die von ihnen besetzten Städte zu Vorposten gegen einen eventuellen Einfall feindlicher Truppen geworden. Sie wurden Teil des bereits erwähnten Konzepts der Ostbarriere. Alle Aufgaben, die Valckenburgh in diesen Städten, den Festungen und ‚festen Häusern' dieser Städte durchführte, wurden ihm durch Prinz Moritz oder die Generalstaaten übertragen.

6. Düren unter der Besetzung der Union

Als im Juni 1609 die Possidierenden in Düsseldorf einzogen, war der bereits mehrfach erwähnte Graf Friedrich zu Solms-Laubach einer von acht begleitenden Reichsgrafen[98]. Als Mitglied ihres Kriegsrates kommandierte er im Kampf um Jülich die Reiterei, war jedoch schon im Dezember 1609 zum Gouverneur von Düren, welches abzufallen drohte, bestellt worden. Ab Juni 1610 begann er mit dem Ausbau der Befestigungsanlagen der Stadt, zu dem er Valckenburgh zugezogen hat. Wie gezeigt, stand Valckenburgh zu dieser Zeit, in Verfolg des Vertrages mit den korrespondierenden Hansestädten, in Diensten des Grafen Solms-Laubach, der den Ingenieur jedoch darüberhinaus dort einsetzte, wo seine Arbeitskraft erforderlich wurde. Sowohl in Düren als auch bei den von dort aus unternommenen militärischen Aktionen hat Valckenburgh den Grafen begleitet.

[95] S. hierzu Franz Petri: Im Zeitalter der Glaubenskämpfe (1500–1648), in: Franz Petri, Georg Droege (Hg.): Rheinische Geschichte, Bd. 2, Düsseldorf 1976, S. 1-217, hier S. 107ff.

[96] A.R.A., Res. S. G., v. 2.7., 7.7. und 9.7.1614; Schöffer, S. 27f.

[97] Petri, S. 111.

[98] Solms-Rödelheim, S. 186.

7. Dillenburg – Stadt der Oranier

Noch heute wirbt die Stadt Dillenburg mit diesem Spruch. Schloß Dillenburg war der Geburtsort des Grafen Wilhelm I. von Nassau, Statthalter von Oranien; der zu Beginn des Dreißigjährigen Krieges regierende Graf Johann VII. von Nassau-Dillenburg war ein Vetter von Prinz Moritz von Oranien. Die Lage des Familienschlosses an der Verbindungsstraße zwischen Franken und Westfalen barg die Gefahr in sich, trotz aller Neutralitätsbestrebungen in kriegerische Verwicklungen einbezogen zu werden[99]. Es war nur folgerichtig, daß der Graf alles daran setzte, das Schloß in einen möglichst guten Verteidigungszustand zu versetzen. Graf Wilhelm Ludwig von Nassau-Dillenburg, Statthalter von Friesland und ebenfalls Vetter Moritz', sandte, sicherlich nicht ohne Abstimmung mit diesem, im September 1619 Valckenburgh, der sich auf dem Weg nach Ulm befunden haben muß[100], nach Dillenburg, um entsprechende Maßnahmen zu planen oder einzuleiten. Hier waren es die Familienbande, die den Ingenieur für kurze Zeit in diesen Teil des Reiches führten.

8. Zusammenfassung

Der Überblick über die Auftraggeber Valckenburghs läßt schon jetzt zwei Aussagen zu. Prinz Moritz von Oranien setzte seinen Ingenieur, sieht man von der speziellen Situation Dillenburgs ab, überall dort ein, wo es galt, die militärische und weltanschaulich-konfessionelle Verteidigungsbereitschaft der Niederlande durch technische Maßnahmen, also den Festungsbau, zu flankieren. Dieser Überlegung folgte auch die Freistellung Valckenburghs für seine Auftraggeber im Reich. Eine Stärkung der angesprochenen Städte bedeutete gleichzeitig die Einflußnahme auf politische und wirtschaftliche Entscheidungen in der jeweiligen Region, militärisch wirkungsvolle und dauerhafte, den eigenen Aufwand minimierende Unterstützung der Bündnispartner oder Gleichgesinnten und damit eine Bindung und Schwächung feindlichen Potentials. Zum zweiten muß sich Valckenburgh einer sehr hohen Wertschätzung seines Landesherrn nicht nur als Fachmann erfreut haben. Es ist nicht vorstellbar, daß Moritz den befreundeten Städten einen nur mittelmäßig begabten Festungsbaumeister geschickt hätte; hier mußte sich fachliches Können mit politisch-taktischem Durchsetzungsvermögen verbinden, in dem Bewußtsein, in allem als Vertreter sein Land zu repräsentieren. Genauso wenig ist es denkbar, daß Moritz, selbst wie kaum ein anderer mit der Materie des Festungsbaues vertraut, minderqualifizierte Männer in seiner Umgebung geduldet hätte.

[99] S. hierzu und dem Folgenden Emil Becker: Schloß und Stadt Dillenburg, Dillenburg 1950, S. 108.
[100] S. S. 94 dieser Arbeit.

DIE WIRKUNGSSTÄTTEN JOHAN VAN VALCKENBURGHS

I. Bedeutende Festungsplanungen und –bauten

1. Lüneburg

Die zum Herzogtum Braunschweig-Lüneburg gehörende Stadt Lüneburg war im 15. und 16. Jahrhundert nicht nur die politisch und wirtschaftlich mächtigste Stadt des Landes, sondern auch innerhalb des niedersächsischen Reichskreises von hohem Einfluß. Als Mitglied der Hanse war sie der wendisch-sächsischen Städtegruppe, später dem wendischen Quartier zugeordnet und wurde Mitte des 16. Jahrhunderts zu den reichsten Städten der Gemeinschaft gerechnet[1]. Ihre wirtschaftliche Kraft und damit ihre politische Bedeutung verdankte sie zum einen ihrer geographischen Lage, zum anderen den reichen Salzvorkommen. Als Verkehrsknotenpunkt verknüpften sich in der Stadt die radial ausstrahlenden Fernstraßen, die, von Nord- und Ostsee kommend, nach Mittel-, Ost- und Süddeutschland führten. Die schiffbare, in die Elbe mündende Ilmenau bildete den Anschluß an den Seeverkehr und die Elbenebenflüsse.

Zu Beginn des 17. Jahrhunderts hatte Lüneburg jedoch wie die meisten deutschen Städte den Höhepunkt seiner Macht seit langem überschritten. Mit großem Geschick hatte es sich in den vergangenen Jahrhunderten eine immer stärkere Unabhängigkeit vom Landesfürstentum erkämpft, jedoch nie Schritte unternommen, die erreichte Selbständigkeit rechtlich durch Erwerb der Reichsunmittelbarkeit abzusichern. Der Grund mag darin gelegen haben, daß die Stadt wenig Interesse daran hatte, die letzten Bindungen an den Landesherrn aufzugeben und mit den Vorteilen der Reichsfreiheit auch deren Lasten zu übernehmen. Die erlangte Machtfülle gestatte es, Politik nach eigenem Ermessen zu gestalten, dort jedoch, wo es Vorteile versprach, mit seiner Landsässigkeit zu argumentieren[2].

Der Wandel der Machtverhältnisse, der mit der wachsenden Stärke des Fürstenstaates einsetzte, vollzog sich in Lüneburg fast unmerklich. Eine der Folgen der Reformation war auch hier, daß die Welfenfürsten, die bis zur Einziehung der Klöster und Klosterpropsteien sich ständig in Geldnot befanden und von der Gebefreudigkeit

---

[1] DOLLINGER, S. 430.

[2] GEORG SCHNATH: Staatshoheit und Stadtfreiheit in der Geschichte Lüneburgs, in: DERS.: Ausgewählte Beiträge zur Landesgeschichte Niedersachsens, Hildesheim 1968, S. 26-44, hier S. 32.

der Stände und Städte – nicht zuletzt der reichen Salzstadt – abhingen, nunmehr ihren Haushalt in Ordnung bringen und die Staatsverwaltung ausbauen konnten[3]. Die Einlösung der Pfandschlösser, die Einschränkung von Zoll- und Durchfuhrfreiheiten, die Durchsetzung der Anerkennung der Erbuntertänigkeit und die Auffassung vom natürlichen Recht des Landesfürsten auf Herrschaft auf der Grundlage des lutherischen Bekenntnisses, dem Lüneburg aus freiem Entschluß beigetreten war, festigten die Stellung des regierenden Herzogs[4].

Der Machtverlust Lüneburgs verstärkte sich durch den gleichzeitig einsetzenden wirtschaftlichen Rückgang, die sich häufende Durchbrechung der Monopolstellungen, den Verlust von Märkten, die Konkurrenz anderer Salzsorten, den Fortfall des Stapelrechtes und die Freigabe des bis dahin zugunsten Lüneburgs im Bereich der Ilmenau gesperrten Elbhandels[5]. Niedergang der Wirtschaftskraft und Verlust der Eigenständigkeit beeinflußten sich wechselseitig zum fortschreitenden Nachteil der Stadt und führten zu einem Anwachsen der Schuldenlast. Wegen der vom fast unumschränkt herrschenden Rat geforderten häufigen Abgabenerhöhungen und der Ausgabenpraxis kam es zu erheblichen Auseinandersetzungen zwischen Rat und Bürgerschaft, die schließlich vor Herzog Christian ausgetragen wurden[6]. Der Fürst nutzte die politische Chance einer Eingriffsmöglichkeit in die inneren Angelegenheiten der Stadt und forderte mit dem Rezeß vom 2. Mai 1619 von der Bürgerschaft die Anerkennung der Kompetenzen des Rates, vom Rat dagegen die jährliche Rechnungslegung gegenüber der Bürgerschaft[7]. Hatte schon der Rezeß von 1562 Anzeichen der wiedererstarkenden Macht des Fürsten gezeigt[8], so glich der Spruch von 1619 eher einem herzoglichen Diktat, und mit dem Rezeß von 1639[9] war das Ende der Eigenständigkeit der Stadt besiegelt; die vollständige Wiedereinordnung Lüneburgs in den Territorialstaat war vollzogen.

Die Befestigungsanlagen

Die mittelalterlichen Befestigungen Lüneburgs umschlossen einen annähernd rechteckigen Stadtgrundriß mit Kantenlängen von ungefähr 1.200 und 600-700 m. Die Grundfläche der Stadt, auf der zu Beginn des Dreißigjährigen Krieges etwa 14.000 Einwohner lebten, betrug rund 84 ha[10]. Der innere Mauerring, dessen Anfänge bis in das 12. Jahrhundert zurückreichten, hatte eine Länge von etwa 3.800 m. Er hat den Umfang der Stadt bis in das 18. Jahrhundert festgeschrieben. Auch der Ausbau der Befestigungsanlagen in den folgenden Jahrhunderten schuf – sieht man von den kleinen

---

3 Wilhelm Reinecke: Geschichte der Stadt Lüneburg, Bd. 2, Lüneburg 1933, S. 221.

4 S. hierzu Klaus Friedland: Der Kampf der Stadt Lüneburg mit ihren Landesherren. Stadtfreiheit und Fürstenhoheit im 16. Jahrhundert, Hildesheim 1953, (QDGN 53); Olaf Mörke: Rat und Bürger in der Reformation. Soziale Gruppen und kirchlicher Wandel in den welfischen Hansestädten Lüneburg, Braunschweig und Göttingen, Hildesheim 1983, (Veröffentlichungen des Instituts für Historische Landesforschung der Universität Göttingen 19).

5 Schnath, Staatshoheit, S. 35.

6 Horst Heuer: Lüneburg im 16. und 17. Jahrhundert und seine Eingliederung in den Fürstenstaat, phil. Diss. Hamburg 1968, S. 105.

7 Ebenda, S. 98ff.

8 Ebenda, S. 105ff.

9 Ebenda, S. 112ff.

10 Georg Winter: Lüneburg, in: Erich Keyser (Hg.): Deutsches Städtebuch, Bd. 3.1, Niedersächsisches Städtebuch, Stuttgart 1952, S. 229-234, hier S. 229.

Flächen hinter der „Hohen Batterie“ und dem Kalkberg ab – keine neuen Wohngebiete, da sich die Neuanlagen zumeist von außen an die vorhandenen Mauern anlehnten. Den Verlauf und den Aufbau dieser Wehranlagen gibt der Stich von Braun-Hogenberg von 1598 (Plan 13) sehr übersichtlich wieder. Er zeigt ebenfalls, daß es zu dieser Zeit so gut wie keine Wohnbauten außerhalb des Mauerringes gab, ein Umstand, der die bereits erwähnten verteidigungstechnischen Gründe gehabt haben dürfte. Schon im Jahre 1371 hatten Rat und Bürgerschaft von den Herzögen Wenzel und Albrecht die Vollmacht erhalten, alle Häuser und Bauwerke außerhalb der Stadtmauer, die in der Grimme, vor dem Lindenberger-, dem Roten- und dem Sülzer Tor lagen, abbrechen oder verbrennen zu lassen[11], und erst im 18. Jahrhundert, als Wälle und Mauern ihren militärischen Wert verloren hatten, griff intensivere Bebauung über die mittelalterliche Begrenzung hinaus.

Der Braun-Hogenbergsche Plan zeigt, daß die innere Stadtmauer durch zahlreiche eckige und runde Türme, die um 1370 bereits gestanden haben dürften[12], verstärkt war. Unter Ausnutzung der natürlichen Gegebenheiten war eine Grabenanlage entstanden: Im Norden hatten die Lüneburger die aus Nordwesten kommende Rodenbek, die in der Höhe des vorgesehenen Grabens nach Osten in Richtung Bardowicker Tor abbog, genutzt, um einen breiten, allerdings aus topographischen Gegebenheiten im wesentlichen trockenen Graben auszuheben. Vermutlich ist die Mauer auch deshalb in diesem Bereich besonders hoch aufgeführt worden[13]. Im Süden fand die aus Westen kommende Reiherbek, die wahrscheinlich um den Salinenhof im Bogen herumgeleitet worden war und zusätzlich Wasser aus der Ilmenau bezog, Verwendung. Im Westen floß die Gumma, von Norden kommend, in die Reiherbek und bildete zwischen innerer Mauer und neuem Wall einen Teil der dortigen Befestigungsanlage; ein zweiter, äußerer Graben schloß den Kalkberg in den Befestigungsring mit ein und nutzte ihn so als Verteidigungs- und Beobachtungsstellung. Im Osten war die Stadt am stärksten befestigt: vor der inneren Mauer floß die Ilmenau, die ab Höhe Abtsmühle eine etwa 200 m lange Insel bildete, die Mühlen, Kaufhaus, Kran und Fischmarkt aufnahm. Am jenseitigen Ufer war ein Wall aufgeschüttet worden, dem der Stadtgraben – der spätere Große Lösegraben – vorgelagert war. Die Wälle waren parallel zu den Grabenarbeiten entstanden – 1346 der Neubrücker Wall, 1356 der Sülzwall, 1414 der Wall beim Lindenberger Tor, 1444 der Wall östlich des Bardowicker Tores[14]. In einigen Abschnitten waren sie mit einer äußeren, gleichfalls durch Turmbauten verstärkten Stadtmauer kombiniert worden. Lediglich zwischen dem Lüner- und dem Altenbrücker Tor befand sich statt eines Turmes die sogenannte „Hohe Batterie“. Auf einer zusätzlichen Erdaufschüttung auf dem Wall – einem „Cavalier“ oder einer „Katze“ – stationiert, konnte von dort aus das Vorfeld unter Kontrolle gehalten werden. Wo die Ilmenau die Stadt verließ, noch innerhalb des inneren Mauerringes, lag der Hafen. Die Sicherung erfolgte durch Palisaden, deren Durchfahrt durch einen im Wasser schwimmenden, oben mit eisernen Spitzen besetzten, an Ketten befestigten Baum geschlossen werden

[11] Wilhelm Reinecke: Die Straßennamen Lüneburgs, Hildesheim 1914, (QDGN 30), S. 67.

[12] Ebenda, S. 147. Im Jahr 1371 läßt sich Herzog Magnus die Schlüssel „unde alle de thorne umme dhe stad“ übergeben.

[13] Imme Ferger: Lüneburg. Eine siedlungsgeographische Untersuchung, Bonn-Bad Godesberg 1969, (Forschungen zur deutschen Landeskunde 173), S. 185.

[14] Reinecke: Straßennamen, S. 148.

konnte. Doch diente dieser nicht nur der Abwehr eines feindlichen Überfalls, sondern verhinderte auch das heimliche Ablegen fremder Schiffe vom Kaufhaus[15].

Durch die Jahrhunderte hatte die Stadt ihre Befestigungsanlagen mit großem Einsatz der Bürger und hohem finanziellen Aufwand errichtet, ausgebaut und instandgehalten. Das Neue Tor am Kalkberg entstand 1365. 1411 wurde die Stadtmauer vor der „nygen brügge" erhöht und ausgebessert[16]; 1467/77 mußte das Lüner Tor, vormals Neubrücker Tor, nach Einsturz neu gebaut werden; erhebliche Kosten verursachten im 15. Jahrhundert die Anlage und Unterhaltung der Ilmenauschleusen am Lösegraben; aus dem Jahr 1533 berichtet die Chronik Jacob Schomakers über den Bau des Neuen Tores und die Errichtung des dortigen Turmes[17]; 1609 wird berichtet, daß zwischen Sülze und Neuem Tor der Wall eingestürzt und die Mauer zerrissen ist: „Ursach muß sein, daß etwa Adern von Sohle darunter lauffen"[18]. Die geologischen Verhältnisse in diesem Gebiet erforderten häufig Mehraufwendungen und Zugeständnisse bei den Befestigungswerken[19].

Doch trotz aller Bemühungen muß festgestellt werden, daß zwar die durchgeführten Arbeiten dem Erhalt und der Verstärkung der Verteidigungsanlagen dienten, diese Anlagen jedoch zu Beginn des 17. Jahrhunderts insgesamt nicht mehr den modernen Anforderungen, die veränderte Waffen- und Angriffstechniken erforderten, entsprachen. Das mittelalterliche, in einigen Ansätzen auch als ‚altitalienisch' zu bezeichnende Verteidigungssystem wurde in Lüneburg unverändert als Richtschnur für alle entsprechenden Baumaßnahmen verfolgt. Soweit den Quellen zu entnehmen, ist dem Rat der Stadt erstmals bei dem Besuch des Grafen Solms-Laubach und seines Gefolges, dem auch Johan van Valckenburgh angehörte, die Notwendigkeit einer baulichen Veränderung im Sinne der frühniederländischen Manier bewußt gemacht worden.

Die Arbeit Valckenburghs in Lüneburg

Der angesprochene Besuch, der nach Verlauf und Ergebnis der erste des Grafen in seiner Eigenschaft als General-Obrist der korrespondierenden Hansestädte in Lüneburg – und gleichzeitig die erste Nachricht über Valckenburghs Arbeitsaufnahme als eigenverantwortlicher Ingenieur in Deutschland – gewesen ist, fand in der zweiten Aprilwoche des Jahres 1609 statt. Er dürfte, geht man von der Usance aus, daß Verehrungen am Ende eines Besuches überreicht wurden, am 14./15. April beendet gewesen sein. Es findet sich eine entsprechende Eintragung im Lüneburger Kämmereibuch von 1609, in welchem unter der Rubrik „Klenodien und Vorehrungen" vermerkt ist, daß Dr. Leonhardt Elvers vier Begleitpersonen des Grafen, darunter seinem Ingenieur, je einen vergoldeten Becher überreichte[20]. Zwar wird der Name Valckenburghs nicht genannt, weil der Eintragende diesen nicht oder nicht mehr wußte, doch es dürfte nicht zweifelhaft sein, daß es sich um Valckenburgh gehandelt hat. Zum einen ist nicht anzunehmen, daß Solms einen zweiten, zusätzlichen Ingenieur auf seine Kosten unter Vertrag genommen hatte, zum anderen lag der Termin in Lüneburg nur zwei Wochen vor der Vereidigung seines Ingenieurs in Lübeck am 1. Mai 1609.

---

[15]Ebenda, S. 16.

[16]Zu diesem und dem Folgenden, ebenda, S. 70.

[17]StA Lbg, AB 1124 - AH IV,17(1).

[18]StA Lbg, AB 1134 u.1135 - AH IV,17(1).

[19]S. hierzu: Adolf Brebbermann: Das wehrhafte Lüneburg in vergangenen Jahrhunderten, Lüneburg 1955/56. (Nicht veröffentlichtes Manuskript im StA Lbg - Lbb 1).

[20]StA Lbg, AB 56.7 - Kämmereibuch v. 1609, S. 372.

Es gibt darüber hinaus ein weiteres Dokument, das diese Annahme erhärtet: den Bericht des Leonhardt Elvers vom 18. April 1609[21], der eine der wenigen erhaltenen schriftlichen Quellen ist, die eine Einschätzung und Beurteilung des Grafen und damit seines Festungsbaumeisters von dem Wert der mittelalterlichen Befestigungsmanier ganz allgemein und der in Lüneburg durchgeführten im besonderen enthält.

Elvers hatte die Besucher aus dem Neuen Thore zum Kalkberg geführt; das dort erst kürzlich erhöhte Rondell wurde als nicht sehr nützlich angesehen, man solle statt dessen ein Ravelin anlegen, welches gleichzeitig den Graben zum Bardowicker Tor hin beschützen könne. Im Graben befindliche Traversen und Mauern wurden bemängelt, da sie dem Feind Vorteile böten. Zu den hohen Wehren am Kalkberg wurde bemerkt, daß sie wohl gut zum Schutz der Häuser, doch gegen einen feindlichen Ansturm weniger geeignet seien, da die Geschütze nicht optimal eingesetzt werden könnten. Die niedrige Wehr hinter dem Kalkberg, welche aus gehauenen Steinen bestand, fand die Zustimmung der Inspizierenden, zumal die natürlichen Gegebenheiten zusätzliche Sicherheit garantierten. Anders wiederum südlich des Kalkberges: Elvers notierte die Forderung, auf der dortigen Ecke zusätzlich eine Bastei anzulegen und jenseits des Grabens eine Contrescarpe oder auch halben Mond zu bauen; dadurch könne man auch den Graben nach dem Sülzer Tor verteidigen. Wichtig sei, in Kriegszeiten außerhalb der Kalkgruben auf der Höhe eine Contrescarpe mit Laufgraben anzulegen, da man dann nicht allein die Neue Brücke und den Graben zum Bardowicker Tor verteidigen, sondern auch die ganze Niederung bestreichen könne. Graf Solms erläuterte dann die Wirkungsweise dieser äußeren Verteidigungsstellungen; selbst wenn der Feind sie einnehmen würde, hätte er nichts gewonnen, da die Contrescarpe und Laufgräben nach hinten offen seien, so daß er durch Geschützfeuer vom Wall wieder vertrieben werden könne. Auch seien in Notzeiten diese Anlagen schnell und ohne große Kosten zu bauen, wenn man verständige Leute und entsprechende Planungen habe.

Elvers führte seine Besucher anschließend auf die Nordseite der Stadt, auf den Wall zwischen Neuem und Bardowicker Tor. Der Wall entsprach zwar bezüglich seiner Breite den Vorstellungen der Fachleute, da man die Geschütze hinreichend schnell darauf bewegen könne, die Brustwehren seien jedoch zu hoch und dick, auch sei die Konstruktion im Ganzen nicht ordnungsgemäß. Insonderheit aber wurde das Fehlen von vorspringenden Bastionen bemängelt. Dadurch sei dieser Teil der Stadt besonders gefährdet. Man müsse bedenken, daß sich die Belagerungstechnik durch das Zappieren, dem Heranschanzen an die Stadtbefestigung, völlig verändert habe.

Der weitere Gang führte außerhalb der Wallanlagen über die Hude, den gegenüber dem Hafen liegenden Holzlagerplatz, vorbei am Lünertor zum Altenbrücker Tor, einen Abschnitt, der als zufriedenstellend bezeichnet wurde und der durch das Anlegen eines Ravelins schnell auf neuesten Stand gebracht werden könne. Nach einem Verbesserungsvorschlag zum Altenbrücker Tor, das man wegen der „Petarden", der Wurfbomben, mit einer Zugbrücke versehen solle, hatte Solms dann – und hier findet sich der bereits angesprochene zweite Hinweis auf die Anwesenheit Valckenburghs – einen Stadtgrundriß verlangt: „I. G. haben gefraget, ob nicht eine pianta, das ist ein abriß nur allein das situs der statt, wie sie sich an einem und anderen ortte hinausstreckt, vorhanden. [...] wan ihme eine solche zugeschickt würde, wolte er darüber consultieren, und dem Ingeniorn, so er bey sich hatt, der sich auch der stetten vertraut

---

[21] StA Lbg, UA b 1609 - 1612, Nr. 1. (Nr. 1a: Entwurf).

machen wird, befehlen, eine desegno oder abriß zuemachen, wie den binnen wehren von jahrn zu jahrn zue helffen, ohne große spesa, und wie auch in zeidt der nohtt die buten wehren anzuleggen, welches dan kein undienlicher vorschlagk, wan man mit nutz und vorteill bauen wollte. Es ist aber solches ohne eine solche pianta zuthuen unmöglich".

Die Bedenken und Anregungen, die Graf Solms-Laubach auf dem Rundgang zu Lüneburgs Befestigungsanlagen vorbrachte, zeigen, daß er ein unbedingter Anhänger des Bastionssystems gewesen ist. Wenn in dem Elversschen Bericht der Name Valckenburghs nicht genannt wurde, ist dieses sicherlich eher der höfischen Etikette, die den Aristokraten Solms-Laubach als Urheber und Verkünder der Verbesserungsvorschläge ausweist, als dem Mangel an Anteilnahme der Begleitpersonen am Gespräch zuzuschreiben.

Nach allem was bekannt ist, wurde der Rat jedoch trotz der Mahnungen in den Jahren 1609 und 1610 nicht tätig. Solms-Laubach sah sich genötigt, am 25.Januar 1611 aus Düren an den Rat der Stadt die Anfrage zu richten[22], ob er Valckenburgh nach Lüneburg senden solle, um mit diesem über die Befestigung „zu communicieren". Da man in winterlicher Zeit ohnedies nicht bauen könne, wäre Gelegenheit, das Werk zu recognoscieren und benötigtes Material zu beschaffen.

Dieser erneute Besuch Valckenburghs erfolgte erst im Mai 1611, und er nutzte ihn zu genauer Inspektion und Festlegung baulicher Einzelheiten. In einer Relatio vom 18.Mai 1611 hält Leonhardt Elvers fest, „was des Grafen von Solms Ingenieur Johan von Falkenberg mündlich angebracht"[23]. Eine weitere Niederschrift über diese Gespräche, datiert „Mense Mai 1611", wurde von den Meistern Domenico, Hans Behmen und Hans Schers, die Valckenburgh augenscheinlich neben dem Ratsherren Jürgen Schomacher bei seinem Rundgang begleitet hatten, gefertigt[24]. Beide Berichte decken sich in den wesentlichen Sachaussagen mit der schriftlichen Ausarbeitung, die Valckenburgh, noch in Lüneburg weilend, unter dem 29. Mai 1611 aufzeichnete[25] (Anlage 2).

Es war die erste Anweisung Valckenburghs, die erhalten ist. Dieses bisher unveröffentlichte Dokument gibt in sechs Punkten Anweisungen, um durch weniger aufwendige Maßnahmen, wie Anlegen zusätzlicher Zugbrücken und Vorrichtungen zum Steinabwurf an den Toren, Erhöhung einiger Brustwehren und verstärktes Wachegehen, die Verteidigungskraft der Stadt schnell zu erhöhen. Weitere sechs Punkte befassen sich mit dem Ausbau der Wälle, vor allem dem notwendigen Bau von elf Ravelins, um eine ausreichende Flankendeckung der Längswälle zu erreichen, wobei er gleichzeitig eine zeitliche Abfolge entsprechend des Gefährdungsgrades bestimmte. Die letzten drei Abschnitte beinhalten einen Kostenanschlag für die in ihren Abmessungen detailliert angegebenen Ravelins[26] und Einzelangaben für Vergabe- und

---

22 StA Lbg, UA b 1609 - 1612, Nr. 2.
23 StA Lbg, UA b 1609 - 1612, Nr. 3.
24 StA Lbg, UA b 1609 - 1612, Nr. 6.
25 StA Lbg, UA b 1609 - 1612, Nr. 5.
26 Hier kann ich SOENKE, S. 24, nicht folgen, wenn er schreibt, daß Valckenburgh bereit gewesen sei, „11 Ravelins für 55.000 brabantische Gulden herzustellen". Valckenburgh war kein Bauunternehmer, er hat zu keiner Zeit in eigener Regie Befestigungen erstellt, sondern stets nur geplant oder die Ausführung geleitet. Hier handelt es sich eindeutig um einen Kostenvoranschlag, wie er ihn später z. B. auch für Rostock geliefert hat (s. S. 81 dieser Arbeit).

Vertragsmodalitäten. 5.000 Gulden sollte eines dieser Werke kosten, „belauffen [sich] die 11 ravelins auff 55.000 brabantsche Gulden, seindt 24.444 Reichsthaler".

Diesen Ausführungen Valckenburghs ist zu entnehmen, daß seit der Besichtigung des Grafen Solms-Laubach im Jahre 1609 an den Befestigungsanlagen nichts Grundlegendes verbessert wurde, denn die für eine Flankierung dringlichen Vorbauten in Form von Ravelins, Spitzen oder Puntae waren nicht begonnen worden. Auch hatte man der Bitte des Grafen auf Übersendung eines Stadtgrundrisses nicht entsprochen, so daß Valckenburgh gezwungen war, nach einem „perspect", einer perspektivischen Zeichnung oder Vogelschau, zu planen. Es erscheint nicht abwegig, daß er seine Eintragungen in den Braun-Hogenbergschen Stich von 1598 vornahm, wobei er sich als Ingenieur der Ungenauigkeit eines solchen Planes bewußt war: „[...] wan eine rechte pianta von der stadt gemacht were, solte vilicht ein ravelin konnen nachgelassen werden"[27], schrieb er unter Punkt 8 seines Berichtes. Da der Plan nicht erhalten ist, kann auch die genaue Lage der vorgeschlagenen Ravelins nicht mit letzter Gewißheit bestimmt werden. Aus dem Text ist jedoch abzuleiten, daß die Ravelins A und B im Bereich des Neuen Tores, C am Bardowicker, D am Altenbrücker, E am Lüner und F am Roten Tor geplant gewesen sein müssen. Für die Ravelins G bis L bliebe dann nur der Abschnitt Sülzer Tor, um die Sülze herum bis zum Kalkberg. Bei einigen der Werke hatte Valckenburgh auch die Lage in etwa angegeben. Die Eintragung OW, unter Punkt 9 aufgeführt, muß den Durchfluß der Ilmenau durch den Wall gekennzeichnet haben.

Noch zweimal hat Valckenburgh an die Herren Jürgen Schomacher und Frantz Witzendorff geschrieben, einmal aus Braunschweig am 7.September 1611[28], das andere Mal aus 's-Gravenhage am 14.März 1612[29]. Beide Schreiben enthalten die Frage, ob der Rat wünsche, daß er nach Lüneburg komme, das zweite ergänzt durch Vorschläge zur Weiterführung oder Aufnahme der Arbeiten im kommenden Frühjahr. Weitere Dokumente über Kontakte Valckenburghs mit dem Rat der Stadt Lüneburg sind nicht überliefert, insbesondere ist nicht nachweisbar, daß er im Herbst 1611 auf dem Weg nach Holland oder zu einer späteren Zeit die Stadt noch einmal besucht hat[30].

Durchführung der Befestigungsarbeiten

Es ist keine eindeutige Aussage möglich, ob oder in welchem Umfang die Stadt den Vorschlägen Valckenburghs gefolgt ist. Aus den wenigen bekannten Zeugnissen muß geschlossen werden, daß der Rat für diese Aufgabe wenig Initiative entwickelt hat. Ob hierfür eine allgemein resignierende Haltung, wie sie Leonhardt Elvers – seit 1613 einer der Bürgermeister der Stadt - in seiner Chronik unter dem Datum des 21. Dezember 1615 äußerte, daß nämlich bei den modernen Kampfmitteln auch eine gut befestigte Stadt auf die Länge kaum zu halten sei[31], oder der chronische Geldmangel in der Stadtkasse verantwortlich war, muß offen bleiben. Dabei hatte die Stadt eine Abgabe,

[27]Die Verkürzungen einer Vogelschau sind erheblich. So ist z.B. im Braun-Hogenbergschen Plan von Lüneburg die Südseite der Stadt gegenüber der Nordseite um ca. 24% verkürzt dargestellt.

[28]StA Lbg, UA b 1609- 1612, Nr. 7.

[29]StA Lbg, UA b 1609-1612, Nr. 11.

[30]Valckenburgh ist nachweisbar das letzte Mal im Mai 1611 in Lüneburg gewesen, nicht wie LÜHRS, S. 17, schreibt 1612. Es existiert der Entwurf eines Antwortschreibens vom Sept. 611, o. D., zum ersten der Valckenburghschen Briefe, in dem sein Besuch als nicht zweckmässig erachtet wird, StA Lbg UA b 1609-1612, Nr. 8.

[31]StA Lbg, AB 1132.

das „Grabengeld“, eingeführt, die seit dem letzten Viertel des 16. Jahrhunderts erhoben wurde und jährlich etwa 1.000 Reichstaler einbrachte[32].

Aus den Kämmereibüchern bis 1632 sind jedoch keine größeren Ausgaben, die mit dem Bau umfangreicherer Befestigungsanlagen in Verbindung gebracht werden könnten, ersichtlich. Die Eintragungen erfolgten nicht, wie beispielsweise in Hamburg, objektbezogen, sondern nach Handwerker- und Materialgruppen, so daß zwar ablesbar ist, daß in jedem Jahr an Maurer und Zimmerleute Aufträge vergeben und Steine, Kalk und Bauholz eingekauft worden waren, der Einsatz- oder Bestimmungsort ist jedoch nur in wenigen Fällen vermerkt worden. Die Höhe der Einzelaufträge läßt eher auf Ausbesserungsarbeiten als auf größere Neuanlagen schließen.

Ein weiteres Indiz für die Unterlassung der Arbeiten ist die Frage der Bürgerschaft an den Rat Ende des Jahres 1625, wo denn die seit sechzig Jahren eingenommenen Grabengelder geblieben seien[33]. Sie stellte diese Frage anläßlich des Begehrens des Rates, für die Verbesserung der Verteidigungsanlagen einen halben hundertsten Pfennig zu erheben. Da eine befriedigende Antwort nicht gegeben werden konnte, wies der Landesherr 1630 den Rat an, für die Zeit von 1619 bis 1630 über die Verwendung dieser Gelder Rechnung zu legen[34]. Diese Entwicklung wäre kaum denkbar gewesen, wenn vor Ort bedeutendere Arbeiten durchgeführt und sichtbar gewesen wären. Es muß dabei zusätzlich bedacht werden, daß Valckenburgh die Herstellung eines Ravelins auf umgerechnet 2.220 Reichstaler geschätzt hatte, ein Aufwand, der den Einnahmen aus Grabengeldern in 2,2 Jahren entsprach. Gegenüber dem Herzog in Celle sah sich der Rat im Jahr 1636 zu der Erklärung gezwungen: „se seien schuldig, daß [...] die Stadt nicht in besser Fortification gebracht [...] worden sei(en)“[35].

Der Merian-Plan von 1654 (Plan 14) zeigt die bis zum Zeitpunkt der Aufnahme ausgeführten Festungsverstärkungen. Der Ausbau des dem Herzog zugefallenen Kalkberges mit dem Neuen Tor – wobei die Verteidigungsfront gegen die Stadt für die innenpolitische Situation kennzeichnend ist – war erfolgt, ein Bollwerk zwischen Bardowicker- und Neuem Tor angelegt, die Sicherung des Bardowicker- und Sulzer Tores vollzogen, und vor allem die wichtige, der Sülze vorgelagerte Taterschanze, von der aus die Süd- und Westflanke der Stadt geschützt werden konnten, war errichtet.

Abschließend sei auf zwei Randnotizen verwiesen, die sich in Chroniken der Stadt Lüneburg befinden, deren Urheber jedoch unbekannt sind. Nov. 1644 o. D. „Anlage eines neuen Bollwerkes zwischen Bardowicker- und Neuem Tor“[36]; April 1675 o. D. „In diesem Jahr Errichtung der neuen Werke vorm Roten- und Lüner Tor“[37]. Bei ersterem könnte es sich um das Ravelin B, welches im Merian-Plan von 1654 bereits enthalten ist, bei letzterem um die Ravelins E und F der Valckenburgschen Planung handeln. Diese Anlagen wären demnach erst 33 bzw. 64 Jahre nach den ersten Pla-

[32] Heuer: Eingliederung, S. 112.

[33] Apologia undt Schutzschrift (der Sterne), o. D., Niedersächsische Landesbibliothek Hannover, Abt. XXIII, 902, Bl. 22v.

[34] Ebenda, Bl. 28v.

[35] StA Lbg, S 8a 19a.

[36] StA Lbg, AB 1131a - AH IV,17(2).

[37] StA Lbg, A.2.36. - AH IV,17(2).

nungen realisiert worden, zu einer Zeit, als die Stadt ihre Eigenständigkeit seit langem verloren hatte.

Die Bedeutung Valckenburghs für Lüneburg muß darin gesehen werden, daß er sehr frühzeitig Wege zur Modernisierung der Befestigungsanlage aufzeigte, um so die Verteidigungskraft der Stadt zu erhöhen. Wenn Rat und Bürgerschaft auch sehr zögernd an die Durchführung herangingen, und die Arbeiten erst Jahrzehnte später ihren Abschluß fanden, so ist doch ersichtlich, daß Grundlage des späteren Ausbaues die Überlegungen Valckenburghs gewesen sind. Der Ingenieur scheint auch sehr genau die Willenskraft und die finanziellen Möglichkeiten der Stadt eingeschätzt zu haben; es fällt auf, daß er dem Rat keineswegs eine umfangreiche, kostenintensive Bastionärsbefestigung vorschlug, wie er sie wenige Jahre später für Hamburg oder Rostock entwickelte, sondern daß er lediglich an verteidigungsstrategisch entscheidenden Punkten die vorhandenen Anlagen durch vorgeschobene Ravelins ergänzte und auf durchgehende Faussebraies und Contrescarpen verzichtete. Offen bleiben muß die Frage, ob Valckenburgh von Seiten des Rates oder des Grafen Solms-Laubach entsprechende Vorgaben für die Planung erhielt.

2. *Hamburg*

Hamburg war am Unterlauf der Alster, etwa 100 km oberhalb der Mündung der Elbe in die Nordsee entstanden. Die Stadt gehörte im Mittelalter zusammen mit den Städten Lübeck, Rostock, Wismar, Stralsund und Lüneburg zum Kern der Hanse, der wendischen Städtegruppe[38]. Zahlreiche Privilegien hatten schon im 13. und 14. Jahrhundert zu fast völliger Selbständigkeit der Stadt geführt, jedoch erst nach vier Immedietätsprozessen wurde die Stadt 1618 für reichsunmittelbar erklärt; Dänemark anerkannte dieses Urteil erst eineinhalb Jahrhunderte später im Gottorper Vergleich von 1768[39].

Die sichere Entfernung Hamburgs zum Meer und die natürlichen geologischen Gegebenheiten[40] sowie die hervorragende geographische Lage zwischen dem atlantischen und baltischen Nordeuropa, zwischen Skandinavien und Kontinentaleuropa und im Grenzraum zwischen Ost und West bildeten günstige Voraussetzungen für die Entwicklung der Stadt. Während die Mehrzahl der Hansestädte im ausgehenden Mittelalter und zu Beginn der frühen Neuzeit vom wirtschaftlichen Niedergang betroffen waren und ihre ehemalige Bedeutung nie wieder erlangten, setzte in Hamburg, nicht immer in Einklang mit den hansischen Regeln, ein Aufschwung ein, der die Stadt zu einer der bedeutendsten des Reiches werden ließ.

Eine aus politischer Einsicht konstant verfolgte Neutralitätspolitik und die Offenheit von Rat und Kaufleuten gegenüber Fremden waren weitere Grundlagen für

---

38 Dollinger, S. 156.

39 S. hierzu Heinrich Reincke (Hg.): Dokumente zur Geschichte der Hamburgischen Reichsfreiheit, Hamburg 1961, (Veröffentlichungen aus dem Staatsarchiv der Freien und Hansestadt Hamburg 7, Teil 1), und Ders.: Hamburgs Aufstieg zur Reichsfreiheit. Vortrag am 25. Januar 1956, in: ZHG 47 (1961), S. 17-34.

40 S. hierzu Hans-Jürgen Gäbler: Baugrund und Bebauung Hamburgs. Der Einfluß des natürlichen Untergrundes auf die Entwicklung einer Welthafenstadt, Hamburg 1962, (Hamburger Geographische Studien 14), S. 177-208.

wachsenden Reichtum. Nicht geringen Anteil daran hatten die zugewanderten niederländischen Glaubensflüchtlinge, Kaufleute, die ihre Handelsverbindungen auch von ihrer neuen Heimat aus aufrechterhielten. Das Gewerbe – zu nennen ist hier vor allem die Bierbrauerei und die Tuchfärberei – entwickelte sich ebenfalls zu einem bedeutenden Wirtschaftszweig, da viele der eingeführten Waren in Hamburg bearbeitet und in veredelter Form weiterverhandelt wurden. Hamburg gehörte zu den wenigen deutschen Städten, deren Wirtschafts- und Finanzleben durch den Dreißigjährigen Krieg keine Einbußen erfuhr. Der Krieg mit seinen Handelschancen förderte seinen Wohlstand eher als er ihm abträglich war[41].

Der Rat hatte eine Territorialpolitik verfolgt, die sich an den Handelsinteressen der Stadt mit dem Ziel der Sicherung der Handelswege ausrichtete. Die wenigsten Erwerbungen konnte die Stadt jedoch gegen die erstarkenden Nachbarterritorien behaupten. Zu Beginn des 17. Jahrhunderts waren neben den Walddörfern und Moorburg nur die Ämter Ritzebüttel an der Elbmündung und Bergedorf mit den Viermarschlanden, das – in sechsjährigem Turnus wechselnd – zusammen mit Lübeck verwaltet wurde, noch unter hamburgischer Hoheit[42]. Macht und Einfluß Hamburgs beruhten ausschließlich auf seiner Wirtschaftskraft, die zu erhalten und für Dritte unverzichtbar zu gestalten oberstes Ziel sein mußte. Da offensive militärische Machtmittel ausschieden, war eine durch diplomatisches Lavieren zu erreichende Neutralitätspolitik außenpolitische Maxime, ein Verhalten, das zwar „weniger heldenhaft, dem Wohlergehen der Stadt aber weit zuträglicher" war[43].

Vor allem die anhaltenden Bedrohungen durch den dänischen König, der als Graf von Holstein die Landesherrschaft über Hamburg beanspruchte, zwangen den Rat zu überlegtem Taktieren. Christian IV. hatte 1616 die Festung Glückstadt, etwa 40 km elbabwärts, anlegen lassen, um den Hamburger Handel zu stören. Nach der Erklärung der Reichsunmittelbarkeit bedrohte er 1621 die Stadt. Im Vertrag von Steinburg vom 8. Juli 1621 setzte er die Verpflichtung Hamburgs durch, beim Hause Holstein „in untertäniger Devotion zu bleiben"[44]. Widerstand, wie ihn die Hamburger 1686 leisten sollten, war zu dieser Zeit wenig aussichtsreich, da die modernen Befestigungsanlagen erst im Bau waren.

Das Verhältnis zwischen Rat und Bürgerschaft wurde zu Beginn des 17. Jahrhunderts durch den ‚Langen Rezeß' von 1529, der 1603 in einigen Punkten modifiziert worden war, bestimmt[45]. Die Reformation hatte zu einer grundlegenden Neuordnung

---

[41] Hans-Dieter Loose: Das Zeitalter der Bürgerunruhen und der großen europäischen Kriege 1618-1712, in: Werner Jochmann und Hans-Dieter Loose (Hg.): Hamburg, Geschichte der Stadt und ihrer Bewohner, Bd. 1, H. D. Loose (Hg.): Von den Anfängen bis zur Reichsgründung, Hamburg 1982, S. 259-350, und Günter Buchstab: Reichsstädte, Städtekurie und Westfälischer Friedenskongreß, Münster 1976, (Schriftenreihe der Vereinigung zur Erforschung der Neueren Geschichte 7), S. 194f.

[42] S. hierzu Heinrich Reincke: Hamburgische Territorialpolitik, in: ZHG 38 (1939), S. 28-116.; Hans Kellinghusen: Das Amt Bergedorf. Geschichte der Verfassung und Verwaltung bis zum Jahre 1620, in: ZHG 13 (1908), S. 181-374.

[43] Rainer Postel: Reformation und Gegenreformation 1517–1618, in: Jochmann, Loose, S. 191-258, hier S. 200.

[44] Reincke, Aufstieg, S. 33f.; Hans-Dieter Loose: Hamburg und Christian IV. von Dänemark während des Dreißigjährigen Krieges, Hamburg 1963, (Veröffentlichungen des Vereins für hamburgische Geschichte 18), S. 7-21.

[45] Rainer Postel: Kirchlicher und weltlicher Fiskus in norddeutschen Städten am Beginn der Neuzeit, in: Michael Stolleis (Hg.): Recht, Verfassung und Verwaltung in der frühneuzeitlichen Stadt, Köln, Wien 1991, (Städteforschung A/31), S. 91-107; Bolland, S. 26.

des kirchlichen Lebens geführt, die sehr bald auch in den politischen Bereich vordrang und letztlich zu ständiger bürgerlicher Mitwirkung und Kontrolle führte. Mit der Übertragung der Kämmerei auf einen Bürgerausschuß hatte Hamburg 1563 eine Entwicklungsstufe erreicht, die in anderen Städten erst sehr viel später zu beobachten war[46]. Doch blieb der Rat weiterhin eine Oligarchie der kaufmännischen Oberschicht und die bürgerlichen Kollegien, zumindest die Oberalten, „eine Auslese, deren sozialer Standard durch das Selbstergänzungsrecht gesteuert wurde“[47]. Mit dieser engen Verflechtung der Führungsschicht war gleichzeitig eine große Übereinstimmung in den grundsätzlichen Fragen städtischen Handelns gegeben, und dieses galt vor allem für die Verteidigungspolitik mit ihren erheblichen Belastungen für die Bürger.

Die Befestigungsanlagen

Das mittelalterliche Hamburg bildete nach seiner Erweiterung im 13. Jahrhundert und dem zweiten Alsterstau einen ellipsenartigen Grundriß, dessen Längsachse von Südwest nach Nordost verlief und eine Länge von ca. 1.560 m aufwies; die Breitenausdehnung betrug zwischen 500 und 600 m[48]. Diese, nach mittelalterlichen Vorstellungen durch Ziegelmauern, zahlreiche Türme, zehn Stadttore und gegen Ende des 15. Jahrhunderts durch einfache Wälle zusätzlich gesicherte Grundfläche wurde in den Jahren 1530–1558 im Westen durch den ‚Neuen Wall‘, der parallel zum alten, von den Zeitgenossen spöttisch ‚Dreckwall‘ genannten Wall verlief[49], und im Süden durch Einbeziehung des Brookes – ein Marschenstreifen von 1.300 × 150 m – erweitert. Die Länge der Verteidigungslinie wuchs damit auf etwa 5.100 m an[50]. Im Stadtgebiet, welches nunmehr einschließlich der Wasserflächen 137,5 ha umfaßte[51], lebten um 1600 annähernd 40.000 Einwohner[52].

Ungefähr zwei Drittel der Stadtgrundfläche lagen auf dem für eine Bebauung weniger geeigneten Marschenboden, das letzte Drittel zog sich im Osten auf den flach ansteigenden Geesthang hinauf. Der westliche, sich bis zu 27 m über die untere Stadt erhebende Geesthang blieb frei von Bebauung; er erzwang aus verteidigungstechnischen Gründen einen entsprechenden, die Ausdehnung der Stadt begrenzenden Abstand. Es war für Hamburgs Wirtschaftsstruktur bezeichnend, daß trotz der Hochwassergefährdung und der daraus resultierenden Aufhöhungsnotwendigkeit die Stadterweiterung

46 S. hierzu und dem Folgenden Rainer Postel: Reformation und Gegenreformation, S. 243; Jürgen Bolland: Senat und Bürgerschaft. Über das Verhältnis zwischen Bürger und Stadtregiment im alten Hamburg, 2. unveränd. Aufl., Hamburg 1977, (Vorträge und Aufsätze 7), S. 23ff.

47 Rainer Postel: Reformation und bürgerliche Mitsprache in Hamburg, in: ZHG 65 (1979), S. 1-20, hier S. 4, Zitat S. 15.

48 Heinrich Reincke, in: Erich Keyser (Hg.): Deutsches Städtebuch, Bd. 1, Nordostdeutschland, Stuttgart, Berlin 1939, S. 387-403, hier S. 388.

49 Gaedechens: Topographie, S. 96.

50 Eigene Berechnung.

51 Ilse Möller: Hamburg. Länderprofile – Geographische Strukturen, Daten, Entwicklungen, Stuttgart 1985, S. 46.

52 Reincke, Städtebuch, S. 390; Carl Arndt: Die Einwohnerzahlen der niederdeutschen Städte von 1550–1816, phil. Diss. Hamburg 1946 (masch.), S. 24, nennt für 1618 45.000 Einwohner. Zu den Zahlen von Hans Mauersberg: Wirtschafts- und Sozialgeschichte zentraleuropäischer Städte in neuerer Zeit. Dargestellt an den Beispielen Basel, Frankfurt a. M., Hamburg, Hannover und München, Göttingen 1960, S. 47, s. Rainer Postel: Die Reformation in Hamburg 1517–1528, Gütersloh 1986 (Quellen und Forschungen zur Reformationsgeschichte 52), S. 320f.

in das Niederungsgebiet erfolgte: Das Wasser war Lebensnerv nicht nur für die Kaufleute mit ihren Speichern, sondern auch für Tuchfärber und Bierbrauer[53].

Mit der Stadterweiterung wurden gleichzeitig die erforderliche Neubefestigung und eine Modernisierung der bestehenden Anlagen vorgenommen. Die drohende Kriegsgefahr, die durch Hamburgs Beitritt zum Schmalkaldischen Bund 1536 aufzog, beschleunigte diese Maßnahmen. Um 1530 wurde mit den Befestigungsarbeiten, wie es scheint nach einem einheitlichen Plan, begonnen[54]. Obwohl an vielen Stellen gleichzeitig die Arbeit aufgenommen worden war, kam diese Periode der Überarbeitung erst 1558 zum Abschluß. Der Kupferstich von Braun-Hogenberg von 1594 (Plan 15) zeigt die nach damaligen Maßstäben gut ausgebauten Verteidigungsanlagen.

Neben den eigentlichen Wallarbeiten mit ihren Neuanlagen, Aufhöhungen und Verbreiterungen wurden mit hohen Kosten weitere notwendige Baumaßnahmen durchgeführt. In erster Linie sind die Rondelle zu nennen, die an strategisch wichtigen Punkten zur Flankendeckung errichtet oder modernisiert wurden; Tore mußten erweitert oder verlegt, bei den neuen Wallabschnitten zusätzlich errichtet werden; die Verbreiterung und Vertiefung der Gräben waren durchzuführen; Hafen- und Alstereinfahrten mußten durch Palisaden gesichert werden, und immer wieder führten die Untergrundverhältnisse im Bereich der Wasserfronten zu Absackungen und Einstürzen und erforderten umfangreiche Ausbesserungen oder leichtere Ersatzbauten. Doch trotz des außerordentlichen Aufwandes an Arbeit und Kosten genügten diese Anlagen wegen der Weiterentwicklung der Kriegskunst auch in Hamburg nur zwei Generationen den für die Sicherheit der Stadt notwendigen Anforderungen.

Offen bleiben muß die Frage, ob erste Planungen für eine Umgestaltung - ähnlich wie in Bremen, Lübeck und Ulm – im Jahre 1608 von Johan van Rijswijck, dem niederländischen Festungsbaumeister und Lehrmeister Valckenburghs, entstanden sind, wie in der Literatur vereinzelt angegeben wird[55]. Belege hierfür gibt es nicht. Mit großer Wahrscheinlichkeit wird jedoch Solms-Laubach bei seiner Durchreise nach oder von Lübeck anläßlich seiner Vertragsunterzeichnung mit den Hansestädten im Juni 1608 eine Begehung und erste Begutachtung vorgenommem haben.

Die Arbeit Valckenburghs in Hamburg

Die Hamburger Bastionsbefestigung war das umfangreichste und bedeutendste Werk Johan van Valckenburghs in Deutschland. Umso bedauerlicher ist es, daß so gut wie kein aussagekräftiges Quellenmaterial über seine Arbeit in Hamburg erhalten ist. Es sind weder Bewertungen der angetroffenen Befestigungsanlagen noch Einzelvorschläge für ihre Verbesserung vorhanden; es finden sich keine Zeichnungen und, außer einer Bauanweisung für das Steintor, keine detaillierten Baubeschreibungen; es ist nicht einmal mit Sicherheit zu sagen, in welchem Jahr die Planungsunterlagen für den Bastionsgürtel entstanden sind. Auch aus Briefen, Verträgen oder protokollierten Gesprächen sind Einzelheiten über die verschiedenen Stufen der Planungsentwicklung nicht abzuleiten. Selbst aus den Rats- und Bürgerschaftsprotokollen, die sich bei dem

---

[53] Gäbler, S. 192f. Dort auch Baugrundkarte.

[54] S. hierzu und dem Folgenden insbesondere C. F. Gaedechens: Die Befestigung Hamburgs im Mittelalter, in: Karl Koppmann (Hg.): Aus Hamburgs Vergangenheit. Kulturhistorische Bilder aus verschiedenen Jahrhunderten, Bd. 1, Hamburg, Leipzig 1885, S. 323-344, hier S. 338ff.; Bocklitz, S. 115ff. Auch Soenke, S. 16, bezieht sich ausschließlich auf diese Angaben.

[55] So Löffler, S. 119 und Brehmer, S. 404.

Punkt ‚Festungsbau' überwiegend mit Finanzierungsfragen beschäftigen, sind nur wenige Anhaltspunkte zu gewinnen. Schon C. F. Gaedechens hat in Bezug auf den Ausbau der Festungsanlagen richtig erkannt: „Die Nachrichten über den Bau der einzelnen Theile sind nur lückenhaft und verwirrt"[56]. Ergänzend muß festgestellt werden, daß über die vorbereitenden Arbeiten und Diskussionen so gut wie kein Material vorliegt. Neben einigen Briefen und zwei weiteren Dokumenten erweisen sich die bisher nur ungenügend ausgewerteten Kämmereibücher als die verläßlichsten und umfangreichsten Quellen über Valckenburghs Tätigkeit in Hamburg. Diese Eintragungen geben zumindest Anhaltspunkte für seinen Aufenthalt in der Stadt, und aus Zahlungshöhe und -zeitpunkt kann, häufig in Analogieschluß zu anderen Städten und ergänzt durch erstmalige Angaben aus dem Algemeen Rijksarchief 's-Gravenhage, auf seine jeweilige Tätigkeit geschlossen werden. Bekannt ist auch das beeindruckende Ergebnis. Zeitgenössische Stiche – auf den in der Einleitung angesprochenen Vorbehalt muß auch hier noch einmal hingewiesen werden – und der Umstand, daß das geschaffene Festungswerk bis zu Beginn des 19. Jahrhunderts im wesentlichen unverändert erhalten geblieben ist[57], erlauben grundsätzliche Aussagen.

Gleich die erste Nachricht über Valckenburghs Aufenthalt in Hamburg findet sich im Kämmereibuch von 1609[58]. Friedrich Graf zu Solms-Laubach muß mit seinem Gefolge unmittelbar nach der Vereidigung Valckenburghs in Lübeck am 1. Mai 1609 nach Hamburg aufgebrochen sein, denn schon am 3. Mai wurden ihm dort vier goldene Becher verehrt. Die Vermutung liegt nahe, daß Anlaß für diesen Aufenthalt die Verhandlungen über die konkrete Ausformung des Militärbündnisses und die Inspektion der Festungsanlagen mit Vertretern des Rates und seinem Ingenieur waren, wie sie wenige Wochen vorher schon in Lüneburg stattgefunden hatten. Die Herren blieben augenscheinlich mehrere Wochen, jedenfalls kostete den Rat dieser Besuch – „ohne den wein so im keller gefüllet" – insgesamt 3.333 ML, eine Summe, mit der man in damaliger Zeit eine 140 Mann starke Kompanie annähernd drei Monate unterhalten konnte[59].

Wichtig ist die Eintragung unter dem 8. Mai, die eine Verehrung an „deß Graffen Ingenior" von 170 ML ausweist[60]. Valckenburgh war der einzige aus Solms' näherer Umgebung, der bei diesem Aufenthalt eine Verehrung erhielt. Die Höhe dieser Zahlung weist darauf hin, daß er eine umfangreiche Tätigkeit, die er unter Umständen schon vor seiner Vereidigung in Lübeck aufgenommen haben könnte, entwickelt haben muß. Da Valckenburgh – und dieses wird bei den Ausführungen über Rostock deutlich – ein fleißiger und schnell arbeitender Mann war, darf daraus gefolgert werden, daß in dieser Zeit die ersten planerischen Überlegungen, vermutlich in Gestalt einer oder mehrerer Zeichnungen und eines detaillierten Berichtes über die vorhandenen Mängel und deren Beseitigung, entstanden sind. Solms wird diese Unterlagen dem Rat vorge-

---

56 Gaedechens, Topograghie, S. 124.

57 C. Büchel: Hamburgs Wälle und Wallanlagen in ihrer Entwicklung vom 17. bis zum 20. Jahrhundert, in: Die Heimat 17, Hamburg 1907, S. 212-218, hier S. 212f.

58 StA H, Kämmerei I, 22 Band 69, S. 197. Detailaufstellung S. 270. Noch am 17. Juni erhielten Solms' Trompeter 1 1/2 Faß Zerbster Bier.

59 C. F. Gaedechens: Das hamburgische Militär bis zum Jahre 1811, in: ZHG 8 (1889), S. 421-600, hier S. 469.

60 StA H, Kämmerei I, 22 Band 69, S. 260. Hier ist Gaedechens, Topographie, S. 124, zu korrigieren, wenn er den ersten Besuch Valckenburghs 1615 vermutet. Ebenso Loose, Bürgerunruhen, S. 260.

legt haben, der in der Sitzung am 27. Juli 1609[61] der Bürgerschaft unter anderem über die Besichtigung der Wälle auf dem Grasbrook und die bereits getätigten Ausgaben sowie über das mit dem Grafen Solms geführte Gespräch, in dem dieser „großen mangel" festgestellt habe, berichtete. Der Rat habe versichert, daß Erbges. Bürgerschaft seinen Ratschlägen gerne folgen werde. Dem Antrag des Rates auf Bewilligung eines doppelten Grabengeldes auf drei Jahre zur Vertiefung der Gräben und zur Leistung von Handdiensten wurde stattgegeben. Schon ein Jahr später, am 16. August 1610[62], versuchte der Rat eine abermalige Verdoppelung des Grabengeldes und klarere Festlegungen über dessen Verwendung und Vergabe durchzusetzen, doch die Bürgerschaft stimmte erst nach langwierigen Diskussionen und wiederholten Nachfragen des Rates am 7. November 1611 zu[63].

Auch der zweite Besuch Valckenburghs ist nur aus der Eintragung in einem Kämmereibuch abzuleiten. Unter dem 27. April 1611 findet sich eine weitere Verehrung von 173 ML[64]; auch in diesem Fall muß aus der Höhe des gezahlten Betrages der Schluß gezogen werden, daß Valckenburgh intensiv an den Festungsplänen gearbeitet hat. In diesem Jahr kam er ein weiteres Mal nach Hamburg[65], um dann vor dem Grundsatzbeschluß der Bürgerschaft über die Intensivierung der Befestigungsarbeiten im Jahre 1615 Hamburg nur noch einmal, und zwar 1613 zu besuchen[66]. Die Höhe des damaligen Entgeltes von 34 ML läßt auf Besprechungen oder Überarbeitungen geringen Umfanges schließen. Betrachtet man die Kämmereibücher und Bürgerschaftsprotokolle bis zu diesem Zeitpunkt, kann mit großer Sicherheit gesagt werden, daß Valckenburgh bereits im Jahre 1611 die Planung der Hamburger Festungsanlage in ihren Grundzügen abgeschlossen hatte[67]. Sowohl die Höhe des Entgeltes von insgesamt 377 ML in den Jahren 1609/11, welches annähernd dem Doppelten der Zahlung für seine umfangreichen Arbeiten 1613 in Rostock und etwa drei Viertel des ihm im Jahre 1619 in Hamburg gezahlten Jahressoldes entsprach[68], als auch die aus fehlenden Zahlungen abzuleitende Tatsache, daß Valckenburgh bis zu dem angesprochenen Beschluß nur wenige, für eine umfangreiche Planung ungenügende Zahl von Tagen in Hamburg gewesen ist, lassen diesen Schluß zu. Hinzu kommt, daß es schwer vorstellbar ist, daß die politischen Gremien die erforderlichen Diskussionen und schwerwiegenden Beschlußfassungen ohne fertige, für eine Beurteilung aussagekräftige Unterlagen vorgenommen hätten.

Die Entscheidung für den Beginn des großen Werkes fiel auf Antrag des Rates in der Bürgerschaftssitzung am 9. Februar 1615[69]. Gleichzeitig wurde der Beschluß zur Erhe-

---

[61]StA H, Erbges. Bürgerschaft 1603-1630, Bd. 2, S. 165f. Beschluß S. 184.

[62]StA H, ebenda, S. 202f., 225 und 270.

[63]StA H, ebenda, S. 301. Beschluß S. 321.

[64]StA H, Kämmerei I, 22 Band 71, S. 195.

[65]StA H, Kämmerei I, 22 Band 74, S. 193.

[66]Hier weiche ich von der bisherigen Auffassung, die Planung sei 1615 entstanden, ab; so z. B. GAEDECHENS, Topographie, S. 124, und BOCKLITZ, S. 126.

[67]StA H, Kämmerei I, 22 Band 71, S. 197: „3. Augusti [1611]. Paul Uthrecht eine Rechnung vermöget wegen der zherringß kostung, so einer J. von Valckenbarch [...] tho 2 underscheetlichen mahlen by ehm gedahn, welchem een erb Rath quiteret, is luth rechnung – 187 ML, 3 Sh". Das Datum der Eintragung in das Kämmereibuch ist – und das gilt für alle Rechnungen für Kost und Logis – ohne Angabe des Zeitraumes, für welchen die Rechnung gilt, nur bedingt aussagefähig. Sie kann vom Wirt Wochen später zur Bezahlung vorgelegt worden sein.

[68]StA H, Kämmerei I, 22 Band 84, S. 88. Jahressold 500 ML, für den Valckenburgh jedoch nicht ausschließlich für Hamburg arbeitete. Zu Rostock s. S. 79 dieser Arbeit.

[69]StA H, Erbges. Bürgerschaft 1603-1630, Bd. 2, S. 338ff. Beschlüsse S. 382f.

bung von Sondersteuern, eines vierfachen Grabengeldes[70] und zur Leistung doppelter Handdienste[71] gefaßt. Am 27. Februar 1615 bat der Rat Valckenburgh nach Hamburg, ein Umstand, der nur aus seiner Zusage vom 1. Mai 1615 aus Bremen, wo ihn der Ratsbrief erst am 28. April erreicht hatte, bekannt ist[72]. Wenig später traf Valckenburgh mit seiner Begleitung in Hamburg ein[73] und wird sich der Vorbereitung zum Baubeginn, wie der Vergabe der Arbeiten, Absteckungen und ähnlichem, gewidmet haben. Er muß die Stadt schon Anfang Juni des Jahres wieder verlassen haben, denn am 7. Juni 1615 rechnete der Wirt Paul Utrecht die Auslagen für Valckenburgh mit der Kämmerei ab, und Ende Juni des Jahres war er bereits wieder im Westen des Reiches tätig[74]. Weitere Eintragungen in den Kämmereibüchern für das Jahr 1615 finden sich nicht.

Da Planunterlagen Valckenburghs nicht vorliegen, muß bei der Betrachtung der Bastionsanlage auf zeitgenössische Darstellungen zurückgegriffen werden. Am geeignetsten erweist sich der Stich von Arnoldus Pitersen aus dem Jahr 1644 (Plan 16), da er der einzige Plan ist, der eine Vorstellung auch der südlichen – nicht durchgeführten – Wallanlagen auf dem Grasbrook vermittelt[75]. Valckenburgh hatte die Stadt mit einem Ring von 22 Bastionen umgeben, die im Westen durch 11 vorgelagerte Ravelins[76] und ein Hornwerk[77] verstärkt wurden. Vier Bastionen – wenig später bereits wie alle anderen auch nach den Namensheiligen der Ratsherren benannt (s. Plan 16) – lehnten sich im Osten weithin an die vorhandenen Verteidigungsanlagen an, neun bildeten im Nordwesten und sieben auf dem Grasbrook die neue Stadtbegrenzung, und je eine schloß die verbleibenden Lücken des Walles in der Alster und der Elbe. Die Anzahl der Tore - Schwachpunkte der Verteidigung – wurde auf sechs beschränkt. Die neuen Anlagen entsprachen der frühniederländischen Manier. Einzelheiten über die Abmes-

---

[70]Grabengeld: Steuern, die gezielt zunächst für die Instandhaltung und später auch für den Neubau der Wallanlagen erhoben wurden.

[71]Handdienst: Verpflichtung aller Bürger und Einwohner, einschließlich des Rates, Arbeitsdienst beim Wallbau zu leisten. Konnte z. B. 1620 mit 2 Sh/Tag abgelöst werden.

[72]StA H, Cl. VII. Lit. Cc. No. 1 Vol 3a 2, Nr. 4.

[73]StA H, Kämmerei I, 22 Band 75, S. 202; Eintragung vom 27. Mai 1615, „mit dem Ingenieor Valckenberg verunkostet der schenk [...]".

[74]StA H, ebenda, S. 202; Eintragung ebenfalls vom 27.Mai 1615, „so der Ingenior Valckenberg by ihm mit seinen consorten verzheret, ißu senatus [...]". Keinesfalls blieb Valckenburgh, wie Bocklitz, S. 126, sagt, bis Ende des Jahres in Hamburg. Siehe A.R.A., 1.01.19, nr. 33, S. 67v f. Beschluß des Rates der Staaten vom 22. Juni 1615, Valckenburgh nach Jülich zur Inspektion der Festungswerke zu schicken, und Brief Valckenburghs vom 23.7.1615 aus Emmerich an Moritz; A.R.A., 1.01.04, 581. S. auch das Itenerar Valckenburghs.

[75]So vermutet auch Bocklitz, S. 127. Die Übernahme von geplanten Bauvorhaben in einen Stich war zu jener Zeit nicht ungewöhnlich. Ein gutes Beispiel findet sich in Bremen, wo in der bei Matthaeus Merian, Topographia Saxoniae Inferioris, Frankfurt 1653, abgebildeten Vogelschau die Valckenburgsche Planung einschließlich der ‚Durchbollwerkung' der kleinen Weser als bestehend dargestellt wird, obwohl sie nie ausgeführt wurde. Siehe dazu nächstes Kapitel. – Ungeklärt bleibt die Frage, aus welchem Grund die südliche Planung noch annähernd 20 Jahre nach der – vermuteten – Aufgabe (s. S. 52 dieser Arbeit) in einem Stich erscheint. Eine Möglichkeit wäre, daß sie doch noch in die Überlegungen des Rates einbezogen wurde, eine andere, daß es von diesem Stich eine sehr viel ältere Ausführung gegeben hat. Vergl. hierzu Gert Hatz: Topografisches zur Hamburger Dadler-Medaille von 1636, in: De Beldenaar – munten- en penningkundig Nieuws, 1990, S. 163-165. Hatz geht davon aus, daß ein früherer Pitersenscher Plan als Vorlage für die Rückseite der Medaille benutzt wurde.

[76]Ob die Südflanke ebenfalls durch Ravelins hätte gesichert werden sollen, muß offen bleiben. Valckenburgh zeichnete in seine Pläne diese selten oder nur unvollständig ein.

[77]Das zweite Hornwerk wurde 1643 errichtet.

sungen und den Aufbau, auch der Tore, sind oft beschrieben worden und sollen hier nicht noch einmal wiederholt werden[78].

Ganz wesentlich beeinflußt worden war Valckenburghs Planung durch die geographischen Gegebenheiten. In erster Linie ist in diesem Zusammenhang der westliche, bis auf 27 m ansteigende Geestrücken, auf dessen Einfluß für die Planung J. L. von Heß bereits 1787 hinwies[79], zu nennen. Die Beherrschung dieses Höhenrückens war für die Verteidigung der Stadt zwingend erforderlich, weil damit die Möglichkeit einer gezielten Beschießung der Stadt durch einen Feind verhindert werden und dessen Annäherung von dort aus unterbunden werden konnte. Gleichzeitig war damit der Schutz der Bebauung, die sich vom Neuen Wall nach Westen vorgeschoben hatte, gewährleistet. Konsequent legte Valckenburgh die ersten fünf Westbastionen – Albertus, Casparus, Henricus, Eberhardus und Joachimus – auf den Höhenrücken, und unter Beibehaltung des ‚Kreisprinzips' staffelte er die vier übrigen – Ulricus, Rudolphus, Petrus und Didericus – senkrecht zum Hang bis zur Alster hinunter[80]. Damit war der entwicklungspolitischen Notwendigkeit Rechnung getragen, die vor der Mauer entstandene Bebauung in das gesicherte Stadtgebiet einzubeziehen und neue Ansiedlungsflächen zu schaffen.

Diesem Entwurfsprinzip war im Osten schon die mittelalterliche Befestigung gefolgt. Der dortige Geestsporn wurde an seiner höchsten, etwa 19 m über dem Fluß liegenden Erhebung überquert. Durch die Anlehnung der neuen Werke an diese Anlage lagen die beiden mittleren Bastionen Hieronymus und Sebastian nun ebenfalls auf dem Höhenrücken, die Bastion Vincentius wurde senkrecht zum Hang zur Alster-, die Bastion Bartholdus zur Billeniederung angelegt, wobei die eigentlichen Höhenunterschiede – das Gelände wies bis zu 10% Gefälle auf – innerhalb der Kurtinen aufgefangen wurden[81]. Auffallend in diesem Festungsabschnitt ist das Fehlen einer vorgelagerten Faussebraie[82]; der Flankenschutz wurde durch die Anordnung von Orillons, die eigentlich als überholt galten, sichergestellt.

Bei der südlichen, nicht ausgeführten Planung, hat Valckenburgh, zweifellos in Übereinstimmung mit dem Rat, den städtebaulichen und verteidigungstechnischen Belangen Priorität vor den geographisch-geologischen eingeräumt; über die Schwierigkeiten, die die Bodenverhältnisse für die Gründung darstellten, war er sich sicher im klaren. Die Verlegung der Verteidigungslinie an den Fluß hätte neben der Errichtung einer modernen Wallanlage zusätzliche, wertvolle Wassergrundstücke innerhalb der Befestigung erschlossen.

Durch die neuen Befestigungsanlagen Valckenburghs entstand ein Stadtgrundriß, der im Süden einen abgeflachten Bogen darstellen und „die auf den Höhen liegende Stadt in einer vom Kreise wenig abweichenden Linie umschließen [sollte], deren Mittelpunkt der St. Nicolaithurm bildete"[83]. Diese erstmals von C. F. Gaedechens ge-

---

[78] Zuletzt ausführlich bei Bocklitz, S. 126- 129 und 132-137. Außer einigen Umrechnungsberichtigungen ist der auf S. 126 vermutete Böschungswinkel der Wälle von 1:1,5 auf 1:1 zu korrigieren, s. Valckenburghs Rostocker Memoranden (Anhang 6) und den Plan von Ulm (Plan 9).

[79] Jonas Ludwig von Hess: Hamburg topographisch, politisch und historisch beschrieben, Teil 1, Hamburg 1787, S. 43.

[80] Am deutlichsten zu verfolgen bei Gäbler, Plan auf S. 204.

[81] Ebenda, Plan auf S. 202.

[82] Das zeigt sehr deutlich auch der Stich von Wenzel Hollar von 1643.

[83] Gaedechens, Topographie, S. 124.

prägte, und in der Folgezeit immer wieder verwendete Formulierung[84] mag solange gelten, wie einem Leser eine ungefähre Vorstellung von der neuen Stadtgestalt vermittelt werden soll; sie ist jedoch dort irreführend, wo dadurch suggeriert wird, es sei gesichert, daß Valckenburgh bei seinem Entwurf auf diese Weise vorgegangen sei[85]. Es gab zwei Festmarken für den Entwurf des neuen Walles; den westlichen Geestrücken und die vorhandene östliche Befestigung. An letztere war die neue Anlage von außen anzulehnen, da der Wall andernfalls in die vorgelagerte, bis zu 10 m tiefere Senke – zwischen der heutigen Danziger- und Lohmühlenstraße – hätte gelegt werden müssen[86], wodurch eine Situation entstanden wäre, wie sie im Westen gerade beseitigt werden sollte. Der Standort des Nicolaiturmes ist in diesem Zusammenhang eine Zufälligkeit. Die Verbindung zwischen den nördlichen Endpunkten der beiden Bastionslinien wurde durch eine ellipsenförmige Wallführung geschlossen.

Die neuen Wallanlagen sollten die Stadtfläche entscheidend verändern. Die Gesamtfläche vergrößerte sich um 167% auf 373 ha; davon entfielen etwa 112 ha auf die Neustadt, 29 ha auf die größeren Wasserflächen wie Binnenalster und Niederhafen und 95 ha auf die neuen Wallanlagen, die damit 28% der Festlandflächen beanspruchten[87].

Es verging seit dem genannten Bürgerschaftsbeschluß jedoch annähernd ein Jahr, bis am 11. März 1616 an der Ostseite der Stadt mit den Bastionen Hieronymus und Sebastian begonnen wurde[88]. Wenige Wochen vor Baubeginn war Valckenburgh, aus Braunschweig kommend[89], in Hamburg und hatte dem Rat unter anderem einen Bericht mit einer Skizze über die Belagerung dieser Stadt gegeben[90], reiste jedoch bald wieder ab[91]. Vermutlich hatte der Rat mit ihm über die Übernahme der Oberleitung nach seiner Hochzeit am 14. April in Deventer[92] verhandelt, doch der Ingenieur mußte mit Schreiben vom 7. Mai 1616 aus Emden absagen, da er sich auf Befehl Moritzens nach Jülich begeben sollte[93]. Er sandte seinen Gehilfen Gerrit van Wennen

---

[84] So Reincke, Städtebuch, S. 389; Möller, Länderprofile, S. 45; Bocklitz, S. 126.

[85] Mit gleichem Recht und größerer Genauigkeit, jedoch weniger einprägsam, könnte man formulieren: der Grundriß der nordöstlichen Stadt entspricht einer halben Ellipse mit der Hauptachse zwischen den Bastionen Bartholdus und Joachimus, und von der letzteren ist die Befestigung in einem Kreisbogen mit Mittelpunkt Katherinenturm zur Elbe durchgeführt worden. Diese Untersuchungen sind sehr genau anhand des Planes ‚Hamburg einst und jetzt', Hg. Verein für Hamburgische Geschichte, 3. Aufl., 1990 nachzuvollziehen.

[86] Gäbler, S. 201.

[87] Möller, Länderprofile, S. 46.

[88] Gaedechens, Topographie, S. 124. Gaedechens stützt sich bei diesen und den weiteren Angaben ebenso wie J. G. Gallois: Hamburgische Chronik von den ältesten Zeiten bis auf die Jetztzeit, 2. Ausg., Bd. 2 und 3, Hamburg 1870, auf die Chroniken, die übereinstimmende, jedoch nur wenige Daten und Fakten enthalten; so z. B. Chronica von Hamburg, nach 1693, StA H, Hs 512; Chronik des Adam Tratziger, nach 1699, StA H, Hs 573; Chronik des Wentzel Janibal, Hamburg 1727, StA H, Hs 511; Michael Gottlieb Steltzner: Versuch einer zuverlässigen Nachricht von dem Kirchlichen und Politischen Zustande der Stadt Hamburg, Bd. 2 u.3, Hamburg 1731 und 1733. Die spätere Literatur stützt sich wiederum auf Gaedechens.

[89] Am 7. Februar erhielt Valckenburgh vom Braunschweiger Rat eine Verehrung von 50 Rt. StA Brg, B II 1:140.

[90] StA H, Kämmerei I, 22 Band 76, S. 214: „19. February [1616]. Vorehret ein Erb. Rath dem Ingenior Valckenberg vor den affrizh der belagering de stat Brunswich 4 Rosendaler – 36 ML".

[91] StA H, ebenda, S. 214; Eintragung über 60 ML an den Wirt Gerth Jacobsen „wegen des Ingeniorn Valckenberg".

[92] Soenke, S. 28.

[93] StA H, Cl. VII. Lit. Cc. No. 1. Vol 3a 2, Nr. 2.

nach Hamburg und versprach, sobald wie möglich ebenfalls zu erscheinen, um „Inspection zu nehmen, ob die conditores ihre condition woll achterfolgt und den sach genug gethan haben". Nach den Eintragungen in den Kämmereibüchern besuchte er Hamburg zumindest noch einmal Anfang Juni 1616[94], vielleicht im Zusammenhang mit den Schlampereien der ausführenden holländischen Firmen, welche die Arbeiten an den Bastionen für 80.000 Mark übernommen hatten, als sie feststellten, daß sie sich verkalkuliert hatten, aber „den Abschied hinter der Thüre genommen"[95] und heimlich verschwunden waren.

Valckenburghs nächster Aufenthalt ist im Januar 1617 bezeugt[96], wo er wohl den Umweg über Hamburg genommen hat, bevor er seine Arbeit Ende Januar in Ulm aufnahm[97]. Aus diesen wiederholten Besuchen ist zu schließen, daß Valckenburgh sich in der Anfangsphase intensiv um die Einhaltung seiner Anweisungen und die korrekte Durchführung der Arbeiten gekümmert hat und daß einige der bisher geäußerten Auffassungen zu revidieren sind[98].

Mit dem Bau der ersten beiden Bastionen war das Steintor nach Norden, in die Mitte der neuen Kurtine versetzt worden. Für diesen Bau lieferte Valckenburgh eine bisher nicht veröffentlichte Baubeschreibung[99] (Anlage 3), die einige interessante Konstruktionsdetails, beispielsweise über die Gründung, enthalten, im übrigen jedoch Kenntnisse damaliger Bauvorgänge oder eine ergänzende Zeichnung voraussetzte.

Die Nachrichten über die Weiterführung der Bauarbeiten in den Jahren 1617 bis 1619 sind spärlich. Vermutlich sind die Bastion Vincentius an der Alster[100], der Wall vom Deichtor bis zur Kehrwiederspitze[101] und, wie aus den Kämmereibüchern abzuleiten ist, die übrigen Arbeiten fertiggestellt worden[102]. Valckenburgh erhielt im März 1618 einen festen Vertrag und wurde am 19. Mai vereidigt[103]. Da er von nun an Sold bezog, ist seine Anwesenheit in Hamburg noch schwerer nachzuweisen, zumal es sich bei diesem Vertrag weniger um einen Dienstvertrag als vielmehr um die pauschale Abgeltung seiner Tätigkeit für Hamburg gehandelt haben dürfte; seine Verpflichtungen in Bremen, Lübeck und vor allem Ulm hat er, wie zu zeigen ist, in diesen Jahren unverändert wahrgenommen.

---

94 StA H, Kämmerei I, 22 Band 76, S. 215, Eintragung vom 7. Juni 1616 und Band 78, S. 151, Eintragung vom 6. Juli 1616 über Kost und Logis.

95 Übereinstimmend bringen STELTZNER, Bd. 2, S. 535f., und GALLOIS, Bd. 2, S. 1338, dies Ereignis mit den am 11. März 1616 begonnenen Bastionen in Zusammenhang, nicht wie GAEDECHENS, Topographie, S. 123, und BOCKLITZ, S. 135f., mit dem Brookwall. Demnach ist Bocklitz' Vermutung auf S. 136, Valckenburgh habe die Arbeiten auf dem Grasbrook verhindert, zumindest fraglich. Zitat bei STELTZNER, Bd. 2, S. 536.

96 StA H, Kämmerei I, 22 Band 78, S. 42: „8. Februar 1617. Gerhardt Jacobsen betalt, so der Ingenior Valckenberg bj ihm hir in loco verzheret, welcher wegen der fortification wercke hier gewesen – 209 ML, 4 Sh.", und auf S. 45: „3. Januar 1617. Dem Ingenior Falckenberg betalt therings kostung sambt consorten uth und tho huß luth rechnung 130 Rdal in spezie und 75 Dal verehrung – 520 Mk, 5 Sh.".

97 S. S. 89 dieser Arbeit.

98 So BOCKLITZ, S. 130, der angibt, daß Valckenburgh zwischen 1615 und 1618 nicht in Hamburg gewesen sei, oder LÜHRS, S. 17, der vermutet, daß Valckenburgh die Wintermonate am Hof in 's-Gravenhage verbracht habe.

99 StA H, Cl. VII. Lit. Cc. No. 1 Vol 3 a 2, Nr. 26. Die Baubeschreibung trägt weder Datum noch Unterschrift. Nachträglich ist die Jahreszahl 1617 vermerkt, vom Bauablauf wäre 1616 folgerichtiger, da die Fundamente des Tores mit den Wallarbeiten zusammen ausgeführt werden mußten.

100 GAEDECHENS, Topographie, S. 125.

101 STELTZNER, Bd. 3, S. 700.

102 S. hierzu G. F. VOIGT: Nachträge zur Geschichte des Kriegswesens der Stadt Hamburg in der ersten Hälfte des 17. Jahrhunderts, in: MHG 10 (1908), S. 260-266, hier S. 263.

103 StA H, Cl. VII. Lit. La. Nr. 4 Vol 1 b; Eidbuch der Stadt Hamburg 1604–1675, S. 101 b.

Eine bisher in der Forschung unbeachtete, wenn auch nur vorübergehende Veränderung im Verhältnis zu Hamburg brachte das Jahr 1620 für Valckenburgh. Zunächst hatte er ab 14. Februar die Absteckung des westlichen Bastionsgürtels vorgenommen und zwei Tage später mit den Arbeiten beginnen lassen[104]. Wenige Tage danach, am 23. Februar, überfiel der Herzog von Braunschweig-Lüneburg die Hamburger Viermarschenlande und durchstach den Gammerdeich[105]. Da Hamburg zu diesem Zeitpunkt nur über ein Truppenkontingent von etwa 200 Mann verfügte[106], mußte die Aufstellung zusätzlicher Verbände mit Nachdruck betrieben werden. Der Rat bat unter anderem Valckenburgh, in Holland Soldaten anzuwerben, ein Ansinnen, welches von Prinz Moritz abgelehnt wurde, doch verfügte er, daß die Generalstaaten dem Ingenieur ein diesbezügliches Empfehlungsschreiben an den Grafen von Ostfriesland und die Stadt Emden aushändigten[107]. Dieses hat Valckenburgh wohl nicht genutzt, sondern sich nach Jülich und Kleve gewandt. Am 16.3.1620 gestatteten die Generalstaaten dem Hamburger Gesandten Moller jedenfalls, die 200 Mann, die Valckenburgh mit Zustimmung Moritzens dort angeworben hatte, in 's-Gravenhage einzuschiffen[108].

Die Versuche Mollers, die Generalstaaten zu direkter Hilfe zu bewegen, insbesondere zwei Kompanien Reiterei zu entsenden, scheiterten[109]. Ihm wurde lediglich die Erlaubnis erteilt, 60 Reiter und weitere 40 Mann Fußvolk in stiller Werbung, „ohne Trompetenstöße und Trommelwirbel", anzuwerben[110]. Doch schon am 24. März vertrieben hamburgische Truppen die Eindringlinge, und nach Verhandlungen unter Beteiligung der Generalstaaten wurde der Konflikt durch den Vertrag von Boitzenburg am 25. Juli 1620 beigelegt[111]. Trotz dieser Entwicklung war Hamburg gezwungen, weiter aufzurüsten, da sich der Druck Christians IV. auf die Stadt verstärkte. Lübeck und Hamburg waren fest entschlossen, ihre Freiheit „per amore oder per forca" zu verteidigen[112]. Ab Juli 1620 übernahm Valckenburgh eine Kompanie Fußvolk in Hamburg[113] und war von diesem Zeitpunkt an Festungsbaumeister und Kompaniechef in Personalunion; als letzterer unterstand er dem militärischen Oberbefehl Dodo v. Knyphausens[114]. Diese Vorgänge sind auch eindeutig aus den Kämmereibüchern ablesbar; bis Ende Juni 1620 erhielt Valckenburgh die Bezüge als Baumeister[115], ab Juli 1620 finden sich bis September 1621 keinerlei Zahlungen an den ‚Ingenieur' Valckenburgh, dagegen unter der Rubrik „Wegen der Obersten, Soldaten und Reiter" die Auszahlungen erheblicher monatlicher Summen an den ‚Kompaniechef' Valckenburgh[116]; von

---

[104] GAEDECHENS, Topographie, S. 125.
[105] S. hierzu ERNST BAASCH: Der Kampf des Hauses Braunschweig-Lüneburg mit Hamburg um die Elbe vom 16.–18. Jahrhundert, Hannover, Leipzig 1905, (QDGN 21), S. 79ff.
[106] MUHSFELDT, S. 40.
[107] A.R.A., Res. S. G., v. 11.3.1620.
[108] A.R.A., Res. S. G., v. 16.3.1620.
[109] A.R.A., Res. S. G., v. 18.,19.,21. u. 24.3.1620. S. dazu auch F. J. G. TEN RAA, FR. DE BAS: Het Staatsche Leger, Teil 3, Breda 1915, S. 66.
[110] A.R.A. Res. S. G., v. 27.3.1620.
[111] BAASCH, S. 84f.
[112] A.R.A., 1.01.04, 6052. Brief der niederl. Gesandtschaft vom 12.6.1620 an die Generalstaaten.
[113] MUHSFELDT, S. 40.
[114] Oberstleutnant Dodo Freiherr zu Inn- und Knyphausen war 1616 als Stadthauptmann oder Kommandant in hamburgische Dienste getreten. Er fiel 1636 als Generalfeldmarschall in schwedischen Diensten, s. hierzu MUHSFELDT, S. 38f.
[115] StA H, Kämmerei I, 22 Band 84, S. 88.
[116] StA H, Kämmerei I, 22 Bände 86 und 88, div. Seiten.

diesem Geld hatte er, den Gepflogenheiten der Zeit entsprechend, seinen und seiner Soldaten Sold zu begleichen. Als auf Verlangen der Bürgerschaft schon im September 1620 die Reduzierung der Truppen begann, wurden von den fünfzehn Kompanien Fuß- und Reitervolk nach und nach bis zum August 1621 zwölf entlassen, die Valckenburghsche gehörte zu den verbleibenden drei Einheiten[117]. Noch am 8. August 1621 erhielt Valckenburgh für die Anwerbung von 67 Soldaten das entsprechende Werbegeld von 3 Mk pro Mann[118]. Die Vermutung liegt nahe, daß der kaufmännisch denkende Rat, wie 1611 schon die Braunschweiger Kollegen[119], sehr bewußt den Ingenieur als Kompaniechef behielt, konnte er doch dadurch die Ausgaben für den Festungsbaumeister einsparen. Als im September 1621 die Truppenstärke weiter reduziert wurde – aus den Kämmereibüchern ist das Fortbestehen zumindest nicht nachzuweisen[120] – wird Valckenburgh in die Funktion des Festungsbaumeisters zurückgekehrt sein[121]. Ende des Jahres trat er einen mehrmonatigen Urlaub an[122].

Unabhängig von dieser speziellen Aufgabe muß der Schwerpunkt der Arbeit Valckenburghs beim Bau der Befestigungen gelegen haben. Es hat den Anschein, als wenn er in diesen Monaten, mit Ausnahme zweier kurzer Einsätze am Beginn des Jahres 1621 in Ravenstein und Leerort[123], vorwiegend für Hamburg tätig war. Die Ausgaben für die Verteidigungswerke schnellten im Rechnungsjahr 1620/21 um das Vierfache gegenüber dem Vorjahr, auf 295.000 Mk, in die Höhe, und bis zum Tode Valckenburghs wurden Jahr für Jahr durchschnittlich 140.000 Mk für diesen Bereich ausgegeben[124]. Der Rat hatte vorsorglich am 28.4.1620, unter ausdrücklichen Verweis auf den Braunschweig–Lüneburger Einfall in die Viermarschlande, eine Reihe von zusätzlichen Abgaben beschlossen, um die erforderlichen Mittel nicht ausschließlich über Kreditaufnahmen finanzieren zu müssen[125]. Bis 1625 wurde am westlichen Bastionsgürtel gebaut; parallel dazu begann man 1621 mit den Bastionen Bartholdus und Ericus im Osten der Stadt, 1623 mit der Bastion Johannis an der Hafeneinfahrt und 1624 mit der Bastion David mit den anschließenden Wallabschnitten durch die Alster. Gleichzeitig mit den Wällen mußten in den entsprechenden Abschnitten die Tore, zumindest im Bereich der Fundamentierung, angelegt werden, ihre Fertigstellung zog sich zum Teil bis in die Mitte des Jahrhunderts[126].

Nach Ende des angesprochenen Urlaubes war Valckenburgh, wie bereits berichtet, nach Hamburg gezogen und unterschrieb am 5. August 1622 eine neue Bestallung,

---

117 Muhsfeldt, S. 41f.

118 StA H; Kämmerei I, 22 Band 88, S. 114.

119 S. S. 119 dieser Arbeit.

120 Muhsfeldt, S. 42.

121 Es ist verwunderlich, daß auch Muhsfeldt die Personalunion von dem Ingenieur und dem Kompaniechef Valckenburgh nicht gesehen hat. Als einziger hat der Archivar Otto Beneke diese Frage zumindest aufgeworfen, ohne jedoch eine Antwort zu geben; s. dazu seine Bemerkung auf dem Aktenstück StA H, Cl. VII. Lit. Cc. No. 1. Vol 3a 1, Nr. 2.

122 A.R.A., Res. S. G., v. 10.9.1621. Prinz Moritz erhält die Zustimmung der Generalstaaten zu dem beantragten, mehrmonatigen Urlaub für die Kapitäne Schoonhoven, Valckenburgh, Melander und Parcheval, die in Hamburg gedient hatten.

123 S. S. 115 und S. 122 dieser Arbeit

124 G. F. Voigt: Einige Nachrichten betreffend den Bau der Festungswälle 1615 bis 1625, in: MHG 10 (1908), S. 468-471.

125 StA H, Erbges. Bürgerschaft 1603-1630, Bd. 2, S. 549ff. Bewilligungen S. 556ff. Einzelheiten auch bei Gallois, Bd. 3. S. 17ff.

126 Am ausführlichsten dazu Bocklitz, S. 132-139.

die sich speziell auf die „Fortification vor dem Mileren-, Schar- und Damdor" bezog und festlegte, daß er nicht nur zu Beginn, sondern jederzeit auf Verlangen des Rates gutachterlich tätig sein und darüber hinaus, wenn er nicht in Hamburg wäre, auf Anforderung kommen müsse. Als pauschales Entgelt wurden zweimal 100 ML pro Jahr zusätzlich der Reisekosten vereinbart[127]. Unabhängig von dieser Vereinbarung erhielt er am 21. August 1622 für vorher geleistete Arbeit zwei Zahlungen von je 100 Rt, insgesamt also 300 ML[128]. Die erste erhielt er „wegen abrißes der vorstadt"; hier wird es sich um eine Weiterentwicklung, Ergänzung oder Änderung an den bestehenden Plänen gehandelt haben, wie Ähnliches aus Rostock und Ulm bekannt ist. Der zweite Betrag wurde ihm verehrt „wegen des abrißes zum Zollenspiker"; demnach hatte der Rat ihn beauftragt, für diesen zwei Jahre zuvor überfallenen Außenposten einen Vorschlag zu dessen Befestigung zu erstellen. Zusammen mit diesen Zahlungen erhielt er – und das sei nur wegen der Originalität vermerkt – 1 ML für seine Ausgaben für „schnuren", ohne Zweifel Schnüre, die bei den für eine Einmessung erforderlichen Schnurgerüsten benutzt wurden und werden. Inwieweit die genannte Bestallung zum Tragen gekommen ist, muß offen bleiben. In den Kämmereibüchern ist eine entsprechende Auszahlung nicht vermerkt. Dagegen findet sich in den Jahren 1623 bis 1625 mit 700 ML eine weit höhere als vereinbarte „jährliche Bestallung" für den Ingenieur[129]. Folgt man der These, daß auch seinerzeit Zahlung und Leistung in Einklang standen, muß sich Valckenburgh in diesen Jahren trotz seiner anderen Verpflichtungen, vor allem in Bremen, häufig in Hamburg aufgehalten haben. Im März 1625 erhielt er eine zusätzliche Zahlung von 90 ML[130]. Die Vermutung liegt nahe, daß Anlaß für seinen verstärkten Einsatz der Entschluß des Rates war, die schwierigen Bereiche der Befestigung – den Damm durch die Alster mit der Bastion David und das Johannisbollwerk, beide in fließenden Gewässern gelegen – zu beginnen[131]. Für den Schwierigkeitsgrad spricht, daß an letzterem drei Jahre gebaut wurde. Auch wäre es möglich, daß die Erfahrungen bei den 1621 gebauten Bastionen Bartholdus und Ericus am Oberhafen, für deren Gründung allein 50.000 Mk investiert werden mußten[132], den Rat oder Valckenburgh bewogen, die südliche, auf schlechtem Baugrund liegende Verteidigungslinie neu zu überdenken. Die Gestalt, die der Brookwall mit seinen kleinen, direkt aus der bestehenden Wallanlage herauswachsenden Bastionen ab 1626 erhielt[133], ähnelt sehr den Vorschlägen Valckenburghs, die er 1611 für Lüneburg[134] und 1613 für die Warnowseite Rostocks (Plan 8) unterbreitet hatte; die Sonderzahlung von 90 ML könnte für diese Umplanung geleistet worden sein[135].

[127] StA H, Cc. VII. Lit. Cc. No. 1 Vol 3 a 1, Nr. 1. Dieser Vertrag läßt Schlußfolgerungen auf den Handlungsspielraum zu, den Valckenburgh von Moritz eingeräumt erhielt, wenn erst einmal eine grundsätzliche Entscheidung zu einem Auslandseinsatz gefallen war. – Das Original des Vertrages ist verschollen; es liegt nur eine Abschrift des Hamburger Archivars Otto Beneke vor, der auch versucht hat, das von Valckenburgh verwendete Siegel nachzuzeichnen. An einigen Originalbriefen Valckenburghs im A.R.A. sind noch Siegel vorhanden; der Erhaltungszustand läßt jedoch keine Deutung zu.

[128] StA H, Kämmerei I, 22 Band 90, S. 105.

[129] StA H, ebenda, 22 Band 92, S. 105; Band 94, S. 102; Band 96, S. 102.

[130] StA H, ebenda, 22 Band 96, S. 124.

[131] Gaedechens, Topographie, S. 126 und Bocklitz, S. 132.

[132] Steltzner, Bd. 3, S. 13f.

[133] Bocklitz, S. 135f.

[134] S. S. 37 dieser Arbeit.

[135] Die Vermutung von Bocklitz, S. 136, daß die Planänderung erst nach Valckenburghs Tod vorgenommen wurde, kann ebenso zutreffend sein.

Daß in der Stadt zu dieser Zeit über die Befestigungsanlagen diskutiert wurde, beweist ein Schreiben Valckenburghs aus Bremen vom 9. Mai 1624[136], welches das geplante Hornwerk am Elbufer vor der Bastion Albertus betraf und an den Bürgermeister Hieronymus Vogeler gerichtet war. Er, Valckenburgh, habe von einigen aus Hamburg kommenden Leuten gehört, daß an dem Hornwerk, welches er voriges Jahr abgesteckt habe, kaum gearbeitet würde und es Stimmen gäbe, die das Werk als nutzlos ansähen. Er sei darüber zum höchsten verwundert, da die Verteidigung der neuen Befestigung auf diesem Bollwerk aufbaue. Am Ende des Briefes unterrichtete er Vogeler über seine Krankheit. Letzteres teilte er offiziell in einem Parallelschreiben vom gleichen Tage Bürgermeister und Rat mit[137].

Die letzte Nachricht über Valckenburgh, nicht nur aus Hamburg sondern ganz Deutschland, war die angesprochene Sonderzahlung von 90 ML am 18. März 1625; das Entgelt von 700 ML für das Jahr 1625 konnte er schon nicht mehr selbst entgegennehmen. Es wurde einen Tag vor Weihnachten dieses Jahres von einem Herrn Zunbsingk, vermutlich im Auftrag seiner Witwe, in Empfang genommen[138].

Die weitere Durchführung der Befestigungsanlagen

Der genaue Stand der Bauarbeiten zum Zeitpunkt von Valckenburghs Tod ist nicht feststellbar, insofern jedoch ohne Belang, als nach seinen Plänen – sieht man von der angesprochenen Frage der Südflanke ab – zügig weitergearbeitet wurde. Nach Vollendung des Hauptwalles wurden in den Jahren 1625 und 1626 das Hornwerk vor der Bastion Albertus, die Ravelins im Nordwesten und Osten sowie der Gedeckte Weg mit dem Glacis angelegt. Gleichzeitig erfolgten die Restarbeiten mit den Toren, den Wachhäusern und kleineren Pulvermagazinen[139]. Die später für notwendig erachteten Bauten, wie das zweite Hornwerk und die Bastion Hölzernes Wams, liegen außerhalb des Betrachtungszeitraumes. Nach fast elf Jahren Bauzeit war das gewaltige Werk vollendet, und die Stadt konnte „für einen der festesten Plätze in Europa gelten“[140].

Die Gesamtherstellungskosten dieser Anlagen waren naturgemäß sehr hoch, sie lassen sich jedoch nicht annähernd genau beziffern. Zwar weisen die Kämmereibücher jener Zeit unter einer gesonderten Rubrik die hierfür getätigten Ausgaben – für die Jahre 1615 bis Ende 1625 waren es 1.562.640 Mk[141] – aus, doch handelt es sich nur um einen, wenn auch den größten Teil der Baukosten. Hinzuzurechnen sind Grabengelder, die von den Regimentsdienern eingezogen und direkt an die Beaufsichtigenden zur Bezahlung geleisteter Arbeit flossen; diese Gelder wurden also nicht in den Kämmereibüchern vermerkt[142]. Weiterhin gehören in diese Kostenstelle die ‚Eigenleistungen‘ der Bürger, die durch Hand- und Spanndienste erbracht und nicht oder zu gering

136 StA H, Cl. VII. Cc. No. 1 Vol 3 a 2, Nr. 24. Es handelt sich nicht, wie Bocklitz, S. 138, vermutet, um eine „ausführliche Anweisung“ zum Bau des Hornwerkes.

137 StA H, Cl. VII. Cc. No. 1 Vol 3 a 2, Nr. 22.

138 StA H, Kämmerei I, 22 Band 96, S. 102.

139 Bocklitz, S. 135ff.

140 Hudtwalcker (Bearb.): Des Grafen Galeazzo Gualdo Priorato Beschreibung von Hamburg im Jahre 1663, in: ZHG 3 (1851), S. 140-156, hier S. 142.

141 Karl Zeiger: Hamburger Finanzen 1563–1650, Rostock 1936, S. 159f. Voigt, Nachträge, S. 263f. und ihm folgend Ehlers, S. 55, nennen 1.437.846 Mk; in beiden ist das Jahr 1625 nicht genau angegeben, auch ist die Umstellung des Haushaltsjahres 1622 nicht berücksichtigt. Während Voigt richtig von ‚Ausgaben‘ spricht, verbindet Ehlers damit fälschlich den Begriff ‚Gesamtkosten‘.

142 Voigt, Nachrichten, S. 470.

vergütet wurden. Zu fragen ist ebenfalls nach den Grundstückskosten für die Wallanlagen, die Bestandteil der Gesamtherstellungskosten sind; umfangreiche Ländereien mußten aufgekauft oder, wo die Stadt bereits Eigentümer war, der bisherigen Nutzung entzogen werden, was zu dauernden Einnahmeeinbußen führte. Gleichermaßen müßten die Zinsen für die durch den Festungsbau ausgelösten Anleihen zugerechnet werden; 92,4% der in den Kämmereibüchern ausgewiesenen Baukosten wurden durch Anleihen finanziert. Ende 1625 betrug die Schuldenlast der Stadt 1.326.992 Mk, nachdem in dem betrachteten Zeitraum bereits 839.820 Mk zurückgezahlt worden waren[143]. Auch die von Valckenburgh und seinen Leuten verursachten Ausgaben waren Teil der Gesamtherstellungskosten. Doch in welcher Höhe der Festungsbau den Hamburger Haushalt auch belastet haben mag, eventuell auftretende finanzielle Engpässe waren nur vorübergehender Natur und spätestens am Ende des Dreißigjährigen Krieges überwunden[144].

Die Bedeutung Valckenburghs für Hamburg ist in zwei Bereichen zu sehen. Zunächst einmal hatte er eine moderne, den neuesten Anforderungen der damaligen Zeit entsprechende Verteidigungsanlage entworfen und es verstanden, ihre Verwirklichung durchzusetzen. Damit war die Stadt zu einer der mächtigsten Festungen des 17. Jahrhunderts geworden, die, mit nur wenigen Veränderungen und Erweiterungen, ihren Bürgern während der folgenden 150 Jahre sicheren Schutz gewährte. Zum anderen hatte Valckenburgh diese Anlage gleichzeitig zu einer sinnvollen und großzügigen Stadterweiterung genutzt, und damit die Voraussetzungen für mögliches Bevölkerungswachstum und wirtschaftliches Erstarken geschaffen. Auftretende Rivalitäten zwischen Altstadt- und Neustadtbürgern, die bis zum Verbot von Ansiedlung konkurrierenden zünftischen Handwerks, übermäßiger Steuerbelastung und letztlich zur Verarmung führte, warfen zwar zu Beginn der Neubesiedlung erhebliche, allerdings selbstverschuldete Probleme auf[145], doch die Entwicklung der nächsten Jahrzehnte zeigte, daß die Erweiterung der Stadt zum Vorteil gereichte.

3. Bremen

Der alte Stadtkern Bremens liegt am rechtsseitigen, nördlichen Ufer der Weser, etwa 120 km von ihrer Einmündung in die Nordsee entfernt. Seit dem 13. Jahrhundert hatte die Stadt versucht, sich von ihrem Landesherrn, dem Erzbischof von Bremen, zu lösen[146]. Im Jahre 1541 führte ein Privileg Karls V. zu erster staatsrechtlicher, in der Folgezeit wieder in Frage gestellter Anerkennung der Reichsunmittelbarkeit[147]. Die

[143]Voigt, ebenda, S. 468.

[144]S. dazu Heinrich Reincke: Die alte Hamburger Stadtschuld der Hansezeit, in: Städtewesen und Bürgertum als geschichtliche Kräfte. Gedächtnisschrift für Fritz Rörig, Lübeck 1953, S. 489-511, und Zeiger, S. 86ff.

[145]S. hierzu Jürgen Ellermeyer: Zu Handel, Hafen und Grundeigentum Hamburgs im 17. und 18. Jahrhundert, in: Ders. und Rainer Postel (Hg.): Stadt und Hafen. Hamburger Beiträge zur Geschichte von Handel und Schiffahrt, Hamburg 1986, (Arbeitshefte zur Denkmalpflege in Hamburg 8), S. 58-79, hier S. 60ff.

[146]Friedrich Prüser, Bremen, in: Keyser, Niedersächsisches Städtebuch, S. 51-67, hier 62.

[147]Herbert Schwarzwälder: Geschichte der Freien Hansestadt Bremen, Bd. 1, 2. Aufl., Hamburg 1985, S. 281.

Auseinandersetzungen mit den jeweiligen Territorialherren über diese Frage zogen sich durch die Jahrhunderte, und Hannover als Rechtsnachfolger Schwedens erhielt noch im Stader Vergleich vom August 1741 das Amt Blumenthal mit Neukirchen und neun Dörfer als Ausgleich für die endgültige Anerkennung der Landeshoheit Bremens[148]. Das änderte jedoch nichts an der faktisch seit dem Mittelalter vom Rat praktizierten und vom Reich akzeptierten Reichsunmittelbarkeit der Stadt. Ähnlich allerdings wie Hamburg schob auch Bremen seine territoriale Abhängigkeit vom Erzbistum bei politischem Bedarf und zu erwartenden Vorteilen vor[149].

Seit 1378 war Bremen Mitglied der Städtehanse, gehörte zu der sächsisch-wendischen Städtegruppe und zählte zu den wohlhabendsten Städten der Gemeinschaft[150]. Die günstige Lage als südlichster Seehafen Deutschlands und als Knotenpunkt der Fernstraßen aus Nordholland und Ostfriesland, dem Rheinland, dem sächsischen und dem Ostseeraum verschaffte der Stadt Anschluß an alle Teile Europas, sowohl über den Seeweg als auch über das Festland. Bremens Reichtum beruhte auf dem Handel, der um 1600 einen Höhepunkt erlebte und sich bis etwa 1640 noch steigerte[151]. Dagegen spielte das Handwerk, das nur in wenigen Bereichen für den Fernhandel produzierte, eine untergeordnete Rolle.

Es war folgerichtig, daß die Politik des Rates in erster Linie auf die Sicherung des Handels als Existenzgrundlage der Stadt gerichtet war, und hier lag der Schwerpunkt eindeutig im Bereich der Unterweser. Mit der territorialen Erweiterung in Richtung Wesermündung konnten jedoch nur Teilerfolge erzielt werden; die freie Ausfahrt aus der Weser war nur auf diplomatischem Wege oder durch militärische, auf bewaffnete Schiffseinheiten gegründete Macht zu sichern[152].

Eine besondere Gefahr für die Freiheit des Weser- und Landhandels, die mit Unterbrechungen bis zur Mitte des 17. Jahrhunderts andauerte, stellten seit der zweiten Hälfte des 15. Jahrhunderts die Grafen von Oldenburg dar[153]. Waren es im Mittelalter Raubzüge, die den Handel schwer schädigten, so verlegten sich die Grafen in späterer Zeit auf gewaltsame Zolleintreibungen, Handelsbeschränkungen und -boykott. Ab 1585 hatte Bremen bis zu acht Kriegsschiffe auf der Weser liegen, um den Strom für den Handel zu sichern. Die Konflikte wurden schließlich vor das Reichskammergericht getragen, waren jedoch 1594 noch immer nicht entschieden[154]. Im Westfälischen Frieden wurde den Oldenburgern sogar der Elsflether Zoll bestätigt[155]. Einschränkungen erfuhr der Handel darüber hinaus durch den englisch-spanischen Konflikt, hatte doch Elisabeth I. die Hansestädte vor einer Unterstützung Spaniens ernsthaft gewarnt[156].

---

148 Prüser, Niedersächsisches Städtebuch, S. 62.

149 Joh. Hermann Duntze: Geschichte der freien Stadt Bremen, Bd. 3, Bremen 1848, S. 559f. Bericht über Bremens Verhandlungen über die Einquartierung kaiserlicher Truppen im April 1638: „[...] auch unterhandele der Erzbischof mit dem Kaiser für das Erzstift, zu welchem Bremen gehöre."

150 Dollinger, S. 159.

151 S. hierzu und dem Folgenden Schwarzwälder, S. 296ff. Zur Entwicklung des Bremer Handels bis zur Frühen Neuzeit: Johanna Müller: Handel und Verkehr Bremens im Mittelalter, 2. Teil, in: BJB 31 (1928), S. 1- 107.

152 Schwarzwälder, S. 277.

153 Joh. Müller, Handel Bremens, S. 17.

154 S. hierzu und dem Vorhergehenden Schwarzwälder, S. 268ff.

155 Franz Buchenau: Die freie Hansestadt Bremen und ihr Gebiet, 3. Aufl., Bremen 1900, S. 89.

156 Schwarzwälder, S. 209.

Zu den vielfältigen, den Handel belastenden außenpolitischen Schwierigkeiten traten naturgegebene: die Verwilderung und Versandung des Fahrwassers der Weser[157]. Nur kleine Seeschiffe konnten am Anfang des 17. Jahrhunderts die Bremer Schiffslände noch erreichen, die größeren mußten unterhalb der Stadt ankern, wo ihre Ladungen auf flachgehende Kleinschiffe umgeladen wurden. Im Juni 1618 wurde der Beschluß gefaßt, etwa 18 km flußabwärts den Hafen Vegesack anzulegen. Zu der vorausgegangenen Besichtigung war auch der sich zu dieser Zeit in Bremen aufhaltende Johan van Valckenburgh hinzugezogen worden[158].

Im Innern wurde die Stellung des Rates durch die Neue Eintracht von 1534 bestimmt, die den Regierenden annähernd unumschränkte Rechte einräumte. Erst seit Beginn des 17. Jahrhunderts setzte sich eine allmähliche Mitwirkung der Bürgerschaft bei Gesetzgebung und Finanzverwaltung durch[159]. Im gleichen Jahr wie die Neue Eintracht trat die protestantische Kirchenordnung in Kraft, die jedoch die späteren Auseinandersetzungen zwischen Lutheranern und Kalvinisten nicht verhindern konnte. Diese endeten erst 1595. Mit der Unterschrift unter die Beschlüsse der Dordrechter Synode war der letzte Schritt zum Kalvinismus vollzogen[160].

Die Befestigungsanlagen

Bremen in seiner Gestalt um das Jahr 1600 war aus zwei Stadtkernen entstanden; der ältere hatte sich an der Domdüne, der zweite um den Steffensberg entwickelt. Beide Ansiedlungen waren einander entgegengewachsen und bildeten ab etwa 1300 ein geschlossenes Stadtgebiet, das einen langgezogenen, birnenförmigen Grundriß aufwies. Etwa zur gleichen Zeit wurde auch die Stadtmauer, welche bis dahin nur die Altstadt einfaßte, um den jüngeren Teil, die Steffensstadt, erweitert, so daß eine etwa 65 ha große geschützte Siedlungsfläche entstand. Die größte Längenausdehnung betrug ca. 1.680 m, die größte Breite 600 m[161] und der Stadtumfang etwa 4.100 m, davon 1.600 m flußseitig[162]. Die Einwohnerzahl hatte sich mit 20.000 Menschen seit 1350 kaum verändert[163], und auch die Stadtfläche innerhalb des Befestigungsringes erfuhr erst ab 1623 mit der Neustadt am jenseitigen Weserufer eine – allerdings beträchtliche – Ausdehnung.

In der zweiten Hälfte des 15. Jahrhunderts hatten die Bremer als Antwort auf die technische Entwicklung der Angriffswaffen, möglicherweise durch die Aktivitäten Karls des Kühnen von Burgund im Westen des Reiches aufgeschreckt, begonnen, die mittelalterliche Befestigung, die wie in anderen Städten aus Stadtmauer mit vorgelegtem Festungsgraben, Türmen und Toren bestand, durch Aufschüttung eines mächtigen Erdwalles zu verstärken. Das Material wurde im wesentlichen durch die Verbreiterung und Vertiefung des Stadtgrabens gewonnen. Auch wurden vor den Toren Rondelle

---

157 S. hierzu und dem Folgenden Wilhelm v. Bippen: Geschichte der Stadt Bremen, Bd. 2, Bremen 1898, S. 268ff.

158 Ebenda, S. 297.

159 Karl Müller: Die staats- und verfassungsrechtliche Entwicklung in Bremen bis zum Jahre 1848. (Die Zeit der reichsstädtischen Ratsverfassung), Bremen 1931, S. 38ff.

160 Friedrich Prüser (Bearb.): Heimatchronik der Freien Hansestadt Bremen, Köln 1955, S. 106ff.

161 Prüser, Niedersächsisches Städtebuch, S. 52f.

162 Berechnung des Verfassers.

163 Prüser, Niedersächsisches Städtebuch, S. 54, und Schwarzwälder, S. 307; Arndt, S. 71, nennt für 1618 23.000 Einwohner.

angelegt, welche die durch die Geschütze zu bestreichenden Flächen erheblich vergrößerten[164]. Im ersten Viertel des 16. Jahrhunderts ließ der Rat drei Kastelle errichten, „die man, wie bei der Engelsburg in Rom, rund umher mit Geschütz bepflanzte"[165]. Auch wurde die ‚Schlachte', ein Abschnitt auf der Weserseite, der keinen Mauerschutz besaß, durch das Anlegen von Batterien verstärkt. Einer drohenden Belagerung durch die kaiserlichen Truppen, die nach Beitritt der Stadt zum Schmalkaldischen Bund befürchtet werden mußte, bewog den Rat, Teile der Anlage im Sinne der Dürerschen Befestigung durch Abtragung von einigen Türmen und Toraufbauten umzubauen und die Verteidigungsanlagen an einigen Stellen zu verbessern. Diese Maßnahmen bestanden ihre Bewährungsprobe bei der 1547 im Schmalkaldischen Krieg erfolgten Belagerungen durch kaiserliche Truppen.

Die sich verschärfende politische Lage zu Beginn des 17. Jahrhunderts führte zum Ausbau und zur Modernisierung der Befestigungen. Mit Schreiben vom 21. Juli 1601 bat der Rat den niederländischen Festungsbaumeister Johan van Rijswijck, der sich zu dieser Zeit bei dem Grafen Simon VI. zu Lippe aufhielt, die Wälle zu besichtigen und Vorschläge zu ihrer Verbesserung zu machen[166]. Das Konzept des Schreibens trägt, von zweiter Hand geschrieben, den bereits erwähnten Zusatz: „Dessen vornembsten dieners nahme ist M. Valckenborch, der wallmeister heißet Herman Hoyer". Knappe vier Wochen hielt Rijswijck sich im Jahre 1601 in Bremen auf[167]. Aus seinem Gutachten[168], das als Vorläufer der zahlreichen späteren Einlassungen Valckenburghs bezeichnet werden kann, ist ersichtlich, daß Rijswijck die Schwachstelle der Verteidigungslinie an der Weser erkannt und ähnlich wie später in Lübeck und Ulm als wirksamstes Mittel zur Abhilfe die Errichtung eines aus sieben Bollwerken bestehenden Festungsgürtels auf der anderen Flußseite empfohlen hatte[169]. Selbst die Weser bot also keinen hinreichenden Schutz vor einem angreifenden Feind, zumal wenn – wie der Chronist aus dem Jahre 1621 berichtete – „man im trockenen Sommer [...] die Weser von der Stephani=Weide und dem Gögglinger=Werder durchwaten konnte"[170]. Aus einem Schreiben des Drosten zu Lingen, Albrecht von Ittersum, vom 7. Mai 1602 geht hervor, daß der Rat ihn gebeten hatte, den Ingenieur Rijswijck oder „sein[en] diener Valckenborch", nach Bremen zu senden, um die Einmessung vorzunehmen[171]. Da beide unabkömmlich waren, wurde der Wallmeister Johan de Lewe gesandt, der ab dem 15. Mai nach den Plänen Rijswijcks die ersten beiden, zwischen Weser und Doventor gelegenen Bastionen im Nordwesten der Stadt absteckte: die Stephani- und die Sanddünenbastion. Die Bauleitung übernahm auf Empfehlung Ittersums der Lingener Prinzipalwerkmeister Claß Jacobs[172]. Noch entsprachen diese Bastionen nicht in

---

164 S. hierzu und dem Folgenden BUCHENAU, S. 85ff.

165 CHRISTIAN ROLLER: Versuch einer Geschichte der Kaiserlichen und Reichsfreyen Stadt Bremen, 1. Theil, Bremen 1799, S. 252.

166 StA B, 2-P.2.b.1.

167 JOHANN FOCKE: Bremische Werkmeister aus älterer Zeit, Bremen 1890, S. 187.

168 StA B, 2-P.2.b.1. Das Schriftstück trägt kein Datum, muß jedoch bei Rijswijcks erstem Besuch entstanden sein. So auch LÜHRS, S. 21.

169 Als erster hat LÜHRS, S. 22, darauf hingewiesen, daß es Rijswijck und nicht Valckenburgh war, der diese grundlegende Idee entwickelt hatte.

170 DUNTZE, S. 488.

171 StA B, 2- P.2.b.1.

172 Zur Frage, ob de Lewe oder Lüder von Bentheim diese Arbeiten leitete, – so BIPPEN, Geschichte, S. 288 – s. LÜHRS, S. 23. Nach FOCKE, S. 127, blieb de Lewe allerdings nur sieben Tage in Bremen, so daß Lüder nur eine Alternative zu Claß Jacobs hätte sein können.

allen Einzelheiten der frühniederländischen Manier, noch zeigten sie die später wieder entfernten Orillons, doch vermittelten sie eine erste eindrucksvolle Anschauung von den gewaltigen Ausmaßen des neuen Verteidigungssystems. Graf Wilhelm Ludwig von Nassau-Dillenburg, Statthalter von Friesland, urteilte nach einer Besichtigung im Jahr 1607, die Fortifikation habe ihm so wohl gefallen, daß er vor einer künftigen Verkleinerung der Bollwerke warne, wie es unerfahrene Leute vorschlagen könnten[173]. Der Eifer der Bremer ließ allerdings in den folgenden Jahren nach, die Arbeiten an den Befestigungsanlagen wurden 1608 anscheinend völlig eingestellt. Art und Umfang der Verteidigungswerke der Stadt, wie sie Johan van Valckenburgh bei seinem ersten Besuch als bestellter Ingenieur der sechs korrespondierenden Hansestädte vorgefunden haben dürfte, zeigt der Kupferstich von Wilhelm Dilich aus dem Jahr 1603 (Plan 17).

Die Arbeit Valckenburghs in Bremen

Es ist zu vermuten, daß der erste Besuch Valckenburghs in Bremen als bestellter Festungsbauingenieur schon im Jahre 1609 stattfand, denn zum einen führte der Weg von Lübeck, Hamburg und Lüneburg nach Holland zwangsläufig über Bremen, und zum anderen hatte Graf Solms-Laubach, wie bereits gesagt, bei seinem ersten Besuch in Lüneburg im April dieses Jahres angekündigt, daß Valckenburgh sich mit den Gegebenheiten der Städte vertraut machen würde[174]. Nachweisbar ist dessen erster Aufenthalt in Bremen in seiner neuen Funktion allerdings erst im März 1611, als er dem Rat einen ersten Abriß für eine neue Befestigungsanlage überreichte[175]. Auch sein erstes, verhältnismäßig kurz gehaltenes Memorial (Anlage 4.1)[176], könnte bei diesem Besuch entstanden sein[177]. Es enthält lediglich Anweisungen für zusätzliche Ausstattungen der bestehenden Festungsanlagen mit Materialien.

Nachdem der Rat seit annähernd vier Jahren keine greifbaren Beschlüsse für die Fortsetzung der Befestigungsbaumaßnahmen gefaßt hatte, ersuchte er Anfang des Jahres 1615 Valckenburgh, von Emden nach Bremen zu kommen, um erneut die Planung aufzunehmen und „eine neue Stadt jenseits der kleinen Weser anzulegen“[178]. Am 14. Januar 1615 ernannte der Rat eine Kommission, welche die vorgelegten Befestigungspläne vor Ort prüfte[179]. Schon wenig später – am 20. Januar vermerkt das Rhederbuch eine Verehrung an Valckenburgh und seine beiden Diener von 60 Rt[180] – wurde der Ingenieur von Prinz Moritz zurück nach 's-Gravenhage gerufen. Der Rat gab ihm ein am 17. Januar 1615 datiertes Schreiben des Inhaltes mit[181], daß man nun-

173 StA B, 2- P.2.4.1.

174 StA Lbg, UA b 1609-1612, Nr.1, S. 6.

175 StA B, 2-R.1.A.3.b.21, S. 11 – 12. März, „Gegewen dem Ingeniour Johan van Falkenborch, so einem Ehrb. Rathe diesser stadt abriß anergewen – 20 Thaler thor verehrung“; ein weiterer Eintrag auf S. 19 lautet: „19. März, bezalet Johanni Pomerelaus für den Ingeniour Johan van Falkenborch bey ihme verzehret und ein Ehrb. Rahtt zu quitieren befohlen [...] – 28 Mk 14“.
Die Rhederbücher (Ausgabenbücher), auf die Focke sich stützte und die in der bisherigen Literatur herangezogen wurden, waren verschollen, sind Anfang 1990 aus dem Osten zurückgeführt worden, so daß bei der vorliegenden Arbeit der Bezug auf die Quellen mit genaueren Daten möglich ist. Der erwähnte Abriß ist ebenfalls verschollen.

176 StA B, 2-A.5.b.1.Bd. 3.

177 So auch Lührs, S. 25.

178 Duntze, S. 487.

179 Ebenda, S. 487f.

180 StA B, 2-R.1.A.3.b.24, S. 1.

181 StA B, 2-P.3.A.1 (3).

mehr entschlossen sei, die Befestigung zu verbessern und jenseits der Weser die geplanten Werke zu beginnen; er möge Valckenburgh zurückschicken. Gleichzeitig ersuchte der Rat ihn um seine Meinung zu dessen veränderter, der zweiten Planung[182].

Am 28. April 1615 traf Valckenburgh wieder in Bremen ein und trug dem Rat die mündlich mitgegebene Stellungnahme des Prinzen vor[183]. Was genau Moritz empfohlen hatte, ist nicht überliefert, doch ist anzunehmen, daß er der Modernisierung der vorhandenen Anlagen den Vorzug vor dem Bau einer Neustadt gab[184], ein Entscheid, der dem Rat durchaus gelegen gekommen sein mag. Der Chronist notierte als Grund für einen abermaligen Aufschub der Arbeiten jenseits des Flusses die hohen Kosten, die Scheu vor dem Unterhaltungsaufwand, die Sorge vor einer Verschlammung und die Eifersucht, die neue Stadt könne durch die tiefe Kleine Weser den Handel an sich ziehen[185]. Jedenfalls beschloß der Rat am 12. Mai[186] lediglich, die Bastion zwischen Weser und Ostertor nach Valckenburghs Planung zu beginnen, um damit die südöstliche Flanke der Stadt zu sichern. Mit der Abreise Valckenburghs um den 8. Mai nach Hamburg[187] und einem Dankesschreiben an Prinz Moritz vom 27. Mai 1615[188] erlahmte jedoch auch diese bescheidene Aktivität. Am 1. Mai des folgenden Jahres stellte man den Bau, der nach einjähriger Bauzeit noch nicht fertig war, zunächst ein und setzte die Arbeiten in den folgenden Jahren nur sehr verhalten fort. Nach der Fertigstellung der Ostertorbastion Ende 1616 ruhten die Arbeiten völlig[189].

Diese zögerliche Haltung in bezug auf den Ausbau der Wallanlagen, die nicht zuletzt auf die zu erwartenden finanziellen Belastungen zurückzuführen sein dürfte und die bei den meisten der in dieser Arbeit behandelten Städte zu beobachten war, veranlaßte den Ratspensionär Jan van Oldenbarnevelt im Mai 1616 anläßlich der Verhandlungen zum Beitritt weiterer Hansestädte – Hamburg, Bremen, Magdeburg, Braunschweig, Lüneburg, Rostock, Wismar, Stralsund und Greifswald[190] – zum Vertrag zwischen den Generalstaaten und Lübeck zu der Forderung, für eine zügigere Verbesserung der Verteidigungsanlagen zu sorgen. Die Bremer Delegation unter Leitung des Bürgermeisters Diedrich Hoyer nahm Gelegenheit, mit Prinz Moritz und Valckenburgh den weiteren Ausbau der bremischen Anlagen zu erörtern[191]. Doch weder die Mahnungen Oldenbarnevelts noch die Ratschläge des Statthalters und Valckenburghs – wie immer sie gelautet haben mögen – führten bei Rat oder Bürgerschaft zu Reaktionen. Das generöse Geschenk von vier weißen Mutterpferden, welches der Rat im August 1616 dem Prinzen überreichen ließ[192], mochte neben dem Dank für sein Gutachten auch

182 Der Plan ist verschollen.

183 StA B, 2-P.3.A.1 (6). S. auch Schreiben des Moritz von Oranien an Bremer Rat vom 2. März 1615, StA B, 2-P.3.A.1 (5).

184 So auch Bippen, Geschichte, S. 290 und Lührs, S. 26.

185 Duntze, S. 488.

186 Schuhmacher, a. a. O.

187 StA B, 2-R.1.A.3.b.24, S. 38. In dem Rhederbuch heißt es unter dem Datum vom 7. Mai 1615: Johann van Falckenborch den Ingenior auf befell gezallett [...] – 100 Rt. Noch seien gehulpen – 20 Rt." Valckenburgh hatte seinen Besuch in Hamburg mit Schreiben vom 1. Mai 1615 angekündigt; s. StA H, Cl. VII. Lit. Nr. 1. Vol. 3. a. 2. (s. S. 46 dieser Arbeit).

188 StA B, 2-P.3.A.1 (6).

189 Lührs, S. 26.

190 Dollinger, S. 469, spricht fälschlich von der ‚ganzen Hanse'.

191 StA B, 2-A.5.b.1. Bd. 1. Diarium des Syndikus Dr. G. Buxtorff, der Mitlied der Bremer Delegation war. Oldenbarnevelt wiederholte seine Mahnung im Oktober 1616, s. hierzu A.R.A., 1.01.04, 6046, v. 22.10.1616.

192 StA B, 2-A.5.b.1. Bd. 1.

als ein Versuch zur Besänftigung wegen der Versäumnisse der Stadt gedacht gewesen sein.

Erst im Sommer 1618 kam wieder Bewegung in die Festungsfrage. Am 25. Juni soll Valckenburgh in Gegenwart des Rates Grund und Boden der künftigen Bremer Neustadt vermessen haben; allerdings ist diese Nachricht nur durch Chronisten bezeugt[193]; Eintragungen im Rhederbuch über eine Verehrung oder Auslösung für Valckenburgh, wie sie bei seinen anderen Besuchen erfolgte, finden sich nicht. Diese Absteckung müßte nach Valckenburghs zweitem Plan von 1616 vorgenommen worden sein. Die Nachricht über eine dritte Zeichnung, die im Juli 1619 dem Rat übergeben worden sei, findet sich in einem Vermerk von Hermann Wachmann vom 22. Mai 1623 über einen weiter unten angesprochenen Bauvertrag[194]. Dort heißt es, daß die entsprechenden Arbeiten „nha der plante oder afriß, so der Ingeniör Johan van Valkenborch anno 1619 im Julio fuer die stadt Bremen afgereten undt bei dem hern Bürgermeister H. Dietrich Hoyers vorhanden", auszuführen seien. Doch auch diesmal kam der Rat über die Vorbereitungsphase nicht hinaus. Die Vermutung, daß fehlende Geldmittel die Ursache für die weitere Verschleppung waren, gewinnt dadurch an Wahrscheinlichkeit, daß in diesen Jahren der Bau des Hafens Vegesack Vorrang erhielt[195] und damit die finanziellen Möglichkeiten der Stadt erschöpft waren.

Die politische Entwicklung der Jahre 1622/23 zwang schließlich den Rat zum Handeln. Schon 1619 hatte Christian IV. von Dänemark die Stadt Stade besetzt, um deutlich zu machen, daß er gewillt war, über die Belange des Erzstiftes Bremen mitzubestimmen[196]. Graf Mansfeld zog 1622 durch das Bistum Münster und besetzte Ostfriesland, Christian von Halberstadt begann 1623 seine Kriegführung im Niedersächsischen Kreis und Tilly rückte mit 25.000 Mann bis Oldenburg vor. Seine Soldaten zogen, wie schon zuvor Mansfeldische Trupps, plündernd durch das Land und erreichten das nur wenige Kilometer von Bremen entfernte Delmenhorst.

Am 21. März 1622 beschloß der Rat – nunmehr zum vierten Male – daß das Festungswerk umgehend begonnen werden solle, doch erst neun Monate später kam es zu einer entsprechenden Vorlage an die Bürgerschaft, die dem Vorschlag am 11. Dezember 1622 zustimmte[197]. Zwischenzeitlich hatte der Rat erneut Kontakt zu Prinz Moritz aufgenommen. Der Wallmeister Jacob Clausen, der schon am Bau des Vegesacker Hafens beteiligt war und den der Rat für die Durchführung der Festungsbauarbeiten vorgesehen hatte, reiste, mit vier Briefen ausgestattet, nach 's-Gravenhage, um Valckenburgh und seine Mitarbeiter nach Bremen zu bitten. Der erste dieser Briefe vom 19. Mai 1622 war an Prinz Moritz gerichtet[198] und enthielt die Versicherung, daß man nun endgültig an die Ausführung gehen wolle und Valckenburgh dazu benötige; der zweite war für den Vertreter der Hansestädte, J. v. Rijswijck, gedacht[199], der dem Prinzen das Bremer Schreiben überreichen und das Anliegen mündlich unterstützen

193 StA B, 2-P.1.s.18.k; 2-P.1.s.22.c.1. Bremer Chronik von PETER KOSTER. Vermutlich haben SCHUHMACHER, a. a. O., und BIPPEN, Geschichte, S. 290, diese Angaben ebenfalls aus diesen Chroniken. Letzterer nennt den 26. Juni als Tag der Absteckung.

194 StA B, 2-P.3.A.1 (17). Der Abriß ist ebenfalls verschollen.

195 BIPPEN, Geschichte, S. 297; LÜHRS, S. 28.

196 S. hierzu und dem Folgenden SCHWARZWÄLDER, S. 320f.

197 BIPPEN, Geschichte, S. 290f.; SCHUHMACHER, a. a. O.

198 StA B, 2-P.3.A.1 (13); 19. Mai 1622. Hier ist Lührs insofern ein Fehler unterlaufen, als er diese Reise nach dem Vertragsabschluß mit Clausen einordnet.

199 StA B, 2-P.3.A.1 (16); 22. Mai 1622.

sollte; der dritte ging an Valckenburgh selbst[200], ebenfalls mit der Aufforderung, nach Bremen zu kommen; der vierte schließlich an den Ingenieur Gerrit van Wennen[201] mit dem gleichen Anliegen.

Der Mission Clausens war jedoch kein Erfolg beschieden. Die Gründe für die ablehnende Haltung des Prinzen sind nicht bekannt. Vielleicht waren beide Ingenieure unabkömmlich, da die Generalstaaten nach Ablauf des zwölfjährigen Waffenstillstandes sich wieder im Kriegszustand mit Spanien befanden; vielleicht geschah es aus Verärgerung über die Weigerung Bremens und der Hansestädte, sich offen gegen Spanien – und damit den Kaiser – zu stellen[202]; vielleicht aber glaubte Moritz den Beteuerungen des Bremer Rates, der ihn in der Befestigungsfrage so oft enttäuscht hatte, einfach nicht mehr.

Doch diesmal war es dem Rat ernst. Eine Kommission aus je vier Bürgermeistern, Ratsherren und Mitgliedern der Bürgerschaft nahm die Vertragsverhandlungen mit dem Wallmeister Clausen auf. Am 22. Mai 1623 wurde der bereits erwähnte Kontrakt über den Bau der jenseits der Weser geplanten Festungswerke unterschrieben[203]. Grundlage für die Ausführung war der dritte Entwurf Valckenburghs, der sieben Bollwerke vorsah, eine Zahl, die 1601 auch Rijswijck als erforderlich genannt hatte. Die Kommission gab dem Wallmeister nach Hermann Wachmanns Niederschrift genaue technische Anweisungen, die der frühniederländischen Manier entsprachen. Clausen hatte weiterhin alle Geräte und Materialien zu liefern; die Arbeiten waren innerhalb von 14 Tagen zu beginnen und im Sommer 1624 abzuschließen. Als Pauschalpreis wurde eine Summe von 102.000 Bremer Mark ausgehandelt, die in vier Raten zu zahlen war. Zusätzlich wurde dem Baumeister ein Bauplatz innerhalb der neuen Festungsanlage zugesagt.

Bemerkenswert ist eine ungewöhnliche Vertragsklausel, die Clausen verpflichtete, einen ihn beaufsichtigenden Ingenieur selbst zu stellen und zu bezahlen. Der Grund für diese Vereinbarung mag in der Ratlosigkeit der Bremer nach der Absage aus den Niederlanden zu suchen sein. Ob der nun eingesetzte holländische Ingenieur Clare, der sich bereit erklärte, die Festungswerke abzustecken und Clausen und seine Leute zu unterweisen[204], auf Initiative des Wallmeisters oder des Rates tätig wurde, muß offen bleiben. Mit den Arbeiten wurde Anfang Juli 1623 begonnen[205].

Es muß sich jedoch sehr schnell gezeigt haben, daß Clare der gestellten Aufgabe nicht gewachsen war oder andere Vorstellungen als Valckenburgh entwickelte. Am 18. Juli – also nicht einmal zwei Wochen später – richtete der Rat erneut die dringende Bitte an Moritz von Oranien, Valckenburgh für einige Zeit nach Bremen zu

---

200 StA B, 2-P.3.A.1 (15); 20. Mai 1622.

201 StA B, 2-P.3.a.1 (14); 20. Mai 1622. Gerrit van Wennen: „Diener“ Valckenburghs bis 1612. Dann selbständiger Ingenieur. S. hierzu Valckenburghs Schreiben an Dr. Doman, Rostock, vom 2. Dez. 1613 – StA Ro, Rat-Kriegswesen 40.

202 A.R.A. Res. S. G., v. 10., 14., 25.11.1622, 1.2. und 14.3.1623; Schwarzwälder, S. 321.

203 StA B, 2-P.3.A.1 (17). Hermann Wachmann: Memorial, wat mit Mester Jacop Clausen wegen der soeven rundeele jensitt der Weßer tho befestung der stadt geslaten is, Mai 1623.

204 StA B, 2-P.3.A.1 (25).

205 StA B, 2-P.3.A.1. (24): „Anno 1623, den 11 July, is de nye Stadt beteuget tho befestigen und is up de Gröpelsche Weide de erste Anfang gemaket“; StA B, 2- P.3.A.1.(26): „Ungefehr den 7. July hat Senatus den Ingenieur und Wallmeistern de facto auf der von Gröpelings Erben erbeigenen Weyde ein Bollwerk zu legen anbefohlen, auch den selben Sommer etzliche verfertigen laßen; alles Graß vertretet, verpeddet und verdorben, daß die gemeldte Erben die Kühe abnehmen und einbinden müßen.“

schicken[206]. Dieses Mal tat der Rat keine Fehlbitte. In dem Brief, den er seinem Ingenieur mitgegeben hatte[207], betonte Moritz, er habe Valckenburgh freigegeben, obwohl dieser bei der derzeitigen Situation eigentlich unentbehrlich sei. Aus dem Schreiben geht weiter hervor, daß der Rat am 8. Mai 1623 – also vor Aufnahme der Arbeiten an den Bollwerken der Neustadt – schon einmal in diesem Jahr versucht hatte, Moritz zur Entsendung Valckenburghs zu bewegen, doch hatte dieser gar nicht erst geantwortet. Die oben geäußerte Vermutung, Moritz habe nun zunächst Taten sehen wollen, wird dadurch gestützt.

Das begonnene Werk in der Neustadt fand nicht die Zustimmung Valckenburghs. An den Rostocker Bürgermeister Luttermann schrieb er darüber: „[...] welches angefanghen arbeydt ich de novo hab müssen auß stechen undt anordnung thuen, so von einen andern Ingenieur so weytt ins verderb gebracht, daß schon uber sechs thausent marck vergeblich arbeytt gethan gewesen. Habe es nun widrumb auff die rechte flanquierung undt proportion gebracht“[208]. Ein Zeitgenosse, dessen Namen nicht bekannt ist, notierte am 27. August die Besichtigung Valckenburghs und die neue, um das Doppelte größere Absteckung des sehr weit fortgeschrittenen Werkes[209]. Diese Absteckung bestätigen mehrere Chronisten, so Hermann von Post in seiner Bremischen Chronik 1585–1756[210] und Peter Koster[211]. Der Ingenieur erhielt für die Absteckung am 14. Oktober vom Rat 200 Rt in Silber = 450 Mk ausgezahlt[212] und reiste vermutlich um den 19. des Monats wieder zurück nach Holland[213].

Valckenburgh hatte bei seinem Aufenthalt einen vierten, nunmehr endgültigen Entwurf der Festungswerke angefertigt, den er in Holland auf Bitten des Rates, der diesen Plan publizieren wollte, in Kupfer stechen ließ (Plan 3)[214]. Dieser Plan zeigt die alte Stadt mit der Stadtmauer und den beiden, nach Rijswijcks Planung entstandenen, nordwestlichen und den nach Valckenburghs Vorschlag errichteten südöstlichen Bastionen. Zwischen diesen ist die Lage von fünf weiteren Werken, unmittelbar an die Stadtmauer angelehnt, eingestrichelt. Die Neustadt zeigt sich ganz durchgeplant mit dem Verlauf des Walles, der Lage der Bastionen, der Faussebraie, des Wallgrabens und der Contrescarpe. Auch hatte Valckenburgh eine Vorstellung über die städtebauliche Anordnung von Straßen, Plätzen und – nach holländischem Vorbild – Grachten entwickelt. Zwei Tore verbanden diesen Bereich mit dem südlichen Umland.

Schulmäßig hatte der Ingenieur die Verteidigungsanlage als Kreisabschnitt entworfen, der, durch den Lauf der Weser bedingt, nach Norden ausschwang. Die Weserseite

206 StA B, 2-P.3.A.1. (25).

207 StA B, 2-P.3.A.1. (27). Das Schreiben trägt das Datum vom 10. Aug. 1623, nicht wie Lührs, S. 21, sagt vom 20. Aug. 1623.

208 StA Ro, Rat-Kriegswesen 40, 2. Dez. 1623.

209 StA B, 2-P.3.A.1. (24).

210 StA B, 2-P.1.s.18.c, S. 185f.

211 StA B, 2-P.1.s.22.c, S. 85.

212 StA B, 2-R.1.A.3.b 27, S. 140.

213 StA B, 2-R.1.A.3.b 27, S. 142. Eintragung unter dem 11. Nov. 1623: „Captein Johan Valkhenborch hett by Elenbenden [...] nesten anderen seines gastes, von 26. Sept. biß 18. Okt. thom anderen mahte kost hett, so quitierdt wurden – 166 MK, 24.“ Valckenburgh war nicht, wie Lührs, S. 34, gestützt auf Eysten, S. 278, ausführt, zwischenzeitlich in Rostock. Der Dank des Rostocker Rates in seinem Schreiben vom 8. Okt. 1623 bezog sich auf die in früherer Zeit erfolgten Arbeiten des Ingenieurs; s. StA Ro, Rat-Kriegswesen 41; so auch Bachmann, S. 22.

214 Die Kupferplatte, Größe ca. 43,4 x 28,7 cm, befindet sich im Staatsarchiv Bremen. Mit Schreiben vom 7.2.1624 dankte Bürgermeister Hoyer dem Ingenieur „wegen gehabter mühe bey anbedingung des bewußten plattenschneiders“, StA B, 2-P.3.A.1 (32).

hatte eine Länge von etwa 2.000 m und der Kreisbogen – entlang dem Wall gemessen – eine solche von etwa 2.400 m. Die größte Entfernung zwischen Fluß und Wall betrug ca. 700 m. Die neubefestigte und als geschützter Siedlungsraum zusätzlich verfügbare Fläche war annähernd so groß wie die Altstadt mit ihren 65 ha; der Landbedarf, einschließlich der Wälle und Gräben, belief sich insgesamt auf ca. 104 ha[215]. 38% der Neustadt wurden demnach für die Befestigungsanlagen benötigt, obwohl nur 55% des Stadtumfanges – die Landseite – eine Wallanlage erhielten. Diese wenigen Zahlen geben einen Eindruck nicht nur von den räumlichen Ausmaßen dieses neuen Befestigungssystems, sondern lassen gleichermaßen die Schwierigkeiten der innenpolitischen Durchsetzung erahnen, sei es wegen des hohen Kostenaufwandes für die Herstellung, sei es wegen der Freimachung des benötigten Geländes bis hin zum Abriß von Bausubstanzen und Umsetzung der Eigentümer[216].

Gegenüber den früheren Planungen hatte Valckenburgh in seinem nun vorliegenden Entwurf Änderungen vorgenommem. Zwar kennen wir die ersten Pläne nicht im Einzelnen, jedoch hatte der Wallmeister Clausen, wie erwähnt, im Mai 1623 den Auftrag für ein Festungswerk mit sieben Bollwerken erhalten, während der neue Plan deren acht enthielt. Ob Valckenburgh dies durch Verkleinerung der Bollwerke und/oder Verkürzung der Kurtinen erreichte, muß offen bleiben[217]; fest steht, daß er eine verteidigungstechnisch optimale Lösung anstrebte, hinter der – und Ähnliches ist auch in seinen Entwürfen für andere Städte zu beobachten – örtliche Gegebenheiten zurückzustehen hatten. So überplante er Herrn Alands Werder – ein sumpfiges, nur mit großen Schwierigkeiten zu bebauendes Gelände im Westen der Neustadt – ebenso wie die Kleine Weser, über deren Flußbett er ein Bollwerk vorsah, und dieses trotz ihrer Funktion als Hochwasser-Stauraum. Letzteres ist dann auch nicht zur Durchführung gekommen.

Der strenge Winter 1623/24 unterbrach die Arbeiten an der Befestigung. Doch schon am 7. Februar 1624 bat der Rat den Prinzen Moritz wiederum um die Entsendung Valckenburghs, und Bürgermeister Hoyer und auch der Rat wandten sich direkt an den Ingenieur[218]. Seine Absicht, nach Bremen zu reisen, hatte dieser am 5. Februar schon dem Rostocker Rat, der ihn ebenfalls zu sehen wünschte, mitgeteilt[219]. Etwa Mitte April traf er in Bremen ein[220], wie es scheint als kranker Mann[221]. Dort blieb

---

215 Lührs, S. 33. Der Umfang wurde vom Verfasser berichtigt.

216 Lührs, S. 32, gibt eine Übersicht über die Räumungserfordernisse: mehrere Reeperbahnen (Seilerwerkstätten), einige Windmühlen und zehn Häuser bzw. Katen. Ein Verzeichnis der nach Valckenburghs Angaben abzubrechenden Häuser vom Mai 1624 im StA B, 2-P.3.A.2.b. – Die Ländereien gehörten „wohl größtenteils" zum Besitz des Erzbischofs und anderer kirchlicher Institutionen, mußten demnach vom Rat erworben werden.

217 Die Vermutung Bippens, Geschichte, S. 291, das achte Bollwerk sei jenes auf dem Werder, kann nicht richtig sein; dann wäre nur noch Platz für sechs Bastionen gewesen. Es ist auch unvorstellbar, daß Valckenburgh die Flanke an der Kleinen Weser hätte ungedeckt gelassen.

218 StA B: Rat an Prinz Moritz, 7. Febr. 1624, 2-P.3.A.1. (21); Bürgermeister Hoyer an Valckenburgh, o.D. 2-P.3.A.1. (32); Rat an Valckenburgh, 24. Febr. 1624, 2-P.3.A.1. (33).

219 StA Ro, Rat-Kriegswesen 42.

220 StA B, 2-R.1.A.3.b 27, S. 183. Eintragung unter dem 25. Juni 1624: „So vele Capitein Valkhenborch vom 17. April beth 10. Juni by o hew vorzheret – 302 Mk, 8".

221 StA H, Cl. VII. Lit. Cc No. 1. Vol. 3. a. 2-22. Schreiben Valckenburghs an Hamburger Rat vom 9. Mai 1624, er könne dessen Aufforderung vom 4. Mai, nach Hamburg zu kommen, nicht folgen, weil „von die erste stundt, so ich zu Bremen angelangt, dermassen mitt leibesschwachheytt beladen gewesen, daß ich biß diese heutighe stunde nitt einen fueß auß den hause hab setzen konnen".

er laut genannter Eintragung im Rhederbuch mindestens bis zum 10. Juni. Vermutlich noch aus Holland hatte er eine kurze Schrift an Bürgermeister Hoyer gesandt, die sich mit den vorzubereitenden Schritten für den Weiterbau befaßte (Anlage 4.2)[222].

Trotz seiner Krankheit nahm er seine Arbeit in Bremen auf. In einem zweiten kurzen Memorial mit dem Eingangsvermerk vom 22. April 1624 (Anlage 4.3)[223] gab er in sechs Punkten, ebenfalls im wesentlichen Material betreffende Anweisungen für die Anlagen und die allgemeine Verteidigung.

Am 28. Mai 1624 nahm Valckenburgh an den Verhandlungen über eine Vertragsänderung mit dem Wallmeister Clausen teil; wegen des achten Bollwerkes wurde der Vertrag erweitert und wohl zur Beschleunigung der Arbeiten zwei weitere Unternehmer, Jacob Berendt und Peter von Kampen, eingesetzt[224]. Bis zu seiner Abreise nach Hamburg, Stralsund und Rostock wird er die Bauarbeiten geleitet haben, die auf Grund der trockenen Witterung und trotz mannigfaltiger Auseinandersetzungen innerhalb des Rates und zwischen Rat und Bürgerschaft zügig voranschritten[225]. Um den 26. August kehrte Valckenburgh zurück und blieb bis zum 27. September[226]. Auch in dieser Zeit kümmerte er sich intensiv um die Bauarbeiten. So berichtete der Ratsherr Eberhard Dozen in seinen Aufzeichnungen[227], daß er am Nachmittag des 8. September auf der Baustelle Valckenburgh die Straßen habe abstecken sehen.

Am 16. September beschloß der Rat, die Wallanlagen im Südosten noch vor Beginn des Winters bis zum Deich der Kleinen Weser durchzuziehen[228], ein Zeichen für die erheblichen Fortschritte, die das Werk genommen haben mußte. Nur einen Tag später findet sich die Eintragung im Wittheitsprotokoll[229], daß Valckenburgh, da er mit seiner Arbeit fertig sei, um Demission gebeten hätte. Noch am gleichen Tage inspizierte eine Kommission die Baustelle, dann entsprach der Rat der Bitte des Ingenieurs, nicht ohne ihm für seine Arbeit eine Verehrung von 600 Rt = 1.350 Mk auszahlen zu lassen[230].

Es hat den Anschein – und hier folge ich Wilhelm Lührs – daß Valckenburgh zu Beginn des Jahres 1625 ein letztes Mal in Bremen gewesen ist[231]. Dem dritten, in dieser Zeit entstandenen Memorial (Anlage 4.4) muß vom Inhalt her eine Inaugenscheinnahme der Baustelle vorausgegangen sein, da Valckenburgh die angesprochenen Details und Mängel sonst unmöglich hätte wissen können[232]. Er forderte unter anderem die

---

222 StA B, 2-P.3A.1. (29). Lührs, S. 35, datiert diese Denkschrift auf Anfang März. Ich meine, daß die Wendung, „daß diese heuser in die monat Martii weghgeschafft werden“, auf eine frühere Datierung schließen lassen.

223 StA B, 2-P.3.A.1.(34).

224 StA B, 2-P.3.A.1. (38,39).

225 Lührs, S. 37. Über Valckenburghs Reisen nach Hamburg, Stralsund und Rostock s. jeweils in den entsprechenden Abschnitten. Hier irrt Bippen, Geschichte, S. 292, wenn er vermutet, daß Valckenburgh „jetzt ein volles Jahr in Bremen“ blieb. S. auch das Itenerar Valckenburghs.

226 StA B, 2-R.1.A.3.b 27, S. 194. Eintragung unter dem 28. Sept. 1624: „So vele Capiteyn Valckenborch cum suis tho synen huhs vom 26.Aug. beß 27. Sept. vorzheret – 280 Mk, 4“. Am 28. August war Valckenburgh allerdings in Hamburg, s. StA H, Kämmerei I, 22 Band 94, S. 102 und 124.

227 StA B, 2-P.3.A.1.(9).

228 StA B, Wittheitsprotokoll vom 16. Sept. 1624. Extrakt in: 2-P.3.A.1.(30). - Wittheit (discretio): Gruppe derjenigen Ratsherrn, die nicht der Regierung, dem ‚sitzenden Rat‘, angehörten.

229 StA B, Wittheitsprotokoll vom 17. Sept. 1624. Ebenda.

230 StA B, 2-R.1.A.3.b 27, S. 194. Eintragung unter dem 27. Sept. 1624.

231 Lührs, S. 39. Erhärtet wird diese Vermutung durch die Anwesenheit Valckenburghs Mitte März in Hamburg (s. S. 52 dieser Arbeit).

232 StA B, 2-P.3.A.1.(40 u.43). Das Memorial befindet sich in zwei Ausfertigungen, von verschiedener Hand geschrieben, im Archiv.

Ausführung des in der Weser gelegenen Teiles der dortigen Bastion in Stein und monierte die Bauweise eines Wallabschnittes, der anscheinend zu steil angelegt und dann abgerutscht war. Weiter gab er verschiedene Anweisungen zur Sicherung der Tore und zum Bauablauf. Dieses Memorial ist der letzte bekannte Beweis für Valckenburghs Tätigkeit im Auftrage der Stadt Bremen.

Die weitere Durchführung der Befestigungsanlagen

Wie weit der Bau der Wallanlagen beim Tode Valckenburghs fortgeschritten war, ist nicht mit Sicherheit festzustellen, doch waren sie „in ziemlichen Stand gebracht"[233]. Für die zeitliche Verfolgung des weiteren Ausbaues ist es nützlich, den Kupferstich von Caspar Schultz aus dem Jahr 1664 (Plan 18), entstanden nach dem Entwurf des Gerhard Meier, heranzuziehen. Dieser Plan zeigt den ungefähren Endzustand der bremischen Bastionärsbefestigung und läßt gleichzeitig die Veränderungen gegenüber der Valckenburghschen Planung erkennen. Aus dem letzten Memorial Valckenburghs geht hervor, daß zu Beginn des Sommers 1625 die westlichste Bastion an der Weser noch nicht gebaut war; im September des Jahres fehlte, wie das oben erwähnte Wittheitsprotokoll vom 16.9.1625 zeigt, der Anschluß im Südosten an die Kleine Weser sowie deren ‚Durchbollwerkung'; auf dem Tanzwerder und im Norden der Altstadt waren die Arbeiten noch nicht aufgenommen worden.

Der Rat wandte sich zunächst an den in Emden tätigen Festungsbauingenieur Jan van Laer, um dessen „Bedenken" zu dem erreichten Stande der Arbeiten zu erhalten. In einem Bericht faßte dieser seine Eindrücke zusammen[234]. Schwerpunkt seiner Ratschläge waren Maßnahmen, die eine sofortige Verteidigungsbereitschaft sichern sollten. Doch schon im November ergänzte er, daß es erforderlich sei, Änderungen an der Valckenburghschen Planung vorzunehmen[235]. Van Laer hat allem Anschein nach zwei entscheidende Punkte überarbeitet. Unterstellt man dem Stich des Caspar Schultz einige Genauigkeit, so ist die Südflanke und -face der westlichen Bastion nach Valckenburghs Plan entstanden, dann aber wurde der Bastionswinkel verkleinert, so daß zum einen eine ‚schiefe Bastion' und zum anderen der Platz für ein kleines, zusätzliches Werk am Weserufer entstand. Nach Valckenburghs Vorschlag lagen die nördliche Face und Flanke dieser Bastion in der Weser, mit allen Schwierigkeiten einer Flußgründung und den Gefahren einer Unterspülung. Van Laers Vorschlag umging diesen Schwachpunkt. Die zweite Veränderung erfuhr die Planung an der Kleinen Weser. Hier wurde die Idee, den Flußarm mit dem Festungswerk zu durchqueren, fallen gelassen; die letzte Kurtine wurde verkürzt, die Breite der Bastion derart eingeschränkt, daß das Werk voll auf dem Festland zu liegen kam und die Kleine Weser ihren freien Lauf beibehielt. Das Straßennetz der Neustadt wurde ebenfalls verändert, auf die Grachten wurde verzichtet.

Der Festungsgürtel der Neustadt zwischen dem Weserufer im Westen und der Kleinen Weser im Südosten war 1627 fertiggestellt[236], und die Tore – das Bunte oder Südtor, das Hohe oder Westertor und eine der von Valckenburgh vorgesehene Sortien – wurden 1630 gebaut[237]. Unter dem Stadtkommandanten Oberst Lohausen waren

---

233 StA B, Bürgerkonventsprotokoll vom 16. Aug. 1625. Excerpt in: 2-P.3.A.1.(59).

234 StA B, 2- P.3.A.1.(10).

235 StA B, 2-P.3.A.1.(52).

236 StA B, 2-P.1.s.22.c.1, S. 35: „seyn in 4 Jahren 7 Bolwerke verfertigt"; so auch 2-P.1.s.18.c, S. 186: „und wurden in 4 Jahren 7 bollwerken [...] mehrenteils ganz verfertigt". So auch Buchenau, S. 87.

237 Lührs, S. 43, Anm. 191.

im Jahre 1628 im Bereich der Altstadt zwischen Ostertor und Heerdentor zwei neue, in Valckenburghs Planung nicht vorgesehene Hornwerke entstanden; der eigentliche Ausbau dieses Festungsbereiches einschließlich des Umbaus aller bestehenden Werke fand jedoch erst in den Jahren 1660 bis 1663 statt[238]. Ein Jahr später folgte der letzte Abschnitt der Gesamtanlage, die Befestigung auf dem Tanzwerder mit zwei halben, jeweils an die Flußufer angelehnten Bastionen.

Der Rat hatte sich seinerzeit allerdings nicht alleine auf Jan van Laer verlassen wollen und im Herbst 1626 den Generalfestungsbaumeister des dänischen Königs, Frans des Traytorrens, befragt, der in seinen „Bedenckent wegen der Stadt Bremen" vom 13.Oktober 1626 Vorschläge erarbeitete, die jedoch nur als Fragment erhalten sind und wenig Aussagekraft in bezug auf die Neustadt besitzen[239]. Er hatte in seinem Skizzenbuch, welches in Stockholm verwahrt wird[240], eine Nachzeichnung des Valckenburghschen Planes von 1623 angefertigt, welche die Aufschrift trägt: „BREMEN avec le dessin de la nouvelle fortification parf. De Traytorrens General des fortifications et castrametations du Roy de Danemarc 1627". Dies muß erwähnt werden, weil Gerhard Eimer 1961 daraus ableitete, daß Frans de Traytorrens sich als den Urheber der Neugestaltung der Bremer Neustadt bezeichnet habe[241]. Diese durch nichts belegte These scheint ihm selbst wohl nicht ganz geheuer vorgekommen zu sein, denn er fuhr fort: „An sich passen die beiden von Traytorrens entworfenen Projekte Bremer Neustadt und Stettiner Lastadie schlecht zusammen, sie verkörpern zwei Antithesen in Simon Stevins Doktrin". Lührs hat diese Behauptung ebenso knapp wie treffend verworfen[242].

Es ist nicht überliefert, welcher Aufwendungen es alleine für den Bau des Festungsringes bedurfte. Sehr bald hatte sich gezeigt, daß das 1622 eingeführte Soldaten- und Wallgeld nicht ausreichte. Der Rat mußte von 1624 an die nötigen Geldmittel durch Anleihen aufbringen, und ab 1625 sah er sich gezwungen, die Konsumtionssteuer auf Nahrungs- und Genußmittel, auf Brennmaterial und anderes mehr zu erheben[243]. Die Bürgerschaft oder einzelne ihrer Gruppierungen lösten manches Ärgernis mit ihrer zeitweiligen Verweigerung oder fruchtlosen Diskussionen aus, nicht immer fand die Qualität der geleisteten Arbeit die Zustimmung der Auftraggeber, und auch die zögerliche Besiedlung des neuen Stadtteils brachte viele nicht erwartete Probleme mit sich, doch mit großer Beharrlichkeit wurde das einmal Begonnene zu Ende geführt.

Ähnlich wie in Hamburg hatte Valckenburgh, unter Heranziehung Rijswijckscher Ideen auch in Bremen eine Planung vorgeschlagen, die verteidigungstechnischen Anforderungen und städtebaulichen Entwicklungen gleichermaßen entgegenkam. Obwohl zur Zeit der Entstehung der Wallanlagen für letzteres keine Notwendigkeit gegeben war und die folgenden Jahrzehnte nur allmählichen Bevölkerungszuwachs brachten, muß die Entscheidung des Rates zu diesen gewaltigen Anstrengungen als richtig und weitblickend angesehen werden. Schon 1628, als Tilly nach Besetzung der nicht weit entfernten Stadt Buxtehude gegen Bremen vorging, dürften die Anlagen eine wichtige Rolle bei den Verhandlungen auf Verschonung gespielt haben. Der Kampf Bremens

---

238 Bippen, Geschichte, S. 295.
239 StA B, 2-P.2.b.1.
240 Nach Lührs, S. 44: Kunl. Krigsarkivet, Handritade Kartverk 22, fol. 8.
241 Eimer, S. 205.
242 Lührs, S. 44.
243 Schwarzwälder, S. 323.

um seine Unabhängigkeit mit Schweden, das die Stadt in sein Herzogtum Bremen einzugliedern versuchte, mit der Folge, daß es 1654 und 1666 zu kriegerischen Auseinandersetzungen kam, hätte ohne eine moderne Befestigung nicht gewonnen werden können. Letztlich war ein Werk geschaffen, das von der Fertigstellung des ersten Abschnittes der Neustadt im Jahre 1627 bis 1802 – genau 175 Jahre – die Sicherheit und Freiheit der Stadt garantierte und durch den großzügigen Zuschnitt zumindest für einen begrenzten Zeitraum weiteres Wachstum innerhalb des Walles ermöglichte.

4. Lübeck

Die dritte, entscheidende Gründung Lübecks erfolgte 1157/59 durch Heinrich den Löwen auf dem etwa 17 km von der Travemündung entfernt gelegenen Werder, welches die Flüsse Trave und Wakenitz bildeten. Das Erlangen der Reichsfreiheit 1226 und die Befreiung von der dänischen Herrschaft legten den Grund zur wirtschaftspolitischen Großmacht im nordeuropäischen Raum. Als führende Stadt der einflußreichsten, der wendischen Städtegruppe wurde Lübeck zu Beginn des 14. Jahrhunderts ‚Haupt der Hanse‘[244].

Eine weitere Voraussetzung für die zügige Stadtentwicklung war die günstige handelsgeographische Lage Lübecks zwischen den Rohstoffmärkten des Ostens und den flandrischen Fertigungsstätten sowie den nordischen Ländern und dem südlichen Reichsgebiet mit seiner Landverbindung zum Mittelmeer und dem Orient. Die Kanalisierung der Stecknitz und Delvenau schuf darüber hinaus 1397 die Wasserverbindung über Hamburg zur Nordsee und zu den Salzvorkommen Lüneburgs. Der Umschlag der hochwertigen Waren, welche die Landenge passieren mußten, machte Lübeck zu einem bedeutenden Stapelplatz. Die Stadt war als Seehandelsstadt entstanden, Handwerk und Gewerbe spielten nur eine untergeordnete Rolle[245].

Die Sicherung der Handelswege bestimmte die Politik der Stadt sowohl im näheren Territorialbereich[246] als auch im Ostseeraum. Mit dem Erwerb Travemündes 1329 wurde die Travemündung unter Kontrolle gebracht; die Ausdehnung nach Süden über Mölln nach Lauenburg und Bergedorf schützte die Kanalschiffahrt, die über Oldesloe den Überlandweg. Die Offenhaltung des Sundes und damit die Sicherung der Freiheit dieser Handelsstraße, vor allem gegen den Zugriff Dänemarks, war eine lebenswichtige Aufgabe, die Lübeck im Laufe der Jahrhunderte mehrfach veranlaßte, in die Auseinandersetzungen zwischen den skandinavischen Staaten einzugreifen.

Die im ersten Drittel des 16. Jahrhunderts einsetzenden Veränderungen im gesamteuropäischen Wirtschaftsraum, die religiösen und sozialen Unruhen der Reformationszeit und das Erstarken selbstbewußt werdender Nationalstaaten auch im Ostseeraum brachten das Ende der politischen Machtstellung der Stadt. Holländische und englische Kaufleute drangen in die Ostsee vor, die Verbindungen von Lübeck nach Hamburg büßten ihre Bedeutung ein, und Ansehen und Einfluß der Hanse schwanden in dem Maße, wie die alten Handelsprivilegien im Ausland verloren gingen. Zwar gelang es der lübeckischen Kaufmannschaft zu Beginn des 17. Jahrhunderts, neue

---

244 Dollinger, S. 129f.

245 Georg Fink: Lübeck, in: Erich Keyser (Hg.): Deutsches Städtebuch, Bd. 1, Nordostdeutschland, Stuttgart, Berlin 1939, S. 417-424, hier S. 419f.

246 S. hierzu Albert Dueker: Lübecks Territorialpolitik im Mittelalter, phil. Diss. Hamburg 1932.

Handelsbeziehungen zu den südwesteuropäischen Staaten aufzubauen, auch der Handel mit Schweden erlebte einen neuen Höhepunkt, dagegen drängte Christian IV. von Dänemark den Einfluß Lübecks in seinem Herrschaftsbereich mehr und mehr zurück[247]. Die aufwendigen kriegerischen Auseinandersetzungen seit den 60er Jahren des 16. Jahrhunderts und der Dreißigjährige Krieg führten zu einer beträchtlichen Verschuldung der Stadt, wodurch die Abwärtsentwicklung zusätzlich beschleunigt wurde[248].

Die Bürgerschaft hatte 1529/30 gegen den Rat die Einführung der Reformation und der Bugenhagenschen Kirchenordnung erzwungen[249], die revolutionäre Verfassungsänderung Wullenwevers, die wenig später von ihm eingeleitet wurde, scheiterte jedoch sehr bald. Die wirtschaftlichen Schwierigkeiten mit ihren Teuerungen und Lasten führten 1599 zu erneuten Auseinandersetzungen, den sogenannten Reiserschen Unruhen, die mit der Neuordnung von Verwaltung und Finanzen endeten. Wie in vielen deutschen Städten handelte es sich auch in Lübeck um einen Kampf der sozialen Oberschichten, die ihren Einflußbereich untereinander abzustecken oder auszudehnen suchten[250].

So gegensätzlich die Standpunkte im Innern auch zeitweise sein mochten, in der Beurteilung und den daraus abzuleitenden Maßnahmen bei äußerer Bedrohung herrschte unter den Kollegien große Übereinstimmung[251]. Das galt insbesondere für das Verhältnis zu Christian IV. mit dessen Vorgehen gegen die Handelsfreiheiten auf der Ostsee und der ständigen Gefahr eines direkten Angriffes gegen die Stadt und das sich daraus ergebende Erfordernis einer Modernisierung und eines Ausbaus der Festungsanlagen, einschließlich der Befestigung Travemündes.

Die Befestigungsanlagen

Um 1600 hatte Lübeck im wesentlichen noch den gleichen Stadtgrundriß wie im Mittelalter. Trave und Wakenitz umschlossen ein an den Seitenflanken unregelmäßig eingezogenes Oval, dessen Längsachse in etwa von Nord nach Süd verlief und eine Länge von 1.550 m aufwies. Die größte Ost-Westausdehnung betrug 980 m. 4.200 m Stadtmauer mit Türmen und Toren faßten allseits 110 ha Stadtfläche ein[252], auf der um 1600 etwa 23.000 Menschen lebten[253]. Die natürlichen Begrenzungen durch die Flüsse hatten einen im Verhältnis zu anderen Städten großzügigen Stadtraum entstehen lassen, der einer größeren als für 1600 überlieferten Einwohnerzahl Platz bot, so daß eine Ausweitung – einige gewerblich genutzte Flächen westlich der Trave ausgenommen – auch zur Zeit des Baues der Bastionsbefestigungen nicht erfolgte. Die innerhalb

---

247 S. hierzu Grassmann, Geschichte, S. 425f.; Ahasver von Brandt: Geist und Politik in der Lübeckischen Geschichte, Lübeck 1954, S. 97ff. und S. 160ff.

248 Buchstab, S. 202.

249 S. hierzu Wilhelm Jannasch: Reformationsgeschichte Lübecks vom Petersablaß bis zum Augsburger Reichstag, 1515–1530, Lübeck 1958, (VGHL 16).

250 S. hierzu Jürgen Asch: Rat und Bürgerschaft in Lübeck 1598–1669, Hamburg 1960, (VGHL 17), S. 56-98.

251 S. hierzu Grassmann, Geschichte, S. 444ff.

252 Eigene Berechnungen. Grundlage Grundkarte, M. 1:5000, mit der historisch-topographischen Bearbeitung vom Februar 1976, in: Habich, Stadtkernatlas, S. 96.

253 Fink, S. 419. Nach Julius Hartwig: Lübecks Einwohnerzahl in früherer Zeit, in: MVLGA 13 (1917–1919), S. 89, waren es entweder 19.800 oder 25.400; Fink hat diese Zahlen einfach interpoliert. Arndt, S. 26, nennt für 1618 25.000 Einwohner.

der Mauern liegenden Flächen im Westen und Süden bestanden vorwiegend aus bis zu 12 m mächtigen Torf- oder Moorschichten, während der bis zu 16 m ansteigende Höhenrücken, der parallel zur Längsachse des Stadtgrundrisses verlief, im wesentlichen tonigen Untergrund aufwies[254]. Ähnlich wie in Hamburg lagen die wirtschaftlich interessanten Grundstücke auf sehr schlechtem Baugrund an der Trave.

Wie viele deutsche Städte, so hatte auch Lübeck seit Anfang des 16. Jahrhunderts begonnen, die mittelalterlichen Befestigungsanlagen den neuen Erkenntnissen der Verteidigungskunst anzupassen. An den besonders gefährdeten Punkten wurde eine Verstärkung durch runde Erdwälle und einige Erdrondelle zur Seitenbestreichung von Wällen und Gräben vorgenommen. Der Schwerpunkt lag an der Travefront, da die breite, seinerzeit noch nicht durch Landzugewinn eingeengte Wakenitz natürlichen Schutz bot[255]. Bemerkenswert ist, daß bereits mit diesen Verbesserungsmaßnahmen die Verteidigungslinie im Westen der Stadt auf das jenseitige, das westliche Traveufer verlegt wurde. Die Idee, den als Hafen genutzten Flußabschnitt in den geschützten Stadtbereich miteinzubeziehen, stammt also aus jener Zeit. Ob verteidigungstaktische Überlegungen oder die Möglichkeit des Zugewinns von wassererschlossenen Gewerbeflächen Auslöser für diese Entscheidung waren, muß offen bleiben. Die Arbeiten wurden vor Fertigstellung wegen finanzieller Engpässe, die der schwedische Krieg (1563–70) verursachte, eingestellt: die Südwestflanke – etwa von der heutigen Marlesgrube bis zum Mühlenteich – blieb ungeschützt.

Auch dem Rat war bewußt, daß die in den letzten Jahren durchgeführten Arbeiten in ihren Grundüberlegungen bereits überholt waren. Zur dringend erforderlichen Schließung des Festungsgürtels nahm er 1595 den mit moderneren Methoden vertrauten Jülicher Festungsbaumeister Johann Pasqualini unter Vertrag, der in Fortführung der liegengebliebenen Arbeiten eine Bastion nach neuitalienischer Manier entwarf, die im Juli 1595 begonnen und an welcher etwa fünf Jahre gearbeitet wurde. Diese Bastion, noch mit Orillons versehen, war ein Polygonwerk mit Flanken, die „merkwürdig unregelmäßig gegeneinander versetzt“ waren[256]. Eine mögliche Erklärung für das weite Hinausschieben dieses Teilbereiches könnte in dem Versuch Pasqualinis zu finden sein, die Bastion auf festen Grund aufzusetzen[257].

Im Jahr 1601 wurde im Zuge der erwähnten Verfassungsänderung und vermutlich aus Einsicht in die Notwendigkeit einer Verbesserung der Verteidigungsanlagen eine eigene Wallbehörde eingesetzt, die aus zwei Ratsherren und vier Vertretern der Bürgerschaft, einem aus jedem Stadtquartier, bestand. Damit war die Bürgerschaft erstmalig an der Leitung und Beaufsichtigung der Wallarbeiten beteiligt. Dieser Behörde oblag in großer Eigenständigkeit die Einleitung und Durchführung aller auftretenden Arbeiten an den Anlagen. Sie stand zunächst unter der energischen Leitung des nachmaligen Bürgermeisters Brokes[258]. 1604 wurde auf sein Betreiben Johan van Rijswijck nach Lübeck berufen, um die Gesamtanlage neu zu überdenken und die Festungswerke zu

254 Christian Reuter: Der Aufbau der Stadt Lübeck, in: ZVLGA 12 (1910), S. 3-27; s. geologische Karte zwischen S. 16 und 17. Friedrich Paul: Der Untergrund der Stadt Lübeck, in: ZVLGA 12 (1910), S. 28-48.

255 S. hierzu und dem Folgenden: Rathgens, S. 74-78, und Brehmer, S. 390-400.

256 Rathgens, S. 79.

257 Wie die geologische Karte von Reuter zeigt, verläuft in diesem Bereich die Grenze zwischen Moor- und Tonboden. Je westlicher, desto besser hier der Untergrund.

258 Brehmer, S. 403f.

modernisieren. Rijswijck plante einen der frühniederländischen Manier entsprechenden Bastionsgürtel, welcher vom Burgtor im Norden, am westlichen Ufer der Trave entlang, die Südspitze der Stadt umfassend, bis zum im Osten gelegenen Hüxtertor verlief. Sein Plan ist überliefert[259] (Plan 4) und insofern von großem Interesse, als er der einzige ist, der den Zustand der Befestigungsanlagen, einschließlich der Pasqualinischen Bastion, am Anfang des 17. Jahrhunderts darstellt. Rijswijck hatte vierzehn Bollwerke um die Stadt gelegt, die er alle am jenseitigen Ufer der jeweiligen Wasserläufe plazierte und, soweit vorhanden und möglich, von außen an die im 16. Jahrhundert aufgeschütteten Wälle anlehnte. Dabei blieb Entwurfsgrundlage der der niederländischen Manier eigene Kreisbogen, wodurch Abknickungen im mittelalterlichen Mauerverlauf ausgeglichen wurden. Auch die Pasqualinische Bastion erfuhr eine Korrektur, da sie nach Rijswijcks Ansicht 1. zu weit von der Stadt, 2. zu groß und 3. zu hoch war[260]. Ausgeführt wurde jedoch von Rijswijcks Plan 1605 nur eine, die später Commis genannte Bastion, die südlich an diejenige Pasqualinis anschloß. Die Untergrundschwierigkeiten waren erheblich. Brokes berichtete in seinem Tagebuch, daß 4.000 Fuder Buschwerk und 1.000 Fuder kleine Eichenpfähle für die Fundamentierung benötigt wurden. Auch setzte man erstmalig in Lübeck die neu erfundene Wasserschnecke, „das ist eine neue Art von Mühlen, damit man das Wasser ausmahlet", ein[261]. Danach stockten die Arbeiten erneut; die hohen Kosten dürften den Rat von der Ausführung des ganzen Planes abgehalten haben.

Die Arbeit Valckenburghs in Lübeck

Die Arbeit Valckenburghs in Lübeck ist nur sehr schwer zu verfolgen. Schon Brehmer hat darauf hingewiesen, daß die Akten und Pläne der 1601 eingesetzten Wallbehörde seit Ende des 17. Jahrhunderts verschwunden sind und daß die späteren Akten am Anfang dieses Jahrhunderts „in die Papiermühle" wanderten[262]. Die große Eigenständigkeit und Machtbefugnis der Wallbehörde, die sich auch auf finanzielle Fragen bezog, erklärt, daß nur in wichtigen Fällen die Entscheidung des Rates erwirkt werden mußte und dementsprechend wenige Eintragungen in den – von vielen Jahren erhaltenen – Ratsprotokollen zu finden sind[263]. Auch bei der maßgeblichen Arbeit von Rathgens fällt auf, daß nur sehr selten Quellen genannt werden, also schon vor dem 2. Weltkrieg nur wenige noch vorhanden waren. Dieses Wenige ist dann durch die im Krieg notwendige Auslagerung und spätere Verschleppung noch einmal dezimiert worden, so daß „gerade die Zeit vom 16. bis zum 18. Jahrhundert nur unter großen Mühen zu erforschen ist"[264]. Die für diese Arbeit relevanten Verluste aus dem letzten Geschehen betreffen vor allem das Planmaterial, welches, bis auf eine hier interessierende Zeichnung, nur aus der Veröffentlichung Rathgens' bekannt ist, weiterhin das

---

259 Rijswijcks Plan ist veröffentlicht bei RATHGENS, S. 4, Beschreibung S. 2. Das Original ist seit dem letzten Krieg verschollen.

260 AHL, Ratsprotokoll vom 1. Mai 1604.

261 BREHMER, S. 405.

262 Ebenda, S. 345.

263 Für den in dieser Arbeit behandelten Zeitraum fehlen die Ratsprotokolle von 1609 und 1610.

264 GRASSMANN, Vergangenheit, S. 92. Dort auch genaue Angaben über die Verluste. Zum Entstehungszeitpunkt dieses Abschnittes der Arbeit (Mai 1992) waren zwar große Teile aus der DDR und Moskau zurückgeführt, jedoch noch unzugänglich. Aussagen wären vor allem durch eventuell erhaltene Kämmereibücher zu erwarten.

Tagebuch des Bürgermeisters Brokes, welches jedoch in Auszügen von Karl Pauli bereits 1860/67 veröffentlicht wurde[265], sowie die Kämmereirechnungen. Aus dem zur Verfügung stehenden Material, auch unter Hinzuziehung einzelner Nachrichten aus anderen Archiven, ergibt sich das folgende Bild.

Wie bereits gesagt, war Valckenburgh am 1. Mai 1609 in Lübeck vereidigt worden, ohne Zweifel sein erster Besuch in der Stadt. Er reiste jedoch gleich darauf mit dem Grafen Solms-Laubach nach Hamburg[266]. Mehr als eine Besichtigung der Festungswerke kann aus Zeitgründen nicht stattgefunden haben[267]. Erst 1611 griff Brokes den weiteren Ausbau der Festungsanlage wieder auf und bewog Solms-Laubach „in betrachtung seiner eyd und pflichten", den Ingenieur für diese Aufgabe nach Lübeck zu senden[268]. Valckenburgh muß sehr schnell aus Bremen[269] angereist sein und sich mit den Lübecker Problemen vertraut gemacht haben, denn schon am 6. April 1611, elf Tage nach der Aufforderung an den Grafen, beriet der Rat ein „Advis" Valckenburghs mit Verbesserungsvorschlägen[270] (Anlage 5) und forderte die vier Quartiervorsteher auf, für ihren jeweiligen Bereich zu den Ausführungen Stellung zu nehmen[271]. Dieses erfolgte in der Ratssitzung am 28. Juni[272]; das Ergebnis ist nicht bekannt.

Dieses „Advis" enthält in fünfzehn Absätzen Detailanweisungen, um die Verteidigungsfähigkeit der Stadt schnell und ohne zu hohen Aufwand zu verbessern. Es geht an keiner Stelle auf die von Rijswijck vorgeschlagene Bastionsbefestigung ein. Ähnlich wie in Lüneburg forderte es an gefährdeten Punkten den Bau von Ravelins, um die Seitenbestreichung von Wällen und Gräben zu gewährleisten; gedeckte Laufgräben müßten einige dieser Ravelins verbinden, um gegenseitige Hilfe zu ermöglichen; die ungeschützte Südwestflanke sollte von dem Rijswijckschen neuen Bollwerk bis zum Fischerturm durch eine Brustwehr, die dem Verlauf der späteren Kurtinen zu folgen hätte, gesichert und schadhafte Brustwehren in anderen Festungsabschnitten ausgebessert werden; in Bereichen, die durch Wälle nicht zu sichern waren, wie beispielsweise beim Hüxtertor und seitlich des Burgtores, sollten Palisaden, zum Teil in doppelter Reihe, geschlagen werden; das Holstentor sollte eine Zugbrücke erhalten und für alle Tore seien Haspels[273] zu bauen. Was im einzelnen in den folgenden Monaten von diesen Anregungen durchgeführt wurde, ist nicht überliefert.

Zusammen mit diesem „Advis" muß Valckenburgh eine Aufstellung über die für die Verteidigung erforderlichen Materialien – vermutlich ähnlich der später für Rostock (Anlage 6.2) aufgestellten – angefertigt haben, da der Rat am 17. Mai beschloß, ein Schreiben an den Grafen Solms-Laubach mit der Versicherung zu senden, das Geforderte anzuschaffen[274].

---

265 Karl Pauli: Aus den Aufzeichnungen des Lübeckischen Bürgermeisters Henrich Brokes, in: ZVLGA 1 (1860), S. 281-347, und 2 (1867), S. 1-37, S. 254- 296 und S. 367-465.

266 S. S. 44 dieser Arbeit.

267 Damit scheidet die Möglichkeit aus, die Rathgens, S. 81, in Erwägung zieht, daß Valckenburgh das weiter unten behandelte Advis (s. Anm. 270) schon 1609 erstellt haben könnte.

268 AHL, Ratsprotokoll, 1. Serie, 26. März 1611.

269 S. 58 dieser Arbeit.

270 AHL, Walloffizium 6.5. Das Advis ist nicht unterschrieben und trägt kein Datum. Ein beiliegendes Aktenblatt weist Valckenburgh als Verfasser aus. Vor allem die Erwähnung in der bisher unbeachtet gebliebenen Ratssitzung vom 4. April 1611 (s. nächste Anm.) läßt keinen Zweifel am Verfasser aufkommen.

271 AHL, Ratsprotokoll, 1. Serie, 4. April 1611.

272 AHL, Ratsprotokoll, 3. Serie, 28. Juni 1611.

273 Haspels sind „friesische Reiter", keine Fußangeln, wie Brehmer, S. 490, sagt.

274 AHL, Ratsprotokoll, 3. Serie, 17. Mai 1611.

Der Rat hatte gleich in seiner Sitzung am 6. April bedeutet, daß man Valckenburgh so bald als möglich wieder entlassen möge, allerdings nicht ohne vorher einen oder zwei Pläne für ein Blockhaus in Travemünde von ihm abzufordern. Brokes, der Ingenieur, der Stadtbaumeister und einige Offiziere führten am 9. April eine Ortsbesichtigung durch, in deren Anschluß mehrere Vorschläge über Standort, Größe, Form und Material entwickelt wurden[275]. Am 20. April referierte Brokes im Rat, welcher entschied, daß eine fünfeckige Zitadelle aus Stein errichtet werden solle, mit deren Bau im Frühjahr 1612 zu beginnen sei[276]. Valckenburgh muß dann von Lübeck nach Hamburg gereist sein, wo sein Aufenthalt am 27. April nachzuweisen ist[277].

Einen neuen Impuls erhielt die Wiederaufnahme der Arbeiten am Gesamtplan der Befestigung 1613 durch die Gefahr kriegerischer Auseinandersetzungen mit Dänemark, die mit dem Abschluß des Bündnisses zwischen Lübeck und den Generalstaaten eher zunahm. Bürgermeister Brokes und der Gesandte Nordanus unterschrieben diesen Vertrag am 17. Mai 1613 (a. St.) in 's-Gravenhage[278]. Schon im Januar hatte der Rat angesichts des Friedensschlusses zwischen Dänemark und Schweden und der damit entfallenden zweiten Front für Dänemark die Aufrüstung beschlossen[279]. Nachdem auf den Hansetagen am 13. Februar und 4. März 1613 die übrigen Städte dem Bund zwischen Lübeck und den Generalstaaten eine Absage erteilt hatten, erneuerte der Rat im März die Forderung zur Verstärkung der Verteidigungsanlagen[280]. Brokes war zum Leiter des Ausschusses für das Defensionswerk bestimmt und unter anderem beauftragt worden, Valckenburgh aus den Niederlanden anzufordern. Anläßlich der Vertragsunterzeichnung beurlaubte Prinz Moritz den Ingenieur. Brokes traf mit ihm am 25. Mai in Lübeck ein[281], von wo aus er vier Wochen später nach Rostock aufbrach, um am 22. Juni dort die erste Besichtigung vorzunehmen[282]. Der Rat von Lübeck hatte bereits mit Schreiben vom 5. Juni seinen Kollegen in Rostock anheim gestellt, sich mit dem Ingenieur dieserhalb zu arrangieren[283].

Vermutlich aus diesen Wochen stammt der einzig erhaltene Plan Valckenburghs von den Lübecker Befestigungsanlagen[284] (Plan 5). Ein Vergleich mit der Planung Rijswijcks (Plan 4) zeigt, daß Valckenburgh diese vollständig übernommen und nur

---

275 Pauli, 1, S. 339f. Die Angabe von Neumann, Festungsbau, S. 95, Valckenburgh habe 13 Projektpläne für Travemünde angefertigt, von denen keiner verwirklicht worden sei, finden sich weder in einer Quelle noch in der Literatur.

276 AHL, Ratsprotokoll, 3. Serie, 20. April 1611.

277 S. 45 dieser Arbeit.

278 A.R.A., 1.01.04, Secrete kas Duitsland 6, und Pauli, 2, S. 267.

279 Pauli, 2, S. 27ff. Der Rat hatte am 6. Febr. die Besichtigung und Verbesserung der Wälle und das Aufziehen von Sperrketten beschlossen und allgemeine Wachsamkeit gefordert – AHL, Ratsprotokoll, Serie 3, 6. Februar 1613.

280 Ebenda, S. 261.

281 Ebenda, S. 268.

282 Bachmann, S. 14.

283 StA Ro, Rat-Kriegswesen 40.

284 AHL, Plan IV/164. Aquarellierte Federzeichnung, 67 × 48 cm groß. Der Plan trägt in der Mitte die Beschriftung: „Plante der stadt Lubeck, worvan de gestippelde odder puncterde werke andeuten de neuwe provisionael fortification werken, so wider gewaldt von belagering solten dienen, vorgegeven by Johan Valckenborch, der General Staten und Erbaren Hensestede bestelten Yngenieur". Meines Erachtens handelt es sich um eine Kopie aus damaliger Zeit. Rathgens hat einen gleichen Plan unter der Nr. IV/132 auf S. 29 veröffentlicht. Auch dieser Plan war vermutlich nicht das Original, wie Vergleiche mit den Plänen aus Rostock und Ulm zeigen. Vor allem fehlen die signifikanten, zirkelähnlichen Verschlingungen am Ende der Unterschrift.

wenige Veränderungen und Ergänzungen hinzugefügt hat. Selbst die beiden punktiert eingetragenen Varianten der beiden Bastionen am Burgtor finden sich wieder. Hinzugefügt worden sind Ravelins zwischen Pasqualinis und Rijswijcks Bastionen vor dem Dammannsturm und dem Goldenen Turm. Fortgelassen worden sind die zwei Halbmonde, die Rijswijck vor den Bastionen am Krähenteich vorgesehen hatte. Eine Korrektur hatte die Form der Bastion südlich des Holstentores erfahren, die den übrigen Bastionen in ihrer Basisbreite angepaßt wurde. Dieser Vergleich zeigt eindeutig, daß die Planung des Lübecker Bastionsgürtels auf die Idee Rijswijcks zurückgeht und nicht von Valckenburgh stammt[285].

Valckenburgh muß sich in diesen Wochen ebenfalls mit der Befestigung Travemündes beschäftigt haben, wobei unklar bleibt, ob es sich wiederum um die Zitadelle oder einen Vorschlag für den Ort gehandelt hat[286]. Zweifelsohne wird er darüber hinaus umfangreich tätig gewesen sein, um, wie aus anderen Städten bekannt, die Bautätigkeit der kommenden Monate vorzubereiten, doch gibt es hierfür keinerlei Belege.

Folgt man Brehmer, so wurde neben kleineren Arbeiten an bestehenden Teilen der Befestigung, in den folgenden vier Jahren allerdings nur ein Ravelin gegenüber dem Fischerturm zum Schutz der südlichen Hafeneinfahrt gebaut[287], welches weder von Rijswijck noch von Valckenburgh vorgesehen worden war.

Der nächste Besuch Valckenburghs in Lübeck ist 1618 nachzuweisen. Der Hamburger Rat unterrichtete die Lübecker Kollegen, daß Valckenburgh in Hamburg eingetroffen sei und von „denen in Haagen residierenden königl. Ambahsadorn, alß auch von Printz Moritzen F[ürstlichen] G[naden] etliche vornemmen der Herren Staadten allerhandt wichtige avihsen und warnungen an die Erbare Confoederierte Stethe“ mitgebracht habe, von denen sie glaubten, Valckenburgh solle sie persönlich in Lübeck vortragen[288]. In Zusammenhang mit den Festungsbauten stand dieser Besuch nicht; der Ingenieur fungierte in diesem Fall als Überbringer politischer Nachrichten, die der Lübecker Rat in seiner Sitzung am 1. April 1618 behandelte[289]. Man beschloß, sofort nach des Grafen Solms-Laubach erwarteter Ankunft mit diesem zu konferieren und Valckenburgh die Reisekosten von Hamburg zu erstatten. Weiterer Handlungsbedarf wurde bis zum besagten Eintreffen des Grafen Mitte Mai[290] nicht gesehen. In bezug auf den Festungsbau ergaben sich jedoch auch aus diesem Gespräch, zumindest für die nächsten drei Jahre, keine Konsequenzen[291].

---

285 Schon Rathgens, S. 81f., hat darauf hingewiesen, daß es sich bei Valckenburghs Plan nur um eine Kopie des Rijswijckschen handelt. Damit trifft die Kritik, die Brehmer, S. 407f., erhebt und auf die noch einzugehen ist, zunächst Rijswijck; allerdings hätte Valckenburgh Änderungen vornehmen können.

286 AHL, Ratsprotokoll, 1. Serie, 12. Juni 1613. „Zwo abriß vor Travemünde zu befestigen, übergeben von Ingenior Falkenberg“.

287 Brehmer, S. 408f. Rathgens, S. 82, berichtet statt dessen vom Bau der später so genannten Bastion Buniamshof. Da er sich jedoch ausschließlich auf Brehmer bezieht, liegt wohl ein Interpretationsfehler vor.

288 AHL, Artillerie 18.7.

289 AHL, Ratsprotokoll, 1. Serie, 1. April 1618.

290 StA H, Kämmerei I, 22 Band 80, S. 141: „16. dito [Mai 1618]. 2 fohrhende, so mit Graffschen Hern gehn Lubeg gefahren, zherung tho rugge – 6 ML 4 Sh.“

291 Brehmer, S. 409, und auf ihn gestützt Rathgens, S. 82, sehen in Valckenburghs Besuch ein Zeichen für den Willen des Rates, die Arbeiten an dem Festungsgürtel zu verstärken. Ich kann darin keinen Zusammenhang sehen, zumal erst drei Jahre später Entscheidendes geschehen ist. Daß Solms-Laubach die Befestigungen besichtigt und begutachtet haben wird, ist anzunehmen, inwieweit ein regelrechtes ‚Gutachten‘ von ihm abgegeben wurde, muß offen bleiben; weder Brehmer noch Rathgens nennen eine Quelle.

Die politischen Entwicklungen in Europa, die auch kriegerische Verwicklungen im Norden des Landes nicht ausschlossen, veranlaßten 1621 Rat und Bürgerschaft, den Umbau der Festungswerke nach der vorliegenden Rijswijck/Valckenburghschen Planung zu beginnen. Bis zur Vollendung der Arbeiten sollten die Einwohner ein Grabengeld entrichten – die Unbemittelten sechs Pfennige, die Reichen zwölf Schillinge je Woche – , Überschüsse städtischer Kassen waren zum Bau der Wallanlagen zu verwenden und darüber hinaus erforderliche Gelder durch Anleihen aufzunehmen[292].

Vermutlich im Juli und Oktober 1621 war Valckenburgh von Hamburg aus nach Lübeck gekommen, um die Abfolge der Arbeiten zu besprechen[293]. Man entschied sich zunächst für die Anlagen vor dem Burgtor, dem ältesten und wenig Schutz bietenden Teilabschnitt der bestehenden Befestigung[294]. Als im Januar 1622 die Arbeiten, die zwei holländischen Wallmeistern übertragen worden waren, aufgenommen wurden, kam es wegen der Räumung der erforderlichen Ländereien und der Notwendigkeit, eine Anzahl von Bäumen zu fällen, zu erheblichen Bürgertumulten[295]. Es könnten auch Zweifel an der Richtigkeit der Ausführung aufgekommen sein, da der Rat am 8. Mai den nochmaligen Besuch Valckenburghs und eine Überprüfung forderte, an welcher die Wallherren und Bewohner teilnehmen sollten[296]. Es hat den Anschein, als ob Valckenburgh einen der neuen Situation angepaßten Vorschlag unterbreitete, der am 21. Juni vom Rat gebilligt wurde[297]. Diese Planung dürfte in etwa der Rekonstruktion Brehmers entsprochen haben[298].

Die genannte Eintragung im Ratsprotokoll vom Juni 1622 ist die letzte Nachricht, die von Valckenburghs Tätigkeit in der Hansestadt zeugt. Der Ingenieur scheint zu den Durchführungsarbeiten nicht hinzugezogen worden zu sein, obwohl zu seinen Lebzeiten die Burgtorbefestigung[299] und diejenige vor dem Holstentor[300] begonnen wurden. Der Grund hierfür mag in der Überlastung Valckenburghs gelegen haben, denn in diesen Jahren liefen die Arbeiten an den Befestigungsbauten in Hamburg und Bremen mit vollem Einsatz; doch ist auch nicht auszuschließen, daß das Verhältnis zwischen dem Rat und Valckenburgh nicht ganz so eng war wie in anderen Städten[301].

---

[292] AHL, Ratsprotokoll, 1. Serie, 7. März 1621; BREHMER, S. 409.

[293] Diese Angaben stammen von BREHMER, S. 409, die dieser augenscheinlich aus den verschollenen Kämmereibüchern abgeleitet hat. Er berichtet, daß Valckenburgh bei seiner jeweiligen Anwesenheit außer freier Wohnung und Beköstigung ein Honorar von 50 Rt erhalten habe. Daß Valckenburgh sich allerdings beide Male länger in Lübeck aufgehalten hat, ist angesichts seines Engagements in Hamburg und Leerort sehr fraglich.

[294] Das berichtet auch JOHANN RUDOLPH BECKER: Umständliche Geschichte der Kaiserl. und des Heil. Römischen Reiches freyen Stadt Lübeck, Bd. 2, Lübeck 1784, S. 353.

[295] AHL, Ratsprotokoll, 1. Serie, 16. Januar 1622, und 23. März 1622.

[296] AHL, Ratsprotokoll, 1. Serie, 8. Mai 1622.

[297] AHL, Ratsprotokoll, 1. Serie, 21. Juni 1622.

[298] BREHMER, S. 411. Die Rekonstruktion bei RATHGENS, S. 160, ist exakter durchgezeichnet, zeigt die Situation jedoch nach Ersatz des Hornwerkes durch ein Ravelin.

[299] S. zu Einzelheiten RATHGENS, S. 161-165.

[300] Ebenda, S. 166-212.

[301] Schon nach der Berichterstattung der Quartiermeister über Valckenburghs Gutachten hatte der Rat befunden: „Man soll ihm eine geringe verehrung geben und ihn lauffen lassen“ – AHL; Ratsprotokoll, 3. Serie, 28. Juni 1611. Die Unstimmigkeiten am Burgtor, ohne zu wissen, worauf sie im einzelnen beruhten, könnten ein Übriges dazu beigetragen haben; die Aufforderung des Rates, Valckenburgh solle sich „der abrehde nach forderlichst einstellen“, klingt für die sich vorzugsweise verbindlicher Ausdruckweise bedienende Zeit ebenfalls recht barsch – AHL, Ratsprotokoll, 1. Serie, 11. August 1621.

Weitere Durchführung der Befestigungsarbeiten
Für die Durchführung der Arbeiten in den folgenden Jahren wurde im wesentlichen die Planung von Rijswijck/Valckenburgh beibehalten. Der schwierige Untergrund brachte manch unliebsame Überraschung. So stürzten 1631 Teile der Anlagen beim Holstentor ein, und erst 1633 war ihre Wiederherstellung beendet[302]. Umfangreiche Wasserhaltungen im südlichen und östlichen Bereich verschlangen Zeit und Geld. Im Jahre 1634 berief der Rat mit dem niederländischen Ingenieur Johann von Brüssel einen Mann, der mit großer Umsicht bis zu seinem Tode 1645 die Oberleitung über den gesamten Festungsbau übernahm und als derjenige gelten muß, der die Hauptarbeit bei der Erstellung der Befestigungsanlagen in der Hansestadt geleistet hat. Seinem Vorschlag folgend, wurde der Festungsgürtel im Nordosten, zwischen Holsten- und Burgtor, entgegen der bisherigen Planung um eine Bastion auf nunmehr sechs vermehrt. Weitere Grundsatzänderungen bei der Erstellung erfolgten nicht. Doch auch zum Zeitpunkt seines Todes waren die Arbeiten keineswegs abgeschlossen. Es vergingen noch fünfzehn Jahre, bis die Werke in der Hauptsache gebaut waren, doch noch im Juni 1667 sprach der Hamburger Stadtingenieur Johann Pfannstiel in einem Schreiben von „dero Statt noch nicht gantz geschlossene[m] Wallwerk“[303], vermutlich ein Bezug auf die wenig befestigte Wakenitzfront. Gut sechzig Jahre waren demnach vergangen, seit Rijswijck seinen später von Valckenburgh übernommenen Plan entwickelt und die erste Bastion für die Stadt errichtet hatte. Ein aus dem Jahr 1705 stammender Plan zeigt die Stadt mit ihren Festungswerken und dem vollständigen Straßennetz[304]. Auf diesem Plan basiert der wegen seiner wirkungsvollen Darstellung bekannteste Stadtplan Lübecks aus dem 18. Jahrhundert von Möhring (Plan 19), der in eindrucksvoller Weise die Umsetzung der Rijswijck-/Valckenburgh-/Brüsselschen Planung vermittelt.

Wie der Chronist berichtet, hatte die Stadt 1626 auch begonnen, das Blockhaus in Travemünde durch eine steinerne Zitadelle zu ersetzen, und ab 1627 wurde das Städtchen selbst zur Landseite hin mit einem Bastionsgürtel umgeben[305]. Welche Planung für die Ausführung zu Grunde gelegt wurde und ob Vorstellungen Valckenburghs Berücksichtigung fanden, ist nicht bekannt.

Brehmer hat an Hand der Kämmereibücher und eigener Hochrechnungen für die Zeit von 1621 bis 1670 Ausgaben von mehr als 4.000.000 Gulden errechnet[306]. Wie fragwürdig derartige Angaben sind, ist am Beispiel Hamburg bereits erörtert worden[307], nichtsdestoweniger geben sie auch im Fall Lübecks einen Eindruck von dem großen Aufwand, welchen die Städte für ihre Verteidigung aufzubringen bereit waren.

Die Planung der Lübecker Befestigungsanlagen stammte, wie gezeigt, in ihren Grund- und Detailüberlegungen von Johan van Rijswijck, die Durchführung der meisten Festungsabschnitte lag in den Händen von Johann von Brüssel. Sucht man eine Antwort auf die Frage nach der Bedeutung Valckenburghs für die Hansestadt, kommt man zunächst zu der etwas banalen Feststellung, daß sie keinesfalls so groß gewesen ist

302 S. hierzu und dem Folgenden sowie Einzelheiten Rathgens, S. 83ff., und Brehmer, S. 414ff.
303 Zit. nach Rathgens, S. 86.
304 Veröffentlicht bei Rathgens, S. 6.
305 Becker, S. 357.
306 Brehmer, S. 491f.
307 S. 53 dieser Arbeit.

wie für andere Städte, zum Beispiel Hamburg, Bremen oder Emden. Ein eventuell bisher bestehendes, davon abweichendes Bild ist auf Brehmer zurückzuführen, der die Gesamtplanung Rijswijcks als Vorlage für Valckenburghs Überlegungen nur unzureichend gewürdigt hat. Unabhängig davon zeigt das wiederholte Zurückgreifen des Lübecker Rates auf die Fachkompetenz Valckenburghs, daß weder in der Stadt noch im norddeutschen Raum ein gleich qualifizierter Ingenieur zur Verfügung stand. Der schwierige Entwurf der sehr komplexen Anlage vor dem Burgtor muß wohl als Valckenburghs Hauptwerk in Lübeck angesehen werden. Sein früher Tod und die erst danach, im Verhältnis zu anderen Städten sehr spät einsetzende Durchführungsphase verhinderten eine darüber hinausgehende Zusammenarbeit.

5. Rostock

Die Ostseestadt Rostock nahm seit dem ersten Drittel des 13. Jahrhunderts mit ihrer Doppelstellung einerseits als Mitglied der Hanse, und dem unter Lübecks Leitung stehenden wendischen Kreis zugeordnet, und andererseits als eine vom Fürsten, dem Herzog von Mecklenburg, abhängige Territorialstadt eine besondere politische und wirtschaftliche Stellung ein[308]. Sie liegt am linken Ufer der Warnow, etwa 12 km von der Ostsee entfernt, dort, wo der Fluß, von Süden kommend, seine Richtung nach Westen ändert und sich zugleich von 50 auf ca. 600 m verbreitert. Die Breite des Flusses erlaubt das Befahren durch Seeschiffe, die Entfernung zur offenen See bietet einen natürlichen Schutz. Das seit 1323 zu Rostock gehörende, an der Mündung der Warnow liegende Warnemünde ist nur 42 Kilometer von der Südspitze Falsters entfernt, so daß sich an diesem Punkt eine günstige Seeverbindung nach Dänemark ergibt[309].

Rostocks wirtschaftliche Stärke beruhte auf dem Seehandel mit Skandinavien und den übrigen Ostsee-Anrainerstaaten[310] sowie ab Beginn des 15. Jahrhunderts mit Flandern, Holland und England[311]. Noch in der Zeit des Verfalls der Hanse erlebte Rostock eine wirtschaftliche Nachblüte, wie die Zahlen der Sundfahrten beweisen[312].

Im Jahre 1531, 18 Jahre früher als im Herzogtum, wurde in Rostock auf friedlichem Wege die lutherische Konfession eingeführt[313].

Die Wirtschaftskraft und die im Laufe der Jahrhunderte erworbenen Privilegien hatten die Stadt wohlhabend werden lassen und ihre politische Selbständigkeit gefestigt. Doch auch die Mecklenburger Herzöge zögerten nicht, die sich durch die Zwistigkeiten zwischen Rat und Bürgerschaft bietenden Möglichkeiten zur Wiedergewinnung ihres Einflusses zu nutzen. Als es 1565 zum offenen Streit kam, besetzte

308 Walther Müller: Rostocks Seeschiffahrt und Seehandel im Wandel der Zeiten, Rostock 1930, S. 9.

309 Paul Babendererde: Rostock, in: Keyser: Nordostdeutschland, S. 322-326, hier S. 322.

310 S. hierzu Hildegard Thierfelder: Rostock – Osloer Handelsbeziehungen im 16. Jahrhundert. Weimar 1958, (Abhandlungen zur Handels- und Sozialgeschichte 1).

311 Müller, Seeschiffahrt, S. 10.

312 Peter Gerds und Wolf-Dieter Gehrke: Und am Bug der Greif. Ein Beitrag zur Geschichte der Rostocker Schiffahrt, Rostock 1979, S. 22.

313 Karl Koppmann: Geschichte der Stadt Rostock, 1. Teil, Von der Gründung der Stadt bis zum Tode Joachim Slüters (1532), Rostock 1887, S. 132ff. und Helga Schultz: Im Zeichen der frühbürgerlichen Revolution (1476–1535), in: Dies. (Hg.): Rostock – Geschichte der Stadt in Wort und Bild, Berlin 1980, S. 42.

Herzog Johann Albrecht I. die Stadt, ließ einige der Befestigungen schleifen und eine Zwingburg vor dem Steintor errichten. Rostock erhob Klage vor dem Reichskammergericht. Es war der letzte Versuch, die Stellung einer freien, reichsunmittelbaren Stadt zu erlangen, der jedoch scheiterte. Durch Erbvertrag von 1573 bekannte Rostock sich endgültig als landesuntertänig, steuer- und heerbannpflichtig[314], erreichte jedoch das Schleifen der Zwingburg und die Erlaubnis, den zerstörten Teil der Stadtbefestigung wieder aufzurichten[315]. Auch verblieben der Stadt eine Anzahl von Privilegien, die sie weiterhin über den Rang einer durchschnittlichen Territorialstadt heraushoben[316].

Als die Hanse durch das Zusammengehen mit den Generalstaaten im Jahre 1616 noch einmal versuchte, ihren verlorenen wirtschaftlichen Einfluß wiederherzustellen, erhoffte sich auch Rostock die Wiedergewinnung seiner vergangenen politischen Bedeutung. Die Versuche, die Verteidigungskraft den zeitlichen Erfordernissen anzupassen, sind Auswirkung dieser Hoffnung.

Die Befestigungsanlagen

Die aus drei nebeneinanderliegenden Stadtteilen, der Alt-, Mittel- und Neustadt, im 13. Jahrhundert zusammengeschlossene Gesamtstadt bildet einen ellipsenförmigen Grundriß mit einer ungefähren Ausdehnung von 1.300 m in Ost-West- und 600 m in Nord-Südrichtung[317]. Die ca. 3.800 m lange mittelalterliche Mauer faßte 70,8 ha städtische Fläche ein[318]. Im Jahre 1594 lebten etwa 15.000 Menschen in Rostock[319]. Eine Ausweitung der bebauten Stadtfläche wurde im Zeitraum, in dem die räumliche Stadtentwicklung vom Umfang der Verteidigungsanlagen bestimmt wurde, nicht vorgenommen. Die 1574 begonnene Wiederherstellung der durch die Herzöge abgerissenen Mauerbereiche und die in den folgenden Jahrzehnten durchgeführten Verstärkungen[320] nahmen den mittelalterlichen Mauerverlauf wieder auf, und auch die Planungen Valckenburghs lehnten die neuen Bastionen von außen an den Mauerring an.

Als Grundlage für die Betrachtung von Art und Verlauf der Befestigungsanlagen am Ende des ersten Jahrzehnts des 17. Jahrhunderts müssen mehrere Pläne herangezogen werden. Von großer Aussagekraft ist der von A. F. Lorenz im Jahre 1935 rekonstruierte Stadtgrundriß von 1300. Er ist der einzige maßstäbliche, auf allen verfügbaren zeitgenössischen Darstellungen aufbauende Plan, der zudem durch die eingezeichneten Höhenlinien die Geländestruktur aufzeigt (Plan 20)[321]. Weitere Aufschlüsse geben der Plan von Wenzel Hollar von 1657, der den Zustand um etwa 1625 zeigt (Plan 21)[322], und die erhaltenen Pläne Valckenburghs, in denen die bestehenden Anlagen zum Zeitpunkt seiner Arbeitsaufnahme in Rostock im Jahr 1613 als Grundlage für

---

314 S. hierzu MÜLLER, Seeschiffahrt, S. 11f.

315 KARL KOPPMANN: Zur Geschichte des Steinthores, in: BGRo 2.1 (1899), S. 69-80, hier S. 69.

316 S. hierzu KLAUS GERTEIS: Deutsche Städte, S. 74f. und HELGA SCHULTZ: Soziale und politische Auseinandersetzungen in Rostock im 18. Jahrhundert, Weimar 1974.

317 BABENDERERDE, S. 323.

318 Berechnungen vom Verfasser nach dem rekonstruierten Plan bei A. F. LORENZ: Zur Geschichte der Rostocker Stadtbefestigung, in: BGRo 20 (1934/35), S. 27- 78 (Plan 20).

319 BABENDERERDE, S. 324. ARNDT, S. 49, nennt für 1618 ebenfalls 15.000 Einwohner.

320 BACHMANN, S. 13.

321 LORENZ, Anlage. Lorenz stützte sich neben eigenen Forschungen auf die Pläne, Stiche usw., die er auf S. 29f. nennt sowie auf LUDWIG KRAUSE: Zur Rostocker Topographie, in: BGRo 13 (1924), S. 12-82.

322 Die Valckenburghsche Drei-Wall-Bastion ist noch nicht eingezeichnet. S. hierzu auch FRIEDRICH BACHMANN: Die älteren mecklenburgischen Städteansichten, in: JVMGA 88 (1924), S. 117-224, hier S. 198, Nr. 72.

seine Entwürfe dargestellt sind (Pläne 6 u. 8). Der Hollarsche Plan und Valckenburghs Darstellungen decken sich in den Grundaussagen; keiner der Pläne gibt allerdings Auskunft über die erheblichen Geländeunterschiede innerhalb des Mauerringes.

Der mittelalterliche Teil Rostocks liegt auf einem Plateau, welches sich zwischen 12 und 15 m über den Fluß erhebt. Nach Norden fällt das Gelände mit etwa 5% Gefälle, nach Osten, unmittelbar außerhalb der Stadtmauer, steil auf die Höhe der Warnow ab. Das östliche Drittel der Stadt, die frühere Altstadt, wurde durch einen von Süden nach Norden laufenden Geländeeinschnitt getrennt, der einen Arm der Oberwarnow, ‚die Grube', aufnahm. Dieses Gewässer lag im Bereich seines südlich gelegenen Eintritts in die Stadt bis zu 10 m unter dem Plateau und bildete beidseits bis zu 20% ansteigende Abhänge.

Im Norden basierte die Befestigungsanlage Anfang des 17. Jahrhunderts noch immer ausschließlich auf der mittelalterlichen Mauer mit ihren zahlreichen Türmen, die dicht am Ufer des Flusses stand und zusammen mit diesem einige Sicherheit bot. Schwachpunkte waren die zwölf einfachen Tore[323], deren jedes vor einer der von Süd nach Nord laufenden, die Stadt in voller Breite mit der Schiffslände verbindenden Straßen lag. An der Ostseite bot die 6 bis 8 m hohe Böschung, auf deren Krone die Mauer verlief, unterstützt durch das nasse Wiesen- und Bruchgelände zwischen Böschungsfuß und Warnow, ausreichend Schutz. Die Anstrengungen der Stadt zur Verbesserung ihrer Verteidigungsfähigkeit hatten sich auf die gefährdete Süd- und Westseite konzentriert. Mit dem Wiederaufbau der schon erwähnten Mauerbereiche zwischen Kuh- und Steintor wurde sehr bald nach Abschluß des Erbvertrages begonnen. Noch 1575 wurde das Steintor mit dem Gewölbe bis an den Zwinger, und im folgenden Sommer der übrige Teil der Stadtmauer von dem Steintor bis an das Brüderkloster gebaut[324]. Gleichzeitig wurden vor der neuen Mauer Erdwälle aufgeschüttet, die etwa am Mühlentor begannen, über die mit einem steinernen Bauwerk überspannte ‚Grube' führten und am Steintor vorbei, den Zwinger umfassend, im Bogen bis zum Ufer der Warnow verliefen[325]. Den Erdwällen vorgelagerte, in Teilbereichen sehr tiefe Gräben verstärkten den Schutz. Im Nordwesten entstand am Ufer des Flusses 1608 das Rondell beim Blauen Turm, die Fischerbastion[326]. Weiterhin muß Anfang des 17. Jahrhunderts das Rondell im Südwesten errichtet worden sein – nähere Angaben sind darüber in den Chroniken nicht enthalten[327].

In diesem südlichen und westlichen Mauerbereich befanden sich weitere neun Tore, die zwar eine enge Verbindung zum Umland herstellten, jedoch erhöhten Verteidigungsaufwand bedeuteten. Einen weiteren Mauerdurchlaß bildete der Eintritt der ‚Grube' in die Stadt.

Die zweifelsohne mit großen finanziellen Anstrengungen aufgeführten Erdwall- und Grabenbefestigungen entsprachen in keinem Abschnitt den seinerzeit modernen Anforderungen[328]. Auch scheint eine gewisse Sorglosigkeit bei Rat und Bürgerschaft

---

[323] Eine gute Übersicht über Lage und Namen der Tore und Türme findet sich bei Wilhelm Rogge: Wallenstein und die Stadt Rostock, in: JVMGA 51 (1886), S. 283-350, hier Taf. X.

[324] Werner Reinhold: Chronik der Stadt Rostock, Rostock 1836, Neudruck 1911, S. 206 und 124. Bei letzterer ist das Jahr 1574 genannt.

[325] Ebenda, S. 124.

[326] Johann Georg Wettken: Geschichte der Stadt und Herrschaft Rostock – Was sich von Anfang derselben biß auf das Jahr 1677 darinnen begeben, Wismar 1754, S. 155.

[327] Da dieses Rondell in den ersten Plänen Valckenburghs enthalten ist, muß es vor 1613 erbaut worden sein.

[328] Wettken, S. 155, und Reinhold, S. 213.

vorgeherrscht zu haben. Anders ist die Mitteilung vom 7. Mai 1608 in der Chronik: „Vom St. Peters=Thor großes Stück von der Stadtmauer niedergefallen, mit Brettern zugemacht, erst im Sommer 1617 wieder aufgebaut“[329], nicht zu deuten; neun Jahre vergingen, bis dieser Schaden beseitigt wurde. Die weiter unten angeführten Memoranden Valckenburghs zeigten sehr deutlich die Mißstände an den Verteidigungsanlagen auf, so daß hier auf Einzelheiten verzichtet werden kann.

Die Arbeit Valckenburghs in Rostock

Die politische Gesamtlage, insbesondere die Verhandlungen über einen engeren Zusammenschluß der Hansestädte untereinander sowie die Bemühungen Lübecks, die Generalstaaten als Bündnispartner zu gewinnen, veranlaßten den Rat der Stadt, sich verstärkt ihrer Verteidigungsfähigkeit anzunehmen. Mit einem Schreiben vom Anfang Mai 1613 bat der Rat seine Lübecker Kollegen, ihm einen ihrer Bausachverständigen zu überlassen[330]. Das Gesuch wurde vom Rat Lübecks unter dem 5. Juni 1613 zwar abschlägig beschieden, da diese unentbehrlich seien[331], doch meldete der Lübecker Rat die Ankunft Valckenburghs, den er veranlassen wollte, sich nach Abschluß seiner Arbeiten in Lübeck nach Rostock zu begeben. Der Ingenieur könne auch gute Wallsetzer aus Holland vermitteln.

Der Rostocker Syndikus Dr. Johann Doman, der im Auftrag des Rates in Lübeck zu verhandeln hatte, erhielt die Anweisung, Valckenburgh zu einem Besuch nach Rostock zu bitten. Schon am 22. Juni traf dieser in Rostock ein und hat allem Anschein nach seine Arbeit bereits am 12. Juli beendet. Im Kämmereibuch findet sich die Eintragung, daß am 13. Juli 1613 Valckenburgh für seine Reisekosten, die Anfertigung von Plänen und Beratung 200 Rt und seinen Dienern und „laboratori“ 30 Rt ausgezahlt wurden[332].

In den wenigen Tagen seines Aufenthaltes in Rostock fertigte Valckenburgh drei Entwürfe für eine Bastionsbefestigung der Stadt, einen Detailplan mit zwei Ravelins und zwei Memorials über die von ihm als notwendig erachteten Befestigungs- und Verteidigungsmaßnahmen an. Die erste Zeichnung[333] zeigt auf einem Grundplan mit den bestehenden Befestigungsanlagen zehn Bollwerke, die sehr schematisch, ohne auf die bestehenden Anlagen – das Rondell im Südosten, das Steintor und den Zwinger – Rücksicht zu nehmen, eine aus theoretischer Sicht verteidigungstechnisch optimale Form darstellten.

Die zweite Zeichnung[334] mit dem Zusatz „A“, eine Weiterentwicklung der ersten, schlägt in gleicher Darstellung eine Befestigungsanlage mit neun Bollwerken, also einem weniger vor. Hier ist das Rondell von einer Bastion umschlossen und Zwinger

---

329 Karl Koppmann: Rostocker Geschützwesen, in: BGRo 4.3 (1906), S. 43-58, hier S. 44.

330 AHL, Ratsprotokoll, 1. Serie, vom 7. Mai 1613. Der Brief wird abschlägig beschieden. Der Brief stammt nicht wie Bachmann, S. 13, angibt vom 20. Mai.

331 StA Ro, Rat-Kriegswesen 40.

332 StA Ro, Finanzbehörden, Bd. 45.

333 StA Ro, Plan 3.01.1956. Leicht kolorierte Federzeichnung, Größe 54 × 42 cm. Der Plan trägt in der Mitte die Beschriftung: „Plan der Stadt Rostock alsoo die bevonden is te liggen Inde maenden Junij ende Julij A 1613, mits oock de nieuwe verbeteringhe van de Ravelins alsoo de selvige afgeteeckent zijn bij Johan van Valckenburgh Ingenieur vande Heeren Staten Generael ende den Erbaren Hanseteden“.

334 StA Ro, Plan 3.01.1955. Sonst wie vor. Der Plan trägt in der Mitte die Beschriftung: „Plan der Stadt Rostock alsoo die selvighe bevonden is te liggen Inde maenden Junij ende Julij anno 1613, met alsulcke wercken van fortificatie als daeraen toe defentie der selviger stadt behooren volmaeckt te worden, afgeteeckent bij Johan van Valckenburgh Ingenieur vande Heeren Staten Generael ende den Erbaren Hansesteden“.

und Steintor bleiben unangetastet. In roten Linien hat Valckenburgh zusätzliche Einsparungsmaßnahmen durch Verkleinerung der Bollwerke und Heranrücken der Gesamtanlage an die bestehende Mauer kenntlich gemacht. Dieser Plan weist auch eine Bezeichnung der Bollwerke auf, so daß eine Verbindung zu den mitgelieferten, weiter unten behandelten Memorials herzustellen ist. Aus den ersten der Valckenburghschen Memoranden geht hervor, daß er selbst dem erstverfaßten Vorschlag Priorität einräumte, woraus geschlossen werden kann, daß es der Rat war, der aus Kostengründen eine Überarbeitung gefordert hatte[335].

Die dritte Zeichnung ist verschollen[336]. Nach Valckenburghs eigenen Angaben in dem angesprochenen Memorandum trug sie die Bezeichnung „B". Sie enthielt zusätzlich zu den Bollwerken die vorgesehenen zehn Ravelins. Ob weitere Veränderungen vorgenommen worden waren, ist nicht bekannt.

Bautechnisch interessant ist Valckenburghs Zeichnung mit den zwei Ravelins (Plan 7). Sie trägt weder Unterschrift noch Datum. Ihre Authentizität ist durch seinen Hinweis im ersten Memorial (Anlage 6.1) gesichert. Es ist eine der wenigen von ihm erhaltenen Zeichnungen, in der Konstruktionsmaße angegeben sind[337]; allerdings handelt es sich ausschließlich um Grundrißmaße der einzelnen Bauelemente. Die Höhenmaße gab er – neben einer Wiederholung auch der Grundrißmaße – in einem der Memoranden an. Es muß sich bei dieser Zeichnung jedoch um eine allgemein verwendbare Konstruktionsdarstellung gehandelt haben, da die Ravelins in der aufgezeichneten Form an keiner Stelle in die Rostocker Befestigungsentwürfe einfügbar sind.

Die beiden Memoranden (Anlage 6.1 u. 2) erläuterten die Zeichnungen und gaben technische Anweisungen. Die gegenseitigen Ergänzungen und Bezüge erlauben die Aussage, daß die Niederschriften zeitgleich mit den Plänen A und B im Jahre 1613 entstanden sind[338]. Es ist Hulshoff in seiner Einschätzung zu folgen, daß die beiden Memorials von Valckenburgh und die letztlich entstandenen sechs Zeichnungen für die Kriegsgeschichte, speziell die niederländische, von hohem Wert sind. Sie seien in Beratung mit Prinz Moritz, dem Großmeister der Festungsbaukunde jener Tage, entstanden und gäben ein deutliches Bild der neuen Methoden, die zuerst in den Niederlanden auf diesem Sektor angewandt worden seien[339].

Da den Memoranden eine klare Gliederung fehlt und eine Anzahl von Wiederholungen auftritt, liegt die Vermutung nahe, daß Valckenburgh diese Anweisungen sehr spontan, je nach Einfall diktiert hat. Angesprochen wurde von ihm die ganze Breite der erforderlichen Maßnahmen.

Zunächst lag ihm daran, den Verteidigungszustand der bestehenden Wallanlagen schnell und mit einfachen Mitteln zu verbessern. Dazu gehörten das Anlegen bzw.

---

[335] So auch Bachmann, S. 15.

[336] So auch Eysten, S. 292. Soenke, S. 26, hat diese Zeichnung offensichtlich übersehen; er spricht nur von zwei im Juni/Juli 1613 entstandenen Plänen.

[337] Sta Ro, Plan 3.01.1961. Leicht kolorierte Federzeichnung, Größe 39,5 × 32 cm. Die einzige mir bekannte Zeichnung mit vermaßten Querschnitten der einzelnen Werke ist der weiter unten behandelte Plan der Ulmer Befestigungsanlagen (Plan 9).

[338] StA Ro, Rat-Kriegswesen 40. Die von zweiter Hand auf dem ersten Memorial vermerkte Jahreszahl 1624 ist falsch.

[339] Hulshoff, S. 50. „De beide adviezen van Valckenburg, waarbij een vijftal teekeningen ter toelichting zijn gevoegd, zijn voor onze krijgsgeschiedenis van hooge waarde: zij zinje vervaardigd in overleg met prins Maurits, den grootmeester der vestingbouwkunde in die dagen, en geven een duidelijk beeld der nieuwe methoden, die het eerst in ons land op dat gebied werden toegepast".

die Instandsetzung der verfallenen Brustwehren, die Sicherung der Tore durch Zugbrücken und Haspels und das Aufstellen von oben angespitzten Metallstaketen auf den die Gräben durchschneidenden Staudämmen. Als wichtig sah er ferner die Räumung der Wallhänge und Gräben von Bäumen und Strauchwerk an, um freies Sichtfeld für die Verteidiger zu schaffen. Unter dem gleichen Aspekt forderte er die vollkommene Räumung des Schußfeldes vor der Stadt; hinter den Landwehren und anderen Hindernissen könne sich der Feind verschanzen, „wie geschehen beij entsatz der stadt Braunsweich“[340]. Schließlich empfahl er dem Rat die Anschaffung zweier Geschütze, die außer zur Verteidigung der Stadt gleichermaßen zur Ausstattung von Schiffen geeignet seien.

Nur kurz berührte Valckenburgh die Grundkonzeption seines Gesamtvorschlages für die Verteidigungsanlagen. Er erläuterte vor allem die Abweichungen des Planes A, bei dem durch die Reduzierung um ein Bollwerk und die Berücksichtigung der vorhandenen Tore unterschiedliche Kurtinenlängen entstünden, die eine gute Verteidigung jedoch nicht hinderten. Anders verhielte es sich, wenn man den roten Eintragungen folge – hier würden die Bollwerke D und G in ihrem Nutzen sehr geschwächt. In diesem Zusammenhang empfahl Valckenburgh dem Rat, die Reihenfolge der Herstellung der Bastionen entsprechend seiner Eintragung nach den Buchstaben A bis J vorzunehmen[341]; er wird sie entsprechend ihrer Bedeutung für die Verteidigung vorgenommen haben. Wie in allen Städten forderte er, die Zahl der Tore zu reduzieren und die überzähligen zuzumauern.

Aus heutiger Sicht unverständlich ist, daß der Ingenieur mit keinem Wort die Schwierigkeiten, die sich aus den Geländeverhältnissen ergaben, angesprochen hat. Er stellte die Forderung auf, die Gräben bis 5 Schuh unter die Warnow zu legen, „wan sie in sommers zeijt gar nidrich ist“[342]. Das bedeutete im Südwesten der Stadt Abgrabungen bis zu 20 m – der Höhe eines siebengeschossigen Hauses – mit gewaltigen Erdbewegungen.

Weiter gab Valckenburgh die ungefähren Kosten für eine Bastion und ein Ravelin an. Erstere schätzte er bei einer Abwicklungslänge von 75 Ruten a 370 ML auf 27.750 ML, wobei in diesem Preis die Gesamtkonstruktion mit Wall, Faussebraie, Graben und Contrescarpe enthalten war, während er ein Ravelin bei einer Länge von 68 Ruten mit 5.440 ML pro Stück angab.

Sehr ausführlich lieferte er als Ergänzung zu seinen Zeichnungen die Maße für die einzelnen Bauglieder und gab Konstruktionsanweisungen. So beschrieb er zum Beispiel den Aufbau des Hauptwalles: bei jedem Fuß Höhe müsse er um einen Fuß eingezogen werden – so entstand ein Böschungswinkel von 1:1; weiter solle die Erde alle 3/4 Fuß gestampft und eine Lage Quecke eingelegt werden – eine Art ‚Bewehrung‘, wie sie heute aus dem Stahlbetonbau bekannt ist; in dieser Weise solle man den Wall auf eine Höhe von 16 Schuh bringen und zuletzt den Hang mit Wiesengrassaat einsäen.

Ebenso detailliert empfahl er dem Rat eine optimale Ausrüstung der Stadt mit Geschützen, Pulver und Materialien, wie man sie für eine Belagerung von drei Monaten brauche. Die letzte Bemerkung beschäftigte sich mit der Organisation der Bürgerwehr, wie sie in den Niederlanden üblich und in Hamburg im Aufbau begriffen sei.

---

340 S. Anlage 6.2.

341 Die in Valckenburghs Plan A eingezeichneten Buchstaben sind vom Verfasser in den Plan vom Dez. 1613 (Plan 6) übertragen worden, um eine Vorstellung von der gedachten Reihenfolge zu vermitteln.

342 S. Anlage 6.1.

Diese Aufzeichnungen zeigen ebenfalls eindringlich, welche finanziellen Mittel von den Städten aufgebracht werden mußten, um ihre Sicherheit zu gewährleisten. Es überrascht nicht, daß auch die Rostocker vor diesem Engagement zurückschreckten. Der zweite, veränderte Vorschlag war ähnlich umfangreich und kostspielig, zumal er noch immer den Ankauf großer Garten- und Ackerflächen erforderte, so daß der Rat an eine Durchführung nicht zu gehen wagte. Vermutlich hat es weitere Verhandlungen zwischen dem Rat, vertreten durch Dr. Doman, und dem Ingenieur gegeben[343], die zur Aufstellung eines vereinfachten Entwurfes geführt haben[344] (Plan 6). Bei diesem Plan sind die Bollwerke näher an die Stadtmauer herangezogen worden. Diesen Entwurf sandte Valckenburgh mit Schreiben vom 2. Dezember 1613 aus Den Haag an Dr. Doman[345]. Er betonte darin, daß dieser neue Plan über 100.000 Gulden weniger koste und Prinz Moritz ihn geprüft und für gut befunden habe. Weiter empfahl er Gerd van Wennen, der im vergangenen Sommer mit ihm in Rostock gewesen sei, als Wallmeister.

Doch auch dieser Plan wurde nicht umgesetzt. In den Ratsprotokollen findet sich kein Hinweis darauf, daß er überhaupt zur Diskussion gestellt wurde[346]. In den Folgejahren wurden zwar verschiedene Verbesserungen an den Befestigungsanlagen durchgeführt – so ließ der Rat im Jahre 1618 das hölzerne Kröpeliner Tor durch einen Steinbau ersetzen[347], vor dem Steintor wurde im gleichen Jahr ein Außentor errichtet[348]; ein Jahr zuvor war, wie bereits erwähnt, die eingestürzte Mauer am Peterstor wiederhergestellt worden – mit dem Bau der großen Befestigungsanlagen wurde jedoch nicht begonnen.

Bewegung in die Diskussion über einen Beginn kam erst wieder im Jahre 1620 durch die Einstellung des holländischen Kapitäns Thomas Hars als Befehlshaber der von Rostock angeworbenen Truppen. Eine gemeinsame Besichtigung der Mauern, Türme und Tore durch Rat, Bürgerschaft und dem genannten Hars deckte eine Reihe schwerer Mängel auf. Die „Erinnerungen" über das Vorgefundene vom 20. April 1620[349] enthalten gleichzeitig Verbesserungsvorschläge. Am 13. Mai legte Bürgermeister Tanke dem Rat ein Acht-Punkte-Programm vor, welches den „Deputierten zu effecturen zu der Stadt besten committieret und befohlen"[350]. Sowohl einige der Mängel als auch die Maßnahmen zu ihrer Beseitigung waren bereits in den Valckenburghschen Memorials angegeben; im übrigen jedoch handelte es sich bei allen angesprochenen Punkten um Geringfügigkeiten im Vergleich zu den von Valckenburgh entwickelten Vorstellungen[351]. Da Kapitän Hars Soldat und kein Ingenieur war, die Arbeiten jedoch eines Fachmannes bedurften, schrieb – folgt man den Briefentwürfen vom 5. Juli 1620

343 Bachmann, S. 16.

344 StA Ro, Plan 3.01.1962. Leicht kolorierte Federzeichnung. Größe 51 × 39 cm. Der Plan trägt links oben die Aufschrift: „Die gestriggelten linien ist von abriß so ich den furgangen somer den Erbarn Raht hab ubergeben.– Die swarten linien bedutt den verbesserten abriß soo wall hundert thausend fl. weyniger kosten zoll als den furgedachten und bei Ihr Exellentz approbiert und fur gut gefunden. J. V." Diesen Plan hat Eysten in Originalgröße erstaunlich genau kopiert und seiner Veröffentlichung beigefügt (Plan 6).

345 StA Ro, Rat-Kriegswesen 40.

346 Bachmann, S. 17.

347 Wettken, S. 168.

348 Ebenda, S. 169.

349 StA Ro, Rat-Kriegswesen 40; von Hars unterschrieben, ev. unter Federführung von Bürgermeister Tanke, s. auch Bachmann, S. 17.

350 StA Ro, Ratsprotokolle 51; Vorlage erfolgte am 13.5., nicht wie Bachmann, S. 17, schreibt am 5.5.1620.

351 S. hierzu Bachmann, S. 17.

im Rostocker Stadtarchiv[352] – der Rat an seine Hamburger Kollegen, sie möchten Valckenburgh oder, wenn dieser krank sei, seinen Gehilfen, gemeint war Gerd van Wennen, bitten, ein oder zwei Tage nach Rostock zu kommen, da man seinen Rat in bezug auf die Mängel an den Verteidigungsanlagen einholen wolle. Der Rat verfolgte demnach beharrlich eine kleine Lösung, weil er „das große Werk, so der Herr Johann Valckenburg uns abgerissen, itzo anzufangen Bedenken" habe. Eine Antwort liegt nicht vor. Aus einem Brief des Gerd van Wennen vom 7. September 1621 an den Rat Rostocks ist abzuleiten, daß direkte Verhandlungen mit ihm stattgefunden haben müssen[353]. Ob Wennen danach in Rostock gewesen ist, bleibt unklar[354]. Wesentliches an den Befestigungen hatte sich nicht verändert.

In einem Schreiben vom 1. Januar 1623 an den Rat[355] beschwerte sich Thomas Hars, daß er nun drei Jahre der Stadt gedient habe, und es sei so gut wie nichts zur Verbesserung der Verteidigungskraft geschehen. Er beschränkte sich in seiner Kritik nicht allein auf das Militärwesen, sondern wies ausdrücklich darauf hin, daß es Zeit sei, bezüglich der Mauern und Wälle Entscheidungen zu fällen. Doch erst ein Schreiben des Rates von Stralsund vom 29. Januar 1623 an den Rostocker Rat ließ die Befestigungsfrage erneut aufleben. Stralsund beabsichtigte, seine Festungsarbeiten in Angriff zu nehmen und die Stralsunder Ratsherren hatten den Rat von Lübeck gebeten, ihnen Valckenburgh zu schicken, was nicht möglich war, da sich dieser wieder in Holland aufhielt. Daraufhin setzte ein lebhafter Schriftwechsel zwischen Rostock, Stralsund und Wismar ein[356], der bis zum Februar 1624 andauerte. Ziel war es, Valckenburgh oder einen sachkundigen Gehilfen zu gewinnen, wobei die mögliche Kosteneinsparung durch gemeinsames Handeln eine wesentliche Rolle spielte. Wismar winkte schließlich ab, da es einen Mann aus Lübeck in Bestallung genommen hatte. Rostock führte zwischenzeitlich die Korrespondenz mit Valckenburgh weiter. Nach einem Hinweis des Stralsunder Hauptmanns Nikolaus Kemnitz über eine geplante Reise des Ingenieurs nach Lübeck[357] bat der Rat mit Schreiben vom 8. Oktober 1623[358], Valckenburgh möge auf dem Weg nach Stralsund seine Reise in Rostock unterbrechen. In seiner Antwort an den Ratsherrn Johann Luttermann vom 4.Dezember 1623[359] aus 's-Gravenhage führte Valckenburgh aus, daß er erst jetzt die Erlaubnis vom Prinzen von Oranien erhalten habe, im kommenden Februar nach Bremen zu reisen. Nach Abwicklung der dortigen Arbeit sei er bereit, nach Rostock zu kommen, zumal er über ihre Befestigungen mit dem Prinzen von Oranien gesprochen und dessen Gutachten erhalten habe, wie man ohne große Unkosten das Werk durchführen könne. Die Antwort erbitte er an den Wallmeister Hermann nach Hamburg. Unter dem 16. Dezember 1623 bat der Rat, daß Valckenburgh einen tüchtigen Werkmeister mitbringen möge, um ihn an Ort und Stelle einzuweisen[360]. Es hat den Anschein, als ob die letzten beiden Briefe sich

---

352 StA Ro, Rat-Kriegswesen 40.
353 StA Ro, Rat-Kriegswesen 40.
354 Bachmann, S. 19.
355 StA Ro, Rat-Kriegswesen 41.
356 Hulshoff, S. 52ff.
357 StA Ro, Rat-Kriegswesen 41. Schreiben vom 17.6.1623.
358 StA Ro, Rat-Kriegswesen 41. Hier irren Eysten, S. 278, und Rogge, S. 346, wenn sie dieses Schreiben als Dankesbrief für einen erfolgten Besuch ansehen. Richtig Bachmann, S. 22.
359 StA Ro, Rat-Kriegswesen 41.
360 StA Ro, Rat-Kriegswesen 41.

gekreuzt hätten, da der Rat nicht weiter auf Valckenburghs Brief einging. Dies erfolgte mit einem weiteren Schreiben vom 30. Dezember 1623[361].

Die Abreise Valckenburghs aus 's-Gravenhage verschob sich jedoch, wie sein Brief vom 5. Februar 1624 an den Rat zeigt[362]. Am 25. Juni wurde dem Rat Mitteilung gemacht, daß Valckenburgh bis zu diesem Zeitpunkt durch Prinz Moritz in Holland und durch Erkrankung in Bremen aufgehalten worden sei, sich derzeit bereits in Hamburg befände und auf dem Weg nach Stralsund Rostock besuchen wolle[363]. Nach den neuesten Erkenntnissen ist er jedoch auf der Rückreise von Stralsund, wo er am 27. Juli 1624 dem dortigen Rat Vorschläge für deren Befestigungsanlage unterbreitet hatte[364], in Rostock gewesen.

Die darauf folgenden Ereignisse können lediglich aus einer Eintragung im Rostocker Kämmereibuch vom 18. August[365] und aus dem Ratsprotokoll vom 27. August 1624[366] erschlossen werden. Im ersteren ist vermerkt, daß dem Ingenieur ‚Johan van Valckenberch' und den beiden Werkmeistern auf Anordnung des Rates und der Hundert Bürgerdeputierten für die Absteckung des Stadtwalles 452 fl gezahlt worden seien. Im Ratsprotokoll heißt es, daß anläßlich Valckenburghs Besuch in Stralsund der Rat erneut mit dem Ingenieur verhandelt habe, worauf das Werk bei der Absteckung von ihm um 25 Ruten verkürzt worden sei. Er hätte auch gebeten, die Bürger zu veranlassen, die Absteckpfähle stehenzulassen, bis man mit den Arbeiten beginnen könne; geschähe es nicht, „so wehre es gantz verdorben wie zu Ulm".

Valckenburgh muß demnach etwa Mitte August 1624 in Rostock gewesen sein und den neuen Plan[367] (Plan 8) vorgelegt haben, der sich nur unwesentlich von dem vierten Entwurf, den er im Dezember 1613 nach Rostock geschickt hatte, unterschied. Ob die Aussage des Ratsprotokolls über die Einziehung des Befestigungsringes um 25 Ruten sich auf einen Vergleich mit dem ersten Plan oder eine Maßnahme, die der Ingenieur bei der Absteckung ‚freihändig' vornahm, bezog, ist nicht zu entscheiden. Nach Absteckung der Bastionen reiste Valckenburgh umgehend nach Bremen zurück[368].

Nach allem was bekannt ist, war Valckenburgh nach diesem Besuch nicht wieder in Rostock. Auch lassen sich in seinem letzten Lebensjahr weitere Kontakte mit der Stadt oder Arbeiten für sie nicht nachweisen.

Durchführung der Befestigungsarbeiten

Elf Jahre waren seit Valckenburghs ersten Vorschlägen für eine Verbesserung der Verteidigungsanlagen der Stadt Rostock mit Verhandlungen, Änderungen, Diskussionen und Zurückstellungen zugebracht worden. Trotz der ständig wachsenden Kriegsgefahr hatte es keine Entscheidung für einen Baubeginn gegeben. Selbst nach den Absteckungsarbeiten Valckenburghs nahmen die Auseinandersetzungen zwischen Rat

361 StA Ro, Rat-Kriegswesen 41. Hier kann ich BACHMANN, S. 22, nicht folgen, wenn er diesen Brief als Aufforderung an Valckenburgh liest, den Plan noch einmal von Graf Moritz prüfen zu lassen. Diese war bereits erfolgt, wie sein Brief vom 4.12.1623 zeigt.

362 Sta Ro, Rat-Kriegswesen 42.

363 StA Ro, Ratsprotokolle 55.

364 StA Str, Ratsprotokolle 1622-1624, S. 210f.

365 StA Ro, Finanzbehörden, Bd. 56.

366 StA Ro, Ratsprotokolle 55.

367 LhA Meckl, Plan 121, braun kolorierte Federzeichnung Größe 50,5 x 43 cm. Der Plan trägt in der Mitte die Aufschrift: „Plan der Stadt Rostock 1624 Inde maent Augusti Johan van Valckenburgh".

368 S. S. 64 dieser Arbeit.

und Bürgerschaft ihren Fortgang. In Sitzungen am 17. und 23. September 1624 „wegen Valckenberg und der welle“ lehnten die Hundertmänner aus Kostengründen eine Arbeitsaufnahme ab: „weil keine nahrung itzo wehre, bitten damit einzuhalten bis zu beßerung wehre und nahrung“[369]. Mit Nachdruck wies der Rat auf die Dringlichkeit der Arbeiten hin, man könne zu Fuß oder zu Pferd durch die Gräben kommen, auch würde die Lässigkeit durch den König von Schweden und die Nachbarstädte „gar übel gedeutet“, man solle sich ein Beispiel nehmen an den Alten, die große Aufwendungen für Mauern und Wälle auf sich genommen hätten; die Bürgerschaft war jedoch nicht umzustimmen[370].

Erst über ein Jahr später kam wieder Bewegung in die Festungsbaufrage. Mit Schreiben vom 1. November 1625 bewarb sich der ehemalige Gehilfe Valckenburghs, der Werkmeister Peter von Kampen, als sachverständiger Berater[371]. Kampens Bestallung erfolgte im Februar 1626. Die Festungswerke wurden besichtigt, neue Vorschläge diskutiert, der Kapitän-Ingenieur des Herzogs Johann Albrecht, Paul de Montront, zur Begutachtung gebeten und am 12. April 1626 wurde die erste – und einzige – der von Valckenburgh geplanten Bastionen, die sogenannte Drei-Wall-Bastion oder das ‚Neue Werk‘, südöstlich des Kröpeliner Tores begonnen[372]. Um Kosten und Zeit zu sparen, hatte von Kampen anstelle der übrigen großen Bastionen den Bau einer Anzahl Außenwerke in Form von Ravelins, die vor dem alten Wall anzuordnen seien, vorgesehen. Doch Nachlässigkeit und Entschlußlosigkeit, Unsicherheit über die bestmögliche Anlage, ständiges Hinzuziehen neuer Gutachter und die Auseinandersetzungen zwischen Rat und Bürgerschaft blockierten eine zügige Ausführung. Den Kampenschen Vorschlag scheinen erst die Kaiserlichen übernommen und tatkräftig durchgeführt zu haben, nachdem sie sich nach ihrem Einmarsch 1628 von dem mangelhaften Zustand der Verteidigungsanlagen überzeugt hatten; zumindest läßt ein im Mecklenburgischen Landeshauptarchiv liegender Plan der Belagerung von 1631 dieses vermuten[373].

Die Ereignisse der Jahre 1628 und 1631 ließen die Rostocker erfahren, daß Befestigungen, wie ihre Stadt sie aufwies, einem ernsthaft geführten Angriff nicht standhielten. Obwohl Valckenburgh sehr frühzeitig und ausführlich auf vorhandene Mängel hingewiesen und Wege zur Abhilfe aufgezeigt hatte, waren seine Planungen nicht weiter verfolgt worden. Das Wenige, was die Rostocker begannen, blieb Stückwerk, die verlorene Zeit war nicht wieder einzuholen, „schon bald mußten sie die Folgen ihrer Uneinigkeit und Unentschlossenheit bis zum bitteren Ende auskosten“[374]. Die Einnahme Rostocks durch Wallenstein im Jahre 1628 und die Eroberung durch schwedische und herzogliche Truppen 1631, mit allen damit verbundenen wirtschaftlichen und persönlichen Folgen, machten der Stadt in schmerzlicher Weise ihre Versäumnisse deutlich.

---

369 StA Ro, Ratsprotokolle 55.

370 S. hierzu und für das Folgende Bachmann, S. 23ff.

371 StA Ro, Rat-Kriegswesen 42.

372 Wettken, S. 186.

373 LhA Meckl; veröffentlicht in abgezeichneter und verkleinerter Form bei Bachmann, Anlage. Dort wird das Bollwerk, welches nach Valckenburghs Planung entstand, ‚Falckenburghs rondeel‘ genannt.

374 Bachmann, S. 31.

6. *Ulm*

Die Stadt Ulm, am linken Ufer der Donau bei der Einmündung der Blau gelegen, war seit Erlöschen der Reichsvogtei um 1360 reichsunmittelbare, allein den Kaiser als Oberherrn anerkennende „freie Reichsstadt"[375]. Durch kluge, stets friedliche Expansionspolitik erlangte Ulm im Laufe der nächsten Jahrhunderte einen erheblichen Territorialbesitz – im Deutschland jener Zeit nur von Nürnberg übertroffen –, zu dem die drei Städte Geislingen, Leipheim und Albeck sowie 55 Dörfer mit 22 Filialen gehörten[376]. Eine gut organisierte und zentralistisch geführte Verwaltung und das Aufblühen von Handel und Gewerbe ließen die Stadt vielen einflußreichen Territorialfürsten ebenbürtig werden.

Grundlage der wirtschaftlichen Stärke der Stadt war zum einen die geographische Lage am Schnittpunkt der Handelswege von Nord-Süd und Ost-West mit der Donau als Schiffahrtsweg sowie die eigene Gewerbekraft. Wenn auch die wirtschaftliche Blütezeit im 16. Jahrhundert ihren Höhepunkt bereits überschritten hatte, gelang es Rat und Kaufleuten, auf die veränderten Bedingungen zu reagieren[377]. So wurde der Rückgang der berühmten Ulmer Barchantenweberei, einem der wichtigsten Wirtschaftszweige, durch Verstärkung der Leinenweberei weitgehend kompensiert[378]. Ein aufblühender Gewerbezweig war die Schiffahrt, die mit der Neuentwicklung der flach und breit gebauten Zillen, den ‚Ulmer Schachteln', sowohl neue Fertigungsstätten als auch Zuwachs an Transportvolumen brachte[379]. Dagegen konnte das Metall- und Ledergewerbe, das in jener Zeit stagnierte, auch durch Lenkungsmaßnahmen seine ehemalige Bedeutung nicht wiedererlangen[380]. Der Strukturwandel des Gewerbes wirkte sich gleichermaßen auf den Handel aus. Zwar war Ulm noch immer Umschlag- und Exportstadt für eine Vielzahl von Gütern, noch immer waren Venedig, Lyon, Genua, Mailand und Frankfurt bevorzugte Handelsziele, doch mußte im ersten Viertel des 17. Jahrhunderts ein Rückgang des Handels, durch territoriale Zollpolitik und Münzverschlechterung beschleunigt, hingenommen werden[381].

Seit Karl V. 1548 in die Regierungsstruktur der Stadt eingegriffen und den Schwörbrief von 1397 als Grundlage der Verfassung aufgehoben hatte[382], herrschte in Ulm, trotz einiger Modifizierungen der Verfassung 1558, bis zum Ende seiner staatlichen Selbständigkeit eine Oligarchie[383].

Dieser Eingriff Karls V. fand seine Ursache in der Haltung der Stadt Ulm zur Reformation. Wenn der Rat auch zwischen lutherischen und zwinglianischen Ideen

---

375 Herbert Wiegand: Ulm – Geschichte einer Stadt, Weißenborn 1977, S. 73.

376 Ebenda, S. 78.

377 Buchstab, S. 214.

378 S. hierzu Specker, S. 177ff. und Alois Vorbach: Die wirtschaftlichen Folgen des Dreißigjährigen Krieges für die Reichsstadt Ulm, Tübingen 1925, S. 15ff.

379 Specker, S. 174f.

380 Vorbach, S. 20ff.

381 Ebenda, S. 26ff.

382 Heinrich G. Walther: Bernhard Besserer und die Politik der Reichsstadt Ulm während der Reformationszeit, Ulm 1929, phil. Diss. Leipzig 1928, S. 1. Zu den wahren Machtverhältnissen s. Eberhard Naujoks: Obrigkeitsgedanke, Zunftverfassung und Reformation. Stuttgart 1958, (Veröffentlichungen der Kommission für geschichtl. Landeskunde in Baden-Württemberg, Reihe B, 3), S. 12ff.

383 Naujoks, S. 161.

schwankte[384], war die Ablehnung des alten Glaubens seit 1522 eindeutig[385]. Auf dem Reichstag zu Speyer 1529 hatte Ulm die Protestation, wenn auch zögerlich, unterschrieben, deren Rücknahme der Kaiser von der Stadt forderte[386]. Die Kompromißlosigkeit des Reichsabschiedes von 1530 veranlaßte den Rat zu einem Bürgerentscheid über dessen Annahme oder Ablehnung, die Anfang November 1530 zu einer 87%en Zustimmung für den evangelischen Glauben führte[387]. 1531 trat Ulm dem Schmalkaldischen Bund bei und begab sich damit in offenen Gegensatz zu seinem obersten Herrn.

In den folgenden Jahrzehnten bis zum Beginn des 17. Jahrhunderts mußte Ulm, wie die Reichsstädte insgesamt, seine Machtlosigkeit erkennen. Daran konnten auch die Versuche der Wiederbelebung der Städtetage oder der ‚Correspondenz‘ mit den Hansestädten nichts ändern[388]. Die wachsende Bedrohung um die Jahrhundertwende veranlaßte schließlich die Stadt, wie bereits gezeigt, 1609 der protestantischen Union beizutreten. Nur zwölf Jahre später zerbrach dieser Bund. Die Ursache ist in innerer Zwietracht, fehlender Opferbereitschaft und gegenseitigem Mißtrauen der Bundesgenossen ebenso zu sehen[389] wie in der Unentschlossenheit der protestantischen Großmächte Holland, Dänemark und England[390].

Die Befestigungsanlagen

Die exponierte politische und militärische Bedeutung, die Ulm ununterbrochen seit der Zeit als Königspfalz im süddeutschen Raum gehabt hat und die es bis ins 19. Jahrhundert beibehalten sollte[391], erforderte durch die Jahrhunderte sehr große Anstrengungen der Bürger zur Sicherung ihrer Stadt. Die erste mittelalterliche Befestigung war 1316 aufgegeben und derart nach außen verschoben worden, daß die innerhalb der Mauern liegende Stadtfläche um das Vierfache erweitert wurde[392]. Es entstand ein annähernd ellipsenförmiger, im Südwesten und Nordosten spitz zulaufender Stadtgrundriß, der im Südwesten auf eine Länge von fast 1.700 m durch die Donau begrenzt wurde. Er umfaßte eine Siedlungsfläche von 66,5 ha. Die größte Ausdehnung in Nord-Südrichtung betrug etwa 750 m, die größte von Südwest nach Nordost verlaufende etwa 1.360 m. Der Mauerumfang war von ursprünglich 1.600 m auf 3.350 m angewachsen[393]. Um 1600 wurde mit 21.000 die höchste Einwohnerzahl in reichsstädtischer Zeit erreicht, sie sank jedoch bis 1620 wieder auf 19.000 ab[394]. Der mit der neuen Maueranlage vorgegebene Stadtraum blieb für Jahrhunderte unverändert. Ähnlich wie in Lüneburg

384 Paul Hofer: Die Reformation im Ulmer Landgebiet – religiöse, wirtschaftliche und soziale Aspekte, phil. Diss. Tübingen 1977, (masch.), S. 66f.
385 Heinrich, S. 38.
386 Hofer, S. 75.
387 Julius Endriss: Abstimmung der Ulmer Bürgerschaft im November 1530, Ulm 1930, S. 44, und Hofer, S. 77.
388 Naujoks, S. 156.
389 S. hierzu Maurer, S. 80ff. Maurer schildert sehr eingehend auch die Haltung der beiden anderen ausschreibenden Städte Nürnberg und Straßburg.
390 Opel, Bd. 1, S. 64.
391 Seit 1842 wurde Ulm zur Bundesfestung ausgebaut. S. hierzu: Ausschuß Garnisonstreffen Ulm 1954 (Hg.): Ulm – Garnison und Festung, 2. Aufl., Ulm 1954.
392 Loeffler, S. 60.
393 Max Huber, Albrecht Rieber, Ulm, in: Keyser: Württembergisches Städtebuch, Stuttgart 1962, S. 262.
394 Vorbach, S. 3f.

oder Rostock brachte auch die neue Bastionärsbefestigung für Ulm keine weitere Ausdehnung, da sich links der Donau die Festungswerke von außen an die vorhandenen Stadtmauern anlehnten oder sie ersetzten, und der Festungsgürtel rechts der Donau – dem heutigen Neu-Ulm – über das Stadium der Planung nicht hinauskam. Den genauen Verlauf der mittelalterlichen Mauer mit ihren Türmen und Toren zeigt der Plan I bei Emil v. Loeffler (Plan 22)[395].

Doch war es nicht die mittelalterliche Befestigung, die Valckenburgh vorfand, als er seine Arbeit aufnahm. Wie keine andere der in dieser Arbeit behandelten Städte hat Ulm seine Anlagen ständig verbessert und dem jeweils neuesten Erkenntnisstand angepaßt, wenn auch, durch Umfang und Aufwand bedingt, nicht immer im gesamten Mauer- oder Wallbereich. Die Geschichte der Ulmer Befestigungswerke steht für die Geschichte des Festungsbaues schlechthin.

Unter dem Eindruck der Bauernkriege wurde 1527 mit der Umgestaltung nach dem von Dürer entwickelten neuen deutschen Befestigungssystem begonnen[396]. Die Mehrzahl der Türme wurde ganz oder teilweise abgebrochen. Dort, wo Turmstümpfe belassen wurden, baute man sie zu Batteriestellungen um. Neue Basteien oder Bollwerke wurden errichtet, so die Obere und Untere Bastei am Donauufer. Die Bastei bei der neuen Schwestermühle und Vorwerke vor dem Glöckler-, Neuen- und Frauentor verstärkten die Verteidigungsanlagen. Gleichzeitig mit diesen neuartigen Bauten veranlaßte der Rat die Umwallung der Stadt auf der Landseite. Die Mauern wurden zum Teil abgetragen und auf gleiche Höhe gebracht, der Zwinger mit Erde ausgefüllt und Brustwehren mit Geschützscharten aufgemauert. Auf der Innen-, der Stadtseite, erhielt dieser Wall eine Erdanschüttung, die durch eine Stützmauer gehalten wurde. Zusammen mit einer äußeren, zusätzlich aufgemauerten Escarpenmauer wies dieser neue Wall eine Stärke von bis zu 14,60 m auf. Bis auf die Donauseite und einen kleinen Abschnitt zwischen Wacht- und Seelturm war zur Mitte der 50er Jahre des 16. Jahrhunderts die Maueranlage zu einer Wallanlage umgestaltet worden.

Kaum war diese fertiggestellt, wurde zwischen den Eintritten der Großen und der Kleinen Blau in die Stadt die erste Bastion nach der italienischen Manier errichtet. Sie wurde vollständig aus Backstein gebaut und mit den typischen Orillons versehen[397]. Im Jahre 1562 entstand auf der Insel vor dem Herdbruckertor das in der Folgezeit äußerst umstrittene ‚Steinerne Werk‘, auch ‚Lappele‘ genannt, und ab 1581 baute Johan del Monte die Dürerschen Basteien in italienische Bastionen um. 1603 wurde durch den Ulmer Hauptmann Matthias Polan zwischen Gefängnis- und Spitalturm ein Bollwerk, eine sogenannte plata oder piata forma zur Verstärkung der Südseite der Stadt aufgeschüttet[398].

Eine wesentliche Veränderung von Teilen der Festungsanlage erfolgte vom Jahre 1605 an nach den Plänen des Baumeisters Gideon Bacher, der in Diensten des Markgrafen Georg Friedrich von Brandenburg-Ansbach stand. Unter seiner Leitung entstanden drei Bastionen. Zwei dieser Bastionen, die Adler- und untere Donaubastion, lagen im Südosten der Stadt direkt an der Donau, die in diesem Bereich wie im Mittelalter die Funktion des Festungsgrabens übernahm; die dritte, die Bleichbastion, auch

[395] LOEFFLER, Anhang. Loeffler gibt eine sehr ins einzelne gehende Beschreibung dieser in zwei Bauperioden entstandenen Anlage auf S. 20-58.
[396] S. hierzu und dem Folgenden LOEFFLER, S. 67-76.
[397] Ebenda, S. 99.
[398] Ebenda, S. 101ff.

‚Fuchsloch' genannt, sicherte die Stadt im Nordosten im Bereich des Zeughauses[399]. Der Bau der Adlerbastion gestaltete sich außerordentlich schwierig. Zweimal fiel sie ein. Die Gesamtkosten der drei Bastionen stiegen von veranschlagten 26.000 fl auf 100.000 fl, und im Jahre 1611 schließlich stellte der Rat den Festungsbau ganz ein. Der verteidigungstechnische Wert dieser neuen Bauten wurde schon während der Bauzeit bezweifelt. Bei einem Besuch 1607 in Ulm muß sich Herzog Friedrich von Württemberg entsprechend geäußert haben. Die Chronik berichtet, daß die neue Befestigung „ihm ganz und garnicht gefallen und den Baumeister Gideon Bacher übel ausgangen, daß er einen Ehrsamen Rath in einen solchen Unkosten geführt hab"[400].

In den folgenden Jahren bemühte sich die Stadt immer wieder um fachmännischen Rat – neben Anderen war 1608 Johan van Rijswijck in Ulm[401] – auch wurden kleinere Verbesserungen an Teilabschnitten vorgenommen, doch eine umfassende Wiederaufnahme des Festungsbaues erfolgte nicht. Erst die Verschärfung der Lage im Reich und die bereits erwähnte Besichtigung der Anlagen durch den Grafen zu Solms-Laubach vom 22. bis 25. Juni 1616 veranlaßten die Stadt, dieses Mal mit großem Einsatz und erstaunlichem Weitblick, die Umgestaltung ihrer Verteidigungsanlagen nach modernen Gesichtspunkten zu beginnen.

Die Arbeit Valckenburghs in Ulm

Der Rat der Generalstaaten hatte Valckenburgh schon in seiner Sitzung am 22. November 1616 für zwei Monate nach Deutschland beurlaubt[402]. Die erste offizielle Nachricht über sein Auftreten in Ulm stammt vom Januar 1617. Im Ratsprotokoll vom 31. Januar heißt es, daß der „niderlandische Ingenieur Capitain Falkenberg" das für die Befestigung erforderliche Gelände mit langen Stangen abgesteckt und nach Besichtigung durch den Rat, eine Sicherung der Vermessung durch kurze Pfähle vorgenommen habe[403]. Valckenburgh muß demnach Anfang Januar 1617 nach Ulm gekommen sein[404], sich mit den örtlichen Gegebenheiten vertraut gemacht und seine verschiedenen Vorschläge entwickelt haben.

Eine Bestätigung findet sich in den Aufzeichnungen eines Zeitzeugen mit Namen Keller, der am Donnerstag, den 28. Januar 1617, Valckenburgh mit vier weiteren Bausachverständigen bei der Begehung des Geländes beobachtete und unter dem 7. Februar feststellte, daß es noch viel Unruhe unter der Bevölkerung geben werde, da viele Gärten, Äcker und andere Güter zu diesem Bau gebraucht würden. Auch hätten die Leute kein Verständnis dafür, daß der Rat die Sicherheit der lutherischen Stadt den Kalvinisten anvertraue[405]. Ob das Entfernen der Absteckpfähle, von dem

399 Ausführliche Beschreibung ebenda, S. 108-116.

400 Zitiert nach Loeffler, S. 116.

401 Soenke, S. 16 u. Loeffler, S. 119.

402 A.R.A., Res. R. v. St., 1.01.19, nr. 34, S. 97.

403 StA Ulm, Rp. 31. Jan. 1617, fol. 42v.

404 Hier kann ich Loeffler, S. 121, und auch Soenke, S. 28, nicht in der Angabe folgen, daß Kurfürst Friedrich von der Pfalz Valckenburgh nach Ulm geschickt habe. Valckenburgh stand, wie gezeigt, zu dieser Zeit in Diensten des Grafen zu Solms-Laubach, der ihn nach Ulm empfohlen hatte. Das bezeugt auch der Ratsbeschluß vom 17. Febr. 1617, fol. 64b: „Und den herrn Graf Friedrich von Solms der abfertigung halben seins Capitain Falckenbergs person ein schriftliches Danksagung zugeschickt werden soll".

405 StA Ulm, Rep. H, Neubronner, Jacob, 9, S. 36. Neubronner hat von 1731–1811 gelebt und in Abschrift Auszüge aus einer – verschollenen – ‚Kellerschen Chronik' hinterlassen.

Valckenburgh dem Rostocker Rat im August 1624 berichtet hat[406], als Widerstand der Bürger zu werten ist, kann nur vermutet werden.

Bereits zwei Wochen nach der Absteckung entschied sich der Rat in Hinblick auf die Kriegsgefahren, die Arbeiten an der Befestigung aufzunehmen[407]. Es sollte mit den beiden Bastionen bei dem alten Bollwerk an der Donau und am Glöcklertor entsprechend dem Entwurf Valckenburghs begonnen werden. Gleichzeitig bekräftigte das Gremium, daß auch zukünftig sowohl stadtseitig als auch am gegenüberliegenden Ufer der Donau nach diesem Plan gebaut werden solle, wobei die Vorgehensweise, insbesondere die Reihenfolge der Baumaßnahmen, mit dem Ingenieur abzustimmen sei.

Valckenburgh hatte sich bereit erklärt, eine Bestallung der Stadt Ulm anzunehmen, und in den Ratssitzungen am 17. und 18. Februar 1617 verpflichtete der Rat ihn auf drei Jahre bei 200 fl Wartegeld jährlich[408]. Wie üblich wurden Einzelheiten des Vertrages wie Zahlungsweise, Kündigungsklausel und Verpflichtungen für die Zeit nach Vertragsablauf festgelegt. Auf Valckenburghs Verlangen wurde die einseitige, fristlose Kündigungsmöglichkeit des Rates gestrichen, auch hatte er anstatt eines Eides lediglich ein ‚Handgelübde' zu leisten[409], ein Umstand, der möglicherweise auf seine feste Bindung an die Generalstaaten und die Hansestädte zurückzuführen war[410]. Darüber hinaus hatte der Rat in der gleichen Sitzung beschlossen, dem Ingenieur und seinen Leuten eine Verehrung, deren Art und Wert allerdings nicht bekannt sind, zukommen zu lassen, da er Zeichnung und Modell vorgelegt habe[411].

Für die Beratung über den Bau der Befestigungsanlagen hatte Valckenburgh dem Rat umfangreiches Material geliefert: drei Entwürfe mit alternativen Verläufen der Wallanlagen, ein Modell und ein 28-seitiges Memorial (Anlage 7)[412]. Bei diesem, im Stadtarchiv Ulm liegenden, bisher nicht veröffentlichten Schriftstück handelt es sich um einen Entwurf; zahlreiche Streichungen, Verbesserungen, Randzusätze und Flüchtigkeiten beim Schreiben, welche die Lesbarkeit stark beeinträchtigen, sowie das Fehlen einer Anrede, des Datums und einer Unterschrift weisen darauf hin. Aus den inhaltlichen Aussagen ist mit hoher Wahrscheinlichkeit auf Valckenburgh als Verfasser zu schließen[413], und vermutlich ist es Ende Januar 1617, vor der entscheidenden Sitzung des Rates, entstanden.

Aus diesem Gutachten ist die Vorlage der angesprochenen drei Entwürfe, die jedoch ebenso wie das Modell verschollen sind, zu ersehen. Es vermittelt einen sehr guten Einblick in die Denk- und Vorgehensweise Valckenburghs und zeigt, daß er sich mit vielen Detailüberlegungen seiner Aufgabe stellte. In verschiedenen, nach Sachbereichen getrennten Abschnitten erläuterte und begründete er seine Vorstellungen, nahm gleichzeitig Stellung gegen Einwände von Kritikern und gab technische Anweisungen zur Durchführung.

406 StA Ro, Ratsprotokolle 55, v. 27. Aug. 1624.
407 StA Ulm, Rp. 14. Febr. 1617, fol. 63f.
408 StA Ulm, Rp. 17. Febr. 1617, fol. 64b.
409 StA Ulm, Rp. 17. Febr. 1617, fol. 65v.
410 So auch Specker, S. 187, Anm. 413.
411 StA Ulm, Rp. 17. Febr. 1617, fol. 65av.
412 StA Ulm, A [1129]; das Modell ist verschollen.
413 So auch Loeffler, S. 122ff. und Hans Eugen Specker in einem Diskussionsbeitrag, in: Rausch, S. 377.

Als äußerst wichtig erachtete er die Gleichheit der Bastionswinkel und -flanken sowie annähernd gleiche Kurtinenlängen, da nur dadurch die Gewähr für ein Optimum an Verteidigungsmöglichkeit gegeben sei[414]. Dementsprechend plante er im Westen und Norden der Stadt acht Bollwerke, von der Donau beginnend, welche die Stadt ringförmig bis zu der Bacherschen Bleichbastion umschlossen. Um die Nordwestecke der Stadt zu fassen, mußte er jedoch von seinem Prinzip abweichen und mit spitzeren Bastionswinkeln, engeren Bastionen und kürzeren Kurtinen arbeiten. Im Abschnitt zwischen Oberer Donaubastion und Glöcklertor wurden die bestehenden Befestigungsanlagen ersetzt, im weiteren Verlauf legte er den neuen Festungsring vor die Stadtmauern, so daß diese bestehen bleiben konnten. Die drei Bacherschen Bastionen wurden Teil des Ringes, ohne jedoch einen direkten Anschluß zu erhalten. Aus welchem Grund auch immer blieb ein kurzes Teilstück allein durch Mauer und Graben geschützt, wurde allerdings von der umlaufenden Contrescarpe mit erfaßt. Die Torwege wurden derart geführt, daß sie den Wall etwa in der Mitte einer Kurtine durchstießen, wo sie durch vorgelegte Ravelins gedeckt wurden.

Valckenburghs Zeichnungen müssen sich in unterschiedlichem Maße seinen Idealvorstellungen angenähert haben. In einem gesonderten Absatz erläutert er dem Rat seine von A bis C gekennzeichneten Pläne[415]. Zwar stellten sie alle drei die Verteidigung der Stadt sicher, doch nur der von ihm bevorzugte – und aufwendigste – Plan A weise in etwa gleiche Bastionswinkel auf, da in ihm der neue Wall großzügiger um die Stadt, die einen „so irregular und unordentlich Umfang“ aufweise[416], geführt werde.

Valckenburgh lehnte die Einbeziehung der bestehenden Mauern mit ihren steinernen Türmen und Toren in das neue Festungswerk ab, da einschlagende Granaten durch splitterndes Mauerwerk zu hohen Verlusten bei den eigenen Soldaten führen könnten. Auch seien die alten Anlagen viel zu schmal, um die nötigen Brustwehren aufzusetzen und gleichzeitig die für die Geschütze notwendige Bewegungsfreiheit zu erhalten. Eine Verbreiterung wiederum sei unmöglich, da man dann stark in die bestehende Bausubstanz eingreifen müsse[417].

Zu den vorgebrachten Bedenken, daß durch das Hinausschieben der Bastionen der Feind von den umliegenden Höhen – Wilhelmsburg, Eselsberg und Braunland, die alle etwa 100 m höher als die Altstadt lagen – in die Befestigungen hineinschießen könne, begegnete er mit dem Hinweis, daß man nur nicht näher als auf einen Musquetenschuß, den er mit 1.000 bis 1.200 Schuh angab, mit den Anlagen heranrücken dürfe[418]. Die Gegner Valckenburghs, zu denen auch der Ulmer Kriegsrat Marstaller gehörte[419], stellten sich gegen die vorgeschlagene Erweiterung der Festung mit dem Argument, daß sie eine zu große Besatzung erfordere. Die Antwort auf diesen Einwand sowie die weiteren Vorteile dieser Planung faßte der Ingenieur in acht Punkten zusammen[420]:

1. Der Feind müsse „viel volckhs haben“ für eine Belagerung, und sein Aufwand sei viel größer.

[414] StA Ulm, A [1129], S. 2.
[415] Ebenda, S. 19.
[416] Ebenda, S. 1.
[417] Ebenda, S. 4.
[418] Ebenda, S. 6.
[419] StA Ulm, Rep. H, Neubronner 9, S. 36.
[420] StA Ulm, A [1129], S. 5ff.

2. Das Herausrücken der Bastionen schaffe innerhalb des Befestigungsringes Krautgärten und Weide für Vieh, was in Zeiten einer Belagerung wichtig sei.
3. Das Geld, welches die Bürger für das benötigte Bastionsgelände erhielten, würden sie innerhalb der Stadtmauern wieder anlegen, zumal man Platz für Hausgrundstücke schaffe.
4. Das Aufsetzen neuer Wälle sei billiger, als wenn man die alten Futtermauern als Unterbau benutze.
5. Bei Erhaltung der alten Wälle erhielte man eine Doppelwehr.
6. Alle Brunnenbauwerke und Wehre blieben erhalten.
7. Die alten Tore, Brücken und Türme könnten bestehen bleiben; andernfalls müßten sie abgetragen werden, damit sie bei Beschuß und folgendem Einsturz nicht den Graben ausfüllten und damit die niedere Streichung aus den Kasematten ausfiele.
8. Der letzte und größte Vorteil sei, daß die Stadt mit schönen guten Wehren, in guten Proportionen ausgestattet werde.

Valckenburgh widmete sich in den folgenden Kapiteln seines Memorials den Befestigungsanlagen im Süden der Stadt. Zunächst untersuchte er die Bastei vor dem Herdbruckertor, das ‚Steinerne Werk', auf der Donauinsel. Er dürfte sehr schnell deren Wertlosigkeit, ja, die Gefahr, die von ihr ausging, erkannt haben. Er gab eventuellen Angreifern drei Tage bis zu ihrer Eroberung; dann seien sehr schnell Kavaliere aufgeworfen, von denen aus die Stadt sturmreif geschossen werden könne. Auch stelle die Brücke zur Stadt einen Schwachpunkt dar, da sie – zerstört oder unzerstört – einen Übergang ermögliche[421]. Ausführlich beschrieb er das zu erwartende weitere Vorgehen des Feindes. Er könne beispielsweise den Donauarm zwischen der Mauer und der Insel leicht umleiten, um bei Niedrigwasser mit Flößen oder im Winter über das Eis den Angriff vorzutragen. Daß selbst der Hauptstrom keine verläßliche Barriere gegen feindliche Angriffe war, beweist die Chronik, die für die Jahre 1568 und 1603 eine zugefrorene und 1585 eine ausgetrocknete Donau vermerkt[422]. Valckenburgh lehnte gleichermaßen eine Verstärkung des Werkes durch Bastionen ab, da der Strom diese unterspülen könne.

Und doch trat er dafür ein, dieses ‚Steinerne Werk' zu verstärken und nicht abzubrechen, weil es in seinem Verteidigungskonzept durchaus eine Aufgabe zu erfüllen hätte: hier könne ein kleiner, vor dem Beschuß durch feindliche Batterien sicherer Hafen angelegt werden, von dem aus in Zeiten der Belagerung Entsatz eingeholt, Ausfälle vorbereitet oder allgemein Verbindung mit der Außenwelt gehalten werden könne. Auch der Pfalzgraf zu Neuburg habe alle Planungen in seinem Gebiet mit diesem Ziel durchgesehen und „desgleichen hatt auch die statt Bremen uff mein angeben gethan, da do das wasser daselbst viel braiter und tieffer als hie, die statt Lübeckh deßgleichen"[423].

Die Ausführungen über das ‚Steinerne Werk' waren taktisch gut aufgebaut. Indem Valckenburgh dem Bauwerk eine neue Aufgabe zuwies, enthob er die für den Bau Verantwortlichen, die noch im Rat saßen oder deren Väter an der Entscheidung mitgewirkt hatten, der Peinlichkeit, die Fehlentscheidung eingestehen zu müssen, an-

[421]Ebenda, S. 8.

[422]D. A. Schultes: Chronik von Ulm, 7. Aufl., Ulm 1937, (1. Aufl. 1881), S. 141 u. 162.

[423]StA Ulm, A [1129], S. 12. Lührs, S. 27, bezieht diesen Hinweis zu Bremen und Lübeck auf die Anordnung der Befestigungslinie jenseits des Flusses, was nicht richtig ist. Valckenburgh spricht über geschützte Schiffsliegeplätze, die feindlichem Geschützfeuer entzogen sind.

derseits lieferte er durch die negative Einschätzung die Begründung für das Anlegen von Wällen und Bastionen auf der südlichen Donauseite.

Ähnlich wie in Bremen und Lübeck war diese Planung jedoch auch in Ulm nicht auf Valckenburghs Überlegungen zurückzuführen. Schon Johan van Rijswijck hatte 1607, und ihm folgend Oberst Meinhardt von Schönberg 1611, diesen Vorschlag dem Rat unterbreitet[424]. Es mag sein, daß es Valckenburgh durch seine dezidierte Argumentation dieses Mal gelang, den Rat zu überzeugen.

In den weiteren Kapiteln gab Valckenburgh dann Anordnungen über die Aufstellung von Mühlen und das Anlegen von Wehren, sprach über Konstruktionsmerkmale der Wälle, der Fundamente und der Gräben, erläuterte die Aufgabe der Contrescarpen und ging schließlich speziell auf die technische Ausführung der Flanken oder Seiten der Bastionen ein[425].

Hervorzuheben ist, daß Valckenburgh zu Beginn seiner Tätigkeit ebenso wie Rijswijck von drei Bastionen jenseits der Donau ausging und dabei auch lange Kurtinen in Kauf nahm. Zwei dürften an den Enden des Wallringes an der Donau, die mittlere vor dem ‚Steinernen Werk‘ gelegen haben[426]. In seinem im Original erhaltenen Plan vom November 1619 legte er dagegen vier Bastionen fest (Plan 9)[427], so daß ein geschlossener Bastionsring entstand[428]. Neu war bei dieser Planung jedoch die Idee, den jenseitigen Wall nicht als Fortsetzung des diesseitigen vorzusehen wie z. B. in Bremen, sondern den Ring derart zu verkleinern, daß die südlichen Facen der stadtseitigen Donaubastionen freies Schußfeld zum anderen Ufer erhielten, während ein Angreifer, wollte er in diesem Bereich die Donau überqueren, dem Flankenfeuer der Eckbastionen des südlichen Wallringes ausgesetzt war.

Von besonderem Interesse sind die auf dem Plan maßstabsgerecht dargestellten Querschnitte, je einer durch die Wallanlage und durch ein Ravelin sowie zwei durch ein Hornwerk. Bei dem Schnitt durch die Wallanlage hatte der Ingenieur die wesentlichen Maße gegenüber seinen ‚Normalmaßen‘ halbiert und auf der Zeichnung vermerkt: „Durchschnitt wan das Arbeydt auf halbe höhe und breitte in der eil soll gemacht wörden“; demnach ein Vorschlag, um möglichst schnell eine funktionsfähigere Verteidigungsanlage herstellen zu können. Die Schnitte durch das Hornwerk unterscheiden sich durch eine Differenz von 3 Schuh in der Höhenlage des Gedeckten Ganges der Contrescarpe; sie waren dadurch dem Gefälle des gewachsenen Bodens besser anzupassen. Wie bereits bei den Rostocker und Lübecker Plänen sind die Ravelins vor den Toren nicht vollständig eingezeichnet. Lediglich dasjenige vor dem Glöcklertor ist eingestrichelt, ebenso ein Hornwerk zwischen der Oberen Donau- und der Glöcklerbastion.

---

424 Loeffler, S. 126.

425 StA Ulm, A [1129], S. 14ff.

426 Eine Bestätigung für die anfänglich geplanten drei Bastionen findet sich in StA Ulm, Rep. H, Neubrunner 9, S. 37.

427 StA Ulm, Plansammlung (Festungspläne) K 22 L 1, leicht kolorierte Federzeichnung, Größe 58,5 × 42,5 cm. Der Plan trägt in der Mitte die Inschrift: „Plan undt Abriß des heilligen Reychs Stadt Ulm. Wie dieselbhige mitt Adviso Ihrer Exellentz Printz Moritzen von Oranien undt Ihr Gnaden Graff Fridrich von Solms ins Werckh gerichtet, durch Johan von Valckenburg, der hochmögenden Staten General undt der Unirten Hanse Stetten, wie auch der heilligen Reychs Stadt Ulm bestellter Capitain undt Ingenieur. In Monat Novembrij 1619. Johan van Valckenburgh“.

428 Hier liegt bei Loefflers Ausführungen insofern eine Unstimmigkeit vor, als er das Memorial und den Plan als zeitgleich annimmt; die ersten Pläne mit den drei Bastionen werden von ihm nicht erwähnt.

Diese Zeichnung war vermutlich die letzte Arbeit Valckenburghs für die Stadt Ulm. Es muß zu Unstimmigkeiten zwischen ihm und den für den Festungsbau verantwortlichen Räten oder beauftragten Firmen über die Ausführung gekommen sein, die so schwer waren, daß sich der Rat in seiner Sitzung am 17. November 1619 genötigt sah, ihm offiziell „Satisfaktion" zu geben. Auch wurde ein Gespräch zwischen dem Ingenieur, den zuständigen Stadtverordneten und den Werkleuten verfügt, um zu einer einhelligen Meinung zu gelangen[429]. Diese gemeinsame Aussprache brachte augenscheinlich kein befriedigendes Ergebnis. Am 26. November 1619 beschloß der Rat, Valckenburgh ein Jahr vor Vertragsende von seinen Verpflichtungen zu entbinden, da die ihm aufgetragenen Arbeiten erledigt seien[430]. Es liegen keine Nachrichten darüber vor, daß Valckenburgh in späteren Jahren jemals wieder in Ulm gewesen ist.

Durchführung der Befestigungsanlagen

Wie oben bereits erwähnt, hatte der Rat am 14. Februar 1617 den Bau der neuen Festungsanlagen beschlossen. Schon zehn Tage später, am 24. Februar, begann man vor dem Glöcklertor das Gelände zu räumen und den Wall abzuschnüren[431]. Die Diskussion in der Bevölkerung und unter den einheimischen Fachleuten, die das Neuartige der niederländischen Manier nicht begreifen konnten, hielt unvermindert an, ja, es bildeten sich regelrechte Parteiungen heraus. Die Beseitigung von Teilen der in Jahrhunderten entstandenen Mauerbefestigung und ihr Ersatz durch „drek u. kothaufen"[432], über welche der Feind ohne große Mühe gelangen könne, stieß auf herbe Kritik. Die Stadt könne Tausende Gulden sparen, wenn die alten Mauern in die neue Befestigung einbezogen und von dort aus die Bastionen nach außen gebaut würden, selbst wenn diese gegeneinander „nit durchaus correspondirete, sonder etwas ungleich wäre". Für völlig verfehlt hielten die Gegner das Verlegen der Verteidigungslinie auf die andere Donauseite[433].

Der Rat ließ sich nicht beirren. Im Jahre 1617 wurden durch niederländische Bauunternehmer die Obere Donau- und Glöcklerbastion einschließlich des dazwischen liegenden Wallstückes gebaut, 1618–1619 die Blau-, Brunnen- und Kehlbergerbastion, 1620–1621 die Michelberg- und Steigbastion und als achte und letzte 1622 die Walkbastion[434]. Die drei Ravelins, die dem Schutz der Tore dienten, folgten 1623. Sie wurden jeweils in Form einer Lünette angelegt. Die von Valckenburgh vorgeschlagenen Bastionen am rechten Donauufer kamen nicht zur Ausführung. So war innerhalb von nur sechs Jahren zumindest die Landseite Ulms entsprechend den neuesten Erkenntnissen der Befestigungstechnik gesichert worden. Auch der Nachfolger Valckenburghs, der kurpfälzische Wallmeister zu Mannheim, Johann Wenderlin[435], tastete die Gesamtkonzeption nicht an. Ein eindrucksvolles Bild der Gesamtanlage vermittelt eine Merian-Vogelschau, die um 1630 entstanden sein muß (Plan 23)[436], die

[429]StA Ulm, Rp. 17. Nov. 1619, fol. 520v.

[430]StA Ulm, Rp. 27. Nov. 1619, fol. 532.

[431]StA Ulm, Rep. H, Neubronner 9, S. 36.

[432]Ebenda, S. 37f.

[433]Ebenda, S. 37.

[434]Lage und Namen der Bastionen und ihre spätere Bezeichnung bei LOEFFLER, Plan II. Die genaue Beschreibung der Bastionen ebenda, S. 127-141.

[435]StA Ulm, Rp. 28. Apr. 1620, fol. 126.

[436]StA Ulm, 83/D/1991 – F3 aus 28.

noch nicht das später entstandene Hornwerk zwischen Oberer Donau- und Glöcklerbastion und das Ravelin vor dem ‚Steinernen Werk' auf der rechten Donauseite zeigt, wie die Merian-Vogelschau von 1643[437].

Die Kosten dieser gewaltigen Befestigungsanlage sollen etwa zwei Millionen Gulden betragen haben[438]. Inwieweit diese Zahl verläßlich ist, muß allerdings, wie in allen ähnlichen Fällen, offen bleiben. Ob sie beispielsweise freiwillige Zuschüsse oder dem Festungsbau zufließende Strafgelder enthielt, ist ebenso fraglich wie die Bewertung der amtlich verordneten, nach festgelegten Lohnsätzen bezahlten Arbeit der Bürger vor Ort. So waren auf Beschluß des Rates die beiden Bastionen zwischen dem Neuen- und dem Frauentor auf Kosten der Rats- und Bürgerschaftsmitglieder errichtet worden[439], und die Chronik berichtet unter dem 28. Februar 1617, daß „Vermögliche" zu Strafgeldern bis zu 2.000 Gulden oder zur Lieferung von einigen Tausend Backsteinen zum Festungsbau verurteilt wurden[440].

Die Hauptlast mußten die Bürger über die Erhöhung der Steuern tragen. Schon gleich zu Beginn der Arbeiten wurde das Ungeld auf Bier erhöht[441]. Am 15. September 1620 beschloß der Rat ein umfassendes Steuerpaket[442]: die jährliche Bürgersteuer wurde für drei Jahre auf einen halben Gulden je 100 Gulden beweglicher Güter, wozu nicht Silbergeschirr, Kleider und Kleinodien gezählt wurden, und auf einen Ort – ein Viertel der Münzeinheit – je Gulden an Liegenschaften erhöht; vermögenslose Bürger hatten einen halben Gulden pro Kopf und Witwen einen Ort je Gulden Vermögen zu entrichten; die Untertanen im Territorium mußten, verteilt auf vier Jahre, insgesamt zwei Gulden je 100 Gulden Vermögen zahlen und zusätzlich je Haus in Ulmer Territorium den Wochenlohn, sechs Kreutzer pro Tag, für eine an den Wallanlagen arbeitende Person übernehmen. Hiervon ausgenommen waren die Einwohner der Städte Geislingen, Albeck und Leipheim sowie das vom Krieg des öfteren stark in Mitleidenschaft gezogene Dorf Riedheim[443].

Zwei Millionen Gulden waren für die Stadt Ulm eine erhebliche Investition. Sie überstieg die stillen Reserven der Stadt, die im Jahre 1610 etwa 416.000 Gulden betragen hatten[444] annähernd um das Vierfache. Die folgenden Jahre bewiesen jedoch, daß der Rat der Stadt Ulm mit großer Umsicht die richtige Entscheidung getroffen hatte. Wie alle ähnlich stark und modern befestigten Städte wurde auch Ulm nie von feindlichen Truppen eingenommen, die Befestigungen schreckten Angreifer von vornherein ab. Auch waren nur vergleichsweise geringe Verbesserungen oder Reparaturen erforderlich, um das Valckenburghsche Werk für lange Zeit auf der Höhe der Verteidigungstechnik zu halten.

Die letzten Feststellungen beweisen die Richtigkeit der Entscheidung für die Bastionsbefestigung. Valckenburgh hatte mit großer Beharrlichkeit auch in Ulm seine Vorstellungen entwickelt und durchzusetzen verstanden. Wie die Auseinandersetzungen und die frühzeitige Auflösung seines Vertrages vermuten lassen, muß er in seinen

---

437 StA Ulm, 85/D/1991 – F3 aus 29.

438 Loeffler, S. 127, Specker, S. 188f. Stadtrechnungen sind nicht erhalten, s. Vorbach, S. 41.

439 Loeffler, S. 127.

440 Schultes, S. 176 u.181.

441 Ebenda, S. 176.

442 StA Ulm, Rp. 15. Sept. 1620, fol.343v-346.

443 S. hierzu Specker, S. 189.

444 Buchstab, S. 214.

Forderungen bis zum Äußersten gegangen sein und wenig Kompromißbereitschaft gezeigt haben. Für den Rat und die Bauverständigen war eine Entscheidung für seinen Vorschlag insofern nicht einfach, als Valckenburgh eine Bastionsmanier vertrat, die für die Ebene mit hohem Grundwasserstand und extrem nassen Böden entwickelt worden war. Auch waren die Beziehungen zu den Niederlanden nicht so eng, als daß durch vor Ort gewonnene Anschauung eine genaue Kenntnis von der Funktionsweise vorausgesetzt werden konnte. Es ist durchaus möglich, daß nach Abreise des Ingenieurs die Kritiker in der Stadt die Oberhand gewannen und den Ratsbeschluß vom Februar 1617, in dem auch der Bau der Bastionen auf dem südlichen Donauufer festgelegt worden war, für diesen Bereich wieder zu Fall brachten; doch können die vielleicht in dieser Höhe nicht erwarteten Kosten als Ursache nicht ausgeschlossen werden, ebenso wie die Stagnation der Bevölkerungszunahme. Die konsequente Verfolgung der vorgelegten Planung im nördlichen Bereich zeigte jedoch, daß es Valckenburgh gelungen war, eine bestimmende Mehrheit von seinen Ideen zu überzeugen.

7. Emden

Die Stadt Emden liegt in den Emsmarschen am rechten Ufer an der Mündung der Ehe, etwa 30 Kilometer von der Nordsee entfernt. Seit Übernahme städtischer Einrichtungen in der Zeit der Hamburger Herrschaft 1433–39 und 1448–53 erscheint Emden, ohne je städtisches Recht verliehen bekommen zu haben, als Stadt. Sie wurde 1453 endgültig an Ulrich Cirksena, den späteren ersten Grafen von Ostfriesland, übergeben und war seit dieser Zeit Territorialstadt[445]. Der Versuch der Emder, in den Hansebund aufgenommen zu werden, wurde 1579 abgelehnt[446].

Emdens günstige geographische Lage mit der direkten Anbindung an die Nordsee und über die Ems und ihren bei Leerort einmündenden Nebenfluß Leda zum Binnenland, aber auch über Land nach Dortmund und Münster sowie später nach Braunschweig, Köln und Frankfurt sicherte den wirtschaftlichen Aufschwung, der seinen Höhepunkt unter Enno II. im niederländischen Befreiungskrieg erlebte. Das Aufblühen der Stadt hing eng mit dem Niedergang der niederländischen Städte zu Beginn dieser Auseinandersetzungen zusammen[447]. Als neutraler Hafen konnte Emden große Teile ihres Handels an sich ziehen, und die zeitweilige Sperrung des Rheins lenkte den Warenaustausch über die Ems und den Landweg. Ähnlich wie in Hamburg war wesentliche Triebfeder des Aufstiegs die steigende Zahl der Flüchtlinge aus dem Kriegsgebiet. Nach 1567 suchten Tausende in der kalvinistischen Stadt Zuflucht vor der Verfolgung durch die katholischen Spanier, nicht ohne ihre fachlichen Kenntnisse, ihr Kapital und ihre Handelsverbindungen einzubringen[448]. Doch stärkten die Exulanten nicht nur die Wirtschaftskraft der Stadt, sondern sie vermittelten den Einheimischen auch ihre Erfahrungen mit den von landesherrlichen Eingriffen unabhängigen Stadtfreiheiten und einem kämpferischen Kalvinismus. In Verträgen von 1595/99 war

[445] B. Schroer, W. Schöningh: Emden, in: Erich Keyser (Hg): Niedersächsisches Städtebuch, S. 123.
[446] Dollinger, S. 434.
[447] S. hierzu und dem Folgenden de Buhr, S. 113ff.
[448] S. hierzu Heinz Schilling: Niederländische Exulanten im 16. Jahrhundert. Ihre Stellung im Sozialgefüge und im religiösen Leben deutscher und englischer Städte. Gütersloh 1972, (SVRG 187).

„die prinzipielle Einheit von bürgerlicher und kirchlicher Gemeinde“ festgeschrieben worden[449].

Diese Entwicklungen führten zu einer erheblichen Zunahme des politischen Selbstbewußtseins in der Stadt, welches durch die innerostfriesischen Reibungen zwischen dem Grafenhaus, den Städten und Ständen und die daraus erwachsene Schwächung der Landesherrschaft noch genährt wurde. Als der lutherische Graf Edzard ab 1586 wiederholt versuchte, in die kirchlichen Angelegenheiten des kalvinistischen Emden einzugreifen und auch begann, den Emder Handel zu stören, kam es im März 1595 zu gewaltsamer Empörung, in deren Verlauf der Rat der Stadt die Generalstaaten um militärische Hilfe ersuchte. Am 13. Juni dieses Jahres rückte erstmalig ein niederländisches Truppenkontingent in die Stadt ein, ein Vorgang, der die politische Entwicklung der Stadt und Ostfrieslands für die folgenden eineinhalb Jahrhunderte entscheidend bestimmte[450]. Von diesem Zeitpunkt an übten die Generalstaaten auf ihr Nachbarland einen solchen Einfluß aus, „daß diesem nur noch die Rolle eines niederländischen Satelliten zukam“[451]. In diesen Jahren dürfte gleichfalls der Grundstein für die bereits angesprochene, später systematisch betriebene Barrierepolitik der Niederländer gelegt worden sein[452].

Die ständischen Gruppen und politisch Beteiligten versuchten, die immer erneut aufflammenden Gegensätze durch den Vertrag von Delfzijl 1595[453], die kaiserliche Resolution von 1597[454], die Konkordate von 1599[455], den Haager Akkord von 1603[456] und den Akkord von Osterhusen 1611[457] auszugleichen. Bei allen Landesverträgen waren die Generalstaaten maßgebliche Verhandlungspartner und Schlichter und übernahmen die Garantie für die Einhaltung der Vereinbarungen. Den Vorstellungen ihrer Verteidigungspolitik waren sie durch einige wesentliche Bestimmungen nähergekommen. So setzte der Vertrag von Delfzijl fest, daß der Graf keine Befestigungen an der Ems anlegen dürfe, und der Haager Akkord, daß Emden eine ständige, von Stadt und Ständen zu unterhaltende Garnison von 600–700 Soldaten zugewiesen wurde, deren Kommandant ein Niederländer zu sein hatte. Zwar mußte dieser einen Eid auf den Grafen, die Stadt und die Stände ablegen, doch de facto – und das ist für die spätere Tätigkeit Valckenburghs und deren Beurteilung in Emden von besonderer Wichtigkeit – übten die Generalstaaten die Befehlsgewalt aus. Beschwerden über die Truppen richtete der Graf nach Den Haag[458], Ansinnen der Stände, die Garnison aufzulösen,

---

449 S. hierzu Heinz Schilling: Reformation und Bürgerfreiheit. Emdens Weg zur calvinistischen Stadtrepublik, in: Bernd Moeller: Stadt und Kirche im 16. Jahrhundert, Gütersloh 1978, (SVRG 190), S. 128-161, hier S. 159.

450 S. hierzu Wiemann, Reich und Stände, S. 121, und Ders.: Materialien zur Geschichte der Ostfriesischen Landschaft, Aurich 1982, (Abhandlungen und Vorträge zur Geschichte Ostfrieslands 58), S. 107-125.

451 Bernd Kappelhoff: Die ostfriesischen Landstände und die Stadt Emden, in: NJB 63 (1991), S. 73. S. hierzu auch Wiemann, Materialien, S. 80f.

452 S. S. 29 dieser Arbeit.

453 Wiemann, Reich und Stände, S. 120ff.

454 Ebenda, S. 124ff.

455 Ebenda, S. 128ff.

456 Ebenda, S. 137ff.

457 Möhlmann, S. 24.

458 A.R.A.., Res. S. G. v. 18.11.1611.

wurden dort vorgetragen[459], Anweisungen an den Kommandanten kamen von den Generalstaaten[460], und dessen Berichte waren an dies Gremium gerichtet[461].

Für die Stadt Emden brachten die Vereinbarungen beachtenswerte Zugeständnisse an ihre städtische Selbstverwaltung und -bestimmung sowie die Vergrößerung ihres Stadtgebietes um die Vorstadt Faldern. Diese Vorteile konnten jedoch den wirtschaftlichen Rückgang, der um die Jahrhundertwende einsetzte, nicht aufhalten. Schon 1574 befahl Prinz Moritz von Oranien die Rückkehr der niederländischen Flüchtlinge. Mehr als 3.000 Menschen sollen nach Aussage der Emder Chronik diesem Befehl gefolgt sein[462]. Durch Handelsblockaden und andere Behinderungen versuchten die Niederländer, den verlorenen Handel wieder auf die eigenen Häfen umzulenken, und mit der folgenden Anlehnung Emdens an die Generalstaaten verlor die Stadt ihre Neutralität. Mit dem Abklingen der spanisch-niederländischen Auseinandersetzungen und dem zwölfjährigen Waffenstillstand 1609 flossen die Warenströme mehr und mehr in die alten Bahnen zurück, die Bedeutung der Stadt sank unaufhaltsam[463].

Nur angedeutet werden kann ein anderer, den Seehandel der Stadt stark schädigender Vorgang, die Verschlammung der Emsschleife, die durch eine Verlagerung des Flußbettes nach Süden ausgelöst wurde. Schlechter Ankergrund und wachsende Entfernung zwischen Fluß und Stadt werden von vielen als mitentscheidend für den Niedergang Emdens angesehen[464]. Die Lage der Stadt zur Ems stellte sich demnach gegen Ende des 16. Jahrhunderts anders dar als heute.

Die Befestigungsanlagen

Das mittelalterliche Emden war zwar zu Beginn des 16. Jahrhunderts um Mittelfaldern[465] auf etwa 24,9 ha vergrößert worden[466], doch war es der Stadt unmöglich, den Flüchtlingsstrom, der Mitte der 1560er Jahre einsetzte und die Bevölkerungszahl von geschätzten 5.000 auf 15.000 ansteigen ließ[467], innerhalb der Stadtmauern anzusiedeln. Eine Bebauung vor den Mauern in Richtung Nordwesten wurde unvermeidlich. Mit dem Vertrag von Delfzijl wurde die Vorstadt Faldern eingemeindet. Die Stadt begann jedoch unabhängig von den rechtlichen Gegebenheiten schon 1570, dies Gebiet zu befestigen, und es entstand ein annähernd rechteckiger Stadtgrundriß mit einer Längsausdehnung von Ost nach West von etwa 1.100 m und von Nord nach Süd von 620 m im westlichen und 460 m im östlichen Bereich. Die 3.100 m lange Stadtbefestigung faßte, ohne Wasserflächen gerechnet, nunmehr etwa 48,9 ha ein[468]. Folgt man

[459] A.R.A.., Res. S. G. v. 15.1.1613.

[460] A.R.A.., Res. S. G. v.8.8.1618 und 25.3.1620.

[461] A.R.A.., 1.01.04, 6049; Res. S. G. v. 30.5.1623 und 7.6.1623. Ich kann KAPPELHOFF, S. 78, nicht folgen, wenn er „die oberste Kommandogewalt und alle sonstigen Kompetenzen im Emder Rathaus" liegen sieht. Dagegen sprechen auch zwei Meldungen, von Ernst Casimir – A.R.A.., 1.01.19, 4943 II, v. 5.11.1623, und aus Groningen – Res. S. G., v. 9.11.1623, nach denen Emden Truppen aushob, um sie gegen Mansfeld einzusetzen, und in diesem Zusammenahng die Einbeziehung der Garnison von den Generalstaaten forderte.

[462] StA Aur, Rep. 241,A.17a, Bl. 59. Emder Chronik (1574).

[463] DE BUHR, S. 172f.

[464] So schon in „De Kroniek van Abel Eppens", Hg. J. A. FEITH und H. BRUGMANNS, Amsterdam 1911, Bd. 1, S. 383, und DE BUHR, S. 168.

[465] SCHROER, S. 123.

[466] Eigene Berechnung.

[467] SCHROER, S. 123.

[468] Eigene Berechnung.

dem Stich von Braun-Hogenberg aus dem Jahre 1575 (Plan 24), so bestand die Anlage des alten, östlichen Teiles der Stadt aus mittelalterlicher Stadtmauer mit Türmen und Toren sowie vorgelagerten, durch natürlichen Zufluß gespeisten Stadtgräben, während die des neu einbezogenen Bereiches der neuitalienischen Manier entsprach, ohne allerdings absichernde Ravelins aufzuweisen. Wallaufschüttungen hinter der Mauer sind erkennbar. Die Absicherung der weit in die Stadt gezogenen Hafenanlagen erfolgte durch in den Strom geschlagene Palisaden[469]. Auffällig ist die noch sehr dünne Besiedlung der neuen Stadtfläche zu dieser Zeit. Es ist zu vermuten, daß diese Darstellung den Zustand der Befestigungsanlagen wiedergibt, wie Valckenburgh ihn zu Beginn seiner Arbeit in und für Emden vorfand.

Die Arbeit Valckenburghs in Emden

Die Arbeit Valckenburghs in Emden nachzuzeichnen, ist schwierig. Im Emder Stadtarchiv finden sich nur zwei Quellen, die zweifelsfrei, und eine weitere, die mit großer Wahrscheinlichkeit Valckenburgh zuzuordnen sind. Im Niedersächsischen Staatsarchiv in Aurich und im Algemeen Rijksarchief 's-Gravenhage, in denen entsprechendes Material vermutet werden konnte, ergaben sich keine zusätzlichen Hinweise. Zeichnungen oder Memorials liegen nicht vor. Ergänzt werden die Angaben durch einen im Königlichen Hausarchiv in Den Haag liegenden, von Valckenburgh aus Emden geschriebenen Brief und zwei bereits erwähnte Vorgänge aus Bremen und Hamburg. Aus diesem Wenigen ergibt sich das folgende Bild.

Nachdem bereits im Dezember 1609 der niederländische Kommandant der Emder Garnison, Capitain Ehrentreuter, Prinz Moritz berichtet hatte, daß die Stadt nur schwer und mit einer großen Zahl Soldaten verteidigt werden könne[470], scheint Valckenburgh im Oktober 1614 laut einer Eintragung im Kämmereibuch des Jahres seine Arbeit in Emden aufgenommen zu haben[471]. Wenn der Name Valckenburghs in dieser Eintragung auch nicht genannt wird, kann davon ausgegangen werden, daß er mit dem dort genannten ‚Inienioer' gemeint ist. Erhärtet wird diese Annahme durch Joh. Hermann Duntze, der aus Bremen berichtete, daß der Bremer Rat Anfang des Jahres 1615 Valckenburgh bat, von Emden nach Bremen zu kommen[472]. Vor allem jedoch die wichtigste der bekannten Quellen, ein Vortrag Valckenburghs vor dem Emder Rat und den Vierzig am 6. April 1615[473] beweist, daß Valckenburgh schon vor dieser Sitzung in Emden gewesen ist, denn er war ‚vorigen dages weder angelanget'.

Da aus dieser Niederschrift noch weitere, wesentliche Schlußfolgerungen gezogen werden können, muß sie hier zitiert werden. Sie lautet: „Anno 1615, den 6. Aprilis alß Johan van Valkenborch, Ingenieur von S. Ex., des vorigen dages weder angelanget mit S. Ex. mehne [Meinung] und resolution, is he in Rhade unde vor den 40 erschenen und

469 Hier besteht ein Widerspruch zwischem dem Plan und der Aussage des ersten Stadtkommandanten Fredrich van Vervou: Enige gedenckwerdige Geschiedenissen, hg. durch die Provincaal Friesch Genootschap, Leeuwarden 1841, S. 210ff., der angibt, daß die Emder erst am 24. April 1606 die Vorstädte durch Isaack Bourgois haben abmessen lassen, um damit die Jurisdiktion über sie zu erhalten.

470 A.R.A.., 1.01.04, 6704.

471 StA Emd, Alte Kämmerei 4.19, Pkt. 44. „Den 30. dito [Oktober 1614]. Bezahlett ann Hermen Stapelmoehr, wegen etliche by eme statshalben dorch des Hop. Marcus undt den Inienioer mitt sampt oehren deeners beschene vortehringen, vermoege ordinantzi – 165 Gl, 12 Sh, 0 Gr".

472 Duntze, S. 487. S. auch S. 58 dieser Arbeit.

473 StA Emd, Diarien IV.4, S. 176.

relation gedaen, datt S. Ex. idt by deri planten blyven lehte [bleiben lasse] mit 7 dwengers [Zwinger = Bastionen], allene datt de Drosten Syhl [Graben um das feste Haus des Grafen] wyder leer blynen unde de 2 uterste dwengers det mahl nicht gemahhet werden solden. So solden gemahhet werden 600 Roeden á 50 Gl für 30.000 Gl. Vor den Hern Poorte [im Südosten der Stadt] solde een Hornwerk gemahhett werden, ungefehr 124 Rohden, alle à 12 Vohten veltmehte, jede vor 100 Gl; soll belopen 42.400 Gl [...]".

Zu diesem Zeitpunkt hat demnach eine Planung bestanden, die bereits im Rat besprochen worden war, augenscheinlich mit dem Ergebnis, daß der Rat eine Reduzierung der von Valckenburgh vorgeschlagenen Befestigungsanlage wünschte. Der Ingenieur muß dieses Ansinnen mit Prinz Moritz diskutiert und in der besagten Sitzung ‚Meinung und Beschluß' des Statthalters vorgetragen haben. Da ausgeschlossen werden kann, daß Valckenburgh die Planung eines anderen Ingenieurs vertrat, handelt es sich hier gleichzeitig um den, soweit ersichtlich, einzigen Beweis seiner Urheberschaft an der Planung der Emder Befestigungsanlage.

Beachtenswert ist ferner der Umstand, daß ein ‚Beschluß' Moritzens verkündet wurde. Die oben dargelegte Oberhoheit der Generalstaaten in Fragen der militärischen Verteidigung wird hierdurch unterstrichen. Zu erklären ist damit gleichermaßen das Fehlen jeglicher Eintragungen in den Kämmereibüchern über eine Honorierung Valckenburghs. Er arbeitete in Emden, wie in allen von den Generalstaaten besetzten und in die Festungsbaupolitik einbezogenen Städten, im Direktauftrag seines Landesherrn. Die Emder mußten zwar für die Herstellungskosten der Befestigung aufkommen, die Planung wurde ihnen jedoch ohne Berechnung geliefert beziehungsweise vorgeschrieben.

Wie weiterhin aus der Eintragung hervorgeht, hatte Valckenburgh einen Entwurf mit sieben Bollwerken gefertigt, von denen zunächst fünf und zusätzlich ein Hornwerk gebaut werden sollten. Ein Kupferstich von Mathaeus Merian vom Jahr 1641, der Emden aus der Vogelschau darstellt (Plan 25), zeigt jedoch, daß die Stadt mit zehn Bollwerken und einem Hornwerk befestigt war. Aufklärung über diese Abweichung gibt ein Plan von Geert Ewert Piloot, der das Datum vom 22. Januar 1615 und – später zugesetzt – 1622, trägt[474] (Plan 10). Es ist möglich, daß Piloot, später General-Baumeister und Ingenieur des Herzogs Adolf Friedrich von Mecklenburg, im Jahre 1615 unter der Oberleitung Valckenburghs an den Plänen für die Emder Befestigung mitarbeitete[475].

Beide Pläne zeigen übereinstimmend, daß die Stadt nach Norden durch einen halbkreisförmigen Bastionsgürtel aus sieben, sehr gleichmäßig angeordneten Bollwerken erweitert wurde, der im Nordosten an die bestehende Befestigung anschloß und im Westen am Deich nach Larrelt endete. Mittelpunkt war in etwa das Neue Tor. Die weiteren Bastionen resultierten aus dem späteren Umbau der nach der neuitalienischen Manier errichteten Werke an der Ostseite Falderns. Unverändert blieben die Schutzmaßnahmen an der Flußseite, die nach dem Merian-Plan ihren mittelalterlichen Aufbau beibehielten. Die drei neuen Tore in dem neuen Gürtel waren durch vorgelagerte Ravelins, das Herrentor durch das flankierende Hornwerk gesichert. Auffallend,

[474] StA Emd, Trifolium Aureum, A, Nr. 24, Federzeichnung, Größe 48 × 35 cm.

[475] So auch P. BLECKER: Festungsbaumeister Gert Everts Piloot, in: JGEmd 14 (1902), S. 372-375, hier S. 375, und SCHROER, S. 123. Eine andere Möglichkeit ist, daß der Ursprungsplan Valckenburghs von 1615 von Piloot 1622 überarbeitet wurde und somit beide Daten auftreten.

da von Valckenburgh bei keinem seiner Entwürfe vorgesehen, ist bei dem Pilootschen Entwurf die Anordnung eines Vorgrabens am Fuß des Glacis zur zusätzlichen Sicherung des gedeckten Ganges, welcher nach Merian jedoch nicht ausgeführt wurde.

Diese dritte Erweiterung vergrößerte die geschützte Stadtfläche um etwa 70% auf 83,2 ha, ohne die 13 ha Wasserflächen innerhalb der Befestigung gemessen[476]. Die Beweggründe für diese umfangreiche Stadterweiterung zu einer Zeit, in der die Einwohnerzahl zumindest stagnierte und der wirtschaftliche Niedergang auch den Optimisten unter den Ratsherren nicht verborgen geblieben sein konnte[477], sind nicht ersichtlich. Der neue Stadtteil wies in den nächsten Jahrhunderten eine sehr extensive Bebauung auf, die Bevölkerung Emdens sank bis 1750 auf 6.900 Einwohner ab[478]. Auch geologische Gegebenheiten, wie benachbarte Höhen oder ein ungenügend schützender Flußlauf wie beispielsweise in Hamburg bzw. Bremen oder Ulm, finden sich in Emden nicht. Eine Erklärung wäre, daß die Generalstaaten, die eine wirtschaftliche Gesundung der Stadt nie zugelassen hätten, ihr Verteidigungskonzept der Barrierebildung durchsetzten und dementsprechend Emden nach modernsten Erkenntnissen, und dazu gehörte der auf einem Kreisbogen liegende Bastionsgürtel, zur Festung umbauten.

Diese Überlegung dürfte auch der Grund für die, abweichend von der Mehrzahl der bisher betrachteten Städte mit größter Beschleunigung erfolgte Umsetzung der Planung sein. Am 29. März 1615 wurde in den Kämmereibüchern eine neue Rubrik „Neye Fortifikation und Stadtreparation“ eingeführt[479]. Aus Briefen und Rechnungen geht hervor, daß die Hauptarbeit von Herbst 1615 bis 1617 erfolgte[480] und die Bauleitung von dem Niederländer Johan van Laer übernommen wurde[481], der nach Valckenburghs Tod die Bremer Befestigungen zu Ende führte[482]. Wie verschiedene Eintragungen in das Protokoll des Bürgerlichen Kriegsrates beweisen[483], wurden die Bürgerkompanien, die neben der niederländischen Garnison bestanden, zu den Schanzarbeiten herangezogen. Valckenburgh ist nachweislich in den folgenden Monaten und Jahren in Emden gewesen, um die Arbeiten zu überwachen. Am 15. Mai 1615 verfaßte er in Emden einen Brief an Wilhelm Ludwig Graf zu Nassau, der sich in Leeuwarden aufhielt, in welchem er die Aufforderung dorthin zu kommen ausschlagen mußte[484]. Das Kämmereibuch weist einen Besuch im Oktober 1615 aus[485], und ein Brief Valckenburghs in Hamburg vom Mai 1616 bestätigt seinen Aufenthalt[486].

---

476 Eigene Berechnung.

477 DE BUHR, S. 172f.

478 SCHROER, S. 123.

479 StA Emd, Alte Kämmerei 4.19, Div.

480 StA Emd, Wallakte. So übereinstimmend eine Emder Chronik, StA Emd, Trifolium Aureum „1615 in de vorstedt tot Emden mit ein nye graft und bolwark in vyff dwengers befestigt und mit de olde stadtmauern gefoegt [...]“; so auch TILMAN DOTHIAS WIARDA: Ostfriesische Geschichte, Bd. 4, Aurich 1794, S. 53.

481 StA Emd, Alte Kämmerei 4.19. Am 7. Nov. 1615 erhielt Johan v. Laer 250 Gl „wegen einige by der neyen vesting deeßer statt geleistede densten“. Die Summe läßt auf die Honorierung für ein ganzes Jahr schließen.

482 S. S. 65 dieser Arbeit.

483 StA Emd, Protokoll deß bürgerl. Kriegsrates, XXI,4 vom 2. Nov. 1614, 25. Jan. 1615, 15. Nov. 1615.

484 Koninklijke Huisarchief, ’s-Gravenhage, A 22-IX c-63.

485 StA Emd, Alte Kämmerei 4.20, Pkt. 32, „Den 23. Octob. [1615]. Bezahlett ann Hermen Stapelmoer, wegen des Ingenior Valckenborch by em geschehener vortering, luth ordinanty – 121 Gl, 5 Sh, 0 Gr“.

486 StA H, Cl. VII. Lit. Cc. No. 1. Vol 3a 2, Nr. 2.

Die Befestigung ist dann in der ersten Hälfte der zwanziger Jahre des 17. Jahrhunderts in der Form, wie sie der Merian-Plan von 1641 darstellt, von Johan van Laer zu Ende geführt worden. Ein Besuch Valckenburghs in diesen Jahren ist nicht belegt, es sei denn, man wertet eine nur schwer einzuordnende Eintragung im Hamburger Kämmereibuch von 1624 über eine Zahlung an einen Emder Wirt für durch Valckenburgh verursachte Kosten als Beweis für einen Besuch[487].

Die Bedeutung Valckenburghs für Emden ist unter verschiedenen Aspekten zu sehen. Betrachtet man das technische Ergebnis seiner Arbeit, so ist nach seiner Planung und unter seiner Oberleitung eine Verteidigungsanlage entstanden, die der modernsten Auffassung entsprach und als Schulbeispiel der frühniederländischen Manier gelten kann. Auch bei höchster Bedrohung bot sie, wie das Beispiel des Einfalles Mansfelder Truppen in Ostfriesland und die westlichen Provinzen der Niederlande 1622/23 zeigte, nicht nur den Bürgern sicheren Schutz, sondern stellte auch für die Generalstaaten militärischen Rückhalt dar[488]. Für die Entwicklung der Stadt ist diese Erweiterung wohl schon zu dieser Zeit nicht unbedingt erforderlich gewesen. Zwar bot der alte Stadtbereich für die genannten 15.000 Einwohner, das bedeutet 307 E/ha, wenig Raum, doch dürfte die Einwohnerzahl um 1614 durch die starke Rückwanderung der Niederländer und den einsetzenden wirtschaftlichen Niedergang sehr viel geringer gewesen sein. Die Erweiterung bedeutete ja gleichzeitig Ausweitung der Verteidigungslinie, und diese zu besetzen war nur möglich, wenn entweder fremde, von der finanziell angeschlagenen Stadt[489] nur unter Mühen zu bezahlende Truppen angeworben wurden oder als Garnison der Generalstaaten zur Verfügung standen. Wie die Beispiele Lübeck, Rostock, Lüneburg und andere gezeigt haben, wäre eine Verbesserung der Anlagen auch ohne Erweiterung möglich gewesen. Es hat den Anschein, daß den militärischen Überlegungen der Generalstaaten Vorrang vor den Bedürfnissen der Stadt eingeräumt wurde. Durch die Erweiterung der Verteidigungsanlagen wuchs die Abhängigkeit der Stadt von der militärischen Präsenz der Generalstaaten. Valckenburgh ist diese, aus Sicht der Stadt negative Entwicklung nicht anzulasten; er konnte nur ausführen, was ihm aus übergeordnetem politischen Kalkül aufgetragen wurde.

---

487 StA H, Kämmerei I, 22 Band 94, S. 125: „28. Aug. [1624]. Dem wirdt in Emden zalt, so Capitain Falkenbarch daselbst vorzehret – 206 ML, 6 Sh". Valckenburgh könnte zu einer Inspektion in Emden gewesen sein, was nicht erklärt, warum der Hamburger Rat die Kosten seines dortigen Aufenthalts hätte übernehmen sollen.

488 A.R.A.., Res. S. G. v. 9., 13. und 14.12.1622. Die Generalstaaten berieten über den Einfall Mansfelds und beschlossen einige Kompanien nach Emden zu beordern.

489 Die Emder Schulden bei den Generalstaaten waren 1612 auf 69.000, die Renten auf 28.135 Lb aufgelaufen – A.R.A.., Res. S. G. v.12.6.1612 und 1.01.04, 6705. In einem Schreiben an die Generalstaaten vom 9.9.1616 teilt Emden mit, daß es wegen der Fortifikation und „neye angefangene Befestigung" seine Schulden nicht zurückzahlen könne: A.R.A.., 1.01.04, 6704.

II. Die Städte im Westen des Reiches

Die politische Ausgangslage der Städte im Westen des Reiches, in denen Valckenburgh tätig war, unterschied sich ganz wesentlich von jener der bisher behandelten. Letztere, sieht man von den Einschränkungen in Emden ab, konnten nach eigenem Ermessen die Dienste des Ingenieurs in Anspruch nehmen, und es lag in ihrer alleinigen Entscheidung, ob, wann und in welchem Umfang sie seinen Vorschlägen folgen wollten. Leitlinie war stets das eigene Interesse oder das, was die Stadtregierungen aus außen- oder innenpolitischen Überlegungen als das Richtige glaubten erkannt zu haben. Die westdeutschen Städte dagegen waren seit dem Übergreifen der spanisch-niederländischen Auseinandersetzungen auf das niederrheinische Gebiet und dem Kölner Krieg zum Spielball europäischer Macht- und Glaubenskämpfe geworden[490]. Durch eine Kette bewaffneter Stützpunkte versuchten die Spanier, alle unerwünschten generalstaatisch-deutschen Verbindungen zu stören, um aus dieser Position heraus gegebenenfalls Flankenangriffe gegen die Generalstaaten führen zu können. Die Generalstaaten ihrerseits zögerten nicht, diese Stützpunktpolitik auf niederrheinischem Boden mit der Besetzung geeigneter Gegenplätze zu beantworten.

Eine neue Dimension erhielten die Auseinandersetzungen in diesem Teil des Reiches durch den Jülich-klevischen Erbfolgekrieg, der 1609 um die Nachfolge des ohne männlichen Erben verstorbenen Herzogs Wilhelm von Jülich-Kleve-Berg entbrannte. War es schon bei dem kurz vor dem Erbfall ausgehandelten zwölfjährigen, von 1609 bis 1621 befristeten Waffenstillstand zwischen den Generalstaaten und Spanien nicht gelungen, eine Übereinkunft über eine gegenseitige Truppenentflechtung und damit Räumung deutschen Reichsgebietes zu erzielen, so sorgte die neue Entwicklung für eine Weiterführung der Feindseligkeiten auf deutschem Boden. Für die betroffenen Städte und ihre Bevölkerung brachte selbst der Vertrag von Xanten vom 12. November 1614, in welchem die Possidierenden unter Vermittlung von Frankreich und England ihre Herrschaftsansprüche abgrenzten, keine nachhaltige Beruhigung. Wenn auch für eine Reihe von Jahren keine direkten Kampfhandlungen um ihren Besitz geführt wurden, so unterstanden sie doch der jeweiligen Besatzungsmacht, mußten die Unbilden einer fremden Garnison ertragen, und ihre politische Handlungsfreiheit war stärker eingeschränkt, als sie es aus ihrer territorialen Unterstellung ohnehin erdulden mußten. Vor allem ihre bauliche Entwicklung wurde durch die Umwandlung in militärische Stützpunkte den verteidigungstechnischen Belangen der Besatzer untergeordnet.

Die in den Zeitrahmen der vorliegenden Untersuchung fallenden, von den Generalstaaten besetzten Städte waren Emmerich, Rees, Jülich, Rheydt und Goch sowie das heute zu den Niederlanden gehörende Ravenstein. In diesen Städten übernahmen die Generalstaaten die Verantwortung für alle Maßnahmen zur Sicherung gegen feindliche Angriffe. Das beinhaltete neben der Planung und Durchführung auch die Übernahme der Kosten; eine Entschädigung für die Landnahme oder Freimachung ist, soweit ersichtlich, jedoch nicht gezahlt worden. Es versteht sich aus der Sache heraus, daß eine Diskussion mit den jeweiligen Räten oder Bürgerschaften über Art und Umfang der Befestigungsanlagen nicht erfolgte. Doch hatte die Besetzung nicht nur Nachteile; der Bau der Verteidigungsanlagen bot den Städten nicht nur relativ große

---

490 S. hierzu und dem Folgenden Petri, S. 95ff.

Sicherheit, sondern verhalf den Bewohnern zu Arbeit und Brot und zog viele, vor allem niederländische Handwerker in die Städte. Nicht selten ging mit der Besetzung eine wirtschaftliche Blüte einher. Lediglich die Stadt Goch wurde zu Lebzeiten Moritz' von Oranien und Valckenburghs nicht befestigt; noch im Juli 1625 berieten die Staaten von Holland und West-Friesland auf der Grundlage eines Advises von seiner Exellenz und des Rates der Staaten, ob man die Stadt befestigen oder neutral halten solle[491].

Von dem Einsatz Valckenburghs in den genannten Städten sind nur vereinzelte Nachrichten überliefert. Da die Gremien der Städte an den Entscheidungen über die Verteidigungsanlagen nicht beteiligt wurden, fehlen jegliche Aufzeichnungen in Ratsprotokollen, Kämmereibüchern oder Ähnlichem. Die einzelnen Stadtgeschichten, die vor dem Zweiten Weltkrieg entstanden sind, behandeln die Zeit der niederländischen Besetzung nur sehr unvollkommen und beiläufig, so daß zu vermuten ist, daß auch vor der großen Zerstörungswelle gegen Ende des Zweiten Weltkrieges, die alle diese Städte besonders hart getroffen hat[492], entweder kein Interesse für dies Thema vorlag oder kein entsprechendes Material vorhanden war[493]. Aussagen finden sich vor allem in den Resolutiën der Generalstaaten und des Rates der Staaten sowie in vereinzelten Briefen in den niederländischen Reichsarchiven. Einschränkend auf den Quellenumfang wirkte sich die seinerzeitige Organisationsstruktur der Generalstaaten für die besetzten Städte aus. Neben den Militärkommandanten oder Gouverneuren wurden ‚Kontrolleure' als Leiter der Militärverwaltungen eingesetzt, in deren Zuständigkeitsbereich neben den kaufmännischen Obliegenheiten auch die Verfolgung des Festungsausbaues und dessen Instandhaltung fielen. In den Beschlüssen und Briefen wurden folgerichtig diese Männer – zur Zeit Valckenburghs waren die Kontrolleure Niklas van der Mijl für Jülich und Rheydt und Hans Schoutens für Emmerich und Rees eingesetzt – genannt bzw. angesprochen. Valckenburghs Aufgabe war es, als Spezialist städteübergreifend die Festungsanlagen zu konzipieren und deren Ausführung zu kontrollieren. In diesen Fällen war er mit Weisungsbefugnis gegenüber den Kommandanten und Kontrolleuren ausgestattet.

Unabhängig von der Dürftigkeit der Quellen eröffnet die eingehende Beschäftigung mit diesem Wenigen allerdings Erkenntnisse über das Leben Valckenburghs, vor allem über die Jahre 1614 bis 1618, die von der bisherigen Forschung gar nicht oder nur ungenügend beachtet wurden[494]. Die Vorbereitungsarbeiten des Ingenieurs in Bremen und die Durchführung der Befestigungen in Emden und Hamburg in diesen Jahren, vielleicht auch die falsche Annahme der Hamburger Planungszeit, haben das

---

[491] R.A.Hb., 026.06 - 705 (1625), S. 508f. Über den Zustand der Befestigung der Stadt hatte Gerrit van Wennen in zwei Briefen vom 1. u. 12.2.1625 aus Goch an Moritz berichtet: A.R.A., 1.01.19, 593.

[492] Emmerich wurde zu 97%, Jülich zu 97%, Rees zu 72% und Rheydt zu etwa 50% zerstört. S. die entsprechenden Kapitel bei Erich Keyser (Hg.): Deutsches Städtebuch, Bd. 3.3, Rheinisches Städtebuch, Stuttgart 1959, S. 144, 220, 348 und 370.

[493] So auch Friedrich Lau: Jülich, Historische Topographie der Stadt Jülich, Bonn 1932, (Quellen zur Rechts- und Wirtschaftsgeschichte der Rheinischen Städte 29), S. VI.

[494] Lührs, Eysten und Bachmann erwähnen Valckenburghs Arbeit im Westen des Reiches mit keinem Wort, und auch bei Soenke, S. 28, findet sich nur ein Hinweis auf Jülich, der vermutlich aus dem in Hamburg liegenden Brief Valckenburghs (s. S. 48 dieser Arbeit) abgeleitet ist. Dieser teilte aus Emden mit, daß er auf Befehl Moritzens nach Jülich reisen müsse. Selbst bei der umfangreichen Arbeit von Hartwig Neumann: Stadt und Festung Jülich auf bildlichen Darstellungen, Bonn 1991, (Architectura Militaris 5), findet sich kein Hinweis auf Valckenburgh.

Augenmerk auf diese Städte gelenkt und – in Unterschätzung seiner Agilität und Arbeitskraft – den Gedanken, er habe darüber hinaus noch Entscheidendes an weiteren Orten bewirken können, von vornherein als abwegig erscheinen lassen. Den bedeutenden, Valckenburgh übertragenen und bisher in dieser Arbeit behandelten Aufgaben muß jedoch eine weitere, für die Generalstaaten außerordentlich wichtige hinzugefügt werden: die Befestigung der ersten Städte, die den Kern der bereits mehrfach angesprochenen niederländischen Ostbarriere auf deutschem Boden bildeten. Bei der folgenden Betrachtung ist der Schwerpunkt auf die Bedeutung der einzelnen Städte als Glied dieses Verteidigungsringes zu legen; die Städte als gewachsene und selbständig agierende Organismen treten dagegen in den Hintergrund.

1. Jülich

Die kleine Stadt Jülich, 45 km südwestlich von Düsseldorf an der Rur gelegen, erhielt ihre politische Bedeutung durch den Beschluß des Herzogs Wilhelm V. von Jülich-Kleve-Berg, nach dem verheerenden Brand von 1547 den Gedanken seines Vaters durchzuführen, Jülich zur Residenz- und Festungsstadt auszubauen. Der zum Festungsbaumeister berufene, zu jener Zeit in den Niederlanden tätige Italiener Alessandro Pasqualini d.Ä. schuf nach der neuitalienischen Manier eine Art axialsymmetrischer Idealstadt mit angebundener Zitadelle, die das herzogliche Schloß aufnahm[495]. Die Stadt selbst erlebte zwar durch diese Baumaßnahmen und die Verlagerung der Hofhaltung einen gewissen wirtschaftlichen Aufschwung, doch dürfte die Zahl der Einwohner, die 1533 etwa 1.300 betragen hatte[496], kaum angewachsen sein[497], zumal der Ausbau aus Geldmangel nur schleppend erfolgte, und Düsseldorf als Residenz keineswegs aufgegeben wurde.

Wie bereits gesagt[498], geriet Jülich unmittelbar und frühzeitig in die Auseinandersetzungen über die verschiedenen Interessen der europäischen Mächte an dem 1609 verwaisten Herzogtum. Neben der Verteidigungsstärke, welche Jülich trotz der überholten Festungsbauart im Vergleich zu anderen Städten jener Region aufwies, und seiner daraus erwachsenen militärischen Bedeutung, war der Besitz dieser Stadt auch Schlüssel für die weitere konfessionelle Entwicklung in diesem Landesteil. Die Belagerung Jülichs, die mit der Kapitulation der kaiserlichen Truppen am 1. September 1610 endete, fand dementsprechend die mehrheitliche Unterstützung der vorwiegend dem protestantischen Glauben angehörenden Stände, hatten doch die Possidierenden in den beiden Reversalien vom 14. und 20. Juli 1609 die freie Ausübung der Religionen zugestanden[499].

Die Niederlande sicherten sich ihren militärischen Einfluß in der Stadt durch die Stationierung einer Garnison, zu deren Gouverneur der Oberstleutnant Frederik Pithan bestellt wurde. Als die possidierenden Fürsten einen Konfessionswechsel vornahmen – Wolfgang Wilhelm, Pfalzgraf zu Neuburg, trat am 19. Juli 1613 zum Katholizismus, Johann Sigismund, Kurfürst von Brandenburg, am 25. Dezember des gleichen Jahres

495 S. hierzu Neumann, S. 12ff.

496 Franz Peters: Jülich, in: Erich Keyser (Hg.): Rheinisches Städtebuch, S. 220-223, hier S. 221.

497 Lau, S. 43, nennt für 1575 296 bewohnte, zumeist kleine Gebäude.

498 S. S.30 dieser Arbeit.

499 Petri, S. 109.

zum Kalvinismus über – kam es sehr schnell auch in der Stadt, auf die beide Fürsten gleichermaßen Anspruch erhoben, zu Streitigkeiten. Es verwundert nicht, daß Gouverneur Pithan diese zu Gunsten des Brandenburgers und damit der Niederlande zu beeinflussen suchte[500].

Die Auseinandersetzungen zwischen den Niederländern und Spaniern, die zu der Besetzung der rheinischen Städte durch die Kontrahenten führten, veranlaßten die Generalstaaten im Mai 1614, die Festung Jülich durch Verlegung von zusätzlichen 500 Mann entscheidend zu verstärken[501]. Es erging darüber hinaus der Befehl an alle Gouverneure und Kommandanten der ‚Frontstädte', die Kompanien auf Sollstärke zu bringen und in Bereitschaft zu halten[502]. Wenig später folgte ein allgemeines Verbot für alle eingesessenen Soldaten und Reiter, ohne die Zustimmung der Generalstaaten, Moritzens oder des Rates in fremden Heeren Kriegsdienst zu leisten[503]. Der Rat der Staaten hatte überdies zur Überprüfung der Verteidigungsbereitschaft Jülichs den Kontrolleur van der Mijl gesandt und ihn am 18. Juli 1614 schriftlich angewiesen, das Magazin gemäß den Generalinstruktionen mit Lebensmitteln und Munition aufzufüllen, die ihm überstellten 14.000 fl zum Ankauf zu verwenden und den überschüssigen Betrag zur Verbesserung der Festungswerke auszugeben[504].

Am gleichen Tag beschloß der Rat, den Ingenieur Valckenburgh mit einem Schreiber und sechs Aufsehern nach Jülich zu schicken. Dieses sollte dem Kontrolleur Mijl mitgeteilt werden mit dem Hinweis, daß die Bezahlung von 's-Gravenhage aus erfolge[505]. Es ist der erste von fünf, vom Juli 1614 bis Dezember 1617 gefaßten, mit Valckenburgh und Jülich zusammenhängenden Beschlüssen des Rates der Staaten, die zum Teil gleichzeitig das ‚feste Haus' Rheydt betreffen. Als weitere Quellen für Valckenburghs Arbeit in Jülich liegen im Algemeenen Rijksarchief 's-Gravenhage zwei Briefe vor, die, von van der Mijl geschrieben, von dem Ingenieur mitunterzeichnet worden sind, ein weiterer von dem Kontrolleur mit der Bitte, Valckenburgh nach Jülich zu senden, sowie der bereits mehrfach erwähnte Hamburger Brief vom 7. Mai 1616. Dieses spärliche, sich über mehrere Jahre erstreckende Material erlaubt zwar keine ausführliche Darstellung seines Einsatzes und Anteils an den weiteren Befestigungsmaßnahmen in Jülich, es sollen jedoch, unter Beiziehung weiterer Quellen, über die damaligen Vorgänge einige Aussagen abgeleitet werden.

Im Jahre 1610, zur Zeit der Besetzung Jülichs durch die Generalstaaten und die Possidierenden, waren die Pasqualinischen Werke „kaum behelfsmäßig fertiggestellt"[506]. Es ist nicht davon auszugehen, daß die Niederländer sofort wesentliche Ergänzungen oder gar grundsätzliche Änderungen vornahmen. Wie die Resolutionen beweisen, haben die Generalstaaten in den Jahren 1610–1613 keine Gelder für einen Ausbau freigegeben, kostete es sie doch schon jahrelange Bemühungen, die Zahlungen für den Jülicher Feldzug von den Provinzen einzufordern. Zwar hatten Pfalz-Neuburg

500 S. z. B. Beschwerde Wolfgang Wilhelms über Pithan, der ihm den Zugang zur Zitadelle verweigerte, A.R.A., Res. S. G. v. 9.4.1614, und Forderung seiner Abberufung, A.R.A., Res. S. G. v. 17.5.1614.

501 A.R.A., Res. S. G. v. 10.5.1614; Moritz trägt den Generalstaaten seine Maßnahmen vor, die gutgeheißen werden. Wolfgang Wilhelm protestiert gegen die Besetzung und fordert neue Konferenz unter Beiziehung Frankreichs und Englands, A.R.A., Res. S. G. v. 4.7.1614.

502 A.R.A., Res. S. G., v. 12.7.1614.

503 A.R.A., Res. S. G., v. 22.7.1614.

504 A.R.A., Res. R. v. St., 1.01.19, nr. 32, S. 69.

505 A.R.A., Res. R. v. St., 1.01.19, nr. 32, S. 69v.

506 Neumann, S. 18.

und Brandenburg im Herbst 1610 über die Wiederherstellung der bei der Belagerung teilzerstörten Befestigungsanlagen verhandelt, doch konnte das erforderliche Geld nicht aufgebracht werden[507]. Das bedeutet, daß Valckenburgh bei seiner Ankunft 1614 noch immer den ‚inneren', nach neuitalienischer Manier angelegten Festungsring (s. Plan 11a) vorgefunden haben dürfte[508]. Aus der großen Zahl der den Ingenieur begleitenden Personen – nach heutigen Maßstäben bereits ein kleines Ingenieurbüro – muß geschlossen werden, daß entscheidende Verbesserungen an den Anlagen durchgeführt werden sollten, deren Planung und Durchführung Valckenburgh oblagen. Ein Zeichen aber auch für die Richtigkeit der Vermutung, daß die Generalstaaten bis zu diesem Zeitpunkt der Befestigung keine wesentliche Aufmerksamkeit geschenkt hatten. Über das Ergebnis berichteten Pithan und Mijl nach Den Haag[509], die Generalstaaten faßten jedoch am 8. August den Beschluß, mit geringsten Kosten nur das unvermeidlich Notwendige ausführen zu lassen[510]. Daß es sich bei diesen Arbeiten nur um Reparaturen und kleinere Verbesserungen gehandelt haben muß, zeigt ein weiterer Brief Mijls, in welchem er um Geld für diese Arbeiten nachsuchte[511]. Zu verstehen ist diese Haltung in Anbetracht der laufenden Verhandlungen über eine Befriedung, die letztlich im Vertrag von Xanten vom 12. November 1614 ihren Abschluß fanden.

Was Valckenburgh und seine Leute im einzelnen in Jülich taten, ist nur zu vermuten. Voraussetzung für jede Planung war eine genaue Aufnahme des Bestandes, die man durchgeführt haben wird. Sollte, was wahrscheinlich ist, der Plan 11a in dieser Zeit entstanden sein, so hätte Valckenburgh die Ergänzung der Werke durch drei Hornwerke im Bereich der Zitadelle und einige Ravelins vorgeschlagen. Die eingestrichelten Bauwerke – weitere Ravelins und Umbau der Tenaillen – könnten einen zweiten Bauabschnitt darstellen. Für die Annahme von Valckenburghs Urheberschaft sprechen zum einen die Tatsache, daß aus der Beschriftung auf einen Niederländer als Verfasser geschlossen werden kann, und zum zweiten, daß der Rat der Staaten in einem Beschluß vom 23. Juni 1615, der weiter unten zitiert wird, Bezug auf die Buchstabenbezeichnung der Bastionen nahm und den Namen „Cuypers-Bollwerk" verwendete, ein Name, der sich in keiner anderen der bekannten Zeichnungen oder in der Literatur findet.

Trotz des Vertrages von Xanten drängte Moritz Anfang März 1615 die Generalstaaten, die von ihm und dem Rat für nötig erachteten Ausbauten in Jülich – und Rheydt –, die auf 28.000 fl geschätzt wurden, zu genehmigen[512], zumal durch Unwetter starke Zerstörungen erfolgt waren. In seiner Sitzung am 10. März 1615 folgte das Gremium dem Vorschlag[513]. Die Arbeiten müssen umgehend, mit Sicherheit nach dem Plan Valckenburghs, in Angriff genommen worden sein, denn am 23. Juni erhielt der

---

507 BStA, JB a 2/10 und JB Nachdr. 30(2). Die Akten gehören zu dem umfangreichen Quellenmaterial aus Jülich-Berg (JB), dessen Inventar z. Zt. (März 1993) vom BStA und NWStA zum Druck vorbereitet wird; das Arbeitsexemplar wurde mir freundlicherweise zur Auswertung vorgelegt.

508 Bibliothèque Nationale de France Paris, Ge D. 15936, Federzeichnung. Bei NEUMANN ist eine Reihe von Plänen veröffentlicht, welche die Festung in ihrer ersten Anlage zeigen, so S. 134, 135 und alle Pläne der Belagerung von 1610. Die Pläne S. 235 und S. 274, die angeblich von 1610 stammen und bereits Hornwerke zeigen, sind erst 1615 bzw. 1616 in den jeweiligen Werken erschienen. Die Datierung bei Neumann erscheint zweifelhaft.

509 A.R.A., 1.01.19, 580, v. 2.8.1614

510 A.R.A., Res. S. G., v. 8.8.1614.

511 A.R.A., Res. S. G., v. 16.9.1614; nochmalige Anmahnung am 4.10. Am 6.11. ermächtigen die Generalstaaten den Rat, Wechsel in Höhe von 10.000 Lb zu ziehen, um Zahlung leisten zu können.

512 A.R.A., R. v. St., 1.01.19, nr. 33, S. 3v.

513 A.R.A., Res. S. G., v. 10.3.1615.

Ingenieur vom Rat die Anweisung, zusammen mit dem Kontrolleur van der Mijl die Befestigungswerke, die von der Generalität angeordnet worden seien, abzunehmen, das heißt zu überprüfen, und ferner die Kosten der in der ‚acta' festgeschriebenen Instandhaltungserfordernisse von allen Werken, die für die Zeit von sechs Monaten entstünden, festzustellen[514]. Dieser Auftrag wurde schon am nächsten Tag dahingehend erweitert, daß die Herren neben der Abnahme eine Gesamtkostenaufstellung aller Werke anfertigen sollten. Weiterhin „nogh, dat zy sullen ooch nogh besteden [in Auftrag geben], het maechen van de contrescarpen om de drie hoornwercken voor het casteel tot Gulich, ende ooch om de ravelyns van Cuypers Bolwerck off tot het ravelyn incluys [einschließlich] leggende tuhschen de twee casteels bolwercken, geteechent op de caarte C-D"[515]. Dieser Beschluß zeigt auch, daß die drei Hornwerke vor dem Kastell zu diesem Zeitpunkt im Bau waren oder begonnen werden sollten, da es sich bei der Zusatzbeauftragung um eine Ausweitung der Grundkonzeption der Hornwerke durch Contrescarpen handelte. Parallel zu diesem Beschluß hatte v. d. Mijl mit Schreiben vom 3. Juli Moritz gebeten, den Ingenieur nach Jülich zu schicken, da er Angaben von ihm benötige[516]. Valckenburgh hielt sich zu dieser Zeit in Emmerich auf[517]; er bestätigte in seinem Brief vom 23. Juli, daß er sofort nach Abschluß seiner dortigen Arbeiten nach Jülich reisen werde. Die Bauarbeiten müssen durch Valckenburgh und v.d.Mijl mit großem Nachdruck betrieben worden sein, denn immer wieder mußten sich die Generalstaaten mit der Frage der Geldbeschaffung befassen[518], und am 6. November forderte der Rat v. d. Mijl auf, eine Bauaufnahme von „de contrescarpen, die tot Gulig gemaeckt syn ende hoornwercken ende andere ravelijns voor het casteel" zu fertigen[519].

Einen weiteren Beweis für die umfangreiche und schnell voranschreitende Bautätigkeit liefert ein Schreiben des Bernhard von Pütz, Gesandter des Pfalzgrafen Wolfgang Wilhelm, aus Jülich vom 8. April 1615 an seinen Dienstherren, in welchem im Detail über die Maßnahmen berichtet wird[520].

Die nächste Nachricht über Valckenburghs Einsatz in Jülich stammt von ihm selbst. Aus Emden schrieb er am 7. Mai 1616 in dem mehrfach erwähnten Brief an den Hamburger Magistrat, daß er nach Jülich müsse. Vom 6. Juni findet sich ein Beschluß des Rates der Staaten, „fiat acte voor den Controlleur van der Mijl, ten overstaen den Commandeur Pithan, met assistentie van den Ingenieur Valckenburgh, te besteeden der wercken van fortificatie tot Gulig ende ooch aen het huis te Rheedt nodigh [...]"[521]. Den Kostenanschlag für diese Arbeiten hatte v. d. Mijl den Generalstaaten erst am 1. Juni vorgelegt[522]. In einem gemeinsamen Schreiben vom 19. Juli berichteten Mijl

514 A.R.A., R. v. St., 1.01.19, nr. 33, S. 66v f.

515 A.R.A., R. v. St., 1.01.19, nr. 33, S. 67f.

516 A.R.A., 1.01.19, 5817.

517 S. S. 112 dieser Arbeit.

518 A.R.A., Res. S. G., v. 7.7., 2.9., 9.9., 21.9., 10.12. und 28.12.1615.

519 A.R.A., R. v. St., 1.01.19, nr. 33, S. 122.

520 BStA, JB h 162: „... daß man allhie nit auf eenem sondern etzlichen ortten die statt zu fortificieren schon in arbeit ist; dan zue dero schloßbruggen in der statt wert ein groß vorwerck mit einem laufgraben biß auf der statt maur gemacht, daran tagliches neben 60 man zue arbeit gehen, der grab umb das werck [...] ist schon ein halb man tief [...]. Weitere wercke seien schon verdingt. Ettliche dörfer seien aufgefordert, mit schippen, pferden u. wagen zu erscheinen."

521 A.R.A., R. v. St., 1.01.19, nr. 34, S. 39.

522 A.R.A., Res. S. G. v. 1.6.1616.

und Valckenburgh über das Ergebnis von Verhandlungen mit Unternehmern, die zu einem Geldbedarf von 20.000 Lb von Juli 1616 bis Juli 1617 führten[523]. Es ist davon auszugehen, daß Valckenburgh den Sommer und Herbst 1616 im Rheinland blieb, da, wie weiter unten zu zeigen ist, neben Jülich und Rheydt auch die Festungsarbeiten in Emmerich und Rees liefen. Im November 1616 beurlaubte der Rat den Ingenieur für zwei Monate[524], um die Planungsarbeiten in Ulm aufzunehmen.

Die Verschärfung der politischen Lage zu Beginn des Jahres 1617 veranlaßte Moritz, den Generalstaaten Ende März weitere Verstärkungsmaßnahmen in Jülich und „aen het huys Rheede" vorzuschlagen, denen zugestimmt wurde[525]. Wenig später, im April, befand Valckenburgh sich wieder vor Ort, wie Briefe aus Rheydt vom 26. April und Jülich vom 7. Mai beweisen[526]. Beide sind von Valckenburgh und v. d. Mijl unterschrieben worden, ersterer zusätzlich von den Offizieren der Garnison, und beide behandelten Einzelheiten, die zur Vervollständigung der Werke vonnöten seien; der wesentliche Inhalt ist jedoch das Ergebnis der vorgenommenen Vergaben. Diese Schreiben wurden am 19.Mai vom Rat zustimmend behandelt[527]: Der Rat werte die Vergabe für 16.243 fl als ein gutes Ergebnis, stimme auch der Auftragserhöhung auf 500 fl für den Übernehmer der Brückenbauarbeiten in Rheydt zu und ebenfalls ihrer Entscheidung, das für Rheydt benötigte Holz aus Fürstenbosch zu holen und nicht von den Werken in Jülich abzuziehen.

Die letzte Überlieferung von Valckenburghs Anwesenheit im Westen findet sich in einem Beschluß des Rates der Staaten vom 29. Dezember 1617, der besagte, daß der Ingenieur auf Ersuchen von v. d. Mijls nach Jülich reisen sollte, um die Festungswerke, die nunmehr allem Anschein nach ihre zunächst endgültige Form gefunden hatten, zu inspizieren und abzunehmen. Der Rat verfügte, daß an dieser Abnahme auch der Gouverneur Pithan teilzunehmen habe[528]. Diese Arbeit wird Valckenburgh im Januar/Februar 1618 abgewickelt haben, bevor er am 13. März (a. St.) seinen Vertrag in Hamburg[529] unterschrieb. Gleich hier sei angemerkt, daß die nur vier Jahre später erfolgende Einnahme Jülichs – und auch Rheydts – durch die Spanier nicht einem mangelhaften Festungsbau anzulasten war. Militärisch hatte Pithan fünf Monate der Belagerung widerstehen können. Die Aufgabe der Stadt erfolgte aus Nahrungsmangel und weil die Generalstaaten sich nicht imstande sahen, eine Entsatzarmee zu entsenden. Rheydt wurde kampflos übergeben[530].

Aus den Ausführungen kann mit großer Sicherheit geschlossen werden, daß Planung und Durchführung der Erweiterung und Modernisierung der Jülicher Befestigungen

---

523 A.R.A., 1.01.19, 582.

524 A.R.A., Res. R. v. S., 1.01.19, nr. 34, S. 97.

525 A.R.A., Res. S. G., v. 30. und 31.3.1617.

526 A.R.A., 1.01.19, 583.

527 A.R.A., Res. R. v. S., 1.01.19, nr. 35, S. 40f.

528 A.R.A., Res. R. v. S., 1.01.19, nr. 35, S. 126.

529 S. S. 49 dieser Arbeit.

530 A.R.A., Res. S. G. v. 27.8.1621: Moritz teilte Generalstaaten mit, daß Kommandant Pithan berichte, die Spanier wollten die Stadt angreifen. A.R.A., 1.01.04, 4939: Moritz teilte kampflose Übergabe Rheydts mit, Kommandant Dietfurt wurde verhaftet. A.R.A., Res. S. G. v. 27.1.1622: Gouverneur Pithan hat Fähnrich zum Vortrag an Generalstaaten gesandt; man müsse wegen Getreidemangels Jülich am 2. Febr. übergeben, wenn nicht Entsatz käme, was von den Generalstaaten als unmöglich angesehen wurde. A.R.A., Res. S. G. v. 4.3.1622: Rat berichtete über Verhalten Pithans, der Offiziere und der Ausschüsse; Pithan wurde unter Hausarrest gestellt und nicht vor dem 15. Juni 1624 entlassen; man habe bei den Untersuchungen keine Bösartigkeit, sondern Nachlässigkeit und Unvorsichtigkeit festgestellt, s. A.R.A., Res. S. G., v. 15.6.1624.

in den Jahren 1614–1617 von Valckenburgh in enger Abstimmung mit Prinz Moritz durchgeführt wurden. Wenn das Ergebnis, insbesondere die einzelnen Planungs- und Ausbaustufen, auch nicht exakt zu bestimmen sind, zeigt doch eine Anzahl von zeitgenössischen Stichen[531] das Konzept, das Valckenburgh und Moritz verfolgt haben.

Die bestehende Festungsanlage Pasqualinis wurde beibehalten und dürfte, wo erforderlich, ausgebessert oder ergänzt worden sein. Die bis zu 70 Ruten, etwa 280 m, langen Kurtinen der Stadt wurden durch vorgelagerte Ravelins besser geschützt, während die Tenaillen nicht verändert wurden. Zusätzliche Absicherung durch Ravelins erhielten auch die drei bisher nicht gesondert geschützten Kurtinen der Zitadelle, wobei das Torravelin zur Stadt die Eigenständigkeit der Zitadelle unterstrich. Neuartig ist die Massierung der drei Hornwerke vor der Zitadelle, eines vor der der Stadt abgewandten Kurtine und je eines in Verlängerung der äußeren Eckbastionen. Da Valckenburgh bei seinen späteren Planungen Hornwerke nur an besonders gefährdeten Punkten anordnete, könnte daraus abgeleitet werden, daß man sich zu dieser Art der Verbesserung entschloß, weil der Umbau des bestehenden Kernes zu zeit- und kostenaufwendig geworden wäre. Im Aufbau folgten die Hornwerke der frühniederländischen Manier, wie ein um 1632 erschienenes, durch Hubrecht Hooghenboom verfaßtes Werk beweist[532].

Die zeitgenössischen Stiche zeigen, nicht immer übereinstimmend, daß vor der Belagerung durch die Spanier 1621 weitere Hornwerke vor den bisher mit Ravelins gedeckten Kurtinen der Zitadelle entstanden sind, und auch einige Bastionen der Stadt sind wohl entsprechend verstärkt worden.

2. *Rheydt*

Das kleine Ackerbürgerstädtchen Rheydt, etwa 30 km nördlich von Jülich gelegen, war für die Generalstaaten ausschließlich wegen des außerhalb des Ortes liegenden Schlosses von Interesse. 1560–85 war es durch zwei Vorburgen und fünf Bastionen stark befestigt worden[533] und konnte auf dem über 100 km langen Weg zwischen den Niederlanden und Jülich als sicherer Stützpunkt wertvolle Dienste leisten. Am 5. Oktober 1614 hatte Moritz mit Einverständnis der Generalstaaten eine Vereinbarung mit Florenz Hattard Botzelaer, Freiherrn von Asperen, Rheydt und Odenkirchen, über die Besetzung des Schlosses mit „einigen zwanzig" Reitern, an deren Stelle zwei Wochen später eine ganze Kompanie Fußsoldaten einrückte, getroffen[534] und als Gegenleistung die Unterstützung bei auftretenden politischen Schwierigkeiten zugesagt[535].

---

531 S. hierzu die zahlreichen Pläne bei Neumann, z. B. S. 235, 247, 274, 294 und 296.

532 Ebenda, S. 236f. Neumann zeigt ein Blatt mit vier Hornwerken der Stadt Jülich, drei davon im Querschnitt, (zusätzlich den Valckenburghschen aus Ulm) aus einer Handschrift ‚Von fortification ein reiß buch Inventeert Ende gheschreuen Door Hubrecht Hooghenboom Anno 1632'.

533 Stadtarchiv Rheydt: Rheydt, Stadtkreis Rheydt, in: Keyser, Rheinisches Städtebuch, S. 369-372, hier S. 369.

534 Das genaue Datum geht aus einer Sitzungsniederschrift der Generalstaaten hervor; A.R.A., Res.S. G., v. 24.12.1615. S. hierzu Rheydter Chronik, Geschichte der Herrschaft und Stadt Rheydt, Bd. 1, Rheydt 1897, S. 53.

535 A.R.A., Res. S. G., v. 31.3.1615. Botzelaer bat die Generalstaaten um Vermittlung bei dem Kurfürsten von Köln, seinem Lehnsherrn für Odenkirchen, der ihm auf Grund der gewährten Besetzung die freie Gottesdienstausübung versagt hatte. Später wurde der Freiherr auch vom Kaiser und Wolfgang Wilhelm dieserhalb unter Druck gesetzt; s. A.R.A., Res. S. G., v. 12.1. und 28.7.1616.

Bezüglich des Einsatzes von Valckenburgh in Rheydt muß auf die im vorigen Abschnitt angeführten Quellen verwiesen werden. Moritz und die Generalstaaten sahen das Schloß als einen Vorposten Jülichs an und behandelten in Fragen der Verteidigung das ‚feste Haus' und die Stadt gemeinsam. Es kann jedoch kein Zweifel daran bestehen, daß die Verteidigungsanlagen von Rheydt ebenfalls in die Zuständigkeit des Ingenieurs fielen. Nachrichten über Verbesserungen grundsätzlicher Art, die über die in dem gemeinsamen Schreiben Valckenburghs und v. d. Mijls vom 26. April 1617 aus Rheydt und den erwähnten Beschlüssen der Generalstaaten und des Rates der Staaten hinausgehen, liegen jedoch nicht vor.

3. Emmerich

Die hervorragende strategische Lage Emmerichs am nordöstlichen Ufer des Rheins mußte das Interesse der Generalstaaten für die Stadt wecken. Ihre westliche Flanke war durch den breiten, in diesem Bereich von Krümmungen freien und stark strömenden Fluß gesichert, die übrigen Seiten konnten, würden sie mit einer modernen Verteidigungsanlage ausgestattet, die Stadt zu einem kaum einnehmbaren Brückenkopf werden lassen. Die Versorgung war durch die holländische Flotte zu jeder Zeit und in jedem Umfang zu gewährleisten. Hinzu kam, daß das umgebende Land keine Anhöhen aufwies, von denen ein Feind die Stadt mit Geschützfeuer bedrohen konnte, und dadurch Überraschungsangriffe ausgeschlossen waren.

Der Rheinlage hatte Emmerich im Mittelalter seine Bedeutung als Handelsplatz und die am Ende des 14. Jahrhunderts beginnende Mitgliedschaft in der Hanse zu verdanken. Über die Situation zu Beginn des 17. Jahrhunderts ist nur wenig überliefert. Die Befestigungsanlagen scheinen zu diesem Zeitpunkt aus nicht modernisierten, mittelalterlichen Bauten – Stadtmauern, Türmen und Toren – bestanden zu haben[536]. Die erste, einigermaßen verläßliche Einwohnerzahl mit 5.660 Einwohnern stammt aus dem Jahr 1722[537].

Als die Spanier unter Spinola am 5. September 1614 Wesel eingenommen hatten, besetzte Moritz von Oranien am 7. September Emmerich. In einem neun Punkte umfassenden Abkommen zwischen dem Statthalter und dem Magistrat der Stadt waren zuvor einige Absprachen getroffen worden[538]. Danach sollte unter anderem die Stadt nicht höher als mit einer 800 Mann starken Garnison belegt werden, worunter sich keine Reiterei befinden sollte; die Soldaten sollten mit guter Besoldung versehen und derart unter Disziplin gehalten werden, daß die Bürger weder mit Unterhalt noch mit Dienstleistungen belastet würden; die Schlüssel der Stadt sollten „by het guarnison ende de magistrat halff ende halff [...] bewaert werden", während die Parole von der Garnison auszugeben sei. Am 19. Januar 1615 wurde dem Rat der Staaten mitgeteilt, daß die Generalstaaten die Befestigung der Städte Emmerich und Rees, vornehmlich an der Landseite, für erforderlich hielten[539].

---

536 Ferdinand Goebel, Leopold Krudewig: Emmerich, Kr. Rees, in: Keyser, Rheinisches Städtebuch, S. 144-147, hier S. 144.

537 Ebenda, S. 144.

538 A.R.A., 1.01.04, 6043 (Kopie); s. auch Everhard Wassenberg: Embrica, 1667. Übersetzt v. Rudolf Reis, Teil 2, Emmerich 1984, (Emmericher Forschungen 6), S. 321f. Wassenberg notierte, daß der Magistrat „die Besetzung der Generalstaaten zugelassen" hätte.

539 A.R.A., Res. R. v. St., 1.01.19, nr. 33, S. 8.

Die Quellenlage ist vom Grundsatz her der von Jülich ähnlich. Die aufschlußreichste Quelle ist ein zweiseitiger Brief des Ingenieurs vom 23. Juli 1615 aus Emmerich an Prinz Moritz[540].

Valckenburgh begann seinen Brief mit dem Hinweis, daß er die „last [den Auftrag] van V. Ex.^{cio} der fortificationen werckhen alhyer betreffens" erhalten habe, ein eindeutiger Beweis für die Übertragung der Aufgabe, die Stadt zu befestigen. Ende Januar des Jahres 1615 müssen Moritz und Valckenburgh eine gemeinsame Besichtigung der bestehenden Verteidigungsanlagen vorgenommen haben; wiederholt nimmt Valckenburgh auf Angaben, Absprachen und Aufträge Moritzens Bezug. Er wird dann umgehend Planungsvorschläge und Kostenschätzungen erarbeitet haben – parallel dazu für die Stadt Rees –, denn schon in der Sitzung der Generalstaaten am 10. März 1615 wurden die vorläufigen Maßnahmen zur Verstärkung und Sicherung beider Städte gegen Überraschungsangriffe vorgetragen[541]. Es ist davon auszugehen, daß der Rat den Generalstaaten Planungen und Kostenschätzungen zur Beratung vorlegte, da die Aufwendungen von den einzelnen Provinzen getragen werden mußten[542]. Man müsse, so die Generalstaaten, sobald der Frost vorbei sei, mit den Befestigungsanlagen beginnen, wobei den Unternehmern zur Senkung der Kosten das Material, vor allem Holz, beigestellt werden solle. Die Niederlande müßten sich im übrigen vorbehalten, gegen Vergütung der entstandenen Kosten die Arbeiten zu jeder Zeit einstellen zu können. Der Rat der Staaten wurde weiterhin beauftragt, den Kurfürsten Johann Sigismund und Herzog Georg Wilhelm über die Beschlüsse zu unterrichten, nicht ohne darauf hinzuweisen, daß die Verstärkungen der Städte zum Besten der Fürsten und ihrer Länder geschehe.

Ähnlich rasch wie später in Emden wurde mit der Durchführung begonnen. In einem Brief an die Generalstaaten vom 25. März 1615[543] trug der Emmericher Magistrat vor, daß zwei Beauftragte der Generalstaaten außerhalb der Stadt Bollwerke und Ravelins errichten und die Gräben vertiefen ließen. Da man nun jedoch von einer friedlichen Lösung durch die Vermittlung der Gesandten spreche, wonach die niederländischen und spanischen Garnisonen abziehen sollten, würden die ausgeführten Werke den Höfen und dem Lande zum Schaden gereichen. Der schnelle Beginn zeugt ebenfalls davon, daß die Planung im Wesentlichen im März 1615 abgeschlossen war. Bei den angesprochenen Beauftragten kann es sich nur um Valckenburgh, der stets großen Wert darauf legte, diese erste, jeden Bau bestimmende Maßnahme selbst durchzuführen, und den in seinem Schreiben erwähnten Kontrolleur Schoutens gehandelt haben. Das Ansinnen der Emmericher lehnten die Generalstaaten in ihrer Sitzung am 31. März ab[544]. Sie hielten es für die Stadt und das Land für vorteilhafter, die Befestigungen durchzuführen, obwohl auch sie auf einen Vertrag hofften.

Bei dem Schreiben Valckenburghs, welches bisher zur Klärung der Grundsatzfrage seines Einsatzes in Emmerich herangezogen wurde, handelte es sich um einen Bericht über die Fortschritte, welche beim Ausbau der Verteidigungsanlagen in den Monaten März bis Juli 1615 zu vermelden waren. So sprach er den Bau der Bollwerke bzw.

---

540 A.R.A., 1.01.19, 581.

541 A.R.A., Res. S. G. v. 10.3.1615 und Res. R. v. St., 1.01.19, nr. 33, S. 22v.

542 In den Beschlüssen der Generalstaaten finden sich mehrfach die Anmahnungen an einzelne Provinzen, ihren Anteil einzuzahlen, s. S. 108 dieser Arbeit.

543 A.R.A., 1.01.04, 6045.

544 A.R.A., Res. S. G., v. 31.3.1615.

der Ravelins vor dem Löwen-, Stein-, Walltor und dem Weißen Turm an, äußerte sich über den Verlauf der Kurtinen zwischen dem Landwehr- und dem Wasserbollwerk, berichtete über die Schwierigkeiten durch die Hochwasserführung des Rheins und zeigte Moritz an, daß er den Capitain Proot, Offizier der Garnison, angewiesen habe, an gefährdeten Punkten Palisaden zu schlagen, in den Toren Zugbrücken anzuordnen und sie zusätzlich durch Haspels zu sichern. Zweimal – bei der Anlage von Sortien und der Aufstellung der Haspels – nahm er Bezug auf kürzlich durchgeführte Arbeiten in Rees. Valckenburgh brachte dann zum Ausdruck, daß der Wechsel von Stadtwällen und Ravelins ein gutes Werk geben würde, wenn es fertig sei. Abschließend teilte er dem Statthalter mit, daß er nunmehr, wie angeordnet, dem Kontrolleur Schoutens die Aufsicht übergebe, um nach Jülich aufzubrechen. Er werde nach Erledigung der dortigen Aufgaben nach Emmerich zurückkehren, „om [...] allhyer op alles to letten [aufzupassen]".

Daß die Bauarbeiten gute Fortschritte machten, zeigte ein Zwischenbericht des Rates der Staaten an die Generalstaaten am 17. Juli 1615, nachdem zu diesem Zeitpunkt mehr als ein Drittel von den veranschlagten 60.000 fl ausgegeben worden war[545] – allerdings bezogen sich diese Zahlen auf Emmerich und Rees. Anfang September dieses Jahres wurde Valckenburgh vom Rat der Staaten erneut aufgefordert, sich in Emmerich und Rees um den Bau bestimmter, vermutlich besonders schwieriger Teile der Befestigungen zu kümmern[546].

Das Ergebnis der Valckenburgschen Bemühungen zeigt ein um 1667 entstandener Stich von Christian Rademacher, der Bestandteil der Chronik Wassenbergs ist (Plan 26). Das in der unteren rechten Bildecke dargestellte, hier bereits in großen Teilen vom Rhein fortgespülte ‚Fort Orangie', welches sich auf der gegenüberliegenden Seite des Rheines befand, ist erst in späteren Jahren angelegt worden; seine Überreste wurden 1665 geschleift.

Folgt man diesem Plan, so hatte Valckenburgh die Stadt mit acht Bollwerken umgeben[547], von denen das im Südosten am Rhein gelegene nicht voll durchgebildet worden war, um den Anschluß im Bereich des Wassertores an die bestehende Befestigung an der Flußseite anzupassen. Schulmäßig wurde die Wallanlage mit einem breiten Graben umgeben und jede Kurtine, mit Ausnahme der sehr kurzen zwischen Landwehr- und Wassertorbollwerk, durch ein Ravelin gedeckt. Im Bereich der Nordwest-, Nord- und Ostseite, bei denen der Stadtgrundriß aus angenäherten Kreisbögen bestand, lehnte er den Wall an die mittelalterliche Mauer an, im Südosten, wo die Stadtmauer diese geometrische Grundfigur verließ, schwang der Wall nach außen aus. Wie bei allen für an Flüssen liegenden Städten durchgeführten Planungen konnten die Befestigungen entlang des Flusses zwar verstärkt jedoch nicht grundsätzlich umgestaltet werden. Der so entstandene innere Raum der Stadt war nach Wassenberg so groß, „daß [...] außer zwei Schwadronen Reiterei vierzig Kompanien Fußvolk, die einzelnen damals etwa von einhundertfünfzig, einige sogar von dreihundert Soldaten, als Besatzung dienten"[548].

---

545 A.R.A., Res. S. G. v. 17.7.1615. Dieser Bericht basierte auf den Briefen der Deputierten Goch und Langen sowie des Stadtkommandanten, Oberst Utengove, die am Vormittag dieses Tages im Rat vorgelegt worden waren: A.R.A., Res. R. v. St., 1.01.19, nr. 33, S. 76f.

546 A.R.A., Res. R. v. St., 1.01.19, nr. 33, S. 99v.

547 Andreas Dederich: Annalen der Stadt Emmerich, Düsseldorf 1867, (Nachdruck 1971), S. 435, spricht von sieben Bollwerken, nennt jedoch acht Namen.

548 Wassenberg, S. 323.

Ein Aufenthalt Valckenburghs in Emmerich nach 1615 ist nicht nachzuweisen. Es darf jedoch davon ausgegangen werden, daß er, wenn er in diesem Landesteil zu tun hatte, und dieses war bis Januar 1618 der Fall, bei Bedarf auch Emmerich aufsuchte. Daß Valckenburgh die am 24. März 1617 beantragte Verstärkung der Festungsanlagen von Emmerich und Rees betreute[549], ist eher auszuschließen, da er sich zu dieser Zeit in Bremen, Hamburg und Lübeck aufhielt.

4. Rees

Das nur 16 km südöstlich von Emmerich ebenfalls am Rhein gelegene Städtchen Rees stand in seinen strategischen Vorzügen seiner Nachbarstadt in nichts nach; es übertraf sie sogar noch durch seine Lage oberhalb eines 3-4 m hohen Steilhanges am Rhein, der zusätzliche Sicherheit bot. Die Stadt dürfte etwa halb so groß wie Emmerich gewesen sein und soll im 15. Jahrhundert etwa 3.000 und 1721 um 2.500 Einwohner gezählt haben[550].

Nach der Besetzung Emmerichs am 7. September 1614 rückte Moritz gegen das katholische Rees vor, welches zuvor den Spaniern freiwillige Unterwerfung angeboten hatte. Nach kurzer Belagerung und einem Brückenschlag über den Rhein zwang er die Stadt zur Übergabe[551]. Mit Datum vom 11. September teilte Moritz den Generalstaaten den Sieg und die Kapitulationsbedingungen mit, die ähnlich denen für Emmerich lauteten[552].

Wie bereits mehrfach angedeutet, behandelten die Niederländer die Städte Rees und Emmerich als eine Verteidigungseinheit. Die Entscheidungen des Rates der Staaten und die Beschlüsse der Generalstaaten zu Fragen der Garnisonen, des Ausbaus der Befestigungen, der Aufbringung der Kosten, der Versorgung mit Lebensmitteln, Brennstoffen und Gerät betrafen stets beide Städte. Die Städte ihrerseits und auch ihre Bewohner traten den Generalstaaten gleichermaßen als gemeinschaftlich handelnde Gruppen entgegen. Als der Emmericher Magistrat mit seinem Schreiben vom 25. März 1615 um Einstellung der Arbeiten an den Befestigungen bat, folgte am 31. März ein Brief gleichen Inhaltes von der Reeser Stadtregierung[553]; die Antwort an die Städte war gleichlautend. Die Unternehmer von Emmerich und Rees, die an den Festungsanlagen beschäftigt waren, und einige Kaufleute suchten in gleichen Briefen um die Bezahlung ihrer ausstehenden Rechnungen nach[554]; einige Wochen später reichten sie gleichlautende Petitionen in der selben Angelegenheit ein[555], welche in der Sitzung der Generalstaaten am 2. Januar 1616 mit gleichem Ergebnis behandelt wurden[556].

Das gleiche galt, wie bei den entsprechenden Quellen bereits vermerkt, auch für die Arbeit Valckenburghs, so daß mit Sicherheit davon ausgegangen werden kann, daß er auch für Rees die ersten Planungen anfertigte und die Durchführung kontrollierte. In dem erwähnten Brief vom 15. Mai 1615 hatte der Ingenieur aus Emden an

549 R. A. Hb., 0.26-164, S. 23ff. (entspricht A.R.A., Res. R. v. St., 1.01.19, nr. 36, S. 23ff.).
550 Jacob Düffel: Rees, Kr. Rees, in: Keyser, Rheinisches Städtebuch, S. 348-351, hier S. 349.
551 Dederich, S. 435.
552 A.R.A., 1.01.04, 6043.
553 A.R.A., 1.01.04, 6045.
554 A.R.A., 1.01.04, 6045.
555 A.R.A., 1.01.04, 4931.
556 A.R.A., Res. S. G. v. 2.1.1616.

Wilhelm Ludwig geschrieben, daß er von Moritz beauftragt gewesen sei, „om die fortificatio wercken tot Gulich, Emmerich und Rees eiligst af to steken und to besteden“[557]. Auch der Brief Valckenburghs an Moritz vom 23. Juli 1615, in welchem Rees erwähnt wird, und seine Abordnung nach Rees durch den Beschluß des Rates der Staaten vom 4. September 1615[558] sind weitere Beweise.

Die Hauptanlage, ein annähernd halkreisförmiger Wallring mit fünf Bastionen, lehnte sich an die mittelalterlichen Mauern an und dürfte die Planung Valckenburghs darstellen. Sie wurde „noch zu Lebzeiten des Prinzen (gest. 1625) fertiggestellt“[559]. Der Ausbau der Festungsanlage in ihrer Gesamtheit, wie sie ein Stich von Wilhelm Janszoon Blaeu aus dem Jahr 1659 (Plan 27) darstellt, zog sich bis zum Ende des Dreißigjährigen Krieges hin[560].

5. *Ravenstein*

Die Herrschaft Ravenstein, etwa 10 km südwestlich von Nijmwegen am linken Ufer der Maas gelegen, gehörte zu jener Zeit zum Herzogtum Jülich-Kleve-Berg. Im Vertrag von Xanten war sie Brandenburg zugesprochen worden[561]. Die geographische Lage – allseits von generalstaatischem Gebiet umgeben – gab ihr insofern aus Sicht der Niederländer eine besondere Bedeutung, als bei einer Besetzung durch feindliche Truppen ein Vorposten auf niederländischem Gebiet entstand.

Am 13. Februar 1621 berieten die Generalstaaten über eine Nachricht, daß die Spanier beabsichtigten, die Stadt Ravenstein zu besetzen, und beschlossen, die Entscheidung, ob die Stadt entfestigt, verstärkt oder neutral gehalten werden sollte, Moritz von Oranien anheimzustellen[562]. Als das Vorhaben des Feindes von Gefangenen bestätigt wurde, entschied sich dieser für eine Befestigung und beauftragte Valckenburgh mit der Herstellung der Verteidigungsanlagen, ließ Pläne fertigen und Kostenanschläge aufstellen[563]. Am 9. März trug der Ingenieur den Generalstaaten im Beisein von Moritz und dem Rat der Staaten das Ergebnis vor, welches mit einem Kostenaufwand von 15.000 Gl abschloß[564]. Am darauf folgenden Tag stimmte das Gremium mit dem Hinweis zu, daß Moritz das Vorhaben so preisgünstig wie möglich durchführen solle[565]. Die ersten Kostenanforderungen in Höhe von 9.000 Gl wurden am 13. Mai angesprochen[566], und am 12. Juli wurden der Rat und Finanzdeputierte bei den Ge-

---

557 Koninklijk Huisarchief, ’s-Gravenhage. A 22-IX c 63.

558 A.R.A., 1.01.19, nr. 33, S. 99v.

559 Jacob Düffel: Bilder aus der Vergangenheit der Stadt und Festung Rees, Emmerich 1939, (Neuauflage Kleve 1972), S. 62.

560 Ebenda, S. 62. Folgt man der Geländeaufnahme, die wegen des Reeser Rheinkanals erstellt wurde, sind die Hornwerke nach 1664 bzw. 1671 entstanden.

561 S. hiezu Manfred Schlenke (Hg.): Preußen-Ploetz, Freiburg, Münster 1983, S. 34.

562 A.R.A., Res. S. G., v. 13.2.1621.

563 A.R.A., 1.01.19, nr. 39, Eintragung vom 9. März 1621. Diese Quellenangabe ist Ten Raa, S. 231, entnommen, wo als weitere Ravenstein betreffende Daten der 15. März, 13. April und Mai 1621 angegeben sind. Die Bände 39 u.40 (1621 u.1622) waren nicht zugänglich (Juli 1992). Im R. A. Br. fehlen die Jahrgänge 1614–1623.

564 A.R.A., Res. S. G., v. 9.3.1621.

565 A.R.A., Res. S. G., v. 10.3.1621.

566 A.R.A., Res. S. G., v. 13.5.1621.

neralstaaten vorstellig, weil die Unternehmer in Ravenstein drohten, bei weiteren Zahlungsverzögerungen die Arbeit einzustellen[567].

Weitere Überlieferungen, insbesondere Einzelheiten über die von Valckenburgh durchgeführten Maßnahmen, liegen nicht vor. Der Kupferstich von Caspar Merian von 1669 (Plan 28)[568] zeigt die Befestigungsanlagen, wie sie nach dem Einsatz des Ingenieurs ausgesehen haben dürften. Aus der Höhe des Kostenanschlages ist abzuleiten, daß ein erheblicher Teil der Anlage von Valckenburgh geplant worden sein muß.

Trotz einer gewissen Zufälligkeit und ihrer geringen Zahl bestätigen die überlieferten Quellen, die wie vereinzelte Mosaiksteinchen im Gesamtbild Valckenburghscher Aufgaben im Westen des Reiches anmuten, als Ganzes betrachtet, die zu Beginn dieses Kapitels aufgestellte These, daß ein bisher nicht erkannter Tätigkeitsbereich Valckenburghs die Befestigung der für die Generalstaaten wichtigen westdeutschen Städte umfaßte. Einige der Quellen – herauszuheben ist hier der zweiseitige Brief Valckenburghs aus Emmerich – geben Einblick in das Zusammenwirken Moritz' von Oranien und Valckenburghs, in den von dem Ingenieur zu bewältigenden Aufgabenbereich[569] in die Organisation der Durchführung und die Stellung, die er innerhalb der Hierarchie einnahm, wenn es um den Ausbau der Verteidigungskraft eines strategisch wichtigen Ortes ging.

III. Weitere Planungen und Beratungen Valckenburghs

Im folgenden Kapitel werden diejenigen Wirkungsstätten Valckenburghs zusammengefaßt, in denen sich der Ingenieur nur kurze Zeit aufhielt, um Planungsvorschläge, Begutachtungen oder Beratungen durchzuführen, aber auch, wie in Braunschweig, Aufgaben als Truppenführer zu übernehmen. Der geringe Umfang des überlieferten Quellenmaterials ist also zum einen auf die begrenzte Aufgabenstellung zurückzuführen, zum anderen auf die ähnlich zu begründenden Verluste wie bei den bisher angesprochenen Arbeitsgebieten. Die Reihenfolge der Behandlung richtet sich nach dem zeitlichen Auftreten Valckenburghs.

1. Düren

Über Valckenburghs Aufenthalt in Düren gibt ein im Bayerischen Hauptstaatsarchiv befindlicher, erstmals zu dem behandelten Thema beigezogener Schriftwechsel zwi-

---

567 A.R.A., Res. S. G., v. 12.7.1621.

568 Caspar Merian: Topographia Circuli Burgundici, 2. Ausgabe 1659 (Nachdr. Kassel 1964), S. 72.

569 Es sei hier nur beispielhaft daran erinnert, daß Valckenburgh sich in der Zeit zwischen der Absteckung im März und dem Brief vom Juli 1615 aus Emmerich Anfang April in Emden, Ende April/Anfang Mai in Bremen, Ende Mai in Hamburg und Ende Juni/Anfang Juli in Jülich aufhielt.

schen Pfalzgraf Wolfgang Wilhelm und Friedrich Graf zu Solms-Laubach Auskunft[570]. In einem Schreiben vom 8./18. Juli 1610 teilt ersterer dem Grafen mit, daß „Johan van Falckhenberg, Ingenieur“ bei ihm in Düsseldorf sei und zu seinem „ordinatu traetament“ einen gewissen Zuschlag für die Tage fordere, in denen er „von hier außgeweßt“. Da dieses von ihm, dem Pfalzgrafen, nicht beurteilt werden könne, möge Solms-Laubach berichten, „wann und wo er vor dem feindt Schleuden [Schleiden], Bredenbendt [Bredeburg] oder anderstwo gebraucht worden und mitgewesen, uff welchen fall wir ime gleich hollendischen ordinatii billichen contentament thun lassen wollen“[571]. Leider ist die Antwort von Solms-Laubach vom 15./25. Juli aus Düren sehr allgemein gehalten[572]. Zwar bestätigt er die Anwesenheit Valckenburghs und dessen Einsatz, ohne jedoch auf Einzelheiten einzugehen. Da man den Ingenieur nun nicht mehr benötige, wolle er mit ihm abrechnen. Wolfgang Wilhelm antwortete am 18./28. Juli, daß nach Vorliegen der endgültigen Stellungnahme und Abrechnung Valckenburgh das ihm Gebührende erhalten werde[573]. Hier bricht der Schriftwechsel ab.

Trotz der spärlichen Aussagen ist einiges Interessante den Briefen zu entnehmen. Zunächst bestätigen sie den Einsatz Valckenburghs durch Solms-Laubach in Düren. Bisher gab es nur den Hinweis in der Biographie des Grafen Friedrich zu Solms-Laubach – und hier lediglich durch eine Fußnote[574]. Da auszuschließen ist, daß Valckenburgh eine Forderung nach einer Ausgleichszahlung ohne Begründung gestellt hat – hier sei auf die angesprochenen Gepflogenheiten in Holland verwiesen[575] – kann weiterhin geschlossen werden, daß er Solms-Laubach bei seinen kriegerischen Unternehmungen, die dieser als Obrist der Union durchführte, begleitete, ein bisher in der Forschung völlig unbekannter, von der Sache her einleuchtender Einsatz. Der Graf war im Dezember 1609 in Düren, welches abzufallen drohte, einmarschiert und war anschließend für zwei Jahre zu dessen Gouverneur bestellt worden. Im Zuge seiner militärischen Aktionen überfiel er Schleiden in der Eifel, und nach vorausgegangener Belagerung nahm er Kalkhofen und Bredeburg ein[576]. Ein Fachmann für Festungsbau war nicht nur bei Ausbauten, sondern auch bei Belagerungen von großem Wert. Letztlich zeigt der Briefwechsel, daß die Arbeit Valckenburghs etwa im Juli/August 1610 in diesem Teil des Reiches beendet war. Es wäre jedoch möglich, daß er sich noch Anfang 1611 in Düren aufhielt, fragte doch Solms-Laubach in einem bereits zitierten Schreiben an den Rat der Stadt Lüneburg vom 25. Januar 1611 von Düren aus an[577], ob er Valckenburgh nach Lüneburg schicken solle.

Was im einzelnen in diesen Monaten von Valckenburgh abgefordert wurde, ist nicht zu sagen. Zu dem Ausbau von Düren bemerkt der Biograph, „er ließ auch Granaten

570 BStA, JB h 353/1: „Communicatio was in Graf Friedrich zu Solms Obrist by wehrenden Kriegswesen gehandelt worden – Anno 1610, 1611“.

571 BStA, JB h 353/1, S. 15.

572 BStA, JB h 353/1, S. 24r.

573 BStA, JB h 353/1, S. 26; „Mit dem Ingenieur Falckhenberg sein wir, wann eur getrachten und abrechnung überschickt, in willens, ime geburliches contament thun zu lassen“.

574 Solms-Rödelheim, S. 253, Anm. 4.

575 S. S. 23 dieser Arbeit.

576 B. Poten: Friedrich Graf zu Solms-Rödelheim, in: ADB, Bd. 34, Berlin 1971, (Neudr. der 1. Aufl. v. 1892), S. 575f. Poten ist hier insofern ein Fehler unterlaufen, als es sich um Friedrich Graf zu Solms-Laubach handelt.

577 S. S. 37 dieser Arbeit.

und Feuerwerk bereiten, wobei ihm sein Ingenieur Falkenberg zur Seite stand". Unter Feuerwerk ist in diesem Zusammenhang alles mit Sprengladungen versehene Material, wie Granaten, Mörser, Minen, Wurfbomben (Petarden) und ähnliches zu verstehen. Demnach hätte Valckenburgh die Ausrüstung der Festung mit Verteidigungswaffen organisiert. Aus welcher Quelle der Biograph sein Wissen bezog, konnte nicht ermittelt werden. Ob und inwieweit er Vorschläge für die Verbesserung der Festungswerke, die noch dem Dürerschen Prinzip folgten, erarbeitet hat, muß offen bleiben. Die Vogelschau der Stadt von 1647[578] zeigt keine Ansätze für eine Umarbeitung zur frühniederländischen Manier. Weitere Aussagen sind nicht möglich. Im Familienarchiv des Hauses Solms-Lich waren Unterlagen nicht bekannt[579], und auch in den Archiven in Düren und Düsseldorf liegen keine zusätzlichen Hinweise vor.

2. *Braunschweig*

Die im Braunschweiger Stadtarchiv über Valckenburgh Auskunft gebenden Quellen in den Hauptrechnungsbüchern, den Musterrollen und den Protokollen der Militärdeputierten sind von der Forschung allem Anschein nach vor 60 Jahren letztmalig befragt worden[580]; anders ist nicht zu erklären, daß in der neueren Literatur die Identität des Ingenieurs Valckenburgh mit einem in Braunschweig 1611 und 1615 bestallten Capitain gleichen Namens bestritten und eine Beschäftigung auch noch sechs Jahre nach seinem Tode angenommen wird[581].

Nach Auswertung des Materials ergibt sich, daß Valckenburghs erster Besuch vom 7. bis 14. Juni 1611 erfolgte[582]. Friedrich Graf Solms-Laubach hatte ihn gesandt, um „zuevernehmen, ob man seiner Dienste bedorffe". Der Rat zahlte ihm 20 Rt an Verehrung[583]. Sehr viel mehr erfährt man über diesen Besuch aus dem Protokoll der Militärdeputierten[584], in welchem unter dem 11. Juni 1611 vermerkt ist: „Johan von Falkenberg, des Graven von Solms Ingenieur oder Baumeister hat Schreiben von vorgetragenen Grafen bracht, darauf autienz begertt unde erhalten". Er sei gekommen um anzufragen, ob an den städtischen Festungen etwas zu verbessern sei, da die Gefahr eines Angriffes durch den Herzog zunehme. Auch habe er eine Liste angefertigt, anhand derer sie, die Deputierten, prüfen sollten, ob die Stadt mit diesen Materialien

[578] MATTHAEUS MERIAN, Topographie Westphaliae, 1647, Nachdruck Kassel, Basel 1961, S. 18.

[579] Anfrage im Oktober 1992. Der Besuch des Archivs war nicht möglich.

[580] Im Stadtarchiv Braunschweig ist unter H VIII A, 1094 der Schriftwechsel zwischen dem damaligen Archivdirektor Heinrich Mack und Pastor Bachmann aus Schwerin von 1932/33 erhalten, der auch Hinweise auf die – heute noch vorhandenen – Quellen gibt.

[581] Daß es sich bei dem Ingenieur und dem Capitain um dieselbe Person handelte, hatte Mack am 8.4.1933 Bachmann mitgeteilt. Dieser verarbeitete die Angaben in seinem Aufsatz, S. 75. LÜHRS, S. 17 und SOENKE, S. 24, bestreiten die Identität. Wie SPIESS, S. 591, zu der Behauptung kommt, Valckenburgh sei noch 1631/32 in Braunschweig gewesen, ist unklar. In den Hauptrechnungsbüchern bis 1932 finden sich keine entsprechenden Eintragungen. Wenn, wie Lührs weiter sagt, in diesem Jahr ein ‚Valckenburgh' dort gedient hat, kann es sich nicht um dieselbe Person gehandelt haben. Die Musterrollen dieser Jahre wurden nicht durchgesehen, da für die vorliegende Arbeit unwichtig.

[582] StA Brg, B II 1:135 ; „Den 19. Juny, Hansen Penien bezahltt, so Johan von Falckenberg Ingeniour und seinen gefehrten vom 7. biß 14. Juny bey ihm vorzehrt, den ein Erbar Rath vorehrlich außquittirt 7-14-0", unter Rubrik „Geschenke".

[583] StA Brg, B II 1:135; ebenda.

[584] StA Brg, B IV 7:29, S. 9f.

ausgerüstet wäre. „Die herrn Deputierten erboten sich den ersten punt E. Erb. Rath zue referieren, die lieste wolten sie zue sich nehmen und die mangelnden sachen ersetzen“. Noch am gleichen Nachmittag fand eine Begehung der Befestigung statt, deren Ergebnis nicht vermerkt ist, und Valckenburgh wurde, nicht ohne ihm ein Schreiben an den Grafen mitzugeben, entlassen.

Schon wenig später, vom 23. bis 25. Juni, war Solms-Laubach selbst in Braunschweig[585]. Es ist zu vermuten, daß die Anwesenheit des Grafen mit der politischen Entwicklung jener Tage um die Stadt Braunschweig zusammenhing, hatte doch Herzog Heinrich Julius beim Kaiser die ‚unbedingte Ächtung‘ seiner unbotmäßigen Stadt durchgesetzt, die am 8. Juli offiziell vor dem Rat ausgesprochen wurde[586]. Braunschweig verstärkte daraufhin seine Soldtruppen und berief an ihre Spitze den Oberstleutnant Blasius Ehrenberg, einen der beiden Stabsoffiziere, die Solms-Laubach seinem Vertrag mit den korrespondierenden Hansestädten gemäß zu stellen hatte. Es liegt nahe, daß die Bestallung dieses Offiziers eines der Themen zwischen dem Rat und dem Grafen gewesen sein dürfte; doch man wird auch über Valckenburgh gesprochen haben. Unter dem 28. Juni – und hier findet sich der Beweis von der Identität des Ingenieurs mit dem Truppenführer Valckenburgh – meldet das Protokoll der Militärdeputierten[587]: „Die herrn Deputierten haben den Ingenieur Johan von Falckenberg vor einen Capitain bestalt, der gestalt, das er nicht allein alß ein Capitain über die soldaten commandieren [soll], besonders auch alß Ingenieur in bausachen ahn der vhestung und gegen den feind sein rathsames bedenken zugeben“. Als Entgelt erhielt er 30 Gl pro Monat und für jeden Soldaten 4 Gl. Es heißt dann in dem Protokoll weiter: „Es hat sich aber Johan von Falckenberg vorbehaltten, wan der herr Graff zu Solms alß Obriste vermöge seiner general bestallung die werbung außerhalb der stad thun wurde, das er alßdan dieses diensts entledigt sein und ferners befehligs von herren Graven erwarten wolle, welches die herren depuncto contentirt“.

Die Aufstellung seiner Kompanie in Stärke von 270 Mann erfolgte jedoch erst zu Beginn des Monats August[588], so daß er zwischenzeitlich Hamburg den erwähnten zweiten Besuch, der vermutlich Mitte Juli erfolgte, abstatten konnte[589]. Wie aus der Musterrolle hervorgeht, bekleidete Valckenburgh die Position als Kompaniechef bis zum 28. November 1611[590]. Er muß sich jedoch schon früher mit dem Gedanken getragen haben, seinen Dienst in Braunschweig zu quittieren. Auslösendes Moment mag eine Ermahnung der Deputierten an den ‚Capitain‘ am 6. September gewesen sein, weil er „hatt einig soldaten ohn wissen des Obristen leutnambes aus den eisen geschlossen“[591]. Schon am nächsten Tag, am 7. September, hatte er, wie gezeigt, in

585 StA Brg, B II 1:135; „Den 3. July, Hansen Penien bezahltt, hatt Graff Friedrich zue Solms, der Erbaren Confoederirten stade bestalter Obrister, S. G. geste und bey sich habende befehlshaber und diener, den 23. 24. und 25. Juny vorzehrt, so ein Erbar Rath uff sich genommen unnd sie damit vorehrlich außquittiert 48-12-0“, unter der Rubrik „Geschenke“.

586 S. hierzu Spiess, S. 164.

587 StA Brg, B IV 7:29, S. 41.

588 StA Brg, B IV 7:29, S. 82; 3. Aug. 1611: „Somit die soldaten – ahn den Obristen Leutnambe Blasius Ehrenberger gewiesen […] über die eine fahne Franz Halbschmied und über die andere Johan von Falckenberg alß Hauptleute commandieren sollen“.

589 S. S. 45 dieser Arbeit.

590 StA Brg, B II 20:59.

591 StA Brg, B IV 7:29, S. 99.

Lüneburg angefragt, ob man seiner bedürfe, da er in Kürze nach Holland reisen wolle[592].

Valckenburgh wird sich während seines Aufenthaltes vorwiegend mit der Verbesserung der Befestigungsanlagen beschäftigt haben. Er sei hier gewesen, „umb auf alles, so viel mir muglich, anordnung zu die fortification zu geben“, schrieb er an Lüneburg. Was Valckenburgh im einzelnen an den Werken verbessert hat, ist nicht bekannt; es sind keinerlei Aufzeichnungen oder Pläne überliefert. Sonderliche Anstrengungen kann der Rat nicht unternommen haben, da sich in den Hauptrechnungsbüchern keine entsprechenden Ausgaben finden.

Das zweite Mal war Valckenburgh im Dienste der Stadt als Capitain von einer der zwanzig Kompanien Fußvolk, welche zu einem unter Befehl des Grafen zu Solms-Laubach stehenden Truppenverband gehörte. Dieser hatte die Aufgabe, den Belagerungsring, den der junge Herzog Friedrich Ulrich ab Juli 1615 um die Stadt Braunschweig bildete, zu sprengen und die Stadt zu entsetzen. Solms-Laubach zog am 28. Oktober in die Stadt ein[593]. Die Stadt hatte für die gesamten Truppen des Grafen aufzukommen; die Ausgaben für das Kriegswesen, unter anderem die für Valckenburgh, finden sich im Hauptrechnungsbuch[594] und betrugen im Jahr 1615 ungefähr 490.000 Rt gegenüber 10.000–14.000 Rt in einen normalen Jahr. Aus den Musterrollen, in denen die Solms-Laubachschen Truppen im einzelnen aufgeführt worden sind, geht hervor, daß Valckenburgh bis Dezember 1615 als Capitain Sold bezog[595].

Auch hier kann es keine Unsicherheit über die Identität Valckenburghs geben, denn er schrieb am 11. November einen Brief aus Braunschweig an Moritz von Oranien, den die Generalstaaten in ihrer Sitzung am 24.November behandelten[596]. Er hatte dem Statthalter den Rückzug des Herzogs mit seinen Truppen nach Wolfenbüttel und der dänischen Verbände unter Christian IV., die auf Seiten des Herzogs an der Belagerung teilgenommen hatten, mitgeteilt.

Valckenburgh ist, vielleicht durch einen Weihnachtsurlaub unterbrochen, bis Anfang Februar 1616 in Braunschweig geblieben. Er muß vom Rat, wahrscheinlich auf Grund der jüngsten Belagerungserfahrungen, mit der Planung im Bereich des Ägidientores beauftragt worden sein. Am 7. Februar 1616 wurden ihm „vor Abriß der stadt vhestung unnd sonderlich der anlegung des newen S. Egidy thors“ 50 Rt bezahlt[597]. Interessant ist eine Eintragung über Vergütung eines Brückenmodells, welches Valckenburgh in Auftrag gegeben hatte[598]. Es ist der letztbekannte Hinweis auf seine Beziehungen zu Braunschweig.

Auch von dieser Planung ist nichts überliefert und ausgeführt worden. Möglicherweise ist der noch 1935 im Stadtarchiv vorhandene „Pergamentplan eines Holländers“[599] der Entwurf Valckenburghs gewesen. Die Stadt hat sich viel Zeit für den

592 StA Lbg, UA b 1609-1612, Nr. 7.

593 S. hierzu Spiess, S. 175 f.

594 StA Brg, B II 1:139; unter der Rubrik „Uff das Kriegsvolck zue Fueß“: „35 Capitan Johan van Falckenberg company 4804 [Rt] – 13-8“.

595 StA Brg, B II 20:99; dort auch Zahlungen im Detail.

596 A.R.A., Res. S. G. v. 24.11.1615.

597 StA Brg, B II 1:140, unter der Rubrik „Alltewieck Bau Ambtt“.

598 StA Brg, B II 1:140, unter der Rubrik „Gemein Ausgaben“: „Den 3. February, Hermann Vechter dem Tischler vor ein Modell einer brugke, so Capitan Johan von Falckenburg angeben zu machen, gezahlt 0-27-0.“

599 Heinz Wolff: Die Geschichte der Bastionärsbefestigung Braunschweigs, in: JBrG 7 (1935), S. 5-55, hier S. 8.

Ausbau ihrer Befestigungsanlagen gelassen. Erst um 1670 hatten alle größeren Rondelle einen polygonalen Umriß[600]. Zu einer modernen Bastionärsbefestigung wurden die Verteidigungsanlagen erst nach Eroberung der Stadt durch die Herzöge ab 1671 umgebaut.

3. Dillenburg

Im September 1619 hat sich Valckenburgh im Auftrag des Grafen Wilhelm Ludwig, Statthalters von Friesland und Vettern Moritzens von Oranien, für einige Zeit in Dillenburg, dem Stammschloß der Oranier, aufgehalten[601]. Zusammen mit dem in Krieg und Festungsbau erfahrenen Grafen Wilhelm I. zu Solms-Greifenklau, der erst kürzlich sein in der Nähe gelegenes Schloß stark befestigt hatte, arbeitete er Pläne für eine Verstärkung der Befestigungsanlagen aus. Namentlich das große Hornwerk auf der ‚Schütte', vor dem Rondell gelegen, welches die bedrohte Südseite zusätzlich abschirmen sollte, soll auf seine Initiative zurückgehen[602]. Zuvor hatte er als Grundlage für die Planung eine Aufmaßzeichnung der oberirdischen Schloßanlage gefertigt (Plan 12)[603]. Ein weiterer, im Hessischen Hauptstaatsarchiv liegender Plan – ohne Datum und Beschriftung – zeigt den Grundriß mit einer um das Schloß gelegten Bastionsbefestigung nach frühniederländischer Manier[604], welche aufgrund der starken Hanglage des Geländes allerdings abgewandelt werden mußte. Bei dieser Zeichnung könnte es sich um das Ergebnis der Valckenburgh/Solms-Greifenklauschen Bemühungen handeln. Ob die Bastionen, die auf der Stadtansicht Dillenburgs von Matthaeus Merian von 1647 dargestellt sind[605], nach diesem Plan gebaut wurden, kann nicht mit letzter Sicherheit gesagt werden, ist aber wahrscheinlich.

4. Leerort

Im Verlauf der bereits geschilderten Auseinandersetzungen in Ostfriesland war im Vertrag von Osterhusen 1611 die Besetzung Leerorts durch 300 Mann niederländischer Truppen vereinbart worden[606]. Seit langem hatten die Stadt Emden und die Stände das ‚feste Haus' des Grafen als Provokation empfunden, und alle Parteien erhofften sich durch die auf fünf Jahre begrenzte Übergabe an die Generalstaaten eine Entspannung für die inneren Querelen[607]. Doch diese Hoffnung trog. Mit Schreiben vom 18. Juni

---

600 Ebenda, S. 9.

601 Becker, Schloß Dillenburg, S. 108. Ein Beleg für die Angabe war weder im HStA noch in StA Dil zu finden. Sich eventuell auf den Befestigungsausbau beziehende Unterlagen sind nach Eintragungen im HStA, Abt. 171, im 19. Jahrhundert an den König der Niederlande abgegeben worden. Im A.R.A. und Koninglijke Huisarchief waren keine Unterlagen aufzufinden.

602 Emil Becker: Das Dillenburger Schloß und seine Bollwerke, 2. Aufl., Dillenburg 1950, S. 4f.

603 HStA, Abt. 3011 I, Nr. 2369 H. Dieser Plan ist ein Ausschnitt einer Karte mit dem Titel „Das Schloß zu Dillenburg. Grundriß nach den Plänen von J. H. Pfau aus dem Jahre 1763 und dem Plan von Ingenieur Valckenburg vom Jahre 1619 nebst erläuterndem Text. Zusammengestellt von P. Presber, Dillenburg 1872".

604 HStA, Abt. 3011 I, Nr. 352 H. Datierung durch das Archiv ‚1620 (?)'.

605 Matthaeus Merian, Topographie Hassiae, 1655, Nachdruck Kassel, Basel 1959, S. 38.

606 S. S. 29 dieser Arbeit.

607 A.R.A., Res. S. G. v. 2.2.1611 und 1.01.04, 6704.

1615 gab Graf Enno den Generalstaaten zu erkennen, daß er einer Verlängerung der Besetzung um drei Jahre zustimmen würde[608]. Nach Ablauf dieser Zeit, im Mai 1619, waren diese jedoch nicht mehr bereit, den strategisch wertvollen Brückenkopf aufzugeben. Es entspann sich ein Jahre andauernder Streit über die Räumung Leerorts[609], in welchem der Graf auf Grund seiner politischen und militärischen Schwäche letztlich unterlag, zumal auch die Gesamtlage im Reich den Generalstaaten immer neue Argumente für ein Verbleiben lieferte.

Solange die Besetzung des Platzes im Einvernehmen aller Beteiligten erfolgte, hatten die Generalstaaten, finanziell an anderen Orten stark beansprucht, keine Veranlassung gesehen, den Befestigungswerken große Aufmerksamkeit zu widmen. Erst im Juni 1620 erhielt der Kommandant von Leerort, v. Coenders, Anweisung, die verfallenen Festungswerke von „het huis“ durch einen Ingenieur besichtigen und einen Plan für die Instandsetzung aufstellen zu lassen[610]. Seine Antwort, der er auch eine Zeichnung beifügte[611], wurde am 8. August von den Generalstaaten behandelt[612]; die Kosten für die erforderlichen Maßnahmen sollten sich auf 13.000–14.000 Lb belaufen.

Bei dem eingesetzten Ingenieur hat es sich vermutlich nicht um Valckenburgh gehandelt, da dieser in dem fraglichen Zeitraum in Hamburg weilte[613]; mit Sicherheit stammt der erhaltene Plan nicht von ihm. Die erste – und einzige – verbindliche Aussage über Valckenburghs Einsatz in Leerort findet sich im Protokoll der Sitzung der Generalstaaten vom 15. Mai 1621. Es war augenscheinlich eine Kommission aus Valckenburgh und Beauftragten des Rates der Staaten gebildet worden, die sich der Probleme in Leerort annehmen sollte. Zwei Tage vor der genannten Sitzung waren nun Gesandte des Grafen erschienen, um erneut über die Räumung des Platzes zu verhandeln, was die Generalstaaten zu der Frage veranlaßte, ob man – und dies ist im Protokoll vermerkt – Valckenburgh und die Beauftragten abreisen lassen solle. Moritz ließ mitteilen, daß die ‚Gesellschaft sofort reisen und die Arbeit ausführen‘ möge[614]. Daß Valckenburghs Arbeit darin bestand, die kleine Festung zu verstärken, kann als sicher gelten. Was er im einzelnen bewirkte und wie lange er sich dort aufhielt – hier sei wieder an seine Verpflichtungen in Hamburg erinnert – ist ungewiß. Am 15. Oktober 1621 meldete Kommandant Coenders den Generalstaaten die Fertigstellung der Befestigungsanlagen von Leerort und forderte gleichzeitig eine Auswechslung der ‚völlig verrotteten Lafetten und Batterien‘[615]. Wie notwendig die Verstärkung Leerorts gewesen ist, zeigte der Mannsfeldsche Truppeneinfall im November 1622, über den Coenders die Generalstaaten am 24. November unterrichtete[616].

---

608 A.R.A., Res. S. G. v. 3.7.1615 und 1.01.04, 6706. Wiederholung der Bitte Ennos wurde von den Generalstaaten am 31.5.1616 zustimmend behandelt.

609 StA Aur, Rep. 4, BX f 12, Vol I und II, enthalten den sehr umfangreichen Schriftwechsel. Die Generalstaaten haben sich in einer Vielzahl von Sitzungen damit befaßt.

610 A.R.A., Res. S. G. v. 10.7.1620.

611 A.R.A., 1.01.04, 6704.

612 A.R.A., Res. S. G. v. 8.8.1620.

613 S. S. 50 dieser Arbeit.

614 A.R.A., Res. S. G. v. 15.8.1621.

615 A.R.A., 1.01.04, 6709.

616 A.R.A., Res. S. G. v. 24.11.1622.

5. *Stralsund*

Die Stralsunder Stadtgeschichtsforschung hat bis zum heutigen Tage das Quellenmaterial über Valckenburghs dortigen Aufenthalt nicht herangezogen. Hartnäckig hält sich die – falsche – Aussage, Valckenburgh sei noch 1627 in der Stadt gewesen oder gar in Dienst genommen worden[617]. Nachdem Hulshof schon 1909[618], Bachmann 1933[619] und auch Lührs 1973 – hier vermutlich durch die politische Situation bedingt – auf Anfragen beim Stadtarchiv ohne Antwort blieben, können in dieser Arbeit nach Studium der Quellen erstmals genauere Angaben über Zeitpunkt und Umfang der Tätigkeit Valckenburghs in Stralsund aufgezeigt werden.

Der Rat der Stadt hatte sich seit Januar 1623 zusammen mit Rostock und Wismar bemüht, Valckenburgh zu einem Besuch ihrer Städte zu bewegen[620]. Das war, wie dieser mitteilte, jedoch frühestens nach seiner Inspektion in Bremen im Sommer 1624 möglich. Schon am 6. Dezember 1623 hatte der Stralsunder Rat „per majora geschloßen, daß der Ingenieur, vielmehr nun er in der nehe zu Bremen ist, durch schreiben anhero zu kommen, ersucht und Rostock solches notificirt werden solle“[621]. Die Unterrichtung der Rostocker Kollegen über diese Initiative erfolgte durch Schreiben vom 27. Dezember 1623[622]. Auf Grund der Verzögerungen befaßte sich der Rat erst Anfang Juli 1624 wieder offiziell mit Valckenburgh. Man habe „an Ingenieur Valckenberg dahin geschrieben, anhero zu kommen [...], dahalben drum zu reden, was mit ihm zu communiciren und ein rath zu suchen“[623]. Zwei Tage später bestimmte der Rat diejenigen Personen, welche zusammen mit Valckenburgh eine Besichtigung vornehmen sollten[624]. Valckenburgh muß wenig später mit seiner Begleitung[625] eingetroffen sein und die Arbeit aufgenommen haben. Einzelheiten sind – ähnlich wie in Emden – nur einer Behandlung im Rat zu entnehmen, die am 27. Juli 1624 erfolgte[626].

Valckenburgh hatte dem Rat „den abriß u. fortification der stadt praesentieret, auch ein consilium in scriptis übergeben“. Der seitens des Rates zum Sprecher der Begleitpersonen bestimmte Ratsherr Bunhomio wünschte für den darauffolgenden Tag eine Begehung des Geländes mit der Bürgerschaft und Überlegungen bezüglich des Vorschlages, „ob noch etwaß dabei zu verringeren sein möchte“. Auch hatte Valckenburgh versprochen, „2 bolwerkh in größern form uff papier zu bringen undt desiderata, wie ein indeß allenthalben pprio non indigifierat werde, dabei zu zeichnen und à meridie zu übergeben“. Noch am gleichen Tage, in der Nachmittagssitzung, konnte Bunhomio

---

617 Diese Angabe scheint auf eine Handschrift von J. A. Dinnies: Nachrichten von der Belagerung Stralsunds durch Wallenstein, 1772, StA Str, HS 18, Bd. 2, S. 5, zurückzugehen, auf die sich auch Herbert Langer: Stralsund 1600–1630, eine Hansestadt in der Krise und im europäischen Konflikt, Weimar 1970, S. 16, bezieht. Herbert Ewe (s. S. 24 dieser Arbeit), wird sich wiederum auf eine dieser Aussagen gestützt haben.

618 Hulshof, S. 56.

619 Bachmann, S. 78.

620 S. S. 83 dieser Arbeit.

621 StA Str, Senatsprotokoll 1622–1624, v. 6.12.1623, S. 148v.

622 StA Ro, Rat-Kriegswesen 41, Schreiben v. 27.12.1623.

623 StA Str, Senatsprotokoll 1622–1624, v. 7.7.1624, S. 205.

624 StA Str, Senatsprotokoll 1622–1624, v. 9.7.1624, S. 206.

625 StA Str, Ausgabenregister 1624, S. 142, Eintragung „Den 13. Aug. [1624] Was des Ingenours Wallsetzers bei Scharlowen verzehret 210 M[L], 4 Sh“.

626 StA Str, Senatsprotokoll 1622–1624, v. 27.7.1624, S. 210ff.

berichten, daß Valckenburgh den versprochenen Abriß einschließlich einer schriftlichen Einlassung und zudem noch Angaben zur Ausstattung des Zeughauses übergeben hätte – eine erstaunliche Arbeitsleistung, die nur dadurch zu erklären ist, daß Valckenburgh sein Metier bis in alle Einzelheiten beherrschte[627]. Bunhomio berichtete dem Rat weiterhin über ein Gespräch, welches er mit dem Ingenieur über den Bau der Festungsanlagen geführt habe. Dieser könne – vermutlich wegen seiner Verpflichtungen in Hamburg und Bremen – jedoch nur in Zusammenarbeit mit anderen Fachleuten die Arbeit übernehmen und müsse sich erst mit diesen abstimmen. Der Rat beschloß, für die Durchführung einen anderen Ingenieur in Dienst zu nehmen. Valckenburgh erhielt für seine Arbeit eine Verehrung von 300 Rt = 1.800 ML[628].

Von Valckenburghs Arbeiten sind weder Zeichnungen[629] noch Schriftstücke überliefert. Aus den Eintragungen im Ratsprotokoll und der Höhe der Verehrung ist auf ähnlich ausführliche Vorlagen wie beispielsweise in Rostock zu schließen. Ob und, wenn ja, in welchem Umfang die auf der Vogelschau von Matthaeus Merian im Jahre 1652[630] dargestellten Befestigungsanlagen auf Valckenburghs Planungen zurückgehen, ist nicht feststellbar. Ein Indiz für die Verwendung seiner Pläne könnte die angesprochene Aussage in der Chronik von Dinnies sein, dem hier unter Umständen eine Verwechslung zwischen dem Jahr der Bauausführung und der Anwesenheit des Planverfassers unterlaufen ist. Zumindest in den ersten Jahren nach Valckenburghs Anwesenheit in Stralsund ist an den Befestigungen nichts Entscheidendes verbessert worden, denn noch im August 1628 äußerte der schwedische Kanzler Oxenstierna bei seinem ersten Besuch in Stralsund, wenn ihm die Unzulänglichkeit der Befestigungen der Stadt bewußt gewesen wäre, hätte er nicht eine Nacht in ihr verbracht[631]. Erst nach Aufhebung der Belagerung durch Wallenstein im Sommer 1628 begannen die Schweden, die Stadt nach modernsten Gesichtspunkten zu befestigen[632].

Es fällt schwer, Valckenburghs Leistung für die angesprochenen Städte sicher einzustufen. Zum einen ist zwar erwiesen, daß er z.B. den Städten Braunschweig und Stralsund für ihre Beratungen umfangreiches Material zur Verfügung stellte; Einzelheiten über Planungen oder Memoranden sind jedoch nicht erhalten, und Nachrichten über Bauausführungen finden sich nicht. Zum anderen liegt aus einigen Bereichen so gut wie kein Quellenmaterial vor. Hier sind vor allem Düren und Leerort zu nennen. Eine Beurteilung über den Wert dieser Arbeit für die einzelnen Standorte oder den Nutzen, den seine Auftraggeber daraus zogen, ist daher unmöglich.

---

627 Hier könnte sich auch eine Bestätigung für die von mir bezüglich der Rostocker Ravelin-Zeichnung (Plan 7) aufgestellten These (s. S. 80 dieser Arbeit) finden, daß Valckenburgh mit ‚Normendetails' arbeitete.

628 StA Str, Ausgabenregister 1624, S. 142. – Nach Auskunft des StA Str entsprach in Stralsund 1624 1 Rt = 6 ML und 2 Gl = 3 ML.

629 Auch in der wohl umfangreichsten Sammlung militärtechnischer Pläne Stralsunds, dem Königl. Kriegsarchiv Stockholm, finden sich keine Pläne Valckenburghs. S. hierzu Jürgen Petersohn: Stralsund als schwedische Festung, in: Baltische Studien, NF 45 (1958), S. 95-124. Der älteste, die Festungsanlagen betreffende Plan stammt von 1628.

630 Matthaeus Merian, Topographie Electorat Brandenburgici et Ducatus Pommeraniae, 1652, Nachdruck Kassel, Basel 1965, S. 110.

631 Michael Roberts: Gustavus Adolphus. A History of Sweden 1611–1632, Bd. 2, London, New York, Toronto 1958, zitiert nach Langer, S. 16.

632 Petersohn, S. 118.

WÜRDIGUNG DER PERSON UND DES WERKES VALCKENBURGHS

Eine Würdigung der Person und des Werkes Valckenburghs kann sich nur auf die in den bisherigen Ausführungen genannten Quellen und das sichtbare oder zu erschließende Ergebnis seiner Bemühungen stützen. Für die Beurteilung seiner Fähigkeiten als Ingenieur und Festungsbaumeister müssen alle Erkenntnisse aus den erhaltenen Zeichnungen, den überlieferten Memoranden und den wenigen Briefen technischen Inhaltes abgeleitet und durch Aussagen bildlicher Darstellungen jener Zeit oder erkennbarer Überreste in heutigen Stadtgrundrissen ergänzt werden. Für die Person Valckenburgh muß das Werk in seiner Gesamtheit sprechen und die innere Einstellung, mit welcher er seine Aufgabe erfüllte. Die Bedeutung Valckenburghs für die Städte schließlich ist an dem Wunsch und der Bereitschaft zu messen, mit dem Ingenieur zusammenzuarbeiten und seinen Vorschlägen zu folgen sowie an dem Nutzen, den die Ausführung seiner Planungen brachte.

I. Person und Werk

1. Der Ingenieur Valckenburgh

Die schriftlichen Zeugnisse von Valckenburghs Arbeiten zeigen das breite Spektrum technischen Wissens, welches unabdingbare Grundlage für jeden Ingenieur zur Erfüllung der ihm gestellten Aufgaben darstellte und heute noch darstellt. Die Beherrschung der Mathematik und Geometrie, der Festigkeitslehre und Bodenmechanik gehörten ebenso dazu wie die Kenntnisse über Eigenschaften der Baustoffe und ihre Verwendungsmöglichkeiten. Erd- und Wasserbau waren auf Grund der Konstruktionsmerkmale der frühniederländischen Befestigungsmanier und der Lage der meisten der von ihm betreuten Städte – unmittelbar an Flüssen mit wechselnden Wasserhöhen, starken Strömungen und bei Frost gefährlichem Eisgang – von besonderer Bedeutung. Auch der Bau von Schleusen, Staudämmen und Wassermühlen war zu bewältigen. Der Bau von größeren Brückenanlagen durch Valckenburgh ist zwar nicht überliefert, es kann jedoch davon ausgegangen werden, daß er auch dies Metier beherrschte, mußte er doch Festungsgräben überwinden, bei denen Spannweiten von 50 m und mehr auftraten. Die für Braunschweig entworfene und im Modell dargestellte Brücke[1] für die

[1] S. S. 120 dieser Arbeit.

Überquerung des südlichen Festungsgrabens, eines Nebenarmes der Oker, ist dafür ein Beispiel.

Zu Beginn des 17. Jahrhunderts war das Spezialistentum heutiger Prägung und damit die Unterscheidung zwischen Architekten und Bauingenieuren unbekannt. Es war selbstverständlich, daß einem Ingenieur die Planung und Errichtung von Hochbauten übertragen wurde[2]. Das schloß nicht aus, daß sich Spezialisten für besondere Aufgabenbereiche, wie Sakral-, Repräsentativ-, Verteidigungs- und andere Bauten, herausbildeten, die auf ihren Gebieten Hervorragendes leisteten[3]. Von Valckenburgh ist in Zusammenhang mit einer Hochbautätigkeit nur die Baubeschreibung des Steintores in Hamburg (Anlage 3) bekannt. Schwerpunkt seines Könnens war der Festungsbau, und gängige Hochbauten wurden von ortsansässigen und somit ständig anwesenden Baumeistern errichtet.

Es versteht sich von selbst – und die überlieferten Zeichnungen beweisen es –, daß Valckenburgh die zeichnerische Darstellung seiner Planungen beherrschen mußte. „Das Zeichnen ist die Schrift des Ingenieurs. Wenige Züge sind hinreichend, Gegenstände deutlich zu machen, die es durch eine ausführliche und detaillierte Beschreibung nicht werden können. Ohne Risse und Zeichnungen wird man es nie dahin bringen, einen allgemein verständlichen Rapport von rekognoszierten Gegenden oder Anschlägen zu neuen Festungswerken und Gebäuden zu machen“[4]. Diese zu Beginn des 19. Jahrhunderts formulierte Aussage hatte zwei Jahrhunderte zuvor die gleiche Gültigkeit wie heute. Nach Vorzeichnung in Graphit wurden die Pläne mit der Feder in schwarzer oder bräunlicher Tusche ausgezogen und wichtige Gelände- oder Werklinien fast durchweg mit Aquarellfarben in grünlichem oder bräunlichem Ton laviert. Wie weiterhin die Beispiele aus Braunschweig und Ulm zeigen, war sich Valckenburgh auch bewußt, daß Modellbauten den Laien Einzelheiten seiner Vorhaben verständlicher machen konnten[5], wie auch grobe Absteckungen ‚mit Stangen‘ während der Planungszeit häufig genutzte Mittel waren, um den politischen Gremien den Umfang und Verlauf der geplanten Anlagen im Gelände und damit ihre Auswirkungen auf Bestehendes zu verdeutlichen[6]. Nicht alle Zeichnungen hat Valckenburgh selbst verfertigt, wie Beschriftungen erhaltener Pläne beweisen. Kopien oder Kolorierungen seiner Pläne sind von Mitarbeitern durchgeführt worden, wobei auch sein Name ‚mitkopiert‘ wurde[7]; es ist einsehbar, daß diese Art Arbeiten ihm zuviel seiner Zeit genommen hätten.

Die bisher angesprochenen, im wesentlichen der Planung dienenden Instrumentarien wurden ergänzt durch das umfangreiche Aufgabenfeld der Kosten- und Zeitkalkulation, der Massenermittlung und Ausschreibung, der Auftragsverhandlung und -vergabe. Die Rechnungsprüfung und Abrechnung erfolgte durch städtische Kräfte oder, wie bei der niederländischen Armee, durch Verwaltungsbeamte. Schließlich

[2] S. hierzu SCHOTT, S. 6f.

[3] Ein bezeichnendes Beispiel ist der Werdegang und das Werk von Balthasar Neumann, der nach einer Lehre als Geschütz- und Glockengießer über den Weg des Artillerie- und Ingenieurhauptmanns zum gefeierten Architekten aufstieg.

[4] JOHAN GOTTFRIED v. HOYER: Allgemeines Wörterbuch der Kriegsbaukunst, Bd. 1-3, Berlin 1815–1817, hier Bd. 2, Sp. 110.

[5] S. Memorial für Ulm, S. 19 der Anlage 7. Valckenburgh erwähnt ein dem Rat vorgelegtes Modell; s. auch das Brückenmodell in Braunschweig.

[6] So nachzuweisen in Rostock und Ulm.

[7] S. z. B. Plan 5 und Kopien im StA Ro und StA Ulm.

gehörte es zu Valckenburghs Aufgaben, nach Freigabe durch die politischen Entscheidungsträger die Bauvorhaben durchzuführen. Den ersten Schritt, die Einmessung, hat er, soweit erkennbar, wegen der grundsätzlichen Bedeutung für das jeweilige Gesamtwerk wenn irgend möglich selbst vorgenommen[8]. In der Folgezeit waren die Arbeitsabläufe zu koordinieren, die Güte und Richtigkeit der Arbeiten während der Bauzeit zu kontrollieren und erforderliche Nachbesserungen durchzusetzen[9] sowie das fertige Werk abzunehmen. Die Aufgaben der örtlichen Bauleitung hat Valckenburgh sehr frühzeitig an eigene oder von den Städten gestellte Bauaufseher und Wallmeister übertragen, sich selbst in diesen Fällen jedoch die Oberbauleitung vorbehalten.

Diese, den Aufgabenbereich des Ingenieurs zunächst eher allgemein umreißenden Tätigkeiten, sind durch die speziellen Anforderungen, die an ihn als Festungsbaumeister gestellt wurden, zu erweitern.

2. *Der Festungsbaumeister Valckenburgh*

Die zu Beginn dieser Arbeit bereits skizzierte Aufgabe des Festungsbaumeisters sei hier noch einmal wiederholt. Er hatte die Vorteile des festen Standortes aufzuspüren, durch geeignete Maßnahmen systematisch auszubauen und derart zu unterstützen, daß mit dem Standort verbundene Nachteile aufgehoben und eine Überlegenheit des Verteidigungsverfahrens erreicht wurde. Valckenburgh mußte – wie alle Festungsbaumeister – die Kunst beherrschen, nach eingehender Beschäftigung mit den natürlichen und gewachsenen Vorgaben einer Örtlichkeit diejenigen Mittel herauszukristallisieren, die dieser zu optimaler Verteidigungskraft verhalfen. Dabei galt es, den Ort zu dauernder Verteidigung durch eine Minderzahl gegen die Belagerung durch eine Überzahl auszubauen, feindliche Angriffe über und unter der Erde zu erschweren, den Gebrauch der Verteidigungswaffen zu erleichtern und zu begünstigen, den Schutz vor Einwirkungen gegnerischer Waffen zu gewährleisten, offensive Operationen gegen den Feind zu ermöglichen und dies alles unter Vermeidung unnötigen Aufwandes an Zeit und Geld[10].

Die Lösung dieser Aufgabe setzte voraus, daß Valckenburgh, neben dem von einem Ingenieur als selbstverständlich zu erwartenden und oben geschilderten Wissen, eingehende Kenntnisse über die unterschiedlichen Angriffsstrategien mit ihren Einzelmaßnahmen, wie Sappieren, Breschieren, Sprengen usw. besaß, daß er die Wirksamkeit feindlicher Artillerie, ihre Schußweiten und die Eindringtiefen ihrer Geschosse einschätzen konnte und genaue Vorstellungen über die hinreichende Ausstattung einer Festung oder befestigten Stadt mit Waffen, Munition und Gerät hatte[11].

Valckenburghs Entwürfe für die Tracés der Städte zeigten alle das ausgewogene Zusammenspiel von Linien und Winkeln, also von Kurtinen und Bastionen, wo erforderlich ergänzt durch Außenwerke wie Ravelins und Hornwerke, die dem Gesetz des gegenseitigen Schutzes durch Bestreichung folgten. Die Werke mußten sich nicht nur selbst verteidigen können, sondern Unterstützung für eine möglichst große Anzahl

[8] So nachzuweisen für Hamburg, Bremen, Lübeck, Ulm, Jülich und Emmerich.

[9] S. Valckenburghs Abrißverfügung des begonnenen Werkes in Bremen (s. S. 62 dieser Arbeit).

[10] S. hierzu HOYER, Kriegskunst, Bd. 1, Sp. 83ff.

[11] Die Ausstattung einer Festung mit Waffen, Munition und Gerät, wie Valckenburgh sie sich vorstellte, zeigt das Memorandum für Rostock, Anlage 6.2, aber auch das für Bremen, Anlage 4.1.

anderer Werke darstellen. Jede Linie, die keine andere bestrich und von keiner anderen bestrichen werden konnte, war unnütz. Valckenburgh versuchte, jeden Punkt einer Festung durch die Summe der Maßnahmen gleich stark zu gestalten, um Schwachpunkte, die einen Feind zum bevorzugten Angriff hätten verleiten können, zu vermeiden. Dem vorgeschobenen Ring der Außenwerke fiel die Aufgabe zu, die erste Angriffswelle eines Belagerers aufzuhalten und eine Aufstellung von Breschenbatterien zu verhindern.

Nur der Vollständigkeit halber muß erwähnt werden, daß Valckenburgh natürlich die Einzelelemente der frühniederländischen Manier, wie Bastionen, Kurtinen, Faussebraies, Wassergräben und dergleichen in ihren optimalen Abmessungen, ihrem technischen Aufbau und ihrer Zuordnung im Rahmen des Gesamtwerkes in der einleitend geschilderten und von ihm selbst in seinen Memoranden festgelegten Form beherrschte[12].

Wie bereits angedeutet, war Valckenburgh, gleich seinen Lehrmeistern Prinz Moritz von Oranien und Johan van Rijswijck, nicht ganz frei von den mathematisch-geometrischen Idealvorstellungen, die zu jener Zeit für den Festungsbau als Maßstab galten, ja in Mode waren. Das Streben nach einer harmonisch proportionierten, mit Zirkel und Lineal konstruierten Grundform, die auf gleichen Kurtinenlängen und gleichen Bastionswinkeln beruhte, sprach aus allen seinen überlieferten Entwürfen. Der Kreis als Ausgangspunkt für die Entwicklung einer Befestigungsanlage war Grundforderung aller Theoretiker jener Zeit[13]. Er ist die ausgewogenste aller zweidimensionalen Figuren, da kein Punkt seines Bogens über einen anderen herausgehoben wird; gleichzeitig ist er für den Festungsbau, zumindest theoretisch, die rationellste aller Umrisse, bietet er doch bei gleichem Umfang die größte geschützte Fläche; und was für das Ganze gilt, gilt auch für seine Teile, die Kreisabschnitte. In der Praxis war diese theoretische Überlegung jedoch nur von bedingtem Nutzen, wurden doch häufig aus blinder Nachahmung dieser Maxime Geländeteile befestigt, die für die Städte keinen Gewinn darstellten. Welche Blüten diese überspannten Theorien trieben, zeigt eine von den Franzosen vorgeschlagene Entwurfsmethode: „den Umriß der regulair gezeichneten Festung auszuschneiden und so lange auf dem vergrößerten Terrain zu verschieben, bis er eine schickliche Lage bekommt“[14], und als „sehr seltsam, ja widersinnig“ beurteilt Max Jäns[15] den Vorschlag des Festungstheoretikers Adam Freitag in dessen, zu seiner Zeit sehr populären Werk, die Stärke der Wälle von der Seitenzahl des die Stadt umgebenden Polygons abhängig zu machen anstatt von der Durchschlagskraft der feindlichen Geschosse[16].

In den Städten, in denen Valckenburgh neue Anlagen entwickelte und die Geländeverhältnisse es erlaubten wie in Bremen, Ulm und Emden, folgte er diesem ungeschriebenen Gesetz[17] und nahm dafür für uns heute nicht verständliche Schwierigkeiten bei der Baudurchführung und damit höhere Kosten in Kauf. Am eklatantesten ist dieses bei der ‚Durchbollwerkung‘ in Bremen zu beobachten[18], aber auch bei seinem ersten

---

12 S. S. 18 dieser Arbeit.

13 Schon Leonardo da Vinci war bei vielen seiner Entwürfe vom Kreisprinzip ausgegangen, s. Codex Atlanticus, fol. 43, verso-b und fol. 48, recto-a. Diese Grundfigur findet sich wohl bei allen Festungsbaumeistern hin bis zu Vauban.

14 Zitiert nach Hoyer, Kriegsbaukunst, Bd. 1, Sp. 118.

15 Jäns, Bd. 2, S. 1113.

16 Zit. nach Jäns, Bd. 2, S. 1113. Adam Freitag: Architectura militaris nova et aucta […], Leyden 1630.

17 S. die Entwürfe Valckenburghs für die Neustädte – Pläne 3, 9 und 10.

18 S. S. 63 dieser Arbeit.

Entwurf für Rostock, bei dem Bestehendes rigoros überplant wurde[19], zeigt sich diese Vorgehensweise. In allen Fällen, wo die neuen Wälle zwangsläufig den örtlichen Gegebenheiten, vor allem dem Stadtgrundriß mit seinen vorhandenen Befestigungen, folgen mußten, setzte er den neuen Umriß durch Addition von Kreisbögen verschiedener Radien zusammen. An ihren Stoßpunkten wurden Bastionen mit unterschiedlicher Pünte angeordnet. Durch Veränderung der Bastionswinkel und der Längen der Kurtinen, die wegen der Bestreichung gerade Linien bilden mußten, wurde die ‚Irregularität' des Umrisses gebildet. Keinesfalls ließ Valckenburgh nach innen, zum Stadtkern hin schwingende Umrißformen zu, wie sie noch Simon Stevin beschrieb[20]. In diesen Fällen wurde die Stadtfläche, wie beispielsweise in Emmerich, vergrößert[21].

Die erhaltenen Memoranden und viele seiner Briefe zeigen, daß Valckenburgh ein nüchtern und rational denkender und sehr pragmatisch handelnder Mann war. Trotzdem hat auch er in seinen Entwürfen zunächst abstrakten mathematischen Regeln den Vorzug vor den technischen Sachzwängen gegeben. Es ist Henning Eichberg zu folgen, wenn er die Begründung in der Zeit selbst sucht und von der ‚Geometrie als barocker Verhaltensnorm' spricht[22]. Valckenburgh hat zwar vor dem Höhepunkt dieser Entwicklung gelebt, Vorläufer dieses ‚Zeitgeistes' waren jedoch schon um die Wende vom 16. zum 17. Jahrhundert wirksam. Die Arbeit des Ingenieurs wird falsch eingeschätzt, wenn man die Auswüchse dieser Verhaltensnorm als ‚Unbekümmertheit' abtut[23], so als ob er die damit verbundenen Schwierigkeiten in der Ausführung nicht erkannt oder leichtfertig negiert hätte. Schließlich hatte auch der Bremer Rat die Lösung der ‚Durchbollwerkung' gut geheißen, und seine Bausachverständigen kannten die Eigenheiten ‚ihrer' Weser genauer als der Ingenieur, sie wußten um die Auswirkungen von Ebbe und Flut, von Eisgang, von den Tücken des Bauens in strömendem Wasser – erst kürzlich war der Hafen in Vegesack angelegt worden – und doch ließen sie die Valckenburghsche Lösung nicht nur zu, sondern veranlaßten, daß sie in Kupfer gestochen wurde. Auch sie müssen diesem ‚Zeitgeist' verfallen gewesen sein, und nicht auszuschließen ist, daß sie die ‚Regularität' ihrer neuen Bollwerke zunächst als Verkörperung ihrer Reputation und Eigenständigkeit verstanden. Schott schreibt: „Das durch die geometrische Konstruktionsmethode bedingte Kristallhafte und Geordnete der Festungsbaukunst entsprach dem Wesen renaissancistischer Denkungsweise, und der Anblick großer drohender Mauerflächen [oder Erdwälle] mit wenigen kräftigen Profilen der Repräsentation und dem Machtwillen eines selbstsicheren stolzen Barock"[24]. Der Festungsgürtel faßte das Stadtbild durch seine mächtige Horizontale zu einer einheitlichen Erscheinung zusammen und war durchaus dazu angetan, die Identifikation des Bürgers mit seiner Stadt zu stärken. Gerteis sieht in der zunehmenden Planhaftigkeit der Grundrisse nach den Regeln der Geometrie ein Merkmal der frühneuzeitlichen Stadt[25]. Für die Bremer mag erst zu einem späteren Zeitpunkt kaufmännische Nüchternheit – ähnlich wie in Rostock oder Ulm – eine kostensparendere, weniger repräsentative Ausführung zugelassen haben.

---

[19] S. S. 79 dieser Arbeit.
[20] Crone, S. 195ff.
[21] S. Plan 26; Stoob, Stadtbefestigung, S. 44f.
[22] Eichberg, Geometrie, S. 21.
[23] So Lührs, S. 18, wie auch Bachmann, S. 15, und ähnlich Brehmer, S. 407.
[24] Schott, S. 43.
[25] Gerteis, Deutsche Städte, S. 16.

Daß Valckenburgh der Faszination harmonisch gestalteter Grundformen erlegen war, zeigt die Begründung für die Errichtung der Ulmer Befestigung, wenn er schreibt: „Der letzte und größte vortheil ist, das man der gestalt ringsweis herumb die statt mit schönen guten wehren, in guter proportion, belegen könt“[26]. Auch glaubte er, auftretende Irregularität in der Linienführung erklären und verteidigen zu müssen[27], obwohl nur sie die nötigen Lösungen bringen konnte und in ihrer verteidigungstechnischen Durchbildung weitaus größeres Können erforderte als die ‚fortifikation regulaire‘.

Es wäre jedoch falsch und würde der Arbeit Valckenburghs nicht gerecht, wenn man die geschilderten Erscheinungen überbewerten würde. Valckenburgh war Praktiker und Pragmatiker, grundlegende Weiterentwicklungen in der Theorie des Festungsbaues sind von ihm nicht bekannt. Eine Beurteilung seiner Denk- und Handlungsweise ist am besten aus seinen überlieferten Memoranden zu gewinnen. Wenn es ihnen nach heutigen Maßstäben auch an Systematik fehlte, bezogen sie doch das breite Spektrum aller notwendigen Maßnahmen ein.

Bei allen den Memoranden, die im Verfolg einer ersten Besichtigung entstanden[28], gab Valckenburgh Hinweise, wie gefährdete Punkte der vorhandenen Anlage in kürzester Zeit und mit wenig Mitteln in besseren Verteidigungszustand versetzt werden konnten. Sein Hauptaugenmerk richtete er auf die Tore als besonders anfällige Elemente jedes Verteidigungsringes. Das Anlegen von Zugbrücken und Fallgruben sowie die Ausstattung mit ‚friesischen Reitern‘ fanden sich in allen seinen Schriften. Hinzu traten der Umbau der Tore und der Vorschlag, ihre meist große Anzahl zu verringern. Er drang weiter darauf, die vorgelagerten Gräben zur besseren Einsicht und Bestreichung von Sträuchern und Bäumen zu säubern, und stellte eine ähnliche Forderung für das Vorfeld, das Glacis, auf; hier sollten die Bauten, Büsche, Landwehren, überhaupt alles, was dem Feind zur Deckung dienen konnte, abgerissen und das Gelände eingeebnet werden; die Gefährlichkeit eines unübersichtlichen Vorfeldes hatte er bei der Belagerung Braunschweigs erfahren[29].

Ein weiterer Schwerpunkt war der Schutz der verteidigenden Soldaten durch zusätzlich anzufertigende Schanzkörbe und bauliche Vorkehrungen in Form von Brustwehren. Die Anlage dieser, normalerweise auf den Wällen angeordneten Deckungen schlug er, wie z. B. in Lübeck und Emmerich, dort vor, wo nach seiner Planung später der Hauptwall verlaufen sollte, so daß diese vorgezogenen Erdbewegungen beim Endausbau verwendet werden konnten. Sie dienten darüber hinaus, wie er in Lüneburg und Lübeck argumentierte, der Möglichkeit, Truppen, für den Feind verborgen, innerhalb der Stadt zu verlegen und angegriffene Punkte zu entsetzen.

Mit Nachdruck forderte der Ingenieur die Fertigstellung begonnener Arbeiten und die Wiederherstellung verfallener Bereiche; er gab Hinweise, wie durch Setzen von Palisaden zusätzliche Hindernisse auf Dämmen oder in Gewässern geschaffen und Durchflüsse von Wasserläufen gesichert werden konnten; er schlug erste Ergänzungen des Geschützparkes vor und empfahl renommierte Geschützgießer in Den Haag und Lübeck. Auch forderte er die Stadtregierungen auf, nächtliche Wachen einzusetzen und die Organisationsstruktur ihrer Bürgerwehren zu überdenken. So sagte er dem Rostocker Rat, daß es für die Soldaten „sollte noch weytters gantz hochnottich

---

[26] S. Ulm, S. 8 der Anlage 7.

[27] S. Rostock, Anlage 6.1, und Ulm, S. 1 u.19 der Anlage 7.

[28] Lüneburg, Lübeck, Rostock und Ulm.

[29] S. Rostock, Anlage 6.

seyn, under Capiteynen , so die ansehenlichste undt treffelichste undt behertzste burgerpersonen seyn […], ihre wapen dar durch zu lehrnen hanttieren, wie in Niderlant die manier undt zu Hamburgh schon angefanghen undt ins werck gericht is«[30].

Es ist davon auszugehen, daß Valckenburgh zu allen großen Entwürfen einer Stadtbefestigung seine Überlegungen auch in schriftlicher Form niederlegte. Neben den überlieferten, umfangreichen Memoranden für Lüneburg, Rostock und Ulm ist die Existenz einer solchen Ausarbeitung für Stralsund bezeugt, wird jedoch von ihm auch für Hamburg vorgelegt worden sein[31]. Die Bremer Schriften, wie auch die Lübecker, sind eher als Zwischenberichte beziehungsweise erste Anweisungen zu verstehen. Gerade sie zeigen, daß Valckenburgh seine Bauvorhaben zunächst sehr genau besichtigte, ihren Ausbau aufmerksam verfolgte und bei Abwesenheit Anregungen und Forderungen in schriftlicher Form seinen Auftraggebern vortrug. Daß sich derartige Schriften nicht für die Bauvorhaben im Westen des Reiches finden, ist auf den Umstand zurückzuführen, daß Valckenburgh dort gleichzeitig bevollmächtigter Vertreter des Bauherrn war, seine Anweisungen also – waren die Maßnahmen vom Grundsatz durch die Generalstaaten oder Prinz Moritz beschlossen – keiner Diskussionen oder Freigaben mehr bedurften.

Dem bereits erwähnten Bestreben, mit jedem Einzelschritt die Verteidigungsfähigkeit der Städte zu verbessern, dienten die in den großen Memoranden zu findenden Vorschläge über die Reihenfolge, in welcher die Bastionen errichtet werden sollten[32]. Da es für die Stadtregierungen nicht leicht war, die mit dem Festungsbau verbundenen finanziellen und persönlichen Opfer bei ihren Bürgern zu begründen und durchzusetzen, und es großer Anstrengungen bedurfte, die gewaltigen Anlagen innerhalb eines oder zweier Jahre durchzuführen, bestimmte der Ingenieur die Reihenfolge nach dem Grad der Gefährdung des jeweiligen Verteidigungspunktes, um mit den ersten Ausgaben einen möglichst hohen und überzeugenden Effekt zu erreichen.

Ähnlich verfuhr er bei seinen Angaben für die Ausrüstung der Städte mit Geschützen, Munition und Gerät. Er listete bis ins letzte Detail alle erforderlichen Posten auf, wobei er von einer Höchstbelagerungszeit von drei Monaten ausging, überließ es jedoch dem Rat, nach eigenem Ermessen und finanziellen Möglichkeiten die Beschaffung stufenweise vorzunehmen[33]. Nicht in sein Aufgabengebiet fiel die Bevorratung der Städte mit Lebensmitteln und Brennmaterial für die Verteidiger und Bewohner; hier mußte der Rat von sich aus tätig werden, ähnlich wie bei den niederländischen Festungen diese Aufgabe von den eingesetzten Kontrolleuren wahrzunehmen war.

Über die taktischen, auf die örtlichen Gegebenheiten aufbauenden Überlegungen, die Valckenburghs Entwürfen zu Grunde lagen, wurde in den einzelnen, die Städte behandelnden Kapiteln berichtet; sie sind wesentlicher Bestandteil einer Betrachtung über das Wissen und Können Valckenburghs als Festungsbaumeister, brauchen hier jedoch nicht noch einmal wiederholt zu werden.

Bei der aufgezeigten Breite und Tiefe des Wissens und der Erfahrung, welche Valckenburgh auszeichneten, muß auch an dieser Stelle noch einmal an seine Lehrmeister, Johan van Rijswijck und Prinz Moritz von Oranien, erinnert werden, die ihm das

---

[30]Ebenda.
[31]S. S. 44 dieser Arbeit.
[32]S. als Beispiel Rostock, Plan 6, und Lüneburg, Anlage 2.
[33]Rostock, Anlage 6.2.

fachliche Fundament zur Bewältigung seiner Aufgaben vermittelt haben[34]. Vor allem Prinz Moritz, der nur wenige Wochen vor Valckenburgh verstarb, dürfte Zeit seines Lebens Vorbild für den Ingenieur gewesen sein.

3. Die Persönlichkeit Johan van Valckenburgh

Als Valckenburgh 1609 seine selbständige Tätigkeit in Deutschland aufnahm, war er ungefähr 34 Jahre alt und seit sechs Jahren zum Ingenieur bestellt. Seine Erfahrungen im Festungsbau reichten nachweislich bis 1601 zurück[35], seine Ausbildung, vermutlich zunächst in einer handwerklichen Lehre, wird Anfang der neunziger Jahre des 16. Jahrhunderts begonnen haben. Seine Zusammenarbeit mit Johan van Rijswijck hatte ihn bereits frühzeitig nach Deutschland – wie erwähnt, ist seine Mitarbeit in Bremen 1602 belegt – kommen und dessen Verhältnisse kennenlernen lassen. Leider sind keine Nachrichten über die Verhandlungen oder Gespräche zwischen Moritz von Oranien und Friedrich Graf zu Solms-Laubach bekannt, die Auskunft über die Beweggründe geben könnten, Valckenburgh für die verantwortungsvolle Aufgabe als Ingenieur der korrespondierenden Hansestädte auszuwählen. Der Bremer Bürgermeister Kreffting, dem Valckenburgh kein Unbekannter war, könnte hier eine ausschlaggebende Rolle gespielt haben. Zweifellos muß das Vertrauen in die fachliche Qualifikation des Ingenieurs sehr groß gewesen sein, denn trotz der mehrfach erwähnten Abstimmungen über die großen Entwürfe zwischen Moritz und ihm wurden in den Gesprächen mit den Räten und Baumeistern der Städte immer auch bindende Auskünfte, fundierte Vorschläge und fachliche Entscheidungen erwartet, die ohne Rückkoppelung mit Den Haag sofort zu geben waren.

Sein Fachwissen konnte jedoch nicht alleiniges Auswahlkriterium gewesen sein, sagte es doch nichts aus über die persönliche Eignung Valckenburghs für diese Aufgabe. Es wurde bereits erwähnt, daß die Generalstaaten ein hohes Interesse an der Verteidigungsfähigkeit ihrer Bündnispartner hatten. Ihre Stärkung bedeutete im Falle feindlicher Angriffe eine Entlastung der eigenen Armee, die Bindung gegnerischen Potentials und damit Ablenkung von generalstaatischem Territorium. Valckenburgh mußte demnach die übergeordnete, in der bisherigen Forschung nicht beachtete Aufgabe zufallen, die entsprechenden Maßnahmen zu forcieren, indem er durch seine Vorschläge überzeugte und ihre Verwirklichung durchzusetzen versuchte. Der Ratspensionär Oldenbarnevelt hatte, wie berichtet, die Städte bei dem Vertragsabschluß im Mai 1616 aufgefordert, ihre Verteidigungsanstrengungen zu verstärken, und es ist kaum denkbar, daß er oder Moritz dem Ingenieur nicht entsprechende Instruktionen mit auf den Weg gegeben hätten. Ein Grund für die oben erwähnte Absage für Valckenburghs Mitarbeit in Danzig ist unter Umständen darin zu sehen, daß die Generalstaaten sich keinen politischen Vorteil durch Valckenburghs Beauftragung versprachen. Daß Valckenburgh begrenzte politische Missionen erfüllte, zeigen die Berichterstattungen in Hamburg und Lübeck und sein Schreiben aus Braunschweig an Moritz.

Es ist davon auszugehen, daß seine Anregungen und Entwürfe intensiv diskutiert wurden, daß, wie aus Ulm überliefert, Gegenpositionen bezogen wurden, daß sich

[34] S. S. 21 dieser Arbeit.
[35] Ebenda.

wegen der Kosten und vor allem wegen des erheblichen Landbedarfes Widerstände aus der Bürgerschaft, aber auch aus den Reihen der dort besitzenden Ratsmitglieder aufbauten. In diesen Fällen mußte Valckenburgh Überzeugungsarbeit leisten, die Vorzüge der angewandten Ausführungsart erläutern, flexibel auf Änderungswünsche eingehen, ohne grundsätzliche Positionen aufzugeben. Dies erforderte Verhandlungsgeschick und Hartnäckigkeit, die, wie in Ulm wohl geschehen, bis zur Trennung vom Auftraggeber führen konnte. Die Überarbeitungen der Rostocker Pläne bewiesen Valckenburghs Bereitschaft, vertretbare Kompromisse zu schliessen, die Ulmer Vorgänge zeigten, daß er nicht gewillt war, ihm unzumutbar erscheinende Grenzen zu überschreiten. Mögen es in Ulm verletzter Stolz oder unvertretbare Sachforderungen durch den Rat gewesen sein, die Reaktion zeigte einen Mann, der mit Selbstsicherheit und Selbstbewußtsein seine Position einzuschätzen und dementsprechend zu handeln wußte.

Daß dies nicht immer so war, könnte aus der zitierten Beurteilung Valckenburghs durch den späteren Lüneburger Bürgermeister Elvers herausgelesen werden[36]. Lüneburg war die erste der zahlreichen Arbeitsstationen Valckenburghs als eigenverantwortlicher Ingenieur, was schon Erklärung genug wäre; ein Übriges dürfte durch den gesellschaftlichen Abstand und die unterschiedliche Lebenserfahrung zwischen dem weitgereisten, sprachbewanderten Hanseaten und dem bis dahin auf seinem begrenzten Arbeitsgebiet tätigen Ingenieur zurückzuführen sein. Die Briefe der Folgezeit zeigen, daß erste eventuelle Unsicherheiten im Umgang mit den Stadtoberen sehr bald überwunden waren.

Beachtlich ist die aus dem Itinerar ablesbare Mobilität Valckenburghs, zumal wenn man berücksichtigt, daß noch einige, nicht zu schließende Lücken verbleiben. Viele der Reisen wurden erforderlich, weil die Städte sich nur zögerlich für die Umgestaltung ihrer Befestigungsanlagen entscheiden konnten. Zu wiederholten Malen forderten ihn Hamburg, Bremen, Lübeck und Rostock an, geduldig scheint er ihrem Ruf gefolgt zu sein, stets von neuem wird er Vorteile und Notwendigkeiten erläutert haben. Nicht vergessen werden darf in diesem Zusammenhang die Beschwerlichkeit aller Reisen in damaliger Zeit und die geringe Reisegeschwindigkeit – der Lübecker Bürgermeister Brokes und Valckenburgh benötigten im Mai 1613 für ihre Reise von 's-Gravenhage nach Lübeck sieben Tage. Valckenburgh erkannte jedoch auch seine physischen Grenzen. In Stralsund lehnte er die Übernahme der Durchführungsarbeiten ab; die Arbeiten in Hamburg und Bremen – in beiden Städten wurden zu dieser Zeit hunderttausende von Mark umgesetzt – nahmen seine Arbeitskraft voll in Anspruch.

Waren die neuen Werke im Bau, übernahm Valckenburgh die Aufgaben der Oberleitung. Seit 1615 liefen viele der großen Bauaufgaben parallel zueinander. Bei den hohen Summen, die von den Städten aufzubringen und durch die Räte zu verantworten waren, mußten diese sich auf den fachlichen Verstand Valckenburghs verlassen, was nur denkbar war, wenn sie auch von seiner Integrität überzeugt waren. Wie einige Memoranden zeigen, erkannte er sehr schnell fehlerhafte Ausführungen, hatte die vorausschauende Umsicht, die für einen zügigen Bauablauf unabdingbar war[37], konnte in kürzester Zeit alternative Lösungen entwickeln und besaß die Autorität, das Gewoll-

[36] S. S. 23 dieser Arbeit.
[37] S. Bremen, Anlage 4.1.

te auch durchzusetzen[38]. Daß Valckenburgh mit einer beachtenswerten Schnelligkeit arbeitete, wurde bereits erwähnt; ohne ausgeprägtes Organisationstalent, welches sich nicht nur auf sein eigenes Leben, sondern auf alle Bereiche seiner Tätigkeit bezog, hätte er die komplexen Aufgaben nicht bewältigen können.

Doch der unermüdliche, von großem Pflichtgefühl zeugende Einsatz Valckenburghs muß seine eigentliche Wurzel in seiner Grundhaltung gehabt haben. Valckenburgh war Anhänger des Kalvinismus[39], jener Glaubensrichtung, die „persönliches Freiheitsbewußtsein und politisches Verantwortungsgefühl"[40] förderte und die in den Niederlanden ganz entscheidend vom Bürgertum, der Gesellschaftsschicht, der auch Valckenburgh entstammte, getragen wurde. Er war überdies als Capitain Mitglied des niederländischen Offizierskorps, welches Eckpfeiler des neugeschaffenen Berufsheeres war und dessen Erziehung im Geiste des von Lipsius vertretenen Neustoizismus erfolgte[41]. Dieser war die Grundlage für den disziplinierten Berufssoldaten, „der von einem ebenfalls ausgebildeten, ethisch gefestigten Berufsoffizier geführt" wurde[42]. Auf einen von seiner Tätigkeit her in nüchternem und realistischem Denken geschulten Mann muß diese Geisteshaltung eine gewisse Faszination ausgeübt haben, und Valckenburghs Nähe zu Moritz von Oranien, einem der führenden Vertreter dieser Schule, kann nicht ohne Wirkung auf die Lebenseinstellung des Ingenieurs geblieben sein.

Aus dem Gesagten kann geschlossen werden, daß Valckenburgh alle jene Eigenschaften in sich vereinigte, die von einer Führungspersönlichkeit erwartet werden mußten und müssen, und es wird deutlich, daß es für die Städte gute Gründe gab, diesen Mann in ihre Dienste zu nehmen.

4. Die Bedeutung Valckenburghs und seiner Arbeiten für die Städte

Die Bedeutung Valckenburghs und seiner Arbeiten für die Städte wurde in den einzelnen Kapiteln schon angedeutet, doch soll dieser Fragenkomplex durch grundsätzliche Aspekte und vergleichende Untersuchungen, gleichsam von außen kommend, vertieft werden. Allen hier zu behandelnden Städten – die westdeutschen sind wegen ihres Sonderstatus für die folgenden Betrachtungen nur bedingt aussagefähig – war gemeinsam der Zwang zum Ausbau ihrer Verteidigungsanlagen, wie unterschiedlich auch die äußeren politischen Beweggründe gewesen sein mochten. Allen gemeinsam war weiterhin der Mangel an für diese Aufgabe befähigten Fachleuten. Zwar gab es in jeder Stadt einen Stadtbaumeister und einen Kommandeur der Bürgerwehr sowie für die Verteidigung verantwortliche Ratsmitglieder, doch keiner von ihnen war in diesem Spezialbereich ausgebildet worden, und die wenigsten von ihnen hatten in ihrem Leben Erfahrung auf dem Gebiet der Festungsverteidigung und -belagerung sammeln

38 Das beste Beispiel ist die mehrfach erwähnte Abrißverfügung in Bremen, die den Bürgern zu erklären, dem Rat nicht leicht gefallen sein wird.

39 Den Beweis liefert die Taufe seines Sohnes in einer reformierten Hamburger Kirche, (s. S. 24 dieser Arbeit).

40 ZEEDEN, Glaubenskämpfe, S. 167.

41 S. hierzu GERHARD OESTREICH: Graf Johanns VII. Verteidigungsbuch für Nassau-Dillenburg 1595, in: Geist und Gestalt des frühmodernen Staates. Ausgewählte Aufsätze, Berlin 1969, S. 311-355, hier S. 351ff.

42 OESTREICH, Verteidigungsbuch, S. 352.

können. Daraus ergab sich zunächst, daß die Städte darauf angewiesen waren, sich auswärtiger Spezialisten zu bedienen, die ausschließlich für diese Aufgabe eingestellt wurden. Ein Vorteil dieses Systems war die kurzfristige Bindung an einen solchen Fachmann, den auf Dauer anzustellen die Städte sich weder leisten konnten noch wollten. Mögliche Doppelfunktionen, wie Valckenburgh sie in Braunschweig und Hamburg wahrnahm, konnten die Frage des Aufwandes nur günstig beeinflussen.

Aus welchem Grunde und auf welchem Wege die Wahl auf einen Holländer fiel, wurde einleitend bereits behandelt. Die vielfältigen politischen, wirtschaftlichen, kulturellen und konfessionellen Bindungen und Einflüsse ließen eine solche Entscheidung als selbstverständlich erscheinen. Kein Land in Europa verfügte über gleich intensiv ausgebildete, praxiserprobte Ingenieure und besaß eine ähnlich disziplinierte und durchgegliederte Armee. Der erfolgreiche Widerstand gegen die Spanier bewies die Tauglichkeit seines Verteidigungssystems, das von ihren technisch hochbegabten Spezialisten, an ihrer Spitze Moritz von Oranien, entwickelt worden war.

Doch wird dem militärischen Aspekt nicht die allein entscheidende Rolle zuzuweisen sein. Die Niederlande waren in der ersten Hälfte des 17. Jahrhunderts auch auf den Gebieten der Wirtschaft, des Steuer- und Finanzwesens, der Geistes- und Naturwissenschaften zum führenden Land in Europa aufgestiegen, und ihre politisch-ethischen Denkansätze wirkten weit über die Niederlande hinaus. Gerhard Oestreich hat diese Wirkung als ‚Niederländische Bewegung' bezeichnet[43]. Besonders die Städte mit ihren engen Handelsverbindungen, ihren persönlichen Kontakten und ihren zahlreichen, sehr schnell an Einfluß gewinnenden holländischen Zuwanderern waren Vermittler dieses Gedankengutes, und so liegt es nahe, auch in dieser sich ständig vertiefenden Geistesverwandtschaft ein bestimmendes Moment für den Wunsch zu sehen, einen Niederländer für diese Aufgabe zu gewinnen.

Darüber hinaus war den Städten durch die Arbeiten Johan van Rijswijcks in Lübeck, Bremen und Ulm, aber auch in den Niederlanden selbst die frühniederländische Befestigungsmanier bekannt, und sie dürften begriffen haben, daß für die Tiefebene mit hohen Grundwasserständen diese Befestigungsart nicht nur die geeignetste war, sondern auch die kostengünstigste. Zwar verschlang auch sie, wie die später ausgeführten Beispiele zeigen sollten, Millionen, doch war sie durch die Verwendung von Erde als Hauptbaumaterial, welches zudem noch vor Ort – aus den auszuhebenden Gräben – gewonnen werden konnte, und dem Einsatz vorwiegend ungelernter Arbeiter weitaus billiger als die bis dahin angewandten Bastionsmanieren. Folgerichtig war, daß die Städte sich der Mitarbeit eines Ingenieurs versicherten, der Fachmann für den Bau gerade dieser Manier war. Die Wahl Valckenburghs darf wohl als Glücksfall für die Städte gewertet werden, und ein nicht geringer Teil der Bedeutung Valckenburghs lag in der Person des Ingenieurs selbst. Eysten bemerkte schon 1913, daß es beim Durchlesen der Valckenburgh betreffenden Briefe der hansischen Ratskollegen jedesmal auffalle, daß diese das Äußerste unternahmen, um ihn in ihre Dienste zu bekommen, daß sie

[43] S. hierzu Gerhard Oestreich: Politischer Neustoizismus und Niederländische Bewegung in Europa und Brandenburg-Preußen (1965), in: Walther Hubatsch (Hg.): Absolutismus, Darmstadt 1988, (Wege der Forschung 314) S. 361-435, hier S. 361ff. und S. 403ff.; Johan Huizinga: Holländische Kultur des siebzehnten Jahrhunderts. Ihre sozialen Grundlagen und nationale Eigenart, Jena 1932, (Schriften des Deutsch-Niederländischen Instituts Köln, H. 1).

mit größtem Lob über seine Kenntnisse und Fähigkeiten sprachen und daß sie die Abstimmungen und Überlegungen des Ingenieurs mit Prinz Moritz hoch einschätzten[44].

Es bleibt die Frage zu beantworten, welche Bedeutung Valckenburgh für die Stärkung der Verteidigungskraft und die bauliche Entwicklung der Städte zuzumessen ist. Für alle betrachteten Städte – Braunschweig und Stralsund eingeschlossen – hat er nachweislich Pläne und schriftliche Erläuterungen erstellt, die den politischen Gremien einen Handlungsrahmen aufzeigten. Seine Vorschläge spannten in allen Fällen den Bogen zwischen Sofortmaßnahmen und völligem Umbau der Festungsanlagen, in vier Fällen einschließlich einer Stadterweiterung. Er scheute sich nicht, auch kleine, zunächst untergeordnet erscheinende Vorkehrungen, die überdies ohne großen Kostenaufwand durchzuführen waren, vorzuschlagen. Auch sie verbesserten die Verteidigungsfähigkeit. Es lag im Ermessen der Städte, zu welchem Zeitpunkt und in welchem Umfang sie mit den Arbeiten begannen und mit welchem Nachdruck sie die Arbeiten durchführten. Wie Valckenburghs Ausführungen und Planungen zeigen, hat er jedoch stets die umfassende Modernisierung der Festungsanlagen als Ausbauziel verstanden. Auffällig ist, daß die wenigsten Städte sich zu einer zügigen Umsetzung entschließen konnten, wie die nachfolgend aufgeführten Jahreszahlen für die ersten Planungsarbeiten Valckenburghs, den Beginn der Bauarbeiten an den Festungsanlagen und deren Abschluß zeigen. Dabei ist anzumerken, daß die letzte Spalte nur ungefähr zu fassende Zeiträume eingrenzt; wegen häufiger Unterbrechungen, verschiedener Ausbaugrade, Abweichungen von der Ursprungsplanung und ‚da man eigentlich nie fertig wurde', ist eine exakte Terminierung nicht möglich. Der Wert dieser und der folgenden Tabellen liegt in der Veranschaulichung von Tendenzen.

Tabelle 1: Entstehungsphasen der von Valckenburgh betreuten Festungsbauten

	Erste Planung	Baubeginn	Fertigstellung
Lüneburg	1609	1640	1675
Hamburg	1609	1616	1626
Bremen	1611	1623	1627
Braunschweig	1611	1626	1671
Lübeck	1613	1621	1660
Rostock	1613	1626	1631
Emden	1614	1615	1617
Ulm	1617	1617	1623
Stralsund	1624	1628	1650

Der Zeitabschnitt, in welchem Valckenburgh tätig war, gehörte in jene Übergangszeit, in der das mittelalterliche Städtewesen endete und durch das Werden des absolutistischen Staates starke Veränderungen erfuhr[45]. Dieser Prozeß vollzog sich in den Städten

[44]Eysten, S. 279: „Bij het doorlezen van de brieven, met betrekking tot Van Valkenburg door de regeeringscolleges der Hanzesteden gewisseld, valt het telkens op, dat zij de uiterste moeite doen om hem in hun dienst te krijgen, dat zij met den meesten lof over zijn kennis en bekwaamheid spreken en er vooral hoogen prijs op stellen, dat hij steeds onder toezicht van en in overleg met Prins Maurits werkt".

[45]Carl Haase: Die Entstehung der westfälischen Städte, 4. Aufl. Münster 1984, (Veröffentlichungen des Provinzialinstituts für westfälische Landes- und Volkskunde, Reihe 1, H. 11), S. 14.

unterschiedlich schnell und betraf die einzelnen Lebensbereiche unterschiedlich stark; er wurde bestimmt durch mannigfaltige Faktoren, die in keiner Stadt denen in einer anderen glichen. Der Rechtsstatus der Städte, die mit Valckenburgh zusammenarbeiteten, war sehr unterschiedlich. Zwei der neun Städte waren Reichsstädte, zwei kämpften seit Jahrhunderten um ihre Unabhängigkeit, ohne sich während der Auseinandersetzungen in ihrem politischen Handeln von ihren Landesherren allzu sehr einengen zu lassen, vier waren Territorialstädte und eine, Emden, hatte eine Sonderform als unabhängige Territorialstadt unter fremdem Einfluß. Ihre Verfassungen, aus der mittelalterlichen Geschichte erwachsen, hatten jedoch viele gemeinsame Elemente und die großen, wirtschaftlich starken Territorialstädte – Heinz Schilling spricht von ‚Semireichsstädten' oder ‚Autonomiestädten'[46] – unterschieden sich nur unwesentlich von denen der Reichsstädte. Um 1600 ging diese Ära erkennbar dem Ende entgegen; Rostocks Eigenständigkeit war schon gegen Ende des 16. Jahrhunderts erheblich eingeschränkt worden, Lüneburgs 1619, und die Stadt sollte sie 1639 ebenso wie Braunschweig 1671 ganz verlieren.

Im Tätigkeitszeitraum Valckenburghs besaßen alle hier angesprochenen Städte noch ihre Wehrhoheit. Die Errichtung der Verteidigungsanlagen, deren Ausbau und Modernisierung sowie die Organisation der Verteidigung fiel in den Aufgabenbereich der Ratsobrigkeiten, die ihrerseits einen der Bürgermeister oder Ratsherren mit der Wahrnehmung dieser Aufgabe betrauten. Die Entscheidungsgewalt lag jedoch in den wenigsten Städten beim Ratskollegium, geschweige bei dem von ihm beauftragten Ratsmitglied. Je nach innerpolitischer Machtverteilung und geltender Verfassung beanspruchten die jeweilige Bürgerschaften ein Mitbestimmungs- bzw. Entscheidungsrecht bei den wesentlichen, die Stadt betreffenden Beschlüssen – und die Errichtung einer modernen Bastionsbefestigung war ein tiefer Eingriff, der alle Belange städtischer Entwicklung betraf. In Hamburg wurde das Verhältnis zwischen Rat und Bürgerschaft durch den, 1603 modifizierten, Rezeß von 1529 bestimmt. Da 1563 zusätzlich die Kämmerei auf einen Bürgerausschuß übertragen worden war, mußten damit alle mit finanziellen Verpflichtungen verbundenen Beschlüsse der Bürgerschaft genehmigt werden. In Bremen hatte die Eintracht von 1534 den Regierenden fast unumschränkte Rechte eingeräumt, die allerdings zur Zeit Valckenburghs durch die erkämpfte Mitwirkung der Bürgerschaft im Bereich der Gesetzgebung und Finanzen eingeengt worden waren und den Rat zwangen, für umfangreiche Baumaßnahmen entsprechende Beschlüsse durch die Bürgerschaft zu erwirken. Eine modern anmutende Organisationsform hatten die Lübecker eingeführt; im Zuge der Verfassungsänderung von 1601 wurde eine Wallbehörde eingesetzt, die aus zwei Ratsherren und vier Vertretern der Bürgerschaft bestand; diese gemischte ‚Arbeitsgruppe' konnte in großer Eigenständigkeit alle aus Sicht der Verteidigung erforderlichen Maßnahmen einleiten und durchführen. Soweit ersichtlich, hat sie nur in größeren Zeitabständen den politischen Gremien Bericht erstattet. Der Rostocker Bürgerschaft hatte ihr Landesherr durch die Erbverträge von 1573 und 1584 größeren Einfluß im Stadtregiment verschafft; mit dem Ziel, die Ratsgewalt zu schwächen, setzte er die dauernde Vertretung der Bürger im Hundertmännerkollegium durch. Eine Ausnahme von diesen demokratisierten Verfassungsformen stellte die Stadt Ulm dar, in welcher der Rat unumschränkt

[46] Heinz Schilling: Die Stadt der frühen Neuzeit, München 1993, (Enzyklopädie deutscher Geschichte 24), S. 40.

herrschte. Seit Erlaß des Schwörbriefes von 1556 bestand der Rat aus 24 Patriziern und 17 Zünftigen; die eigentliche Regierung, die alle Entscheidungen autoritär fällte und die wichtigsten Ämter besetzte, wurde jedoch von den zwei Älteren, drei Patriziern – in der Regel dem regierenden und den beiden Altbürgermeistern – und zwei Zünftigen wahrgenommen[47]. In Emden waren in allen Fragen der Verteidigung während der Zeit Valckenburghs die Niederländer bestimmend. Es scheint kein Zufall zu sein, daß in beiden autoritär geführten Städten die Frist zwischen Planungsbeginn und Fertigstellung der modernisierten Befestigungen unter den von Valckenburgh betreuten Städten am kürzesten war; allerdings lagen beide Städte in politischen Spannungsgebieten jener Jahre.

Ein außerordentliches Problem waren die Kosten für den Bau einer bastionären Befestigungsanlage; schon deshalb war eine Durchführung nur in Übereinstimmung aller am Entscheidungsprozeß Beteiligten möglich. Von den realisierten Planungen Valckenburghs liegen Zahlen für Hamburg, Lübeck und Ulm vor, deren Tragfähigkeit am Beispiel Hamburgs bereits erörtert wurde[48]. Es ist nicht verwunderlich, daß angesichts dieser Kosten viele Städte, so auch Lüneburg und Rostock, vor einem Baubeginn zurückschreckten. Mit Sondersteuern und Fronarbeiten waren die Gelder nicht aufzubringen. Hamburg hatte 92,4% der Bausumme für seine Wallanlagen durch Kredite und nur 7,6% durch zusätzliche, gezielt erhobene Steuern aufgebracht. Wenn letztere Zahl, wie oben schon gesagt, auch nicht alle zweckgebundenen Einkünfte umfaßte, konnte die Rückzahlung und Verzinsung der Kredite nur aus dem normalen Stadthaushalt, also den sonstigen Einnahmen, erfolgen. Mangelte es den Städten an entsprechender Wirtschaftskraft, an Rücklagen oder außerordentlichen Einnahmen, mußten sie zwangsläufig auf die kostenintensiveren Formen der Modernisierung verzichten. Es dürfte ein Verdienst Valckenburghs sein, den Städten Vorschläge unterbreitet zu haben, die stufenweise, den finanziellen Möglichkeiten anzupassende Verbesserungen ihrer Verteidigungskraft ermöglichten.

Ein weiteres, viele Bürger persönlich betreffendes Problem lag in dem hohen Geländebedarf einer Bastionsbefestigung. Wälle, Gräben und Bastionen – ohne das von einer Bebauung freizuhaltende Glacis – legten sich in einer Breite von etwa 250 m um die Stadt (s. Plan 2); in Bremen erforderte die Valckenburghsche Planung der Neustadt 38% des Landbedarfes, obwohl nur 55% ihres Umfanges – die Landseite – eine Wallanlage erhielten. Die Fläche für einen bastionären Befestigungsring einer Stadt von der Größe Braunschweigs mit 66 ha würde bei einer optimalen, d. h. kreisförmigen Grundform und allseitiger Befestigung 1,4 mal so groß wie die geschützte Stadtfläche sein, rechnet man die Glacisfläche hinzu, würde diese Zahl auf 4,1 steigen[49]. Bei den meisten Städten erfolgte der Umbau zu Bastionsbefestigungen, indem die neuen Werke unmittelbar von außen an die bestehenden Verteidigungsanlagen angelehnt wurden, ausgenommen diejenigen Abschnitte, die eine Stadterweiterung darstellten. Eine Einbindung oder Mitverwendung der alten Anlagen erfolgte nur in seltenen Fällen, da die Konstruktionen von Grund auf verschieden und die erforderlichen unbebauten Grundstücke nur im Außenbereich zu beschaffen waren. Valckenburgh erläuterte dem Ulmer Rat 1617 in seinem Memorandum: „[…] das die gegenwertige wähl umb die

[47] Wiegandt, S. 131.
[48] S. S. 53 dieser Arbeit.
[49] Eigene Berechnung.

statt herumb [...] viel zu klain, das man recht dickhe brustwehren druff setzte (dan dise brüstung gar zu schmahl) und dan noch genug platz dähinder behalt zum geschütz. Wolt und müßte mans dann breiter machen, so müßte man oben vom Glöcklerthor und herab bis zum Rothenturm allenhalben die heuser wegräumen"[50]. Zwangsläufig mußten also ländlich genutzte Grundstücke geräumt werden: Kraut- und Baumgärten, für die Versorgung der Stadt wichtige Anbauflächen und Weiden, aber auch darauf befindliche Baulichkeiten wie Ställe, Gartenhäuser, Mühlen und dergleichen. Für Bremen gibt ein seinerzeit angefertigtes Verzeichnis Aufschluß über zehn ‚Wohnungen', „welche um den Graben der Neustadt zu ziehen, abgebrochen werden"[51]. Die entsprechenden Ländereien gehörten zum Besitz des Erzbischofs, des Domkapitels und anderer kirchlicher Einrichtungen; die Streitigkeiten um die gleichsam enteigneten Grundstücke wurden erst im Stader Vergleich von 1654 mit Schweden als Rechtsnachfolger beigelegt. Der Emder Rat beschloß am 16. Mai 1615, daß man keine Häuser außerhalb der Festungswerke „leitten konte"; es könne geschehen, daß alle, die noch stünden, abgeräumt werden müßten[52]. In den noch erhaltenen Kämmereibüchern finden sich Ausgabenposten über Landankauf, nicht immer ist allerdings ersichtlich, für welchen Zweck dieser erfolgte. Fragen der Entschädigungen, Bewertungen oder Enteignungen werden manche Auseinandersetzung zwischen den Regierenden und den Grundeigentümern ausgelöst haben.

Doch auch sonst brachte der Festungsbau manche Unbilden für die Bewohner mit sich. Keine der Städte konnte umhin zu versuchen, einen Teil der benötigten Gelder über Sondersteuern, seien es Graben- oder Wallgelder, Mehrbesteuerung von Waren und Vermögen und ähnliche Abgaben zusätzlich einzutreiben. Wiederholte Erhöhungen, die bei dem Kostenaufwand der großen Neuanlagen nicht ausblieben, führten wie in Bremen zu Verärgerung und zu allgemeinen Verzögerungen durch die Bürgerschaft, fehlgeleitete Gelder konnten wie in Lüneburg politische Konsequenzen nach sich ziehen. Zu den besonders unbeliebten Maßnahmen von Räten und Bürgerschaften gehörten die Fronarbeiten, die von den Einwohnern verlangt wurden. Gegen geringes Entgelt hatten sie Schanzarbeiten zu leisten, von denen sich vermögende Bürger freikaufen konnten. Die Stellung von Ersatzkräften war mancherorts zulässig, was zu Mißbrauch führte; auf den Baustellen sah man Alte, Kinder, Arbeitsunfähige oder -unwillige. Der Hamburger Senat sah sich 1621 gezwungen, Leistungsvorgaben für die zu erbringenden Schanzarbeiten zu erlassen: je Bürgerkompanie waren in einer Woche zwei Ruten Länge und Breite sowie vier Fuß tief Erde aus dem Graben auf den Wall zu bringen, das sind etwa 100 Kubikmeter, die darüberhinaus noch verteilt, festgestampft und eingeebnet werden mußten[53]. Der Einsatz von Soldaten, die sich durch Schanzarbeiten gerne ein Aufgeld zu ihrem Sold verdienten, spielte dagegen in den genannten Städten, im Gegensatz zu Garnisons- oder Residenzstädten, keine große Rolle, da die Zahl der Söldner möglichst gering gehalten und erst im Ernstfall aufgestockt wurde. Lediglich in Emden, das als Garnisonsstadt gelten konnte, wurden niederländische Soldaten zum Schanzen miteingesetzt.

Die Quellenlage läßt nur sehr bedingt die genauen Beweggründe der Städte für ihre Entscheidung erkennen, mit der Modernisierung ihrer Festungsanlagen früher, später

[50] S. Anlage 7, S. 4.
[51] StA B, 2-P.3.A.2.b.
[52] StA Emd, Diarien IV.4, S. 178.
[53] Bocklitz, S. 140.

oder gar nicht zu beginnen. In die Diskussion wird eine Vielzahl der Faktoren, die oben angesprochen wurden, in unterschiedlichster Weise Eingang gefunden haben. Einer der Hauptgründe, sich dem Zustand der Verteidigungsanlagen zuzuwenden, wird eine äußere Bedrohung gewesen sein. Ohne diesen Druck war keine Bürgerschaft von der Notwendigkeit dieser gewaltigen Investitionen zu überzeugen. Eine Fehleinschätzung der politischen Situation, wie sie die Hundertmänner für Rostock 1624 durch Verweigerung eines Baubeginns entsprechend der Valckenburghschen Planung bewiesen, konnte für eine Stadt verheerende Folgen haben. Die erwähnte Auffassung des Lüneburger Bürgermeisters Leonhard Elvers zeigt, daß auch Grundsatzerörterungen über den Wert einer Festungsanlage geführt wurden; nicht alle Bürger teilten die Auffassung, daß es der Stadt und ihnen selbst zum Vorteil gereiche, sich im Ernstfall verteidigen zu müssen. Einige Hinweise zeigen, daß auch über die Konstruktionsmerkmale der vorgelegten Planungen kontrovers diskutiert wurde: In Ulm stellt das Memorandum (Anlage 7) offenbar ein ‚Gegenpapier' zu solchen Einwänden dar, und in Kellers zeitgenössischer Chronik spiegelt sich die Heftigkeit der Auseinandersetzungen wider. In Rostock zeugen die planerischen Weiterentwicklungen Valckenburghs von kritischer Betrachtung durch Rat und Bürgerschaft, und in Hamburg muß es dem erwähnten Brief des Ingenieurs vom 9. Mai 1624 zufolge Versuche gegeben haben, durch Verzicht auf das Hornwerk an der Elbe ein abweichendes Verteidigungskonzept durchzusetzen oder schlicht die Kosten für den Festungsausbau zu senken. Lediglich aus dem Ergebnis der Nichtausführung der von Valckenburgh vorgesehenen und durch Ratsbeschluß 1617 verfügten Stadterweiterung jenseits der Donau ist auf eine Grundsatzdiskussion in Ulm zu schließen. Bereits während der Planungszeit hatte es erhebliche Einwände aus verteidigungstaktischen Überlegungen gegeben, doch ist nicht auszuschließen, daß der eigentliche Grund für die Unterlassung in der demographischen Entwicklung Ulms zu suchen ist.

Das führt insbesondere bei den Städten, bei denen Valckenburgh im Zuge seiner Planung eine Stadterweiterung vorgesehen hatte, zu der Frage, inwieweit die Bevölkerungsentwicklung und die sich daraus ergebenden Einwohnerdichten ganz allgemein einen Einfluß auf die Entscheidungen zur Ausdehnung der geschützten Stadtfläche genommen haben. Mehr als die Maueranlagen des Mittelalters beschränkten die Bastionsbefestigungen die räumlichen Ausdehnungsmöglichkeiten und damit einen kontinuierlichen, an der Bevölkerungszunahme ausgerichteten Flächenzuwachs einer Stadt. Um bei einem Anstieg der Einwohnerzahl und der daraus entstehenden Enge in der Stadt eine Zunahme der sozialen Spannungen zu vermeiden und weiterem Zuzug nicht grundsätzlich Einhalt gebieten zu müssen, waren die Räte gezwungen, Erweiterungen in Betracht zu ziehen. Andererseits war die Einwohnerentwicklung vieler Städte rückläufig, auch konnte mancherorts der Bevölkerungszuwachs durch ausreichende Baulandreserven innerhalb des Festungsringes problemlos aufgefangen werden[54]. Ein

---

[54]S. beispielhaft MECHTHILD SIEKMANN: Die Stadt Münster um 1760. Eine räumlich-statistische Darstellung der Bevölkerung, Sozialgruppen und Gebäude, Münster 1989, (Siedlung und Landschaft in Westfalen 18), S. 93, schreibt: „bei einer Dichte von 126,7 E/ha [scheint] die Stadt über ausreichend Wohnraum verfügt zu haben; darauf deuten leerstehende Häuser und das trotz behördlicher Hilfe so lange als Ruine liegende Martini-Viertel hin. Auch sind keine Bestrebungen bekannt, das ungenutzte Überschwemmungsgebiet des Aa oder andere Freiflächen der Bebauung zugänglich zu machen". Ähnlich BERNHARD SICKEN: Residenz und Fortifikation. Politische, soziale und wirtschaftliche Probleme der barocken Neubefestigung Würzburgs, in: Beiträge zur Geschichte der frühneuzeitlichen Festungs- und Garnisonsstadt, S. 124-147;

Anhaltspunkt für die in den Städten angetroffenen Verhältnisse ist aus der Einwohnerzahl/Hektar (E/ha) zu ersehen. Ein Vergleich der Einwohnerzahlen und der Dichten für die neun ‚Valckenburghschen' Städte zeigt, bei aller Vorsicht, die gegenüber der Zuverlässigkeit des aus der ‚vorstatistischen Zeit' stammenden Materials selbst und angesichts nur schwer zu bewertender Einflüsse von Kriegen oder Epidemien geboten ist, folgende Entwicklung[55]:

Tabelle 2: Entwicklung der Einwohnerzahlen (in Tausend)

	1450	1550	1600	1650	1720
Lüneburg	(14)	13	14	12	10
Hamburg	(14)	19	40	60	80
Bremen	(20)	15	(20)	25	27
Braunschweig	(17)	16	(16)	16	21
Lübeck	22	26	23	31	20
Rostock	11	13	15	16	11
Emden	(5)	5	15	15	9
Ulm	13	19	21	14	15
Stralsund	(13)	13	(11)	10	(9)

Ablesbar ist, daß zu der Zeit als Valckenburgh seine Tätigkeit aufnahm, Hamburg, Bremen und auch noch Lübeck und Rostock an Bevölkerung gewannen, Emden und Braunschweig stagnierten, und die Zahlen von Ulm und Stralsund abnahmen. In den darauf folgenden Jahrzehnten gab es eine Trendwende in Lübeck durch starke Verluste, auch Rostock und Emden verloren Einwohner, Bremen, Ulm und Braunschweig verzeichneten einen Zugewinn und Hamburg wuchs überdurchschnittlich weiter.

Diese Bevölkerungsverschiebung veränderte bei gleichbleibender Grundfläche zwangsläufig die Einwohnerdichte, wobei nicht berücksichtigt werden kann, ob und in welchem Umfang in den Zahlen Ansiedlungen vor den Wällen enthalten sind. Wie sich das Bild in den behandelten neun Städten zwischen 1600 und 1720 darstellte und zum Teil auf Grund der Erweiterungen im Zusammenhang mit der Neuanlage von Befestigungswerken durch Valckenburgh entscheidend veränderte, zeigen die folgenden Zahlen[56]:

S. 132: „sie [die Einwohnerdichte] stieg dann bis gegen Ende der [17]80er Jahre auf ca. 158 Menschen an, womit man weit von einer Überbevölkerung entfernt war".

55 Die Quellen sind in den einzelnen Kapiteln genannt. Ferner bei Werner Spiess: Braunschweig, in: Keyser, Niedersächsisches Städtebuch, S. 42-51, hier S. 45; bei Fritz Adler: Stralsund, Stadtkreis, in: Keyser, Nordostdeutschland, S. 244-247, hier S. 244. Zahlen in () sind Interpolationen.

56 Größen für Braunschweig und Stralsund eigene Ermittlungen. Es muß noch einmal darauf hingewiesen werden, daß die Zahlen wegen ihrer Ungenauigkeit nur Tendenzen anzuzeigen vermögen. Auch die ha-Angaben sind wegen ihrer unterschiedlichen Ausgangskriterien nicht immer exakt vergleichbar. Die sehr genau erscheinenden E/ha-Zahlen ergeben sich rein rechnerisch aus den Ausgangsdaten. – Hier schließt sich das Desiderat an, eindeutige Definitionen für die Nutzflächenberechnung einer Stadt zu erarbeiten.

Tabelle 3: Entwicklung der Stadtflächen und Einwohnerdichten

um das Jahr	1600		1650		1720	
	ha	E/ha	ha	E/ha	ha	E/ha
Lüneburg	84	167	84	143	84	119
Hamburg	138	291	249	241	342	266[57]
Bremen	65	307	129	194	129	209
Braunschweig	66	242	66	236	66	318
Lübeck	110	205	110	282	110	182
Rostock	71	210	71	219	71	155
Emden	49	307	83	180	83	108
Ulm	67	316	67	209	67	224
Stralsund	47	232	47	211	47	191

Die Städte der frühen Neuzeit wuchsen, wie alle einschlägigen Untersuchungen zeigen, durch Einwanderung, nicht durch Geburtenüberschuß[58]; das bedeutet, daß die Anziehungskraft einer Stadt sich in wachsenden Einwohnerzahlen widerspiegelte und umgekehrt Bevölkerungsverlust auf abnehmende politische und wirtschaftliche Bedeutung schließen läßt[59]. Unter Berücksichtigung dieser These ergibt eine Analyse der Zahlen:

- Die an Bedeutung gewinnenden Städte – Hamburg und Bremen – wiesen sehr hohe Einwohnerdichten auf und entschlossen sich, den Ausbau der Verteidigungsanlagen gleichzeitig zur Erweiterung ihrer geschützten Stadtflächen zu nutzen. Sie setzten auf die Bewahrung ihrer Unabhängigkeit und waren bereit, sich erforderlichenfalls zu verteidigen; ihre beständige, ja wachsende Wirtschaftskraft gab ihnen das nötige Selbstvertrauen und die Mittel, den Aufwand zu finanzieren.
- Diejenigen Städte, deren Bevölkerungszahl abnahm beziehungsweise stagnierte, deren politischer Einfluß und wirtschaftliche Stärke sie jedoch aus dem Kreis der unbedeutender gewordenen Reichs- und Territorialstädte heraushob – Ulm und Lübeck –, bauten ihre Wälle zwar um, vergrößerten jedoch ihre geschützte Stadtfläche nicht. Wie das Beispiel Ulm zeigte, war die Einwohnerzahl allein nicht ausschlaggebend für wirtschaftliche Stärke. Die Umstrukturierung des Gewerbes hatte Abwanderungen zwar nicht vermeiden können, doch war die Stadt wohlhabend genug, um die erforderlichen Finanzierungsmittel für den Ausbau aufzubringen. Wenn die Stadt trotz ihres Beschlusses die Valckenburghsche Planung, die eine Erweiterung vorsah, nicht voll umsetzte, wird sie letztlich keine zwingende Notwendigkeit für eine Ausdehnung gesehen haben. Die Einwohnerdichte Lübecks lag, von der vorübergehenden Spitze um 1650 abgesehen, an der unteren Grenze der Dichteskala, keine der Planungen sah eine wesentliche Erweiterung vor, und wenn aus dem späten Einsetzen der eigentlichen Befestigungsarbeiten auf die Furcht vor

[57] Eigene Ermittlung. Fläche einschl. St. Georg mit 93 ha, das 1679/82 in mit einem Festungsring versehen wurde. Die E/ha-Zahlen bei Ilse Möller, S. 47, sind zu korrigieren.

[58] S. hierzu und dem Folgenden Schilling, Städte, S. 10; Ennen, Mitteleurop. Städte, S. 3; Heinrich Reincke: Bevölkerungsprobleme der Hansestädte, in: HGBll 70 (1951), S. 1-33, hier S. 8 u. 12.

[59] Auf die in der jüngeren historischen Forschung gefundene dreidimensionale Definition der Urbanisierung – demographisch, struktural und im Verhalten – kann im Rahmen dieser Arbeit nicht eingegangen werden; s. hierzu Schilling, Städte, S. 56-72.

einer Bedrohung von außen geschlossen werden darf, so muß sich der Rat sehr sicher gefühlt haben.

- Diejenigen Territorialstädte, die an Bedeutung verloren und deren Einwohnerzahlen stagnierten – Braunschweig, Rostock und Emden – oder rückläufig waren – Lüneburg und Stralsund – nahmen von einem sofortigen und grundlegenden Umbau ihrer Befestigungsanlagen Abstand. Es ist anzunehmen, daß sie dem einen oder anderen Verbesserungsvorschlag folgten, insbesondere ihre Ausrüstungen vervollständigten, doch ist dieses im einzelnen nicht nachzuweisen. Ein Ausbau der Festungsanlagen erfolgte bei diesen Städten entweder durch spätere Besatzungstruppen wie in Rostock, Stralsund und auch Emden, oder, wie in Lüneburg und Braunschweig, durch die Landesfürsten nach der Wiedereingliederung in die Territorien. Bis auf Emden, das um 1600 eine der höchsten Einwohnerdichten aller hier betrachteten Städte aufwies, fanden hier keine Stadterweiterungen in Zusammenhang mit dem Festungsbau statt, und sie waren planerisch auch nicht vorgesehen. Zur Frage, ob in Emden die Planung Valckenburghs auf die hohe Dichte oder verteidigungstechnische Überlegungen zurückzuführen war, wurde oben bereits erörtert[60].
- Schließlich wurden die Planungen Valckenburghs dort durchgeführt, wo für die Generalstaaten ein militärisches Interesse vorlag und sie selbst ihre Vorstellungen durchzusetzen in der Lage waren. Es verwundert nicht, daß in diesen Fällen die Ausführung äußerst zügig erfolgte.

Trotz allem ist aus den Quellen nicht eindeutig zu ersehen, ob jenen Städten, die eine Gebieteserweiterung planten, der anwachsende oder erwartete Bevölkerungsdruck als auslösendes Moment für eine derartige Entscheidung war, oder ob die konsequente Verfolgung verteidigungstechnisch notwendiger Maßnahmen diese gleichsam als Nebenprodukt ergab. Belege für Beratungen, die in diese Richtung weisen, fehlen. Eine genauere und vergleichende Analyse zeigt jedoch, daß die Räte und Valckenburgh einer optimalen Verteidigungsanlage Vorrang eingeräumt haben müssen.

In Hamburg waren aus Sicht der Verteidigung die westlichen Geesthöhen ein Schwachpunkt, der durch Anordnung der Bastionen auf diesen Höhen beseitigt wurde[61]. In Bremen bot die Weser wegen der Reichweite der neuen Geschütze und der Gefahr des Trockenfallens oder Zufrierens keinen ausreichenden Schutz[62]; ein Gegner konnte sich am jenseitigen Ufer festsetzen, um von dort aus die Stadt zu beschießen und zu erstürmen. Ein Umbau der flußseitigen Verteidigungsanlagen der Altstadt zu einer Bastionsbefestigung war wegen der unmittelbaren Lage am Fluß nicht möglich, so daß die Verlegung der Verteidigungslinie vor das jenseitige Ufer die erfolgversprechendste Lösung darstellte. Für Ulm ergab sich durch die Lage an der Donau eine ähnliche Situation; sie wurde dort durch die vor der Stadt liegende Donauinsel noch erschwert[63]. In diesen Städten führten die Planungen zwangsläufig zu einem Festungsring auf dem jenseitigen Flußufer, der eine Stadterweiterung einschloß. Auf die

---

[60] Die Aussage bei GERTEIS, Deutsche Städte, S. 112, daß „lediglich Reichsstädte [...] aus eigener Kraft umfangreiche moderne Bastionärsbefestigungen anlegen" konnten, ist zu modifizieren. Voraussetzung war eine erhebliche Wirtschaftskraft, die Anfang des 17. Jahrhunderts nur noch wenige Städte aufzuweisen hatten. Die Stellung als Reichsstadt war dafür nicht maßgebend; s. auch STOOB, Stadtbefestigung S. 48.

[61] S. S. 47 dieser Arbeit.

[62] S. S. 57 dieser Arbeit.

[63] S. S. 92 dieser Arbeit.

Sondersituation Emdens wurde hingewiesen; dort tritt der Vorrang der militärischen Belange noch stärker in den Vordergrund[64].

Daß diese verteidigungstaktischen Überlegungen maßgeblich waren, zeigen die Planungen für Lübeck und Rostock. In Lübeck hatte man die Trave schon in der zweiten Hälfte des 16. Jahrhunderts mit der Rondellbefestigung ohne wesentlichen Zugewinn an gesicherten Flächen nach Westen übersprungen – hier können also nur verteidigungstechnische Gründe den Ausschlag gegeben haben (s. Pläne 4 u.5). In Rostock verzichtete Valckenburgh auf Festungswerke jenseits der Warnow, weil diese vor der Stadt eine Breite von 600 m erreichte und zunächst Sicherheit versprach (s. Pläne 6 u. 8). Die Errichtung der Forts auf der westlichen Rheinseite vor Emmerich und Rees (s. Pläne 26 u. 27), die allerdings nicht von Valckenburgh geplant worden sind, erfolgten ausschließlich aus militärischen Gründen; in beiden Fällen wird neben der zusätzlichen Sicherung der Städte auch die des Durchzugsgebietes von den Niederlanden nach Jülich eine Rolle gespielt haben.

Im Zusammenhang mit der Stadterweiterung darf nicht übersehen werden, daß mit Ausdehnung des Befestigungsringes mehr Verteidiger erforderlich wurden, die sich in den Bürgerstädten mehrheitlich aus den Einwohnern ‚hinter dem Wall' rekrutierten. Eine Stadterweiterung erforderte also zur Sicherstellung der Verteidigung eine zügige Besiedlung. In Hamburg stellte sich dieses Problem theoretisch nicht, da ein Teil der neu befestigten Stadtfläche bereits zu Beginn der Arbeiten bebaut war und die Bevölkerung der Stadt im Mittel um 400 Einwohner/Jahr zunahm; die Ansiedlungspolitik des Senates führte allerdings zu vorübergehenden Schwierigkeiten[65]. In Bremen warf die schleppende Besiedlung zunächst Probleme auf[66]; ob in Ulm der Verzicht auf die Erweiterung durch diese Überlegungen mitbeeinflußt wurde, könnte zumindest aus der Argumentation der Gegner Valckenburghs geschlossen werden[67].

Nach dem Gesagten ist davon auszugehen, daß die Verteidigungsbelange das entscheidende Moment für einen Beschluß zur Durchführung der Valckenburghschen Planung waren. Die sich daraus ergebenden Stadterweiterungen erlaubten, die durch hohe Einwohnerdichten und -zuwächse auftretenden Probleme zu entschärfen; sie konnten jedoch auch zu zusätzlichen Schwierigkeiten führen.

Die Bedeutung Valckenburghs wurde naturgemäß in denjenigen Städten am deutlichsten sichtbar, in denen seine Planungen durchgeführt wurden. Dort ist die fachliche Qualifikation und der persönliche Einsatz nicht nur theoretisch zu fassen, vielmehr ist dort der Maßstab für die Bewertung seiner Arbeit die Bedeutung, welche den Befestigungsanlagen im weiteren Verlauf der Geschichte dieser Städte zuzumessen ist. In der Forschung wird der Nutzen der Bastionärsbefestigungen häufig abwertend beurteilt; so hätten sich die Anlagen von Hamburg, Bremen und Lübeck „zum Glück in keinem Ernstfall zu bewähren" brauchen[68], auch „hätte sich das viele Geld, das man in die schönen Festungen verbaute, [...] kaum gelohnt"[69]. Diese und ähnliche Aussagen verwechseln Ursache und Wirkung, oder sie sind in dieser Form historisch falsch. Die

---

[64] S. S. 101 dieser Arbeit.

[65] S. S. 54 dieser Arbeit.

[66] S. hierzu Lührs, S. 39.

[67] S. S. 91 dieser Arbeit.

[68] Soenke, S. 35.

[69] Ennen, Mitteleurop. Städte, S. 15. Dagegen ist vom Wert der Festungsanlagen auch Stoob, Stadtbefestigungen, S. 47, überzeugt.

Feststellung, daß eine Stadt nicht angegriffen wurde, kann nicht im nachhinein die Aufwendungen für den Ausbau der Befestigungsanlagen als Fehlinvestitionen uminterpretieren. Diese Städte sind von feindlichen Angriffen verschont geblieben, weil die Stärke ihrer Festungsanlagen einem Gegner keine ausreichende Chance für eine Eroberung ließ; dort, wo eine Belagerung stattfand, wie in Bremen, mußte der Angreifer sehr schnell die Nutzlosigkeit dieser Operation erkennen. Es lag darüber hinaus im Wesen der Hansestädte, ihren Handel in Krieg und Frieden zu sichern und zu versuchen, nicht in bewaffnete Auseinandersetzungen verwickelt zu werden; ihre Politik hatte zu Beginn des 17. Jahrhunderts defensiven Charakter. Die Befestigungen hatten ihren Zweck dann erfüllt und die aufgebrachten Mittel waren dann gerechtfertigt, wenn ihre abschreckende Wirkung einen Gegner vom Angriff oder einer langwierigen Belagerung abhielt. Im Schutze dieser Befestigungen konnte sich Bremen im Dreißigjährigen Krieg und in den folgenden Kämpfen gegen die Schweden behaupten[70]; Hamburg sicherte sich seine Neutralität, die Truppen Tillys und Wallensteins hielten respektvollen Abstand von der begehrten Stadt, die unter dem Schutz ihrer Bastionen „einer der großen Nutznießer jenes Krieges" wurde[71]; Lübeck ist zu keiner Zeit direkt angegriffen worden, wenn es auch – wie alle Städte – durch die Störung seines Handels durch andere Maßnahmen verwundbar war[72]; Stralsund trotzte dem Ansturm Wallensteins, obwohl die Befestigungen noch nicht modernisiert waren, und ob Tilly die Stadt Magdeburg, wäre sie durch eine moderne Bastionärsbefestigung gesichert gewesen, hätte überrennen können, muß zwar Spekulation bleiben, darf jedoch zumindest als fraglich gelten[73].

Bei der Beurteilung des militärischen Nutzens von Festungen darf zwar nicht übersehen werden, daß es Beispiele geringer Effezienz oder völligen Versagens bei der Erfüllung der zugedachten Aufgaben gab; hier wäre jedoch im Einzelfall zu untersuchen, worin die eigentliche Ursache dafür lag. Unwirksame Kleinfestungen, ungenügende Ausrüstung oder militärisches Fehlverhalten dürften ebenso anzuführen sein wie im Grundsatz verfehltes regionales Verteidigungskonzept. Friedrich Kahlenberg ist darin zu folgen, daß die Defensive dem politischen Konzept insbesondere der mindermächtigen [Reichs-]Städte entsprach, und Verteidigungsanlagen angesichts begrenzter Mittel noch immer den besten Schutz versprachen[74].

Der Wert der Festungsanlagen wurde auch nicht dadurch geschmälert, daß die Städte im Falle einer Bedrohung im Vorfeld versuchten, Angriffshandlungen durch

---

70 Lührs, S. 45. So auch Bocklitz in seiner Rezension zu dem Aufsatz Soenkes, in: ZHG 61 (1975), S. 134.

71 Hans-Dieter Loose: Die Bedeutung des Festungsbaues 1616–1626 für Hamburgs Stadt- und Hafenentwicklung im 17. Jahrhundert, in: Jürgen Ellermeyer u. Rainer Postel (Hg.): Stadt und Hafen. Hamburger Beiträge zur Geschichte von Handel und Schiffahrt, Hamburg 1986, (Arbeitshefte zur Denkmalpflege in Hamburg 8), S. 54-57, hier S. 55.

72 Grassmann, Geschichte, S. 448ff.

73 Über die Entwicklung der Magdeburger Festungsanlagen sind Einzelheiten nicht bekannt. Die großen Zerstörungen 1631 und 1945 haben kein Quellenmaterial in den dortigen Archiven hinterlassen. Es ist auch aus sonstigen Schriftstücken kein Hinweis vorhanden, der auf einen Besuch Valckenburghs in der zu den korrespondierenden Hansestädten gehörenden Stadt schließen läßt. Der Wiederaufbauplan des damaligen Bürgermeisters, Otto von Guericke, von 1632 zeigt keinerlei Ansatz einer Bastionärsbefestigung, was zu der Vermutung Anlaß gibt, daß die Stadt sich mit dieser Manier nicht auseinandergesetzt hat. Der Plan ist veröffentlicht u.a. bei Hans-Joachim Mrusek: Magdeburg, 2. verb. Aufl., Leipzig 1966, S. 97.

74 Friedrich P. Kahlenberg: Kurmainzische Verteidigungseinrichtungen und Baugeschichte der Festung Mainz im 17. und 18. Jahrhundert, Mainz 1963, (Beiträge zur Geschichte der Stadt Mainz 19), S. 117.

Gespräche zu verhindern oder sich durch finanzielle Angebote ‚freizukaufen'; in diesen Fällen wurden die modernen Verteidigungsanlagen und der Wille zum militärischen Widerstand zur wertvollen Ausgangsbasis für erfolgreiche Verhandlungen.

Als Johan van Valckenburgh 1625 im Alter von ungefähr fünfzig Jahren starb, hinterließ er ein umfangreiches Lebenswerk. Er hatte zu einer Zeit seine Arbeit in Deutschland aufgenommen, als die politische Lage im Reich allen Städten eine Entscheidung über ihren zukünftigen Weg abverlangte, oder sie sich in Zwangslagen befanden, welchen sie nicht auszuweichen vermochten. Die reichsten und entschlossensten von denen, die sich an ihn wandten, waren Valckenburghs Vorschlägen zur Verbesserung ihrer Verteidigungskraft im wesentlichen gefolgt; im Schutz der neuen Wälle konnten sie ihre Freiheit einhundertfünfzig Jahre und länger behaupten. Keine der unbedeutender gewordenen Territorialstädte konnte sich auf Dauer dem Zugriff ihrer Landesherren entziehen; die anfängliche, durch die Bündnisse unter den korrespondierenden Hansestädten und später mit den Niederlanden genährte Euphorie wich sehr bald einer gewissen Resignation, deren Ursprung nicht zuletzt in eben dieser sinkenden Bedeutung, aber auch in ihrer rechtlich angreifbaren Position gesehen werden muß. Keine dieser Städte hatte ernsthafte Anstrengungen für eine Modernisierung der Festungsanlagen vorzuweisen. Die Städte im Westen des Reiches spielten eine Sonderrolle; hier lag der Nutzen der Valckenburghschen Arbeit bei den Niederländern, nicht bei den Städten; die Einnahme Jülichs und Rheydts durch die Spanier war, wie gezeigt, nicht der Arbeit Valckenburghs anzulasten.

Die Bastionsanlagen verloren in den letzten Jahrzehnten des 18. Jahrhunderts ihren verteidigungstechnischen Wert. Doch mit ihrer ‚Außerdienststellung' wuchsen ihnen neue, völlig anders geartete und in der Forschung nur ungenügend beachtete Bestimmungen zu. Die Städte verfügten auf einmal über ausgedehnte, in unmittelbarer Nähe ihrer Innenstädte gelegene Landreserven, die sich in ihrem alleinigen Eigentum befanden[75]. In den folgenden Jahrhunderten wurden die städtebaulichen Entwicklungen dieser Städte ganz entscheidend und heute noch klar ablesbar, von diesem Umstand mitbestimmt. Natürlich konnten die damaligen politischen Gremien und konnte Valckenburgh oder einer der anderen Festungsbaumeister die zukünftige Bedeutung dieser nunmehr zur Disposition stehenden Grundstücksflächen nicht voraussehen. Doch sollten bei der Betrachtung der großzügigen Stadtgrundrisse von Hamburg, Bremen, Emden, aber auch der von Wien, Frankfurt und zahlreichen anderen deutschen Städten diejenigen nicht vergessen werden, die einmal die Voraussetzungen für diese Entwicklungsmöglichkeiten schufen.

[75] S. hierzu Alois Bernatzky: Von der mittelalterlichen Stadtbefestigung zu den Wallgrünflächen von heute, Berlin, Hannover, Sarstedt 1960.

II. Itinerar Valckenburghs

Das Itinerar basiert auf den Daten der im Text angeführten Quellen. Zur Erhaltung der Übersichtlichkeit ist bewußt auf die Darstellung der Tätigkeiten verzichtet worden.

1575	um	geboren in Holland
1601	bis	
1603		Unterweserraum
1606	6. Januar	Holland
	18. Januar	Holland
	Februar	Seeland/Bergen-op-Zoom
1609	14. April	Lüneburg
	1. Mai	Lübeck
	8. Mai	Hamburg
1610	bis August	Düren
	Spätherbst	Lübeck
1611	Januar	Düren (?)
	12. März	Bremen
	6.–16. April	Lübeck u. Travemünde
	27. April	Hamburg
	5. Mai	Lüneburg
	7. Juni bis 28. November	Braunschweig
	Ende Juli	Hamburg
	7. September	Braunschweig
	Winter	Holland
1612	14. März	Holland/'s-Gravenhage
	28. Mai	Brabant/Crevecour
	September	Seeland/Vlissingen
1613	22. Februar	Groningen/Bellingwolde
	bis Mitte Mai	Holland
	25. Mai–12. Juni	Lübeck u. Travemünde
	Mitte Juni–Mitte Juli	Rostock
	20. September	Hamburg
1614	Juni/Mitte Juli	Brabant/'s-Hertogenbosch
	ab Mitte Juli	Jülich
	Oktober	Emden
	Winter	Bremen
1615	Anfang Januar	Emden
	ab Mitte Januar	Bremen
	Ende März	Emmerich
	6. April	Emden

	28. April–Anfang Mai	Bremen
	15. Mai	Emden
	27. Mai	Hamburg
	Ende Mai/Juli	Jülich
	23. Juli	Emmerich
	September	Emmerich
	Anfang Oktober	Emden
	Mitte Oktober-Mitte November	Braunschweig
1616	7. Februar	Braunschweig
	19. Februar	Hamburg
	8. April	Holland/'s-Gravenhage
	14. April	Holland/Deventer
	7. Mai	Emden
	25. Mai	Holland
	7. Juni	Hamburg
	Juni/Juli	Jülich
	November	Holland
1617	3. Januar	Hamburg
	31. Januar–Mitte Februar	Ulm
	26. April–28. Mai	Jülich/Rheydt
1618	Anfang des Jahres	Jülich
	13. März–Ende April	Hamburg
	1. Mai	Lübeck
	Juni	Bremen
	28. Oktober	Hamburg
1619	Juli	Bremen
	September	Dillenburg
	1. November	Hamburg
	Ende November	Ulm
1620	Januar/Februar	Hamburg
	März	Holland u. Jülich
	12. April	Hamburg
	Juni–Jahresende	Hamburg
1621	Februar/März	Ravenstein
	9. März	Holland/'s-Gravenhage
	Mitte März–Mitte April	Hamburg
	15. Mai	Leerort
	Juni/Juli	Hamburg
	2. Hälfte Juli	Lübeck
	August–Oktober	Hamburg
	im Oktober	Lübeck
	Jahresende	Holland
1622	Mai/Juni	Lübeck
	23. Juni	Hamburg
	August	Hamburg

1623	Anfang Februar	Hamburg
	14. Februar	Holland
	Mai/Juni	Holland
	27. August	Bremen
	26. September–18. Oktober	Bremen
	20. Dezember	Hamburg
	Jahresende	Holland
1624	Jahresanfang	Holland
	17. April–10. Juni	Bremen
	16. Juni	Hamburg
	Anfang–27. Juli	Stralsund
	Anfang–18. August	Rostock
	26. August–27. September	Bremen
	28. August	Hamburg
1625	Jahresanfang (März ?)	Bremen
	18. März	Hamburg
	vor 9. Juni (n.St.)	verstorben

III. Dokumente zu Tätigkeiten Valckenburghs

Anlage 1

Eidesformel Johan van Valckenburghs
abgelegt in Lübeck am 1. Mai 1609 vor den Deputierten der konföderierten Hansestädte, ohne Unterschrift (zeitgenössische Kopie des Originals)
StA B, 2-P.2.b.1. und 2-A.5.a.6.a. Nr. 2.

Ich, Johan van Falckenberg, schwere und lobe, das ich den sechs vereinigten Hansestatten, Lübeck, Bremen, Hamburg, Magdeburg, Braunschweig und Lüneburgh, vermöge dero zwischen gedachten statte bestalten Obristen, dem wohlgeborenen Graff und hern, hern Friedrichen Graffen zu Solms, hern zu Minsenberg, Wildenfels und Sommerwaltt, meinen gnedigen hern und myner uffgerichteter bestallung getreuw, hallt und gewertig zu sein, ihr bestes zu wißen und argsten nach möglicheitt werden helffen, auch alß einen getreuwen Ingeniur und kriegsbauwmeister bey vorgemelter statte festungen und gebeuwen, nach alle meine verstande undtt vermugen, das beste rahten, die verhandenen mangell, und wie solche den statten zum träglichsten zu corriegieren und zu endern anzeigen, auch alle unnötige und weittlauffige unkosten dabey, so viell immer möglich verhuten, deßgleichen uff der stätt erfurdern, auff ihren kosten undt ziembliche belohnung, mich bey ihnen einstellenn und auffwartenn; da ich auch ettwas erfahren würde, welches diesen statten sonsten schadlich sein mochte, solches will ich ihnen unvurzüglich vermelden; undt alle dasjenige, myr bey wehrender dieser bestallung anbetrauett wirtt, ich auch von defect, mangell und geheimbnußen vorgedachter stätte und ihrer festungen sehen und erfahren werde, niemanden offenbahren, sondern in gute verschwiegenheitt biß in meiner sterbgruben behalten und jeden in vorgedachter bestallung begriffenen punten getreulich, wie einem redlichen Ingeneur und kriegsbauwmeister gebürett und zustehett, nachkomme.

- Alles getreulich ohn geferde und arglist, so wahr myir Godt helffe und seinem heiliges worth.
- Actum Lübeck in conventu vorgedachter stätt diputierten und abgesandten, den 1ten Mai, A. 1609.

Anlage 2

Memorandum Valckenburghs für Lüneburg vom 29. Mai 1611, mit Unterschrift
StA Lbg, UA b 1609 - 1612, Nr. 5.

„Kurtzer und notwendiger bericht wie man die löbliche Hänse stadt Lüneborch wider die surprinsen zu helffen, und auch sonsten wie die selbige wider gewalt von belagerung zu fortificiren ist.
1. Die weyl zu den mehreres theil der dohren sich befindet, daß keiner zugbrucken seindt, war durch man eines freyen zugang hat zu den pforten, ums die selbige leichtlich zu petardieren, wie angesehen, daß es sich augenscheinlich laß zusehen der hameyen [Zugbrücken] oder cingelen etwan solten konnen verhindern, daß man so geringe zu den dohren nicht kan kohmen. Aber ein feindt findt mittel und wege baldt da durch zu kohmen, umb weytters seine surprinsa ans werck zu stellen.
2. Zol auch rathsam befunden werden, daß man nicht allein zugbrucken für allen dohren macht, sondern auch inwendisch die Oldenbrugger und Lüner Dohren, wolfskuylen verfertigt, die weyl man unverletst ahn die selbige dohren komen kan und allein an jeden dohr nur allein zwey pforten seindt. Sondern soll auch für gut angesehen sein, daß man blend fenstern recht oben die zugbrucken mache, zu jeden dohr ein, und daß zu beyten zeyten von die selbige fensters zwey löcher gemacht werden, durch welche löcher zwey dicke holtzer gesteckt werden, und auf die selbige soll man ein stark brett legen, mit zemliche schwäre steine drauff. Und wan es sich begibt, daß der feindt wil petardieren, und mit seinen schauffbruecken [Schubbrücken] hin über rücken bis zu der zugbrücken, umb zu petardieren, so ziht man die holtzer hin ein und zerbricht da mit des feindt schauffbruecke. Und kan man auf den dohren, dero holtzer bretter und steine etliche in für nahe halten, was wan es sich die not erfürdert zu gebrauchen. Sonsten kan man in aller eyll auch haspelen in die dohren legen, welche auch ein groß impediment is, was die feindt solches un fürsehen findet.
3. Ferners auf den Oldenbrugger Wall zwey traversa oder blendung zu machen, da mit man verdeckt langs den selbig wal gehen kan, sonsten is man von den nahest liegenden berg sehr entdeckt.
4. Item die brustwehren in general innerhalb auf zu setzen mit wasen [Grassoden] und schanssten [Reisigbündel].
5. Item in zeydt der not, wan man sich feindt vermoedet, soll den Ehrbarn Rath auf ein jeden dohr, bey tag und nacht geliches, ein bürger/wacht lassen halten den eines umb den anderen, wie in Niderlant brauchlich ist bey schießpforten, umb die selbige in der not nider zu schlan. Sonsten seindt die selbige vergeefs [vergebens], wan man in der not kein wacht da bey hat, umb der feindt zu precavieren in seine surprinse.
6. Weitters auf den Lüner Wall is man auch gantsch entdeckt von die bergen, so für daß Bardowicker Dohr ligen, umb sich selbst ins obgedachten bergen, zu verblenden soll man langs den inneren kant schants korbe zetsen und auch zwey traversa aud den selbig wal verfertigen.
7. Waß nun anlangt die stadt wider gewalt von belagerung zu befestigen, nach genomen inspektion, so gethan ist nebenst den herrn Jürgen Schomächer, befinde, daß man schwehrlich etwan gewisses auf die piante machen kan, drauff man sich juste sollt willens verlassen, die weyl die selbige nur allein nach den perspect und nicht nach der geometrie in plano gemacht ist.

8. So hab ich der massen eine viziehrung oder abriß drauf gemacht von elff ravelins. Sonsten, wan eine rechte piante von der stadt gemacht were, solte villicht ein ravelin konnen nachgelassen werden. Umb nun die selbige ins werck zu bringen, solte konnen angefangen werden mit die zwey ravelins, gezeichnet mit A und B, die weyl die stadt damit an die selbige sehr schädliche örters erstlich konte flancquiert werden, umb daß an die seite keine streiche [Bauwerk zum Bestreichen mittels Geschützen] ist, die der feindt etwan verhindern kan durch die graben zu komen. Gleychfals auch swischen Spring in gut [Springinut: Name eines Turmes] und das Nie Dohr [Neue Tor], da der feindt auch verdeckt kohmen kan, sondern daß man den graben vertedigen kan, die weyl kein einzige fianka da ist, umb daß durch kohmen zu verhindern.
9. Dar nach solten konnen die zwey ravelins gemacht werden gezeichnet mit C und D. Mit den ravelin D damit soll der Oldenbrugger Wall bis an das Lüner Dohr flancquiert und den graben vertedigt werden, mit dan ravelin C soll von gleychen der gantschen wall bey der zeiten von der Bardowicker Dohr an die eine zeyten biß an fürgemelte ravelin B, an der anderen Zeyten biß an die riviere [die Ilmenau], genannt OW, auch konnen flancquiert werden.
10. Ferners soll man die zwey anfang gezeichnet E und F als nemlich bey das Lünen und Rode Dohr.
11. Weitters solten angefang werden die zwey ravelins gezeichnet G und H.
12. Zum letzten sollen angefangen werden die zwey ravelins gezeichnet J und K und solte man das letste ravelin L das selbige jahr noch konnen verfertigen oder daß nehest komende jahr, so es den Ehrbarn Raht gefällich were. Dise fürgemelte 11 ravelins soll man innerhalb fünff jahr kon-nen algemach auf bauen, alle jahr 2 ravelins tho gleych und daß letste jahr 3 ravelins.

Folget weyters den uberslag, was dises wercx kosten solte

13. Die ravelins zeyndt von 50 Rutten, die facen oder gesichter sind lanck 20 Rutten, die beytten fiancka jeden 5 R.: seindt 10 R. macht zu zamen 50 Rutten. Die graben seindt breidt 48 oder 50 Schuch, tieff 12 oder 14 Schuch, hoch 8 oder 10 Schuch, drauff wert eine brustwehr gemacht von 12 oder 16 Schuch breit, hoch 6 Schuch mit eine trede [Tritt] oder bankett da hinden von 3 Schuch breit und 1 1/2 Schuch hoch, mit eine bedeckte weg oder corridor ausserhalb von den graben, von 24 Schuch breit und die contrescharpe hat eine abdachung von 6 Rutten. Für das werck soll auch ein berm oder fuiß gelassen werden von 12 Schuch breit, damit daß werck te [noch] bestendiger sey.
14. Wan nun die Herrn States Niderlanz solche fortification wercken willen verdingen an einigen wall- oder werckmeistern, dasselbige geschyet onder gewisse condition von beyten seyten. Für ehrst müssen die werckmeisters ins werck tretten, ohn einen einsigen Heller zu entpfangen. Nur allein wan daß werck den halben theil fertich ist, so gibt man ihn ein dritte theil von die gantsche somma da für, daß man ihm das werck verdinget hat. Und wenn es gantsch fertig ist, gibt man ihm den zweytten theil, und wan daß ein monat oder sechs wochen verfertigt geweseen, daß man sehen kan, daß ihe arbeyt bestendig ist, so gibt man ihm den letsten dritten theil. Dan die materialia alß schauffkarg [Schubkarre], schüppen, bretters und harken, so hie zu nottürftich sein, die werden den furgedachten werkmeisters gelyefert. Doch müssen die selbige materialia nach gethaner arbeyt wider uber liefferen, sonsten das jenige, daß sey nicht wider bring, wert ihn den letsten dritten theil abgezogen.
15. Es kan gemeynlichen dergleiche wercken kan gemacht werden, jede ravelin für die sommar von fünff thausend brabantsche Gulden, und kan man, wie furgemelt ist,

die ravelinen 2 in eins jahr machen, soll sich belauffen die 11 ravelins auff 55.000 brabantsche Gulden seindt 24.444 Reichsthaler.

Dato Lunenborch den 29 May 1611
Johan van Valckenburgh
der generale Staten und Ehrbaren Hänse
Steden bestalter Ingenieur

Anlage 3

Memorandum Valckenburghs für Hamburg*
Undatiert, ohne Unterschrift, 1616/17 entstanden
StA H, Cl.VII.Lit.Cc. No. 1 Vol 3a 2, Nr. 26

Conditiones und besteck, worna ein Erbar Rath der Stadt Hamborch willen laten maken eine Steinern Poorten odder Door

Thom ersten soll man leggen up de deepte van de grafft [Graben] eine burry [=berry, Balkenlage] van eeken edder vurrenbalken [Föhrenbalken], de balcken tho 18 Dumen breet und dick 11 edder 12 Dumen an malckandern gelaßt [mit einander verbunden] met trecken tenen [zusammenziehende Eisenklammern]. Darup man sol leggen up elcke Rode [je Rute] twee Kloester [Klafter] holten brede [Bretter], 12 Dumen und dicke 11 Dumen, in malckender gevoegt mit swaliwen sterten [Eisen, die schwalbenschwanzförmig auslaufen], die achter dorch möten scheten, dar man de pillars [Pfeiler] bequemlich upseten kan, achter met een kalff [Querriegel] mede ingevoegt met swalwe sterten und noch stryckbolten [Streichbalken] tüschen [zwischen] beiden ter [zur] brede van 13 steenen. Hierup soll man leggen eicken swalpen [=zwalpen, Balken] von 4 oder 5 Dumen dicke und de woll dicht an malckander gestreken, wol genagelt als ist behoert [wie es sich gehört].

Up diese burrey sal man maken eine muere van 13 steenen anleggen, ter lengte van 7 Roden, 8 Voet, de hochte van de muer umtrent [ungefähr] 46 Voett tot den dulper [=doelpaal, Türpfosten] van de poort, also, dat se up diese hochte sal bliven 6 steenen. De muere bysiden der poorte sal man voorts [sofort] uptrecken ter hochte van 8 Voet und die selve teschluten [abschließen] mit einen kanten steen van klinckert in traß [feuchtigkeitsabweisender Mörtel], also dat se ere cruyn [Mauerkrone] bliven sal 5 steenen dicke und teschluten mit ein hart stücke steen up jeden ordt.

Van deser muer sall man affstecken vluegels tot de kante van de grafft ter brede von de foulßbray umtrent lanck 74 Voet, umtrent hoch 26 Voet. Dese muer sal man anleggen mede [mitten] up eenen rooster, na erforderinge des werckes, van 9 steenen dicke. Diese muer zall man noch inseyden eenen steen, an elcke zide eenen halven steen, van 4 Voet tot 4 Voet, dat de muer sall baven [oben] bliven 4 steenen, und tesluten mit eenen kanten steen von klinkert in traß, und up de örde mit een hart stücke steen.

Noch zall man maeken voor dese faulßbray een burrey na erforderung des werckes langst de gardyn [=gordyn, Kurtine]. Darup sall man setten een muer und oder [unten] anleggen 6 steenen, darauff sal man sniden eenen steen an jeder sidt eenen halven steen,

*Für die Hilfe bei der Übersetzung einiger Fachausdrücke danke ich Herrn Hermann A. Treu von der ‚Stichting Menno van Coehoorn‘, Oisterwijk/Niederlande.

und voort van 3 Voet tot 3 Voet eenen halven steen und sal baven bliven 4 steen, und sal omtrent hoch fallen 9 Voet und tesluten met eenen kanten steen van klinkert in traß, und up jedern ordt een hart stücke steen, und sall omtrent lanck fallen in jeder syde bett in de winckelhaeck [Dreieck] 14 Roden.

Up diese fundament van de voorgaende muer sall man maekken eene poort edder door, und sal langk syn 70 Voet, daran de muere sal wesen 6 steenen dicke. Daraff sall man schniden eenen steen, an jeder seydt eenen halven steen, und de muer sall man maken recht stande 12 Voet hoch, darvan sal bliven 4 Voet onder eckes, und dat noch insniden von 3 Voet tot 3 Voet eenen halven steen, dat de muere sal baven bliven 4 steenen. Und achter jeder muer sal man maken 6 pilars, breet 5 steenen und uts [aus] 4 muer steenen.

Und dieselve poorte sall weydt wesen binnen muere 20 Voet, jeder Voet van 12 Dumen. Darover sal man slaen [schlagen] eenen booch [Bogen] ter dicke van anderthalven steen, und den booch sall man overslaen een halff rondt edder een Italianschen Toch [vermutl. Korbbogen], man dat gut befinden wert. Voort so sal man diesen booch aen werckers [aufbauen] tho der halven hoochte toe voort steeken van den booch, voort so sal man desen booch baven up werckers 3 lagen mit klinkkert in traß gegen dat dorchwaternt [durchregnen].

Voort so sal man maeken an jeder syde eenen pylaster von 3 steenen breet und eenen halven steen uth der muer buten und binnen, onder mit syn basement und baven mit sin pilasters, mit sine Duerbanden und de cappeteren [Kapitelle], und de slachkanten von buten und binnen van harden steen und derselve hö wede [wie der] van den booch, buten und binnen van harden steen. Noch een slachkant van 3 steenen breet und eenen halven steen uth de muer. In denselven booch sal man wachten [vorsehen] een gatt [Loch], dar de schortbalcken [Stützbalken] durchfallen süllen, na erforderings des werckes.

Ende up jedere buten kante van de booch een borstweren [hier vermutl. Auflager] van 4 Voet hooch, een van buten und een van binnen, dick 3 steenen, daer de frieß und eercketraeff [Architrav] in kamen sall. Und over den booch een eercketraff, darum die hoochte sal wesen 8 Dumen und de dickte na behooren [Belieben]. Darup man sal wachten een fries van glaßwerck und minen Herrn wapen edder datum darin, mit einer lyst [Leiste] darbaven van derselven dickte als die eercketraeff. Hierop sal man maken van buten een pyramiden van harden steen na behooren und an jeder eene naelt [= naald, Obelisk] edder einen lowen, als idt minen Herrn believen wert. Und op jedern ende eenen harden steen, dar man de vaelt edder lewen op setten sall.

Noch sall man setten een hueßken [Häuschen] up den binnenkant van den booch, lanck 20 Voet und breet 8 Voet, binnen mueren, und de mueren sal breet wesen anderthalven steen und recht staende 12 Voet. Darup sal man leggen 3 balcken mit 2 strykholten.

Noch sall man maken 2 fluegels binnen den walle, den eenen nar dem Steendoore und den andern na den Spittaler Dore, und sal lanck syn an jeder sydt 8 Roden und hoch 20 Voet. Und under dat anleggens 5 steenen, alsoo dat man insniden sall 2 steenen und een halff, dat se baven sal bliven 2 steen und een halff, und boven tesluiten met eenen kantensteen van klincker in traß, und op jeden ordt een hart stücke steen. Achter dieselve muer sall man maken op jedere Rode eenen pyllarr van 3 steenen breet und 2 steenen uth der muere.

Dit werck sal man wol werckelyk [wirklich] wercken und van buten stryken [streichen], na erforderinge des werckes.

Anlage 4

Memoranden Valckenburghs für Bremen
StA B, 2-P.3.A.1.(29,34,40,43)
1. (29), undatiert, ohne Unterschrift, entstanden 1624

Memorial, waß in zeydt der noth in der stadt Bremen fur materialia zur defention noch bedurftlich seyn.

Ehrstlich 20 thausent pinpallisaden, jeden mit zwei eyserne pinnen versehen. Zwantsich haspels oder friesische reutters. 1000 mandchens oder körbe, funf viertel Fuiß lanck, hoch ein Fuiß, breydt drey viertel Fuß, umb zu zeyt der noht mit erden zu fullen, umb Musquettiern daß sie darneben schießen konnen. 20 eyserne dreggen. 20 pfeurpfannen, 1.000 hantgranaten, 300 große granaten, umb auß den feurmeuser zu werfen. 80 schantzkorbe, 6 Fuiß hoch, 4 1/2 Fuiß ihm diameter. Eine gute anzahl schwalpen, seyndt bretter von 12 Fuiß lanck, ein Fuiß breydt, 4 Daum dick, umb die battereye für den stucken zu machen. Etlich anzahl zaunreyß in vorraht, umb die schießgatter von den stucken zu machen. Die stucken zu versehen mit ihren zugehor von ladenstellen, treckrehpen, stilholten, eyserne und holtzerne stangen, ertzwinden, secrete lanteren oder leuchten.

2. (34), undatiert, ohne Unterschrift, entstanden April 1624

Memorial für den herrn Burgermeister Dietrich Hoyer

Zu berahtslagen, war daß neue thor solle gelegt werden. Item umb die sortien ahnzuordnen, daß man platz laßt umb dieselbighe mitt gewölbe zu versehen.

Das man bey zeytt muiß gedencken, umb stein undt calck zu kauffen, umb jegen den zukumpftighen sommer die thore und gewelbe van den sortien zu mauren, auch holtz zu den neuwen brucken.

Item daß die heuser bey der kleinen Weser mochten in die monat Martii weghgeschaffet werden, ob daß die werckmaistren rings umbher daß fortification werck von den einen ende des Wesers zum anderen mit volck mochten besetzen, umb dasselbighe werck zuschliessen undt also zeyttlich moghe in defention gebracht werden. Als solte nur die borstwehr von doe faulse braye fur ehist rings umb her gemacht werden, so konte man alzeytt der wall mit besser bequemheitt ins werck richten.

3. (40), undatiert, mit Unterschrift, entstanden 1624/25

Memoria voor den Heer President

In den eersten dat zyn E. gelieve te gedencken, dat men den tegenwoordigen [gegenwärtigen] nyeven gracht ter brete van 60 Voeten eenparich [gleichmäßig] 10 oder 12 Voet diepte maekken, om met deselve eerde de borstwehr van de foucebray te maecken unde de resterende eerde sal men brengen op den wal, om die daer mede to verhooghen [dortige Mitte zu erhöhen].

Ten tweeden sal men ordre stellen, dat die huysen affgebroekken sullen moeten worden, alsoo het een noeth wendighe sacke is.

Ten derde sal men moeten gedencken om doe matryalen verdich te hebben als calck unde stenen, om die poorten und sortien mede to maeken.

Ten vierden dat men op alle nootval 10 oft 12 metalen stucken verdich moet houden [halten] met al haer gerietschap, daertoe dinende als swalpen [Bohlen] unde styckhouten tot beddingen [Holzkloben zum Aufschichten], hamen [Zugbrücken], treckrepen

[Zugseile], voorwagen, hefftuch [Hebezeug], wissers [Astwerk], lepels [Kellen ?] etc., omme op het nyew werck te gebruicken.

Ten vyffden sal oock in acht moeten genomen worden, datter bestelt worden een goede quantiteyt mandekens [Körbe], om in tyt van noot die Musquetiers te bebruycken als oock mede een goet getall [Anzahl] schanskorven unde horden [Hürden, Kästen], om by de stucken te bebruycken.

Ten sesten een marckelyck getal Pinpallisaden te maeken unde 15 off 16 friesse Ruyters oft haspels.

4. (43), undatiert, mit Unterschrift, entstanden 1625

Memorial waß auf diesem zukunftigen fruling und sommer anno 1625 wegen der fortification zu Bremen in acht zu nehmen sey.

Zum 1. ist notig, daß die face von dem bolwerck, so auff S.Steffens Werder zu liegen kompt, langst der Weßer auffgemauert werde, auff daß die erde, so man da führen muß, nicht von der Weßer moge abgespület werden. Im gleichen daß daß steinern hobt oder behr [Staudamm] gemacht, dadurch dan der grabe drucken gehalten werden moge.

Zum 2. soll man an beiden seitten von den neuen dohr die seitmauren oder wangen an jeder seitten von der forten 3 Ruten verlengen. Die zugbrucken betreffendt, davon soll die eine auffgehen oder auffgezogen werden. Auff der rechten linie von der fausebraye vor derselben, beßer hinauß, soll eine hamey gemacht und ferner ein wachthauß auff der brucken und dan wiederumb eine zugbrucke, vor dieselbe auch eine hamey furfertiget werden, welche hamey vorn an der einkomst der brucken stehen soll.

Zum 3. soll man betrachten, ob man furß erst mit einer schlechten pforten von holtz sich bey provisie behelffen soll, umb hernacher mit beßerer commoditet ein steinern pforte zu machen.

Zum 4. muß man darauff bedacht sein, das die sortien gemacht werden mussen. Zu deßen behuff muß calck und steine dabey gebracht werden, auff daß man am außgange des monats May darbey arbeiten konne.

Zum 5. muß auch in acht genommen werden, daß die pforte, so aufm Steinwege nach Brinckum lieget imgleichen auch die brukke, so lange werde liegen bleiben, biß man von holtz, calck und steinen provisie gemacht, immittelß soll ein dam durch den graben gemacht werden, umb durch die graben hinauß zu fahren.

Zum 6. ist auch notig, das die face, so in der kleinen Weßer zu liegen komt, mit packwerck von rieß muß gemachet werden.

Zum 7. daß niedergefallen von dem walle betreffent und demselbigen, das auff allen ortern, so gantz darnieder liegt, welchs dan veruhrsachet, daß ehr nicht genug sein abdachen gehabt, dan auff eines iedern Fußeß hohe soll ehr einen Fuß verlieren, und alß dan einen Fuß hoch von erden überfuhren. Denselben soll man mit guter setzerden aufsetzen, alß dan mit einem schweren stampblocke woll niederstampffen und dichte anklopffen, auf das ehr behalte die hohe von dreyviertel Fuß. Alß dan soll man Queck einlegen und mit heusaht besehen, welches man in solcher form continuieren muß, biß daß der wall auff seine behorliche hohe gebracht ist.

Zum 8. daß abdachn, das vom graben an beiden seiten gantz abgespult, muß in der zeit versehen werden und mit guten platten vierecketen decksoden bekleidet werden.

Johan van Valckenburgh

Anlage 5

Memorandum Valckenburghs für Lübeck
Undatiert, ohne Unterschrift, 1611 entstanden
AHL, Walloffizien 6.5

Advys in welcher gestalt man die k. freye Anzee stadt Lubeck wider die hastige anschlege zu helffen und etwan wider eine belagerung zu fortifcieren ist.
Zum ehrsten das neue bolwerck [später Commis genennt] die brustwehr zu volführen, gleych wie die front angefangen sein. Solte auch noch nottdurftich sein, von den neuen bolwerck in zeyt der not biß an der Fischers thurm auf das angefangen ryßwerck ein brustwehr zu machen, eben auf der linie, da die cortina muß kohmen, von etwan 6 oder 8 Schuch hoch und 6 oder 8 Schuch dick, mit ein bancket von 1 1/2 Schuch hoch oder 3 Schuch breit. Umb von den neuen wall biß zum anderen zu kohmen und auch desto besser den tham [Damm], so das wasser im graben helt, zu defendiesren, und imfall die trensche oder brustwehr vom hohen lande entdeckt wehre, soll man die selbige noch behören [höher] traversieren.

[Randbemerkung von gleicher Hand:] Der herr Obriste Leub^{t} fint nöttig, daß man mit disen werck in aller eyll soll vort fahren, namentlich, daß man van das neue bollwerck biß an der Trave das werck schliesst mit ein strekke pallisade und eine brustwehr dahinden und dasselbige bey nacht versehe mit eine guette corps de guarde.

Zum 2. am wasser mühle zwischen den neuen und grossen bollwerck [gegenüber der Dankwartsgrube] ein ravelin zu legen, umb der feindt das approchieren am grossen bolwerck zu verhindern. In welchen ravelin man mit einen kleinen brugsten, von dännen [Tannen] brettern gemacht, kan ein kohmen langs der casematte. Weitters soll man mit die angefangen brustwehr fort fahren, gleich wie an der pallisaden ist angefangen, damit das man bedeckt nach den ravelin und fausa braye von großen bolwerck inschneitten in der zeyt face.

Zum dritten der mourwall, so von grossen bolwerck nach der Holstein dohr gehett, von der casematte längs der opperel [oberen] inzuschneiten bis an der casematte von der roudeht, so für den Holstein dohr lieget.

Solte auch nottig sein, ahm Holstein dohr ein zugbrucke zu machen, die weil die selbige leichtlich zu machen ist, und das man ein oder zwei fenstern verblenden, so oben der brukken respondieret. Zu wissen, das sie verblent werden 2 oder dritthalbe Schuch von der fenster, als das man frey sicher granaten da durch kan werffen.

Zum fünften auf der langen wall die brustwehr innerhalb zu scharpieren und in der fause brayen ein battery zu machen, umb 1 oder 2 feltstuck zu gebrauchen. Item noch in seit der not für den den steinen maur, so für den rondehl bey den Sage hoff liegt, ein ravelin zu legen, umb damit zu verhindern, das man das wasser auß dem graben nicht kan ablaßen.

Solte gleychfals auch nottich sein, für Dammanspforte ein ravelin zu legen, und von den einen ravelin biß zum anderen die erde lang dem graben inzuschneitten, damit das man von den einen biß zum anderen kan gehen, und also ein den anderen hülff und bystant kan leisten.

Zum 7. soll auch nöttig sein ahn der Dröge ein ravelin zu legen, die weil der selbige seitten schädliche höchsten liegen, da ein gans läger nit weit von stats graben kan logieren. Und von dannen biß ahn graben mit approchieren kohmen kan, soll man mit die obbermelte ravelinen den feindt konnen lang aufhalten. Soll auch nottig sein, den steinen maur [Bär], so durch den graben gehett, tieffer in der erde zu wercken, und in zeyt der not die Dröge ab zu brechen.

Zum 8. jegen den mahrstall ahn den boom auf den eck beneden um wall ein brustwehr zu machen.

Zum 9. am Hoxter dohr stehet zu bedencken, das man da keine fortification kan legen, der einiger massen solte defendiert sein. Ursach das alda keine flanquierung zu bekohmen ist, die weil die stadtmauren zu weyt von dannen ligen. Die weyl nur aber das nit geschehen kan, solte gut sein, das man die äußerste pforte solte versehen mit eine starcke pallisade von das eine wasser biß zum anderen, und das ungefehhr 8 oder 10 Schuch von den steinen bolwerck. Solte auch gut sein, das man innerhals den bolwerck ein holtzeren ganck macht, drauf das man Musquettir legen kan, umb die brucke und pallisade zu verteidigen. Und von oben das erden rondehl bis am wasser eine pallisade zu machen, damit das man nit (das Godt verhüte) so den bolwerck ihngenohm wehre, in der fause braye vom selbigen rondehl konte lauffen und alß der wall an allen örten besteig.

Zum 10. zoll die fause bray von den selbig rondehl ringsumb her repariert werden und die brustwehr so weit auslegen, das man die oostface von den steinen bolwewrck kan flanquieren.

Zum 11. wehre auch nöttich, das man auf der tham oder behr beyen Fischers thurm noch etliche felt oder pin pallisaden uber zwerch drauf schläge, damit das man nit hinuber kan kohmen und also der wall zu besteigen.

Zum 12. an der kleinen rondehl, so um Borch wall liget, die schies locher der massen zu volführen, das man zum neheste bey die hameyen bestreychen kan und das selbige mit schanskörben zu verblinden nach behören, wie angeweiesen ist.

Zum 13. ahm selbigen dohr beytter seitten von oben biß am wasser zwerch ab mit feltpallisaden zu schlan und außerhalb den selbig pforten mit einer zug brucken oder innerhalb mit einer wolffskuylen zu versehen, und oben umb den selbig einen holtzen ganck zu machen mitduppelte schwalpen [Bohlen], schusfrey für eine musquet, umb den wolffskuyl zu defendieren.

[Randbemerkung von gleicher Hand:] Der here Obrist Leub[t] fint für rathsam, daß man nicht allein mit den zugbrucken für ehrst, sondern auch mit den wolfs kuylen fort zu gehen und das die zeytmauren von beyden zeyten höher werden gemacht, damit der feindt verhindert wert, das ehr als baldt den wal nicht besteige. Weiters das der Ehrb. Raht in aller eyl die feltpallisaden lassen verfertigen, umb auf örters und platsen lassen schlan, dar es nottig befunden selt werden.

Zum 14. soll auch in zeit der not woll ein ravelin nottig sein fur das Borgh dohr, die weil man gans verdeckt an das dohr kohmen kan.

[Randbemerkung von gleicher Hand:] findt auch herr Obriste, seint gut, daß man in zeyten der noht mit diesen werck sol vort gehen!

Zum 15. ist nöttig geachtet, das in allen dohren und pforten haspels gelegt werden und sollen billig der selbige ein gut anzahl in fürraht gehören gemacht werden.

Item an der Borch dohr sol man beyte seyten von den mauern noch ein swach pallisaden machen, biß zu die tieffe der graben und das von duppelt barchon [?].

[Randbemerkung von gleicher Hand zu den folgenden Sätzen:] Weyters ist bey hern Obristeleut[t] meinen, daß fur obgemelter noch guet gefunden:

Item auch den mauren, so an den Bockenhofe ist und dicht bey der stadt graben sehr gefehrlich ist ab zu brechen.

Weyters auch auf den Muelen wall an stadt der eysen stucken zwey metalen stucken zu setzen.

Anlage 6

Memoranden Valckenburghs für Rostock
Undatiert, ohne Unterschrift, 1613 entstanden
StA Ro, Rat-Kriegswesen 40

1. Advis auf die gelegenheijt der stadt Rostock, umb die selbighe jegen die surprinsen zu versekeren, als auch jegen gewalt von belagerung zu fortifieren.

Die stadt Rostock is von solcher situation, daß sie wegen der höhe lander so sich streckett von den Mullen Thor nach den Steinern Thor, Krepelins Thor und zum letsten am Braemousche Thor bedarff eine gutte defention von flancquierung te hebben.

Doch solte hochnöttich seijn für daß ehrste, die thoren rings um her die stadt zu versehen mit duppelten pforten dar in, die weijl dieselbhige jegen einen hastighen anfall nitt genuch versichert seind; solte derenthalben woll von nötten seijn an etlichen pforten innerhalb den selbighen wolfskuijlen zu machen, welches seind zugbrucken, die inwendich den thoren verfertiget werden; sollen auch muissen in noths zeijt haspels in den thoren geleijt werden, und das nit allein in den lant thoren sondern auch in die wasser thoren, und für das ehest soll nicht allein solchen haspel aber auch wolskuijl in daß Bramousche Thor geleyt und gemacht werden, ursachen halben, daß nur fur den selbigen thor einen cingell oder stakettung ab zu brechen ist, umb auf beijtten zeijtten des wals zu kohmen und sich selbst also drauf lageren, welcher anschlach in aller eijl solte kunnen gethan werden; dar nach sollen solchen obbemelten sachen nöttich sein gemacht an den Mullen Thor, Krepelins Thor, Peters Thor und Stein Thor.

Item soll auch dienstlich und gar von nötten seijn (daß infall man mitt den newen werck noch nitt will anfangen) die Brustwehr, so auf den wallen gants verfallen ist, zu reparíern und auf seine behörliche höhe von 6 Schuch auf zu fuhren mit einer trede oder banckett fur den selbighen von 1 1/2 Schuch hoch und zwey Schuch breitt.

Item alle die Bäume in den graben so woll an die zeijtte des wals als ahn den buijten kant gantsch wegh zu houwen, die weijl dieselibghe daß gesicht in graben gantsch verhinderen; gleijchfals soll auch mit die Bäume gethan werden, so lancx der brustwehr stehen, die weijl dieselbighe so hinderlich seijnd als die anderen, so in den graben stehen.

Noch soll man achtung geben, daß der tham [Damm], so durch den graben gehett bey den middel wall zur aufhaltung des wassers, mit planckwerck werdt gemacht, oben spitz zu lauffend und mit eijsen spitzen drauf gesetzt.

Soll auch weitters gedacht werden, daß man eine eijserne trallie oder gatter werck in das gewelb soll hencken, oder sonsten mit pfahlwerck zu gemacht, dar daß kleyne wasser in die stadt kumpt zwisschen den Steinen und Mullen Thor, die weijl solches in zeijt von nöht voll gefahrlicheijts ist, umb durch den selbighen ohn einighe mühe auf die wallen zu kohmen.

Item sollen die herren noch geliefen the [zu belieben] gedencken, daß sie einen gutten anzahll granaden oder eijserne sprengkugels kauffen liessen zur nombre von 12 oder 1500, wie die zu Lubeck seind, und konnen solche granaden durch den artillerie meister von Lubeck, Mr.Hans Rehewinkel gnant, in Hollant gekauft und prepariert oder zu gemacht werden, welches nit allein gut ist umb resistentz zu thuen, wan der feindt eine pforte oder thor wolte petardieren oder sprengen, umb die zu uberfallen. Aber sie seindt auch gut auf den schiffen zu gebrauchen, so kan auch durch den Mr.Hansen bestelt werden, wan ein Erbaren Raht ein oder zwey stucke in Hollant lassen giessen wolten.

Soll auch nöttich seijn, daß man etliche haspels zur nombre von 25 stuck ließ verfertigen, welche sehr dienstlich seijnd, umb in den töhren zu gebrauchen, alles folgentz die modelle dar von ubergeben.

Umb dan die stadt Rostock zu fortifieren mit roijale [stattlichen] bolwercken, ist eine verzeijchnuß gemacht auf die plante A mit 9 bolwercken, war von die gesichter der bolwercken von einer lengte zeijn als von 26 Rutten oder 312 Schuch; die streickhen oder flancquen seind auch von einer lenghe als von 150 Schuch oder 12 Rutten 6 Schuch, aber die cortinen zwischen den bolwercken seyn auf den ort eine Rutte oder zweij länger dan die ander; das kumpt, umb den töhren auf ihre platz zu behalten, und die weijl dasselbighe keyn streijt in der defention hadt, so kan solchen irregulariteijt eijne gutte flancquierung nit hinderen, dan dieselbighe dran nit gebunden ist, umb zu behalten, daß die pforten oder tohren ein jeder auf seijne respective ort bleijben möghe; die graben sollen breijt genohmen worden auf 160 Schuch, die tieffe soll seijn biß 5 Schuch unden di Warnou, wan sie in sommers zeijt gar nidrich ist. Was weitters von diesen bolwercken zu remonstreren ist ins particulaer, da von ist ein verzeijchnuß gemacht von dreij bolwercken, drin die casematten, faulse braijen und contrescharpe notiert stehen, auch die breitte des grabens und dicke der wälle.

Wan nun aber ein Erbaren hochwijsen Raht resoviert solten seyijn, umb mit eine oder zweij bolwercken dieses oder zu kumpftigen jahrs wolten anfangen, soll hochnöttich seijn, daß man daß bolwerck in die plante mit A verzeijchnett, anfing; imfall man mit zweij bolwercken in einen jahr wolte furtfahren, soll daß ander zeijn, verzeichnet mit B; dar nach C und D, weijtters mit F und E, dar nach G und H und zum letsten mit I zu beschließen.

Was anlangt die unkosten umb solchen bolwerck mit seijne faulse braije, schuß freij fur das canon oder geschutz, die contrascharpe und alles was dar zu von notten ist, soll kosten die Rutte auf 370 Gulden brabantsch oder so viel Marck lubecks; daß bolwerck ist groß in seynen circuijt 75 Rutten, als nemblich zwey facen oder gesichter, ein jeder 26 Rutten, zwey flancquen, ein jeden 12-6, macht 25 Rutten, belauft also ein bolwerk zu kosten auf 27750 Mark lubecks ungefehr. Diß ist zu verstehen, wan es verdingt ist, so muissen dan auch solchen leutten, die daß arbeijt von den herrn verdingen, ihrer materialia selbst verschaffen, als schuffeln und schuffpkarren, brettern und sonsten, was sie anders mehr bedarfen; in Niderlant ist brauchlich, daß sie werden bezahlt den dritten theil ihrer verdingten lohns, wan die helft der arbeijt fertig ist, die 2/3 theil, wan daß werck voln kohmen fertig ist, aber der letste dritte theil, ein monat oder sechs wochen nach date, von daß ihr werck fur gut ist angenohmen.

Stehet weitters zu bedencken, daß man den proiect von neun bolwercken neher an der stadts maur bringen kan, wie in der plante A mit den rotten linien zu sehen ist; dan dasselbighe desseing kan nitt passieren fur eine gutte flancquierung, ursach halben, daß die zweij bolwercken D und G sehr geswecht werden in ihre defention; behalven daß so soll dan, auch der steinen thurmb fur daß Stein Thor ligend abgebrochen muissen worden mit sampt der neue steinen brucke, dar in der Burgerschaft auch grosse verhinderung sollen haben, wegen des wassers, und soll die furgedachte brukke auch abgebrochen muissen worden; auch soll der wall allenthalben an den maur kohmen, solches daß furige desseing fur al menniglich zu preferiern ist.

In zeijt der noht soll man kunnen auf den strant batterijen machen, wie auf der plante zu sehen ist, und drinnen wacht halten, daß man mit keinen boten oder schuijten her uber die Warnou fuhr, umb die wasser thoren zu petardieren und sollen gleich woll in allen töhren bey nacht haspels geleijt werden, wer auch von nötten, die unnödighe thoren zu zu mauren.

Folgett daß desseing mit den ravelins, welche seind wehren, so nitt annex an den wall ligen, dieselbighe seijnd gezeijchent auf die plante B mit zehen ravelins; dan die weijl dieselbighe weijtter hin auß ins feldt streckend und also tieffer in die gartten kohmen, achte nitt nöttich dar von weijtters zu mentionnieren; doch um dieselbighe auf zu bauen, soll fast die helft von die zeijt weijniger zeijn als den bolwercken, da von furgedacht ist, dan sij nur gemacht werden von acht Schuch hoch, drauf wirt eine brustwehr gesest von sechs Schuch hoch, daß macht tho sammen mit den wall 14 Schuch hoch; die dicke des wals ist oben 50 Schuch breitt, die dicke der brustwehr ist 16 Schuch, die graben seind breitt 60 Schuch, tieff 12 Schuch; fur den graben kumpt eine contrescharpe mit einen bedeckten wech, alles wie zu zehen beij den zweij grossen ravelins zu dem ende gemacht, dar ihn jeden stuck apart mit seynen zahl ist abgezeijchnett die lenghe, breitte und hohe, wie van den bolwercken gedacht ist.

Die unkosten belauffen sich auf jeden ravelin ungefehr auf 5440 Marck lubecks, die Rutte wert geschetst auf 80 Marck lubecks; jeden ravelin ist groß 68 Rutten, zwey facen, jeden von 24, jeden flancq oder streijch von 10 Rutten, macht zu sammen 68 Rutten.

2. Memorial in welcher gestaldtt uffs neuw revidiert is, umb die stadt Rostock in defention zu bringen wider eine belagerung, undt waß sunsten dar zu von notten is.

Ehestlyck is nottich, daß die stadt Rostock solle befesticht undt fortificiert werden, als wie zu sehen ist in der plante, dar von ein Ernfester Hochw. Raht ettliche seyndt ubergeben, in solcher gestaldt von wallen, graben, faulsen brayen undt brustwehren, daß dieselbighe wallen hoch oben den feldt oder gemeynen landtboden hoch soll seyn 16 Schuch, oben uff den standt zum weijnichsten breijt 40 Schuch; die faulsen braijen sollen under den lantboden oder meylandt [maaiveld = Wiese] tieff eingesenckt werden 10 Schuch, auß ursachen, daß die faulse braije in die tieffe des grabens desto besser sehen undt flancquieren kan; der wall muiß jeden Fuiz hohe einen Fuiz verliehren zu der abdachung uffgesetzt, angeklopt undt nidergestampt alle 3/4 Fuiz höhe, undt alsdan eine laghe quecken eingelegt undt mitt höysaht woll beseijhett undt dasselbighe continiern biß uff die hohe von 16 Schuch, wie oben vermeldt is; oben uff den selbighen standt soll eine brustwehr von 18 Schuch breijtt, hoch 6 Schuch, oben breijt 12 Schuch, außwerts nach den graben soll ehr hoch seijn 4 Schuch, alles uffgesetzt, gestampt und geklopt, wie vom walle gesprochen is.

Die faulse braije solle vom fuiz vom walle nach dem felde zu breijtt seijn 24 Schuch, welch platz der bedeckte wegk is, umb die stucke zu gebrauchen; fur den selbighen soll ein brustwehr von 24 Schuch dick, hoch 6 Schuch fur die brust, oben breijtt 18 Schuch, auswerts hoch 4 Schuch, innerhalb zu versehen mitt ein banck oder trede [Tritt] von 3 Schuch breijtt undt anderthalb Schuch hoch.

Weijtters soll den werckmeister muissen in acht nehmen, daß die pfäle, so geschlagen seijndt, rechnen soll, daß die selbighe vom landtboden perpendiculariter auß den grundt biß oben uff die lenghe; zu verstehen ist nehmlich, daß 12 Rutten oben muiß gerechnett werden, welche die lenghe der flancq oder epaule is, dar noch die grundt linie oder anlegung vom wall muiß gerechnett werden. Umb die dieselbighe dar nach uff zu fuhren, wie oben dar von gesprochen is.

Item is nottigh, daß man alle daß ryß undt streuche auch bäume, so an beytten zeytten des walles stehen, in den graben undt lancks den kanten des graben sollte abhauwen, dan es das gesicht verhindert, daß man nitt hin auswehrts das gesicht haben kan, auch nicht sehett, waß in den graben solt geschehen konnen.

Is weytters auch in acht zu nehmen, daß man die schußgattern [Schutzgatter ?] oder schutbalcken bijy gelegenheytt ins werck richte, welches ein gantz nutzlich werck is wider die anschlege, daß dieselbighe mitt einen schlag moghe niderfallen.

Auch soll man in gedenck seijn, daß man die landtwehren oder klapgraben, so ausserhalb der stadt umher lieghen, sollė einreijssen oder niderwerffen, uff daß die stadt beij solchen fall drauß keijn unheijll unstehe, wie geschehen beij entsatz der stadt Braunsweich; geschehen dan, der stadt feijndt sich in dieselbighe landtwehren getranchiert undt mitt redoutten dar in verschantst hatte, daß ehr so viel zu leichter die stadt habe dar durch belageren konnen, undt den secours oder entsatz so viel zu schweherer ins werck zu richten gewesen; oder es wehre, daß man versichert wehre, von die landtgesessen in furstenthumb Mekelenburgh, daß sie sich in die landtwehr in zeijtt der noht reterirn woltten, umb dieselbige mitt alle gewaltt zu defendiren, undt daß man ettliche thausent soldaten dar beij hatte zur defension. Sunsten pleybt die fortification der stadt fur sich allein undt diesen argument ist auch fur sich, ob man die soll niderwerffen oder stehen lassen, solt es dafur haltten, das man sie solt niderwerffen oder man muste besser motiven haben, umb dieselbighe stehen zu lassen.

Umb weijtters diese stadts fortification zu defendirn mitt geschutz, so muissen ungefehr 14 halb Carthaunen seyn, nemblich uff die neuwen modo gegossen, dar von jedes schwehr ist 2200 Pfd. kupffer, so 24 Pfd. eysen schiessen; item 16 Quartierstucken, die jeden 12 Pfd. eysen schiessen, jedes wegt 1200 Pfd.; noch 16 stucken, so 6 Pfd. eysen schiessen, schwehr jedes ungefehr 600 Pfd.; noch 18 oder 20 kleijne Draecken, so 3 Pfd. eysen schiessen, jedes wegt 280 oder 300 Pfd.

Umb fur raht [Vorrat] von pulver zu thuen in zeytt der belagerung uff dem monatt zu rechnen aller taghe mit jeden halb Cathaune 10 schuß, jeden schuß mit 6 Pfd. pulver, thuet in drey monatt oder 90 tage auf den 14 Cartaunen,

alle tage 10 schuß	75.600 Pfd.	pulver
Auß den 16 Quartierstucken, alle taghe 10 schuß, jeden schuß ad 3 Pfd. pulver, thuett in 90 taghe	43.200 Pfd.	"
Auß den 16 stucken, so 6 Pfd. eysen schiessen, alle taghe 12 schuß, jeden schuß ad 2 Pfd. pulver, thuet in 90 taghe	51.840 Pfd.	"
Auß den 20 kleyne Draecken, so 3 Pfd. eysen schiessen, jeden schuß ad 1 Pfd. pulver, alle taghe 16 schutß, thuet in 90 taghe	28.800 Pfd.	"
Fur 1500 Musquettieren, jeden taghe 1 Pfd. pulver, thuet in 90 Taghe	135.000 Pfd.	"
Somma	334.440 Pfd.	pulver

Solt auch gantz nottich seijn, daß zweij feurmeuser [Mörser] gegossen sollen werden, umb granaten von 100 Pfd. zwehr zu werffen.

Fur Raht so ins zeughaus gehörig

Zum ersten so viel kugeln zu den stucken, alß schusse zu jeden Stuck in 90 tage vermeldt is / 1500 musquetten mitt ihren bandelier [Pulverbehälter], sturmhauben undt furketten / 1000 spiessen von 18 fuiß lanck / 300 halbe spiessen / 300 springstocken oder verre jagers [weitreichende Lanzen], rustinghen complet mit tassetten [Beinschienen] und sturmhauben / 500 rustinghen oder harnisch, nur allein mitt achterstuck undst furstuck mitt ihren sturmhauben / 25 partisanen [Brustpanzer] / 50 hellebarten / 50 schlagschwehrter uff die neuwe manier. / 50 scheußfreij plastrons [Küraß-Vorderteil] mitt ihren potten [Helmen ?] / 30 trommels / 30 rondassen [Rundschilder] / 200 pampen oder houwers / 300 feur rohr / 200 pahr pistolen / 350 bandelier rohr.

Materialia

500 spaden / 1000 holtzerne beslagen schuppen / 750 gemeijne eyserne schuppen / 150 axen oder beijlen / 300 hant bylen / 50 hypen oder kromme messer, umb rijß zu houwen / 250 hacken / 100 pijlhacken [Pfeilhacken] / 30 stuck bagger gereijtschaft / 20 eijserne handtbäume, umb beij den stucken zu gebrauchen / 50 holtzerne handtbäume, auch beij den stucken zu gebrauchen / 30 eijserne hammers / 400 cordewagens oder schuffkarren / 200 radern in vor raht [auf Vorrat] / 200 spillen in vor raht / 1000 delen oder dannen bretter / 300 sparbalken / 1000 sparren. / 500 mandekens oder körbe fur die musquettier durch zu schiessen / 10 stuck tot blinden, elck von 12 Fuiß undt 6 Schuch lanck / 500 fueren balcxkens / 400 horden oder flaken [Flechtwerk] / 10 blockheyen oder handt rammen / 40 holte hammers / 10 haspels oder friesche reutters / 2000 gespende [angespitzte] palisaden / 8 feuwr pannen mitt kettens / 10 tonnen turckens [Pechtonnen], umb daer in tebranden / 10 secrete leuchten oder lantteren / 5 dreggen [Netze] mit ketten / 50 morghen sternen / 200 lonthorens von bleck, umb die musquettier ihre lonten dar in tho verberghen / 30 haren deckens, umb daß pulver te decken / 50 ledderen emmers / 400 eijcken schwalpen [Bohlen] / 6 bierbäume, umb pulver zu draghen / 6 drach berrien [Tragbahren] / 8 beurssetonnekens / 3 aertwinden / 4 bocken hebzugk, umb die stucken auß undt in die laden zu heben.

Alles daß jenighe, so hir vorn verzeijchnett is, kan beij ein Ernfeste Hochw. Raht vermindert oder vermehrt werden nach gelegenheytt der zeytt undt ihrer beste bequemheijtt, undt solle hochnöttich seyn, umb allen dieses undt sunderlich wegen des giessens sich auß zu kundighen nach einen erfahren gießmeister, so nach der neuwen modo oder manier zu gießen weiß, welches der gießmeister ihm Hagen [Den Haag] meyn bestes wissen umb sechs oder sieben Gulden hollandsch daß Centner verrichten soll.

Sollte noch weytters gantz hochnottich seyn, daß man die burgerschaft zu compagnien vertheilen sollte, under Capiteynen, so die ansehenlichste undt treffelichste undt behertzste burgerpersonen seyn, die Leutenambten naer advenant, die Fendrichen von den geraden jungen patricius, ihre wapen dar durch zu lehrnen hanttieren, wie in Niderlant die manier undt zu Hamburgh schon angefanghen undt ins werck gericht is.

Anlage 7

Memorandum Valckenburghs für Ulm (Auszüge)
Entwurf, undatiert, ohne Unterschrift, 1617 entstanden
StA Ulm, A [1129]

S. 1. „Es ist der statt Ulm umbfang und ansicht mauern so gar irregular und unordentlich, das im dieselbige ohne information und eenderung kain vestungsgebau mag angelegt werden, welches sein regular und ordentlich strich oder defension“.
S. 2. „Dessenwegen ist es viel besser und nutzlicher, das man die pastions dergestalt anlege, das eine der anderen ein gleiches strich gebe, und dazu so geschlossenen strich, als die eckhen der stattmauer leiden mögen“.
S. 4. „[...] weil wegen des springens der steine es kain mensch dabei aushalten konte und dieß auch under den soldaten großen schaden anrichten wurd“, [und] „das die gegenwertige wähl umb die statt herumb [...] viel zu klain, das man recht dickhe brustwehren druff setze (dan dise brüstung gar zu schmahl) und dan noch genug platz dähinder behalt zum geschütz. Wolt und müßte mans dann breiter machen, so müßte man oben vom Glöcklerthor und herab bis zum Rothenthurm allenthalben die heuser wegräumen“.
S. 6. „Dann das man viel oder wenig den bergen zu nahe, hatt nichts zubedeuten, wan man nur nit näher zu den bergen kompt, als [...] uff ein guten musquetenschuß, nämblich 1000 oder 1200 Schuch; und hatt man entgegen in diesen fall das thal nur desto bässer under augen, man dan auch daher den feind desto mehr verwehren, das er sich im thal nit lagere, wan man für die fürmauer hinuß gefahren“.
S. 8. „Der letzte und größte vortheil [der neuen Befestigung] ist, das man der gestalt ringweis herumb die statt mit schönen guten wehren, in guter proportion belegen könt. Do man im gegenspil und wan man an den rückhmauern bleibt, dieses und obgemelter vorteil aller gerathen muß“.
S. 8. „Nun muß ich fernere discursiren vom werckh oder viel mehr von der schantz vor dem Herdpruckherthor. Es lasse sich ansehen, als was das werckh allein zu beschützung des Herdbruckethores daher gebaut worden, endigt dise intention zum bösen, wan dise schantz allein umb viel verbässert wurd, das sie sich und die statt streichen und defendieren möcht. Dann bleibts in der gestalt und wird nite andst befestigt, so griff der feind die statt da ins erste an, eroberts in 3 tagen; hatt er die in, so wirfft er von stund an ein Cavallier oder Katzen uff, damit er die thor und die rechte mauern dran beschieß und niderwerff, die statt öffne und werg [reif] mache zum sturm. Dazu trifft die bruckh. Dan do schohn das eine und nechste joch bei der statt abgeworffen wurd, so wurde doch die abgeschossene stückh von hieren dan platz zwischen der statt und abgebrochen joch wol wider ufffüllen. Eben die gefahr hatt man zu besorgen bei allen thoren mit iren thürm und vorliegenden steinerne bruckh“.
S. 12. „[...] das es viel nützlicher, die oftgedachte schantz vor dem Herdbruckersthor zuberüstigen als abzubrechen, weilen sie über oberweltes auch dazu dienstlich, in der selbig ein klainen hafen machen kan, ettlich nachen und schiff verdeckht darin zu halten, die man in belagerungszeiten in viel weg brauchen kan, als entsetzung damit einzuholen, wan andst der feind kain brückhen oben oder unten geschlagen. Item zu haimlich ussfällen ins feindlager, item zum brief außschickhen und empfahen, da man entgegen an der stattseiten kain bedeckht schiff haben kan. Deswegen haben eben Ir.fl.G.Pfalzgraw zu Neueburg alle visirungen umb Neueburg gesichtet und

latenningen [übertr.: Anlegeplatz] über die Thonau richten lassen, desgleichen hatt auch die statt Bremen uff mein angeben gethan, da doh das wasser daselbst viel braiter und tieffer als hie, die statt Lübeckh deßgleichen".

S. 12. „Zur Verbesserung der berustigung – Zur brustigung nun ietz gedachter schantz und der gantzen wasserseiten muß man wenigsten noch 3 pastionen mit lang cortinen oder wählen nach anlaitung meiner visirungen anlegen, damit die 2 gesichter [Facen] der neuen pasteien insseits der Thonau gelegen, können die gesichter der neuen pasteien, hierseits beim Gensthor gelegen, mit einen musquetenschuß zwischen und also die 4 gesichter in eines das land streichen und vertheidigen".

S. 19 f. „Von den uffrissen oder visirungen – Anlangend mein riß oder visirungen sein dieses: die eine ist so nach an die alte mauren gelegt als möglich, wenig an denselben verendert. Die ander ist zun die führmauer gelegt, mit lauffplatz und wählen und ist hie ebenmessig nichts sonderlichs an der führmauer herumb verändert. Die dritt fehrt an ettlich orten uß, an ettlich bleibt sie uff. Es haben aber alle 3 dis gleiche strichtend defensiones, allein bei der ersten und anden [zweiten] visirung sein die pastei winckhel oder eckh ungleich. Die dritt hatt gleiche eckhen oder winckhel breiden, der pasteien so wol der strich, und das doher, weil der statt umbfang oder die rinckhmauern umb etters verendt [um ettliches verändert] werden. [...] Stehet ietzo bei eines E.Rath, eine uß denselben visirungen zue wehlen, die für gemeine statt an bästen. Nichtsdestominder aber hab ich ein underschied gemacht under die visirungen und ienige mit den buchstaben A bezeichnet, welche die schönste strich und defension hatt. Die bäst hernach mit den buchstaben B und also fortan. Welche nun näher oder weitter von der stattmauern kommen, das gäbe der augenschein".

S. 26. „Von den flanckhen oder den seitten. – Anlangend die seitten an den pasteien hat man in der Niderlanden ietz eine guette zeitt in brauchs gehabt, das man solche an die cortinen gehenckht und kain casa matta darein geschnitten. Wegen der statiken drinnen in solchen orten uff die frontine stätt unglich macht. Drumb hatt mans gantz gelassen, bis man hatt selben belageret werden, wiewol es bisweilen zu spät gewesen, weil kain Ingenier oder Capitan vorhanden, der gewußt hett, wie man die casematten einschneiden soll. [Randnotiz:] Das ist dann ursach, das man hernach wie vorh angefangen und ohr gemacht ins die lange der casa matta bis zu die brustwehr, wie sie sein sollen, aber das ubrig ist alles gefült und uffgefüret und erde so hoch, als das bollwerckh mit der brustwehr ist".

IV. Verzeichnis der Pläne und Planmaterial

1. Konstruktionszeichnungen

Plan 1 Details zum Festungsbau (Abb. 1,3,4,5 nach Werner, S. 111, Abb. 2 nach Schröter, S. 508).

Plan 2 Querschnitt durch Wallanlage nach frühniederländischer Manier entsprechend den Angaben Valckenburghs.

2. Valckenburghsche und zeitgenössische Entwurfspläne

Plan 3 Bremen, Entwurf der Stadtbefestigung von Johan van Valckenburgh, gestochen von Lambert Heixan 1623, Kupferplatte, Nachdruck 1983, StA B, 11. 48.

Plan 4 Lübeck, Entwurf der Stadtbefestigung von Johan van Rijswijck, 1604, Federzeichnung,verschollen. Veröffentlicht bei Rathgens, S. 4.

Plan 5 Lübeck, Entwurf der Stadtbefestigung von Johan van Valckenburgh, 1613, kolorierte Federzeichnung, zeitgenössische Kopie, AHL, Plan IV/164.

Plan 6 Rostock, Entwurf der Stadtbefestigung von Johan van Valckenburgh, 1613, kolorierte Federzeichnung, StA Ro, 3.01.1962; Kopie durch J. Eysten und dort veröffentlicht. (Die Bollwerksbezeichnungen sind gemäß Valckenburghs Plan A, StA Ro 3.01.1955, vom Verfasser eingetragen worden).

Plan 7 Rostock, Konstruktionszeichnung zweier Ravelins von Johan van Valckenburgh, 1613, Federzeichnung, StA Ro, 3.01.1961.

Plan 8 Rostock, Entwurf der Stadtbefestigung von Johan van Valckenburgh, 1624, kolorierte Federzeichnung, LhA Meckl, Plan 121.

Plan 9 Ulm, Entwurf der Stadtbefestigung von Johan van Valckenburgh, 1619, kolorierte Federzeichnung, StA Ulm, Plansammlung (Festungspläne) K 22 L 1.

Plan 10 Emden, Plan der nördlichen Stadtbefestigung von Gerrit Piloot, vermutl. nach Entwurf oder Anleitung Valckenburghs, 1615/1622, Federzeichnung, StA Emd, MS 31, ‚Trifolium Aureum', A, Nr. 24.

Plan 11 a Jülich, Bauaufnahme und Ausbauvorschlag der Zitadellen- und Stadtbefestigung, nach 1614, vermutlich von Johan van Valckenburgh, Federzeichnung, Cliché Bibliothèque de France, Ge D.15936. Veröffentlicht bei Neumann, S. 279.

Plan 11 b Bellingwolde, Verbesserungsvorschlag von Johan van Valckenburgh, 1613, Federzeichnung, R.A.Gr. inventar-nr. 805, Topografisch-historische Atlas, stamm-nr. 1210.

Plan 12 Dillenburg, Bauaufnahme der Schloßbefestigung durch Johan van Valckenburgh, 1619, nach Plansammlung von J. H. Pfau von 1763, veröffentlicht von P. Presber, HStA, Abt. 3011 I, Nr. 2369 H.

3. Stadtansichten — zeitgenössische Kupferstiche und Rekonstruktionen

Plan 13 Lüneburg, Vogelperspektive von Braun-Hogenberg, 1598, Kupferstich.

Plan 14 Lüneburg, Vogelperspektive von Mathaeus Merian, 1654, Kupferstich.

Plan 15 Hamburg, Vogelperspektive von Braun-Hogenberg, 1594, Kupferstich.

Plan 16 Hamburg, Vogelperspektive von Arnoldus Pitersen, 1644, Kupferstich.

Plan 17 Bremen, Vogelperspektive von Wilhelm Dilich, 1603, Kupferstich.

Plan 18 Bremen, Vogelperspektive von Caspar Schultz, 1664, Kupferstich.

Abb. 1: Dürers Rondell-Befestigung

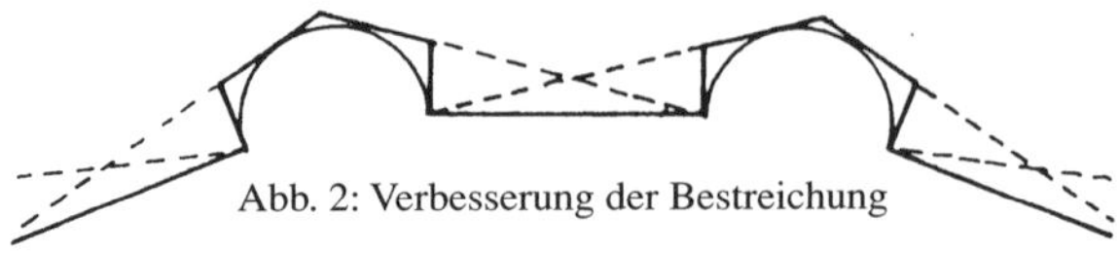

Abb. 2: Verbesserung der Bestreichung

Abb. 3: AltitalienischeManier

Abb. 4: Neuitalienische Manier

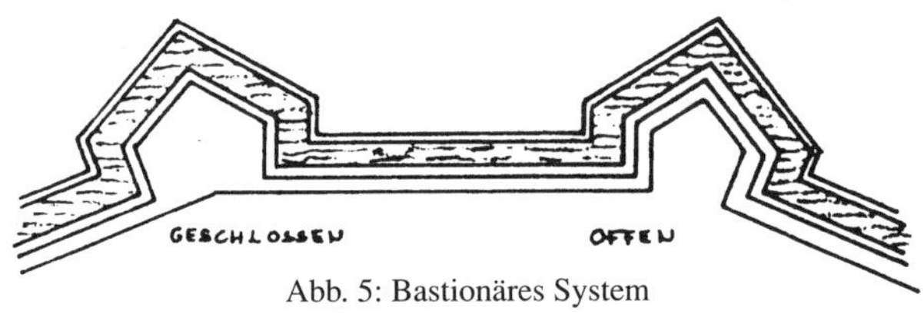

Abb. 5: Bastionäres System

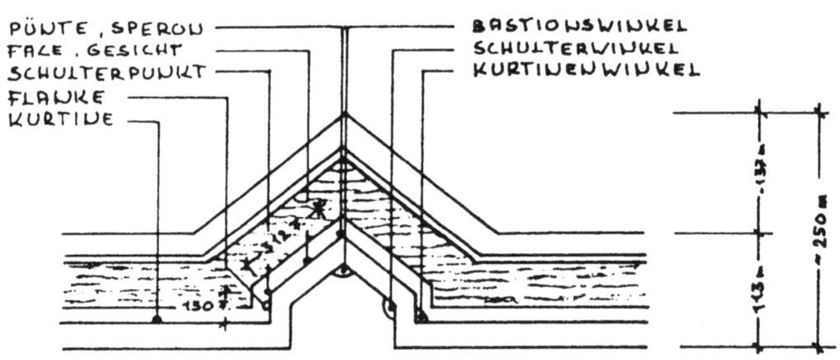

Abb. 6: Bastion (Masze nach Valckenburgh, s. Anlage 6)

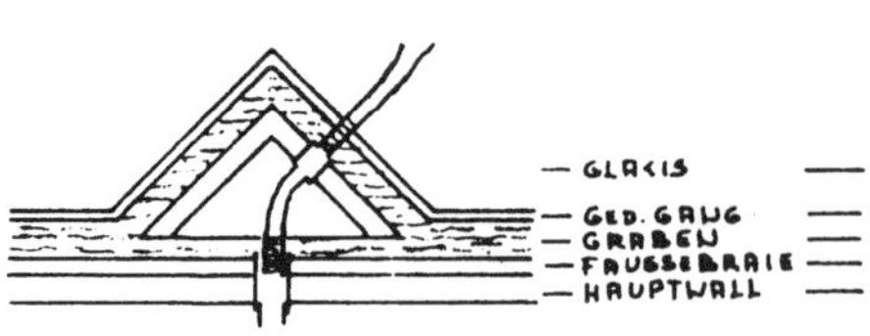

Abb. 7: Ravelin mit Torbau

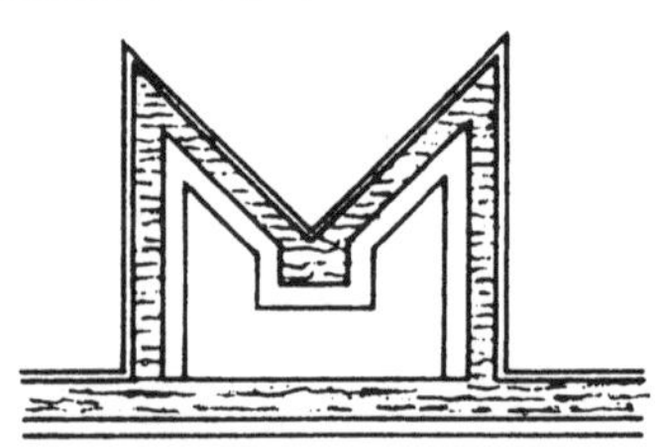

Abb. 8: Hornwerk

Plan 1: **Details zum Festungsplan** - gezeichnet von K.K. Weber, 1992

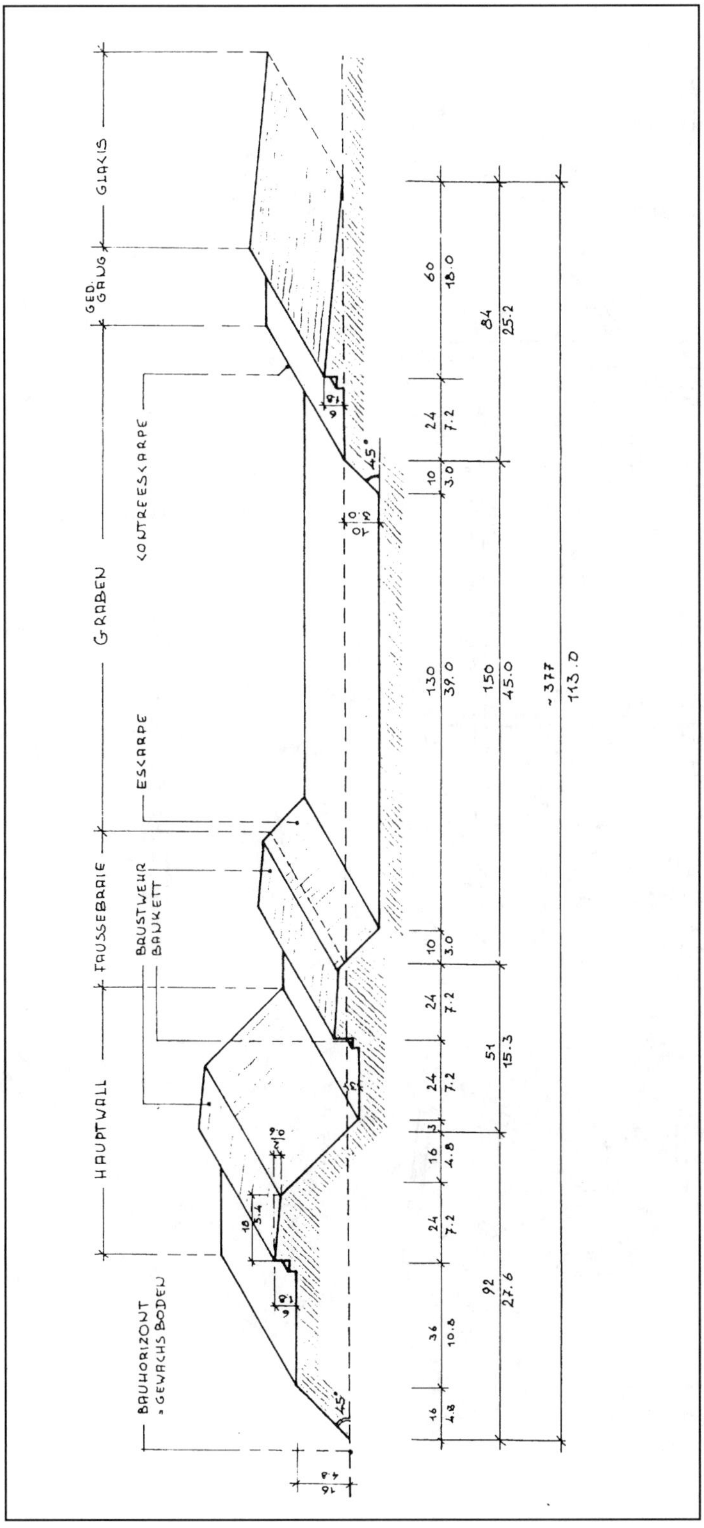

Plan 2: **Querschnitt durch Wallanlage** - Frühe Niederländische Manier
gezeichnet von K.K. Weber, 1992 (Originalsystemskizze Maßstab 1:50 - Fuss : Meter 1F = 0,30m)

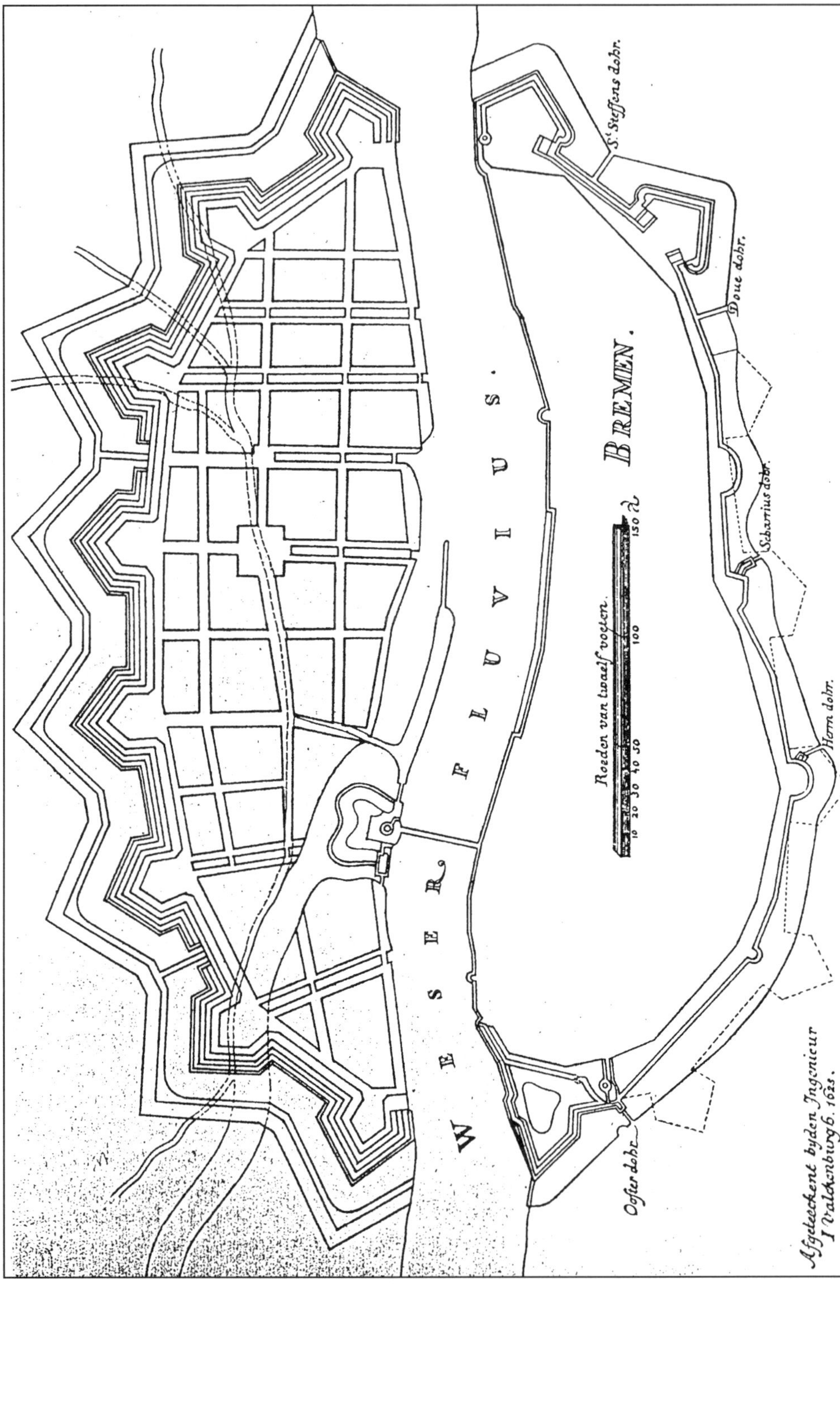

Plan 3: **Bremen** - Entwurf von Johan van Valckenburgh, 1623 - Kupferstich

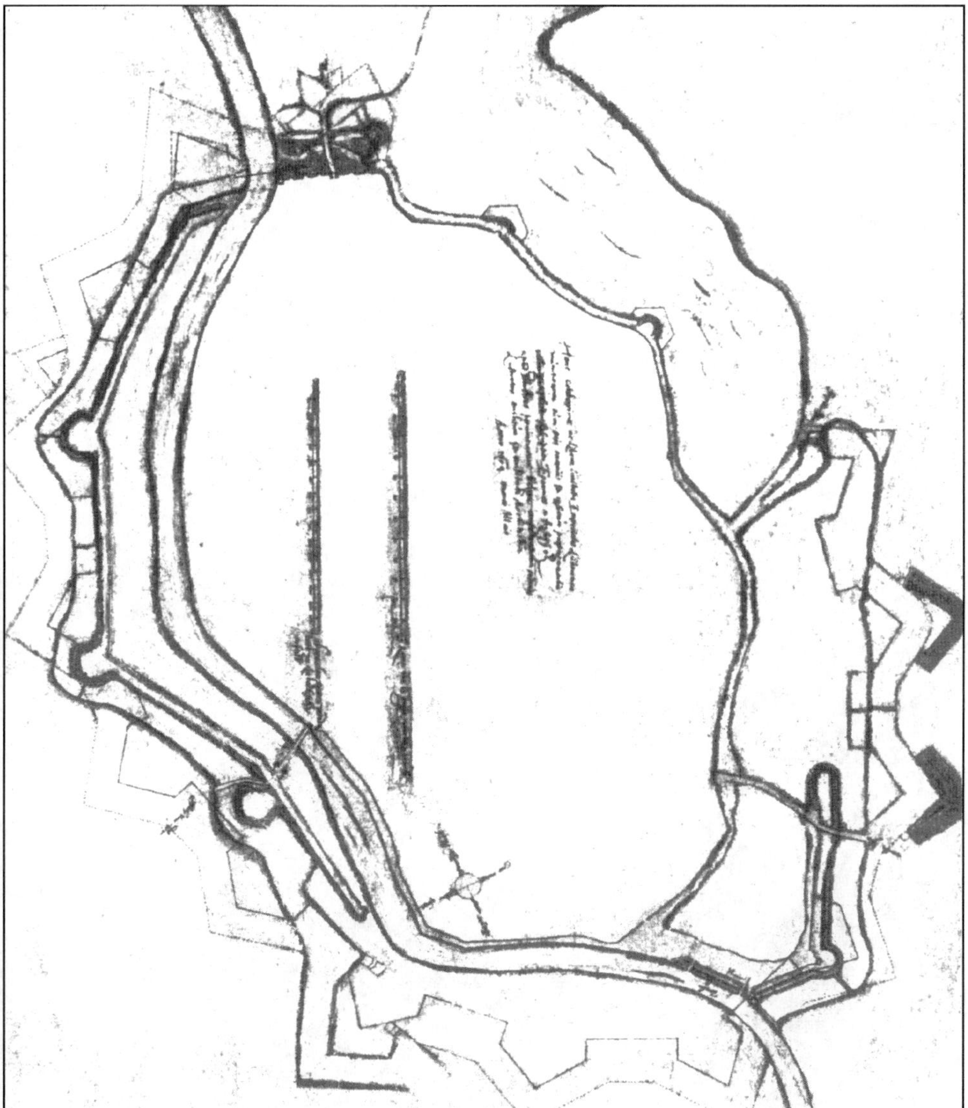

Plan 4: **Lübeck** - Entwurf von Johan van Rijswjck, 1604 - Federzeichnung

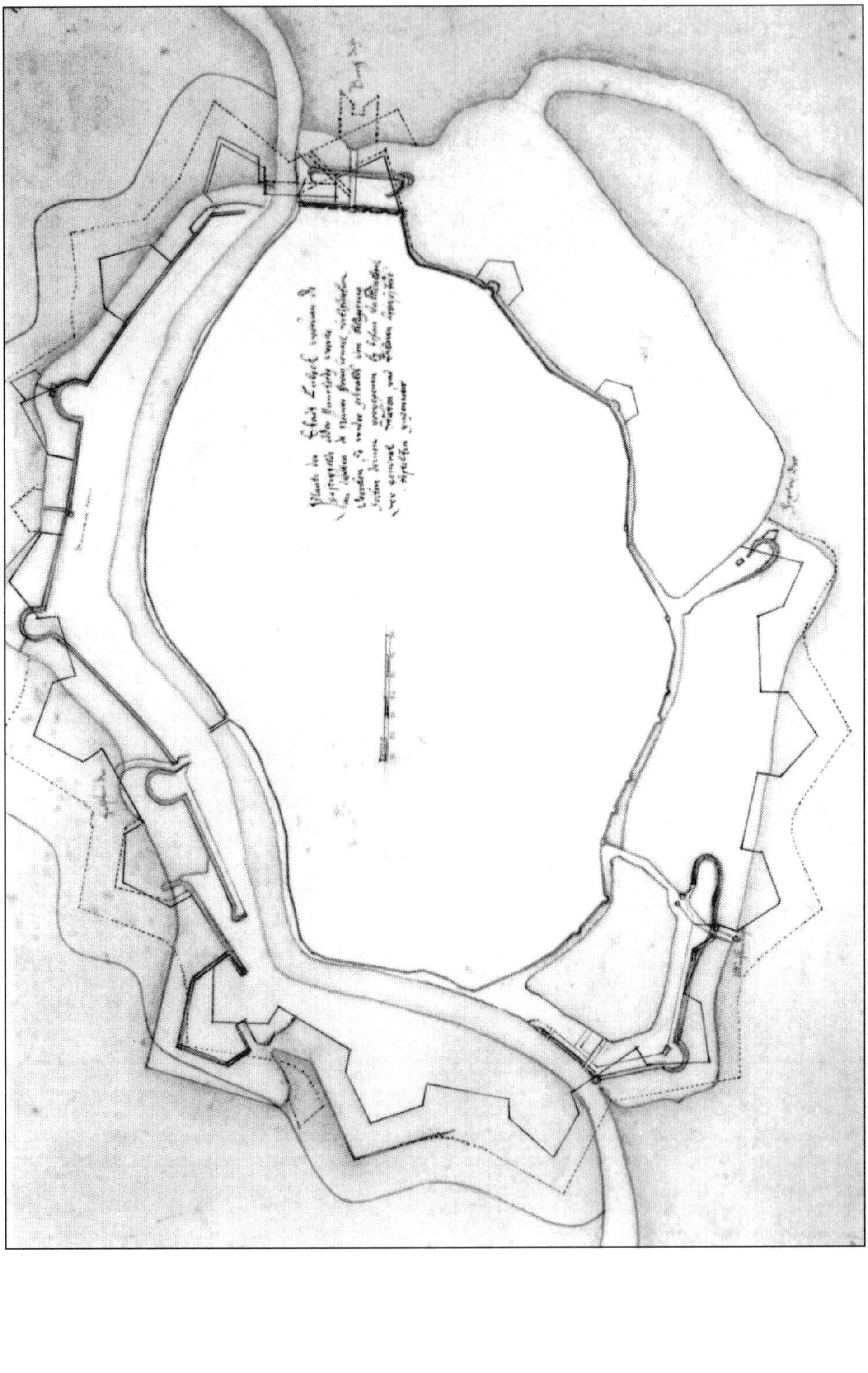

Plan 5: Lübeck - Entwurf von Johan van Valckenburgh, 1613 - Federzeichnung

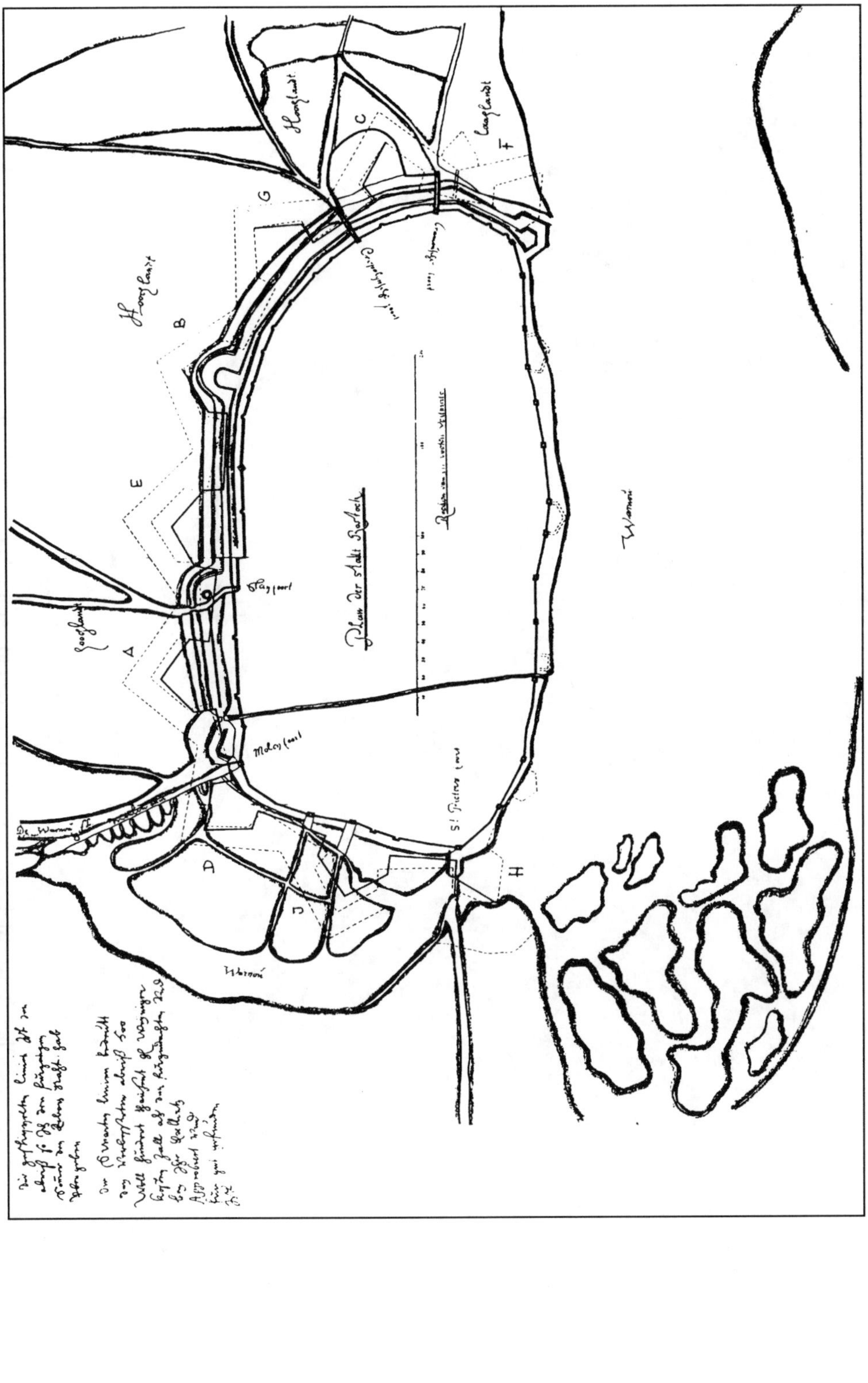

Plan 6: **Rostock** - Entwurf von Johan van Valckenburgh, 1613 - Federzeichnung

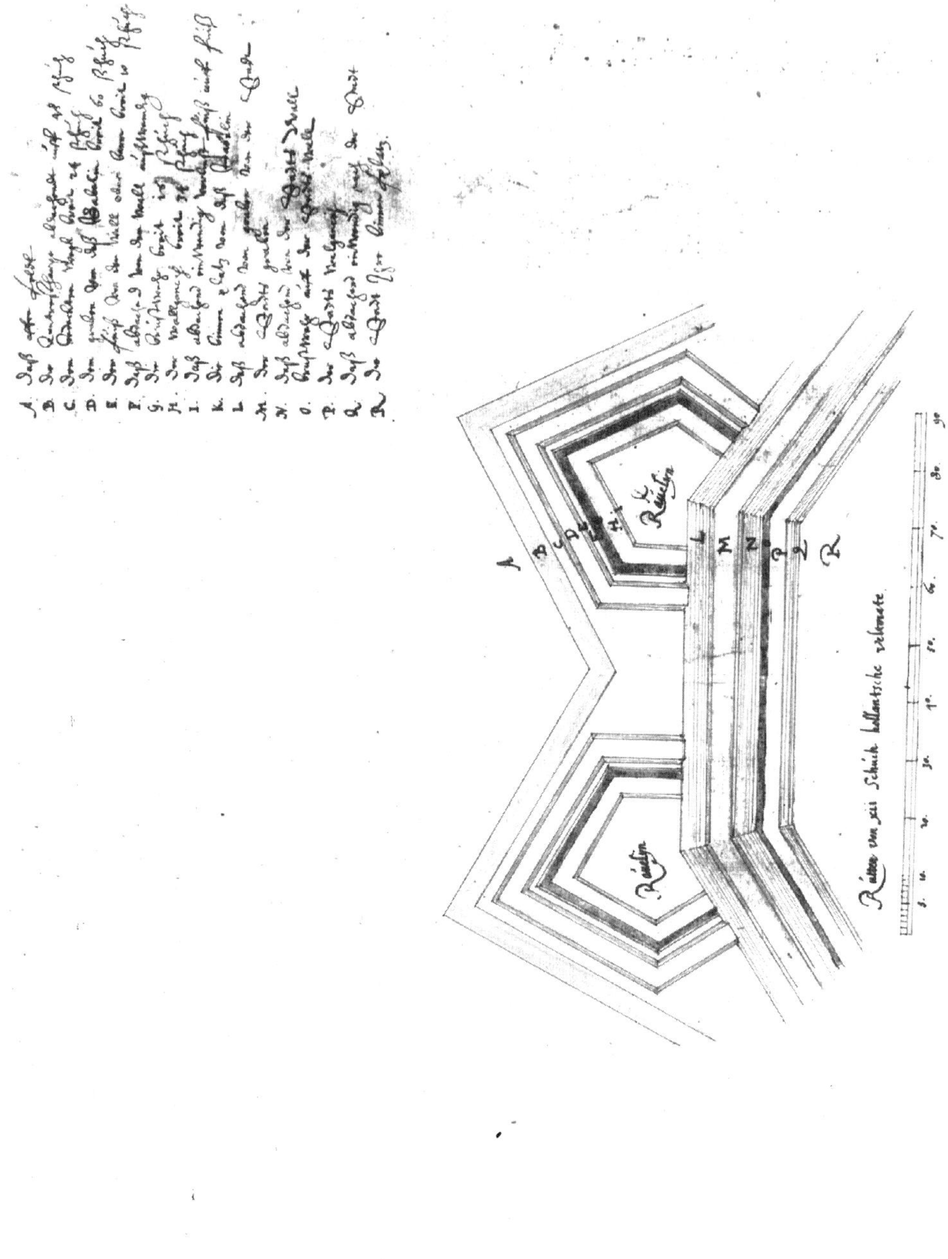

Plan 7: **Rostock** - Konstruktionszeichnung von Johan van Valckenburgh - Federzeichnung

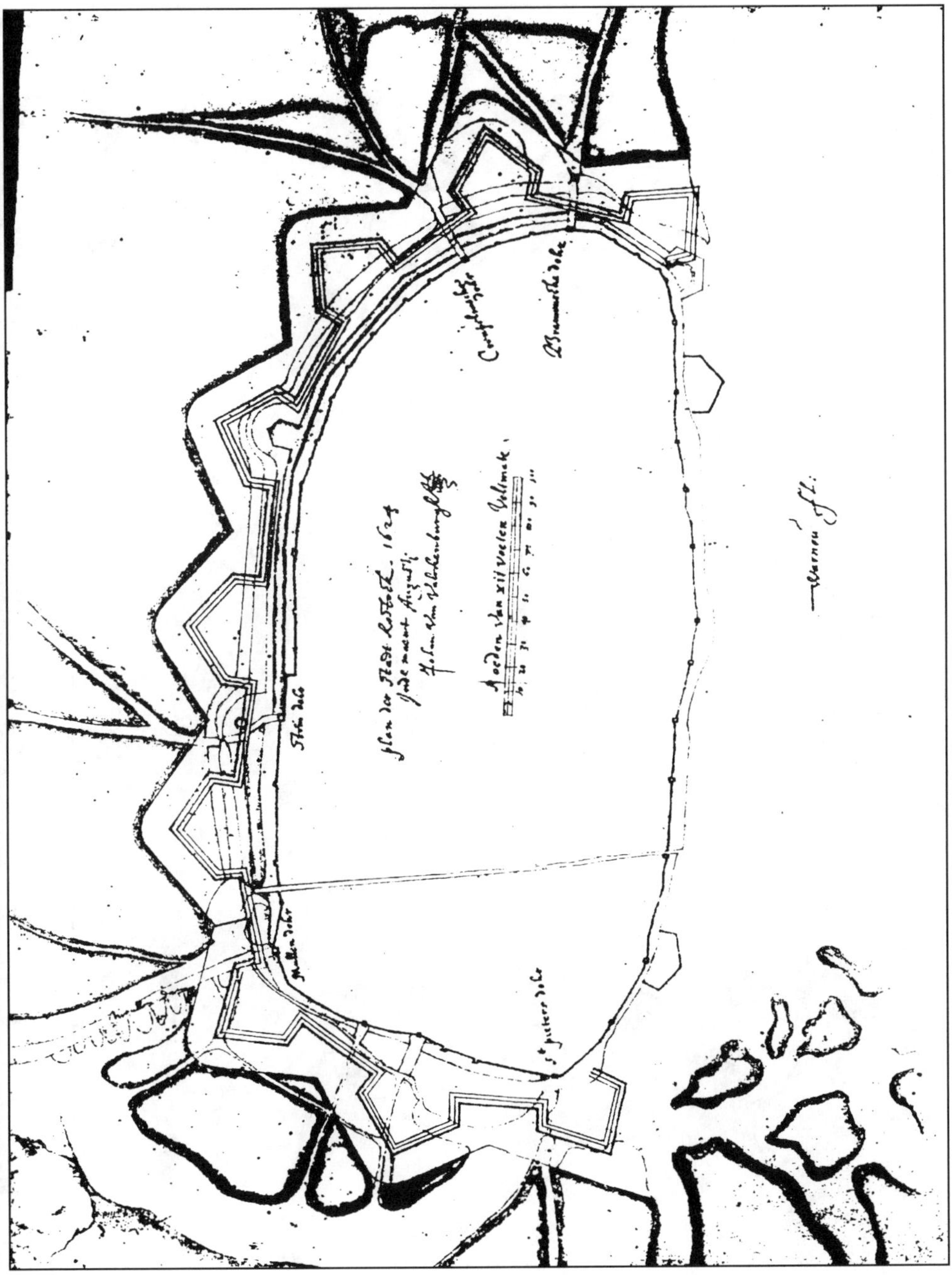

Plan 8: **Rostock** - Entwurf von Johan van Valckenburgh, 1624 - Federzeichnung

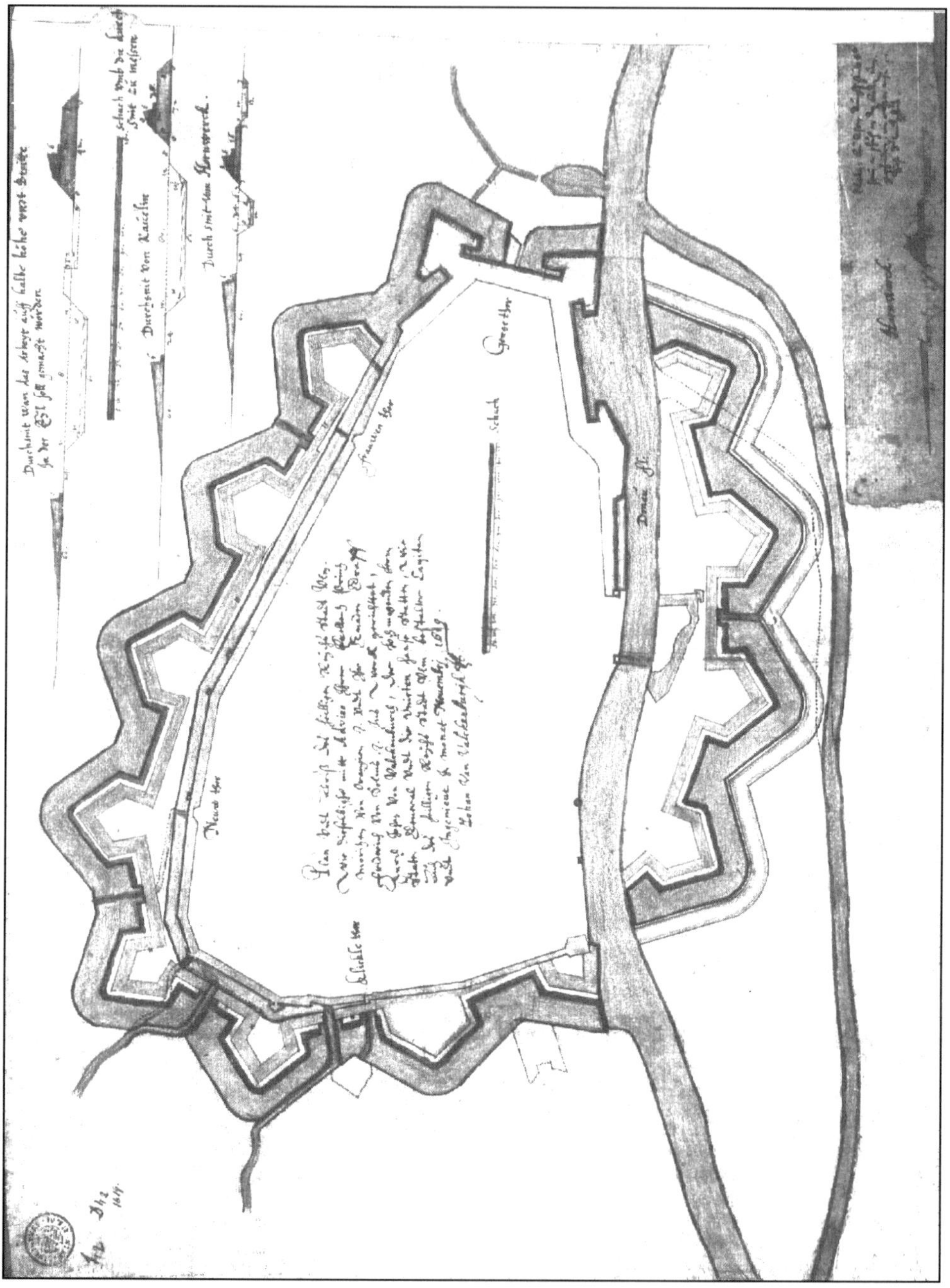

Plan 9: **Ulm** - Entwurf von Johan van Valckenburgh, 1619 - Federzeichnung

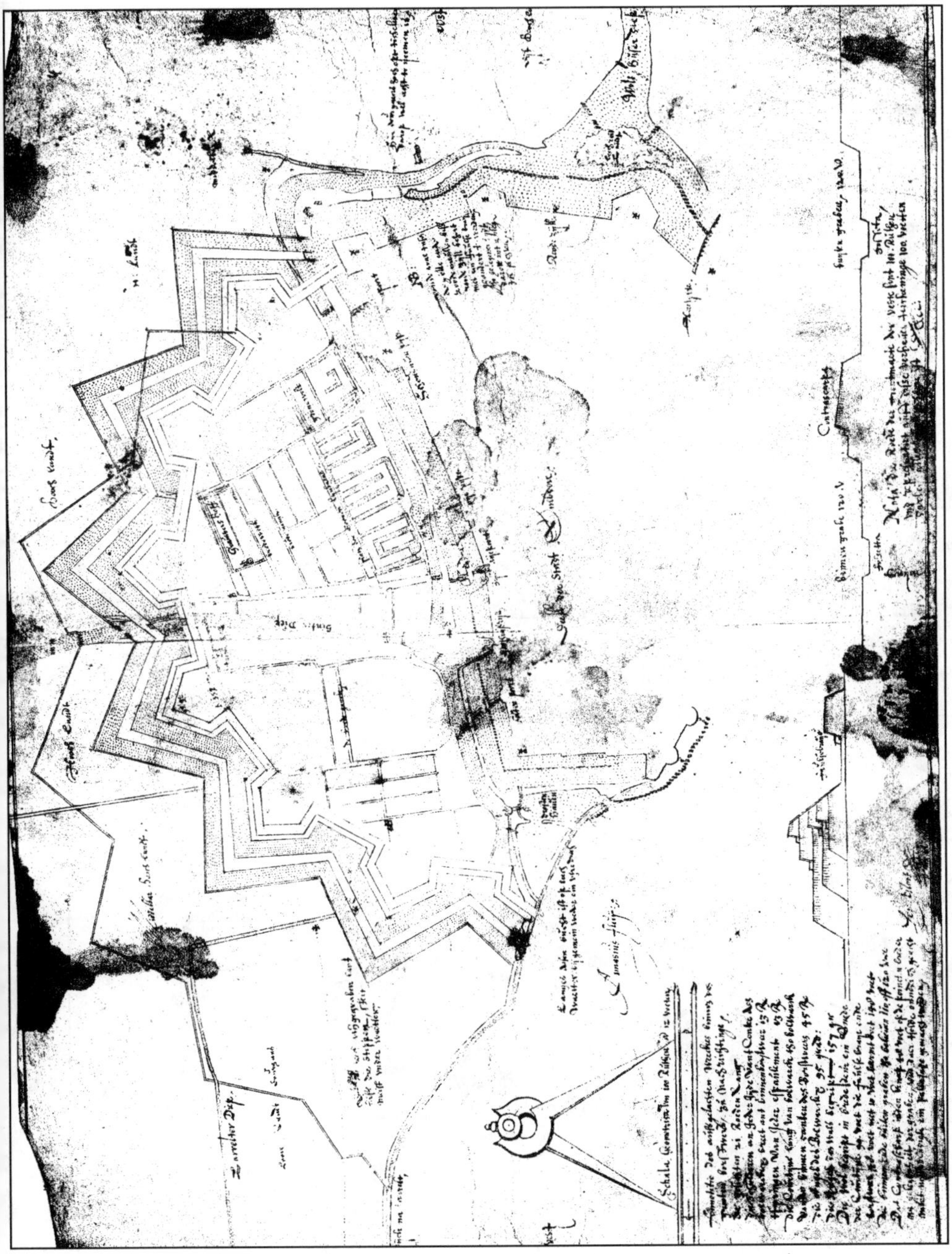

Plan 10: **Emden** - Entwurf von Geert Ewerts Piloot, 1615/1622 - Federzeichnung

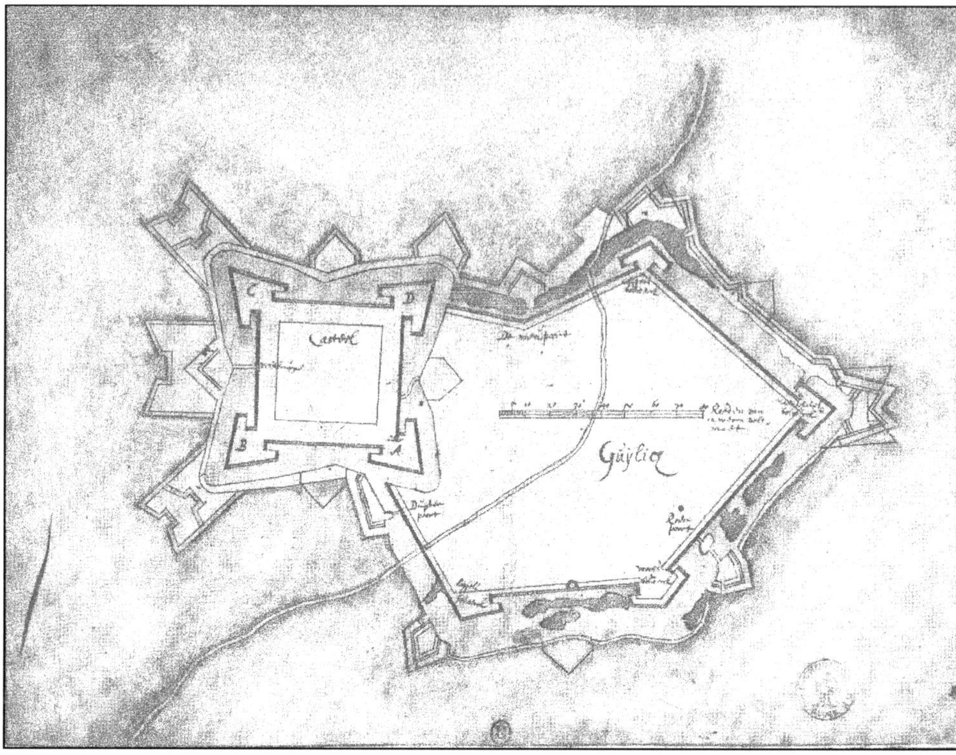

Plan 11a: **Jülich** - Bauaufnahme und Verbesserungsvorschlag, nach 1614, vermutlich von Johan van Valckenburgh - Federzeichnung

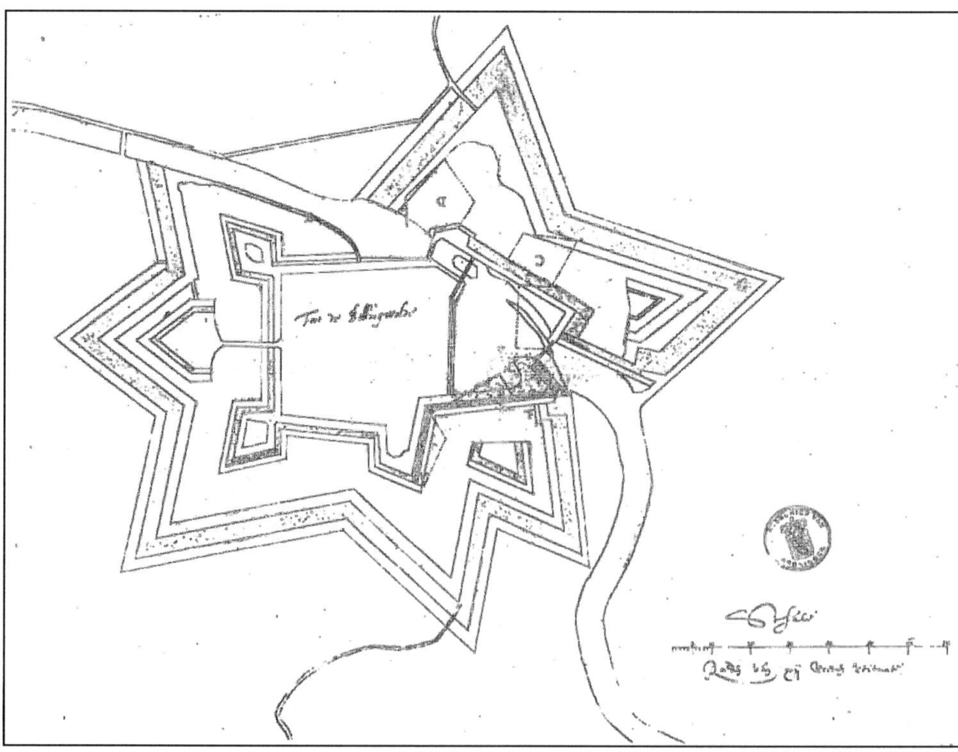

Plan 11b: **Bellingwolde** - Verbesserungsvorschlag von Johan van Valckenburgh, 1613 - Federzeichnung

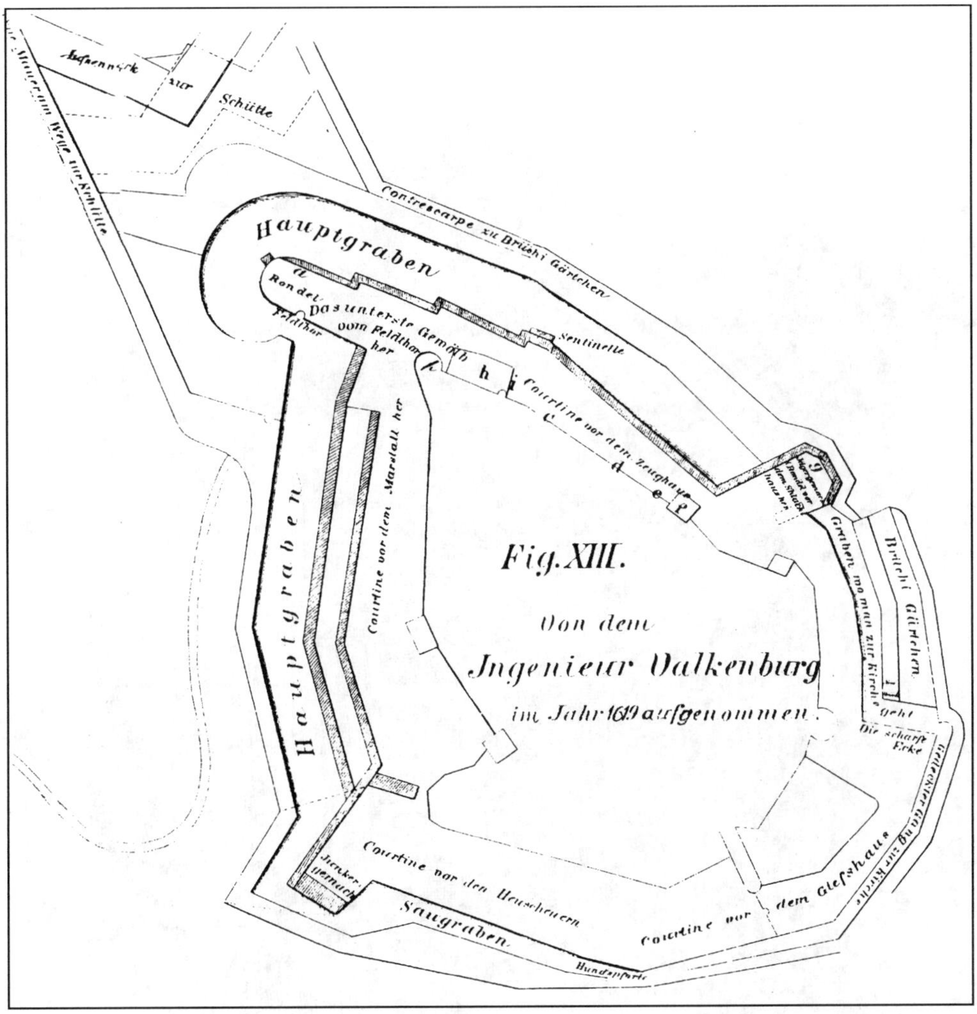

Plan 12: **Dillenburg** - Bauaufnahme von Johan van Valckenburgh, 1619

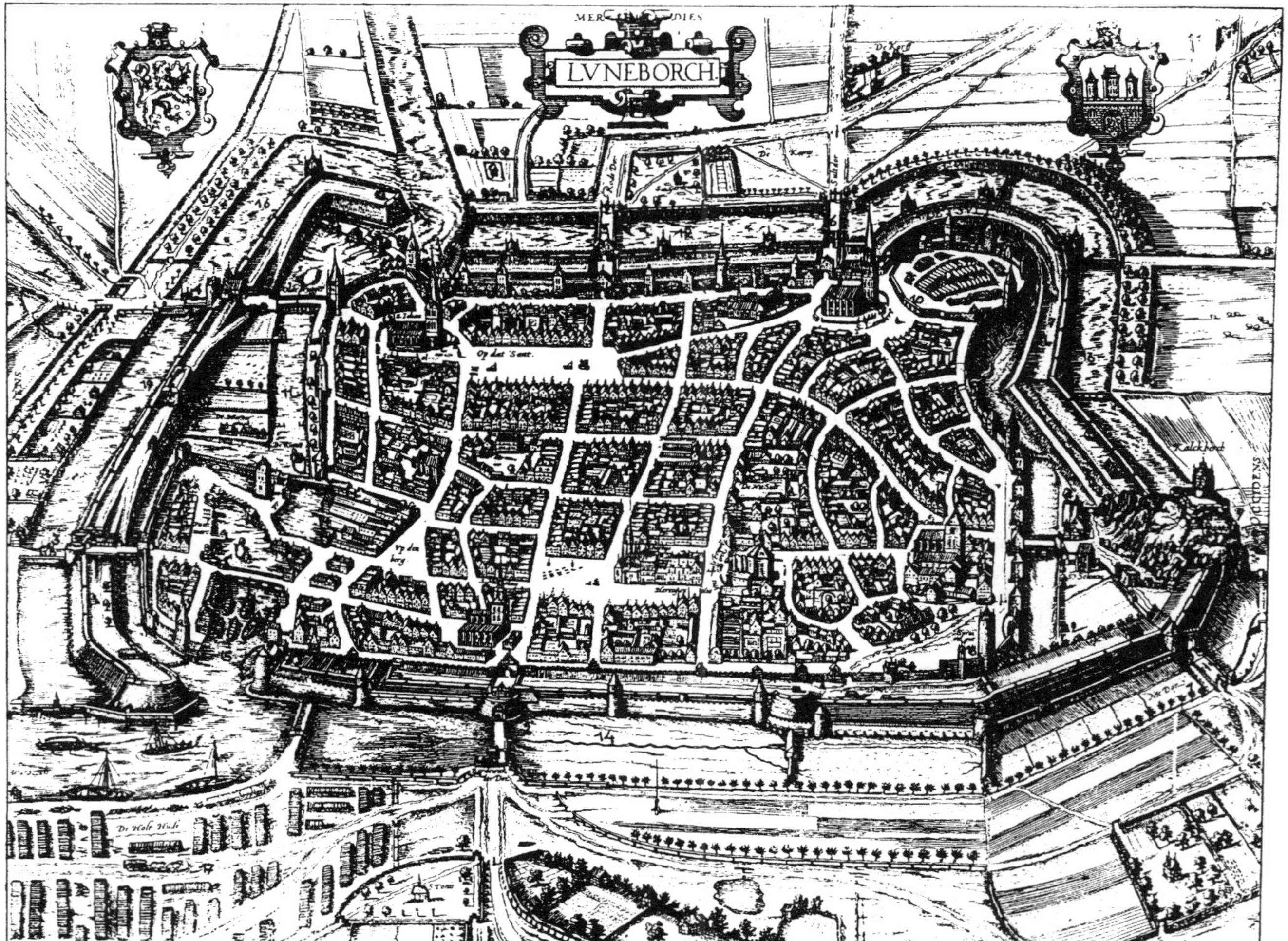

1 Neues Tor, 2 Bardowicker Tor, 3 Lüner-, ehemals Neubrücker Tor, 4 Altenbrücker Tor, 5 Rotes Tor, 6 Sülzer Tor, 7 Grimmer Tor - ungefähre Lage, 8 Lindenberger Tor - ungefähre Lage, 9 Kalkberg, 10 Sülze, 11 Ilmenau, 12 Reiherbek, 13 Gumma, 14 Rodenbek, 15 Hafen, 16 Lösegraben, 17 Hude, 18 Springinut, 19 Hohe Batterie

Plan 12: Lüneburg – Kupferstich von Braun u. Hogenberg 1598

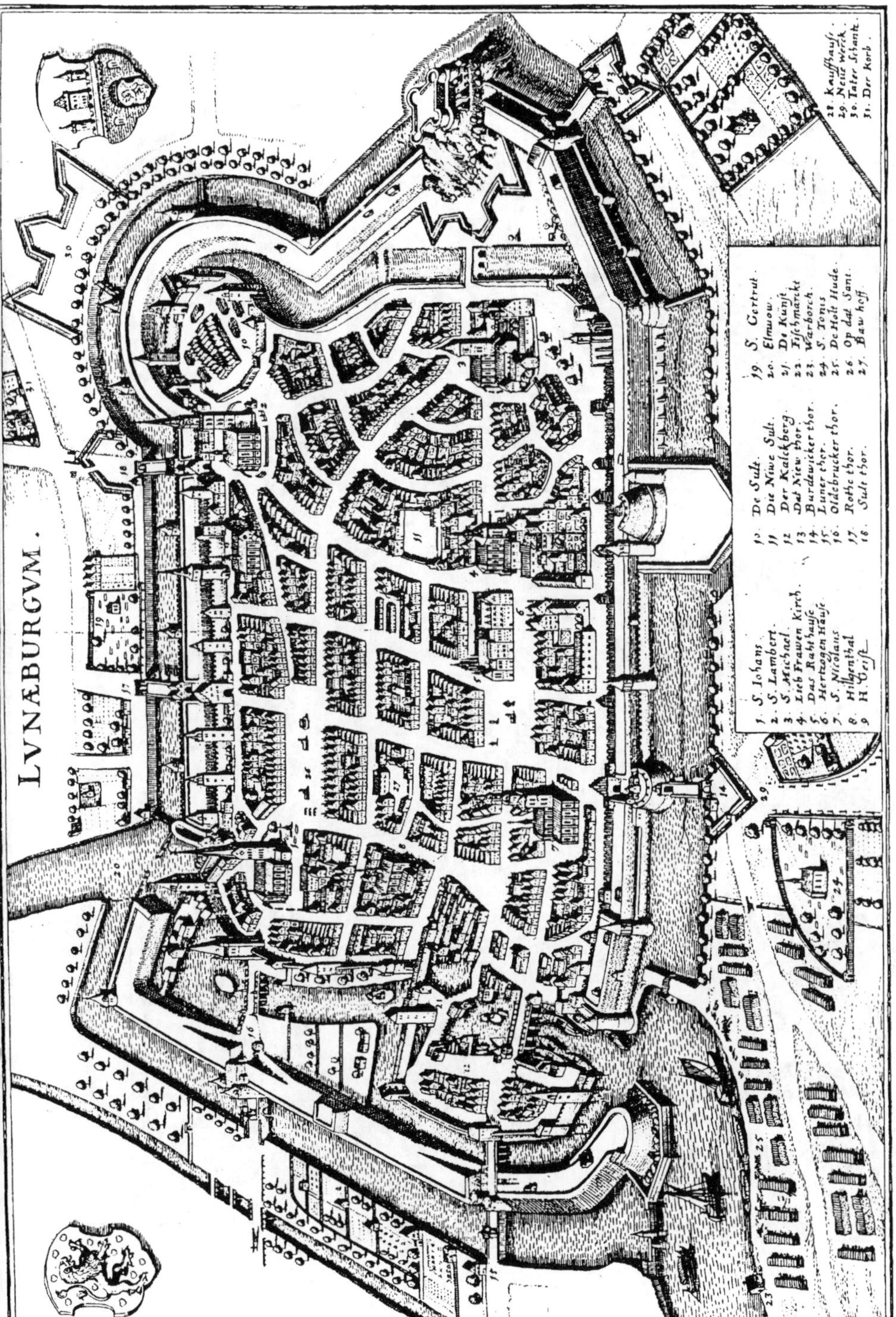

Plan 14: **Lüneburg** - Kupferstich von Mathaeus Merian, 1654

2 Schaarthor, 3 Millernthor, 4 Dammthor, 6 Spitaler Thor, 7 Steinthor, 8 Winsener Thor, 24 St. Katherinen, 25 St. Nikolai, 28 Brookthor, A Niederbaum, B Kleine Alster, C Reesendamm, D Brook, E Heuberg

Plan 15: **Hamburg** - Kupferstich von Braun-Hogenberg, 1594

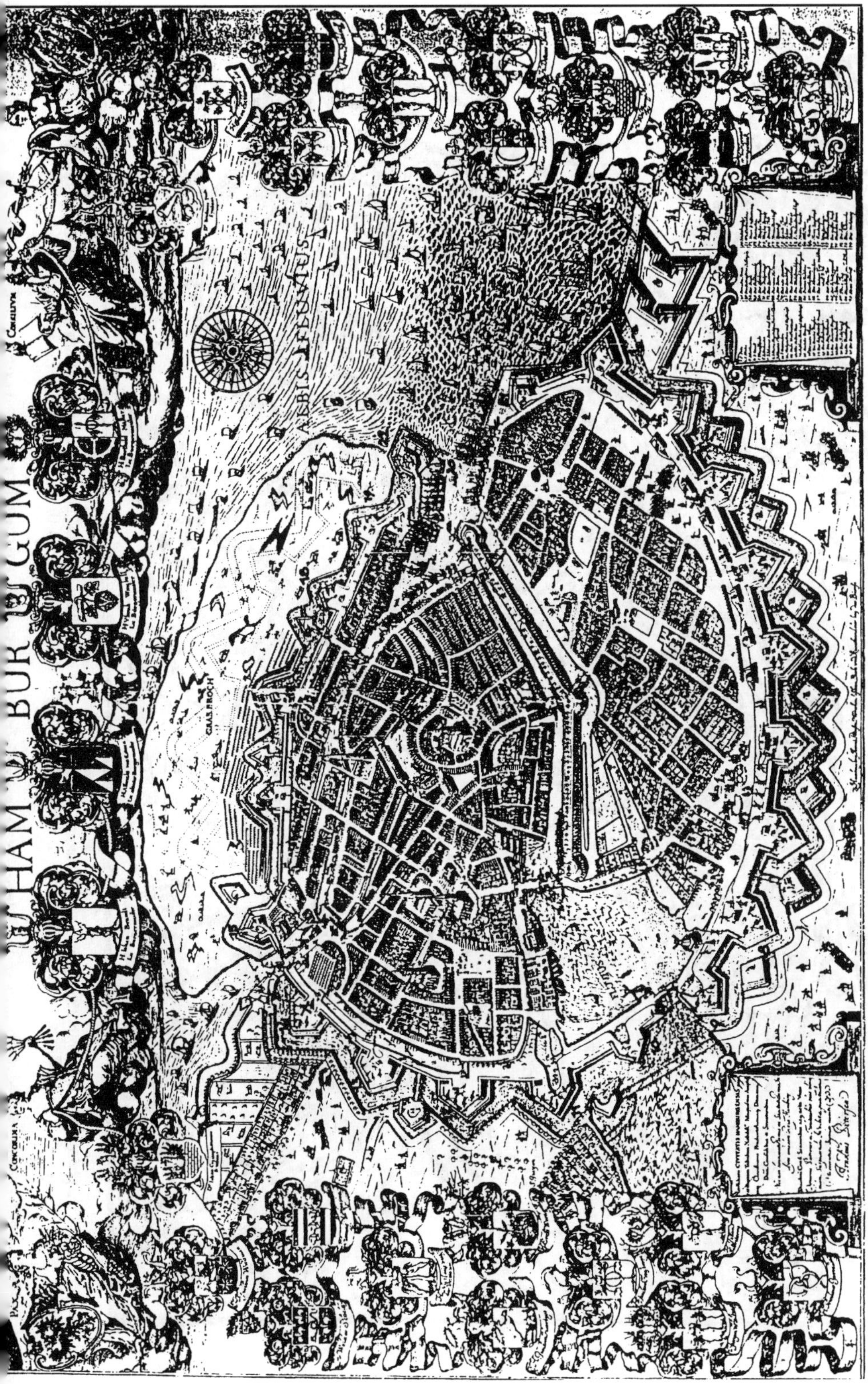

1 Albertus, 2 Casparus, 3 Henricus, 4 Eberhardus, 5 Joachimus, 6 Ulricus, 7 Rudolphus, 8 Petrus, 9 Didericus, 10 David, 11 Vincentius, 12 Hieronymus, 13 Sebastian, 14 Bartholdus, 15 Ericus, 16 Nicolaus, 17 Gerhardus, 18 Ditmarus, 19 Hermanus, 20 Georgius, 21 Johannis, 22 Hölzerwams

Plan 16: **Hamburg** - Kupferstich von Arnoldus Pitersen, 1664

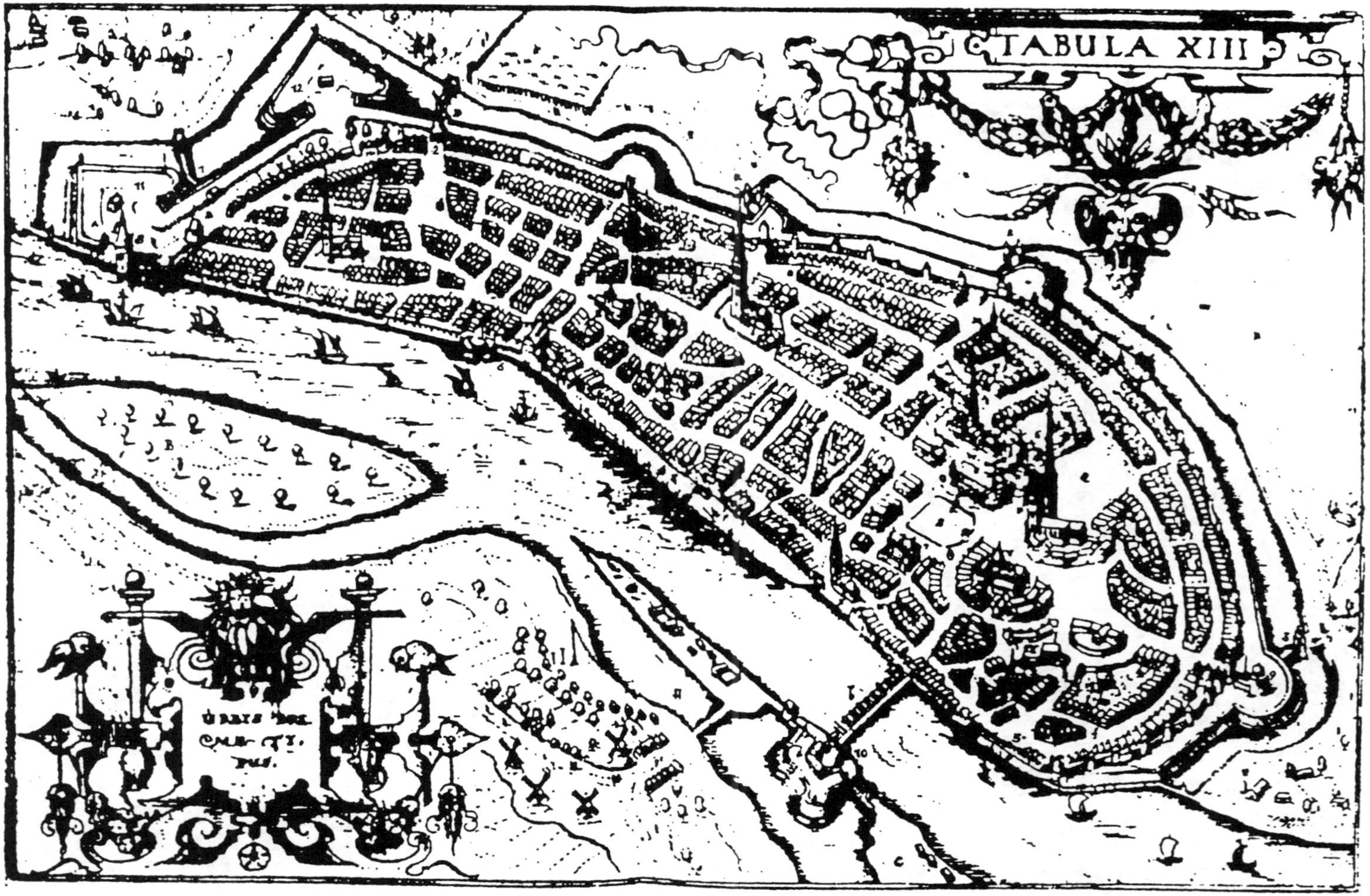

1 Stephanithor, 2 Doventhor, 3 Osterthor, 4 Schlachte, 5 Holzpforte, 6 Wichelnburg, 7 Schwanengatt, 8 Stephanithorzwinger, 9 Osterthorzwinger, 10 Braut, 11 Stephanibastion, 12 Sanddünenbastion - A Kleine Weser, B Herrn Alands Werder, C Tanzwerder

Plan 17: **Bremen** – Kupferstich von Wilhelm Dilich, 1603

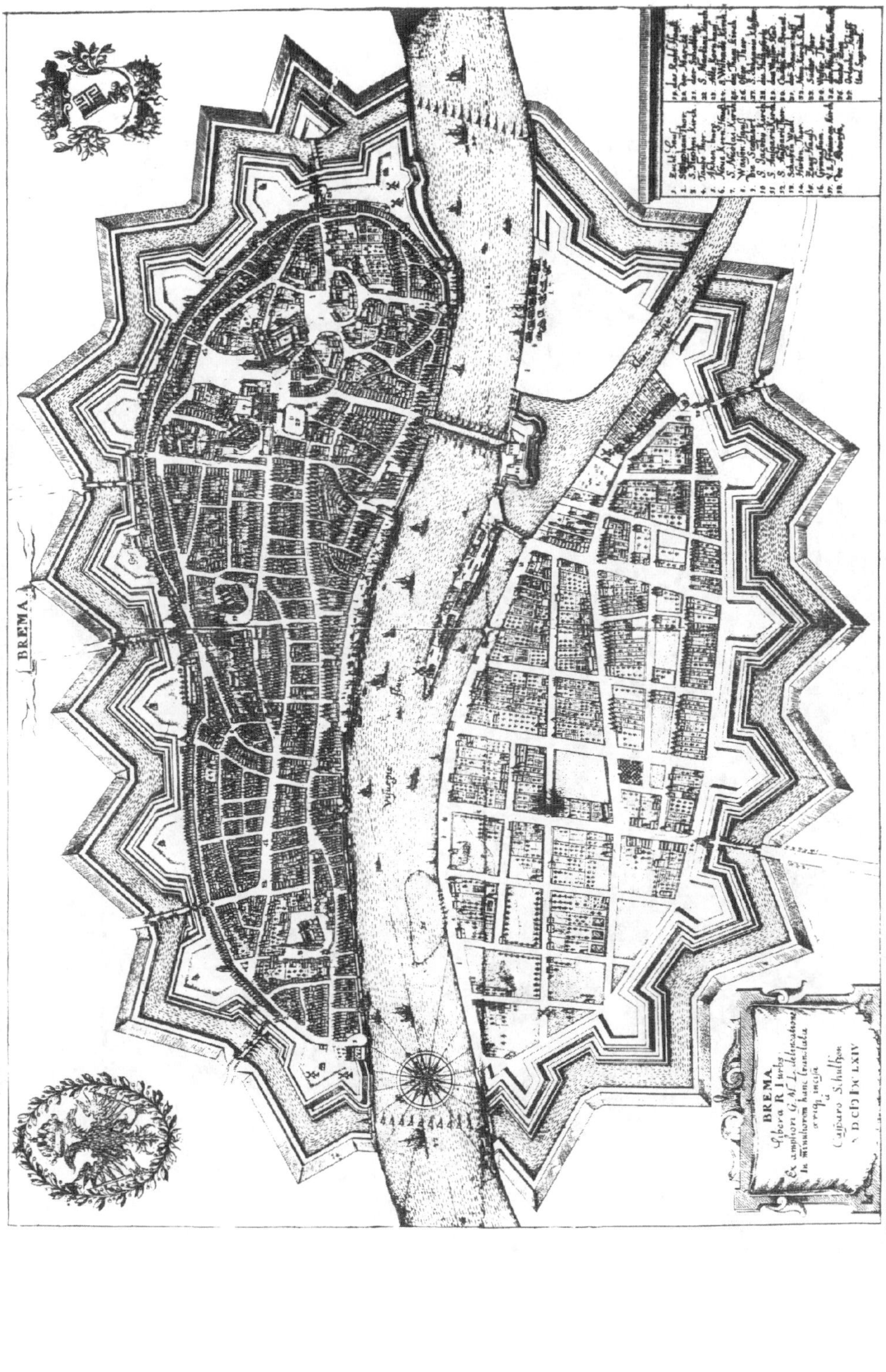

Plan 18: **Bremen** - Kupferstich von Caspar Schultz, 1664

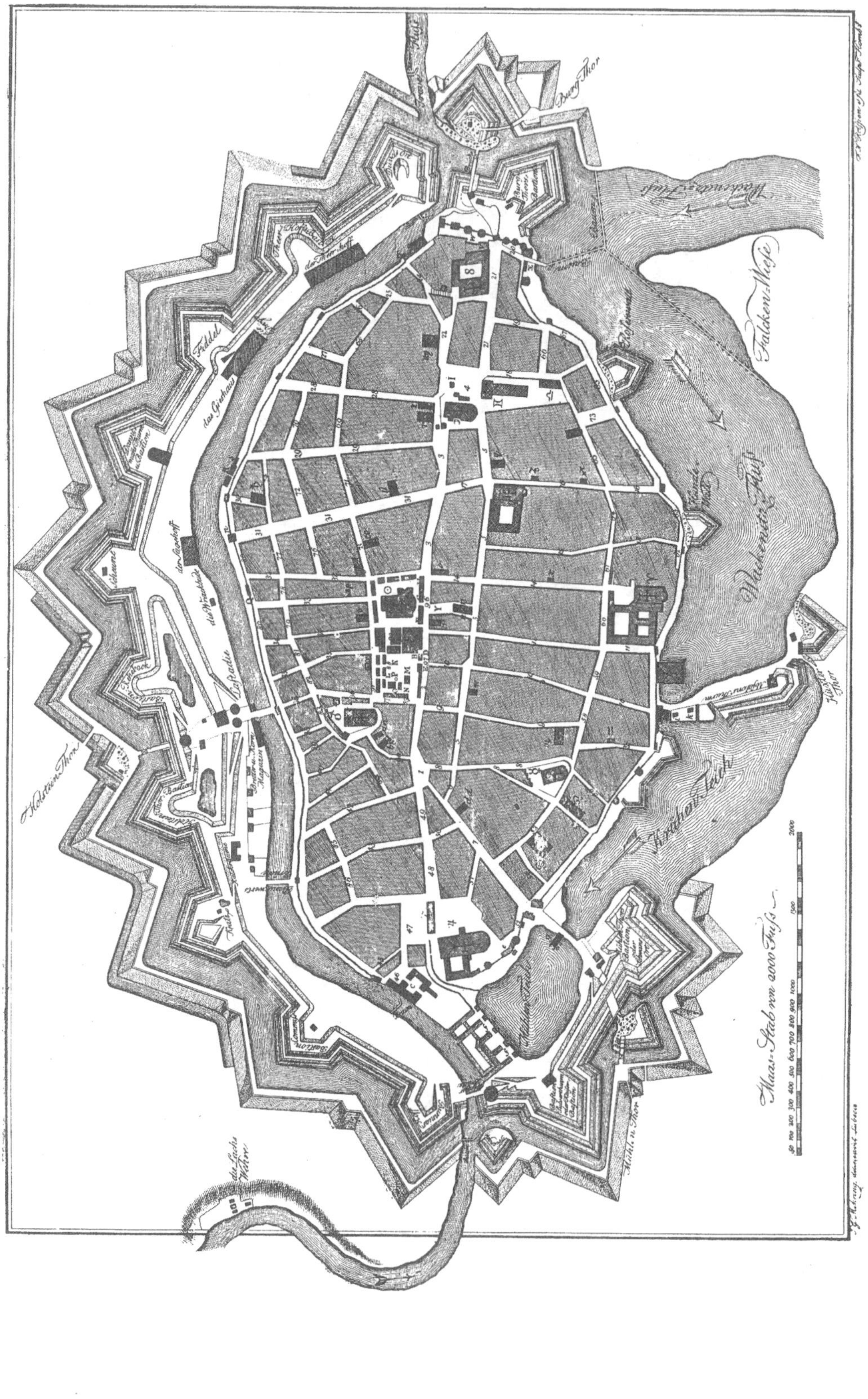

Plan 19: **Lübeck** - Kupferstich von J.G. Möhring, 1787

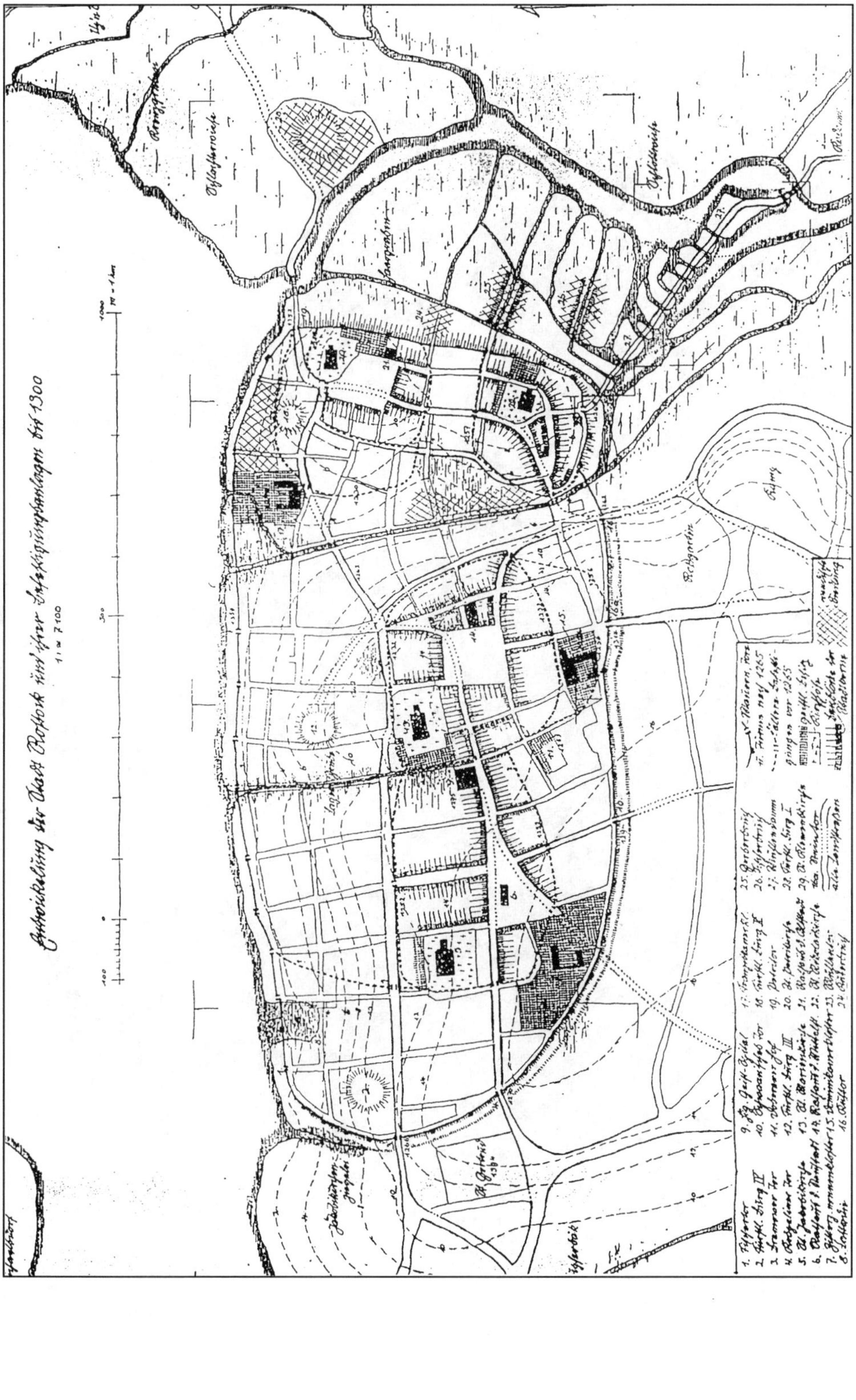

Plan 20: **Rostock** - Rekonstruktion von A.F. Lorenz, 1935, Ausschnitt

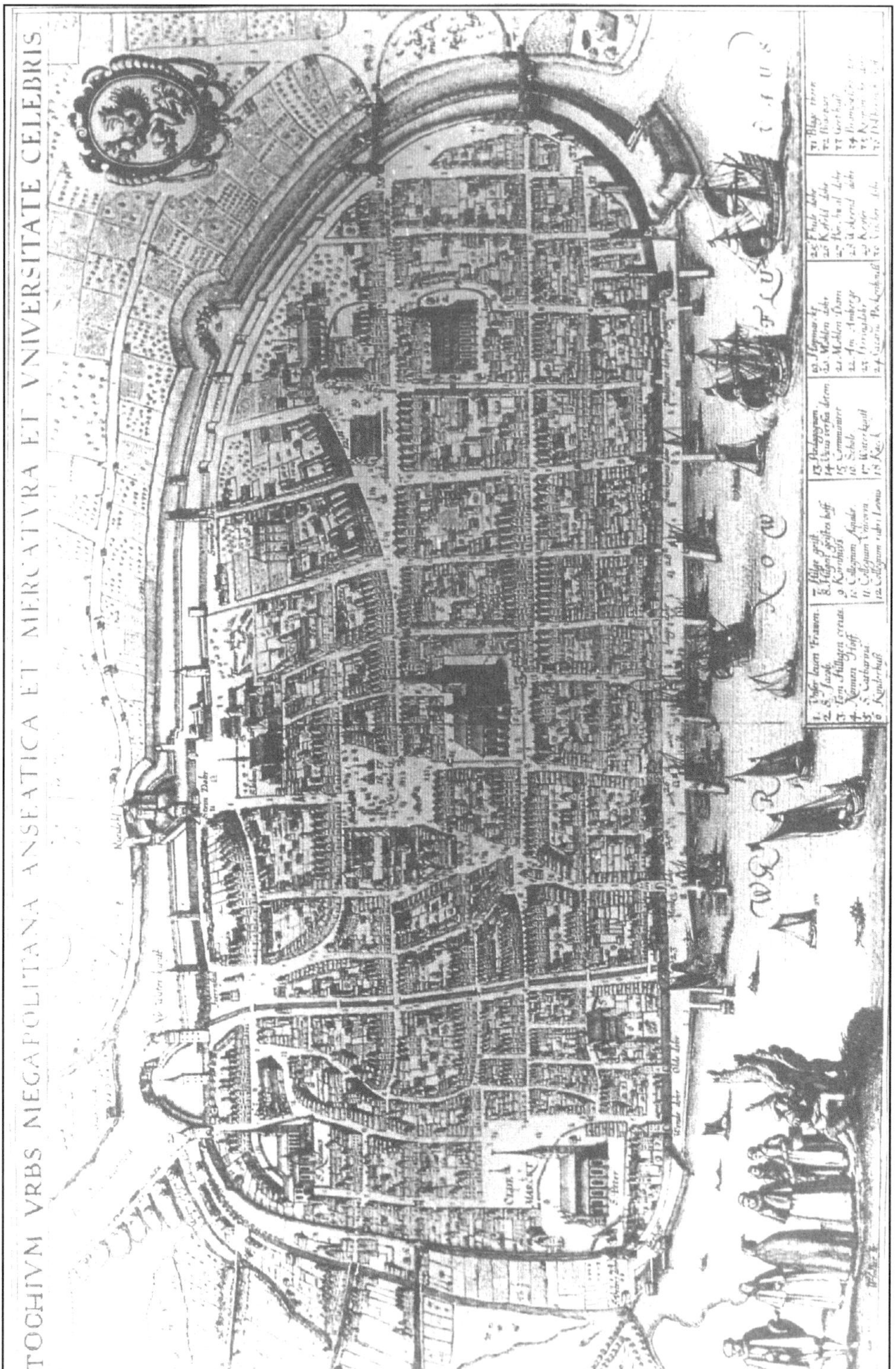

Plan 21: **Rostock** - Kupferstich von Wenzel Hollar, 1657

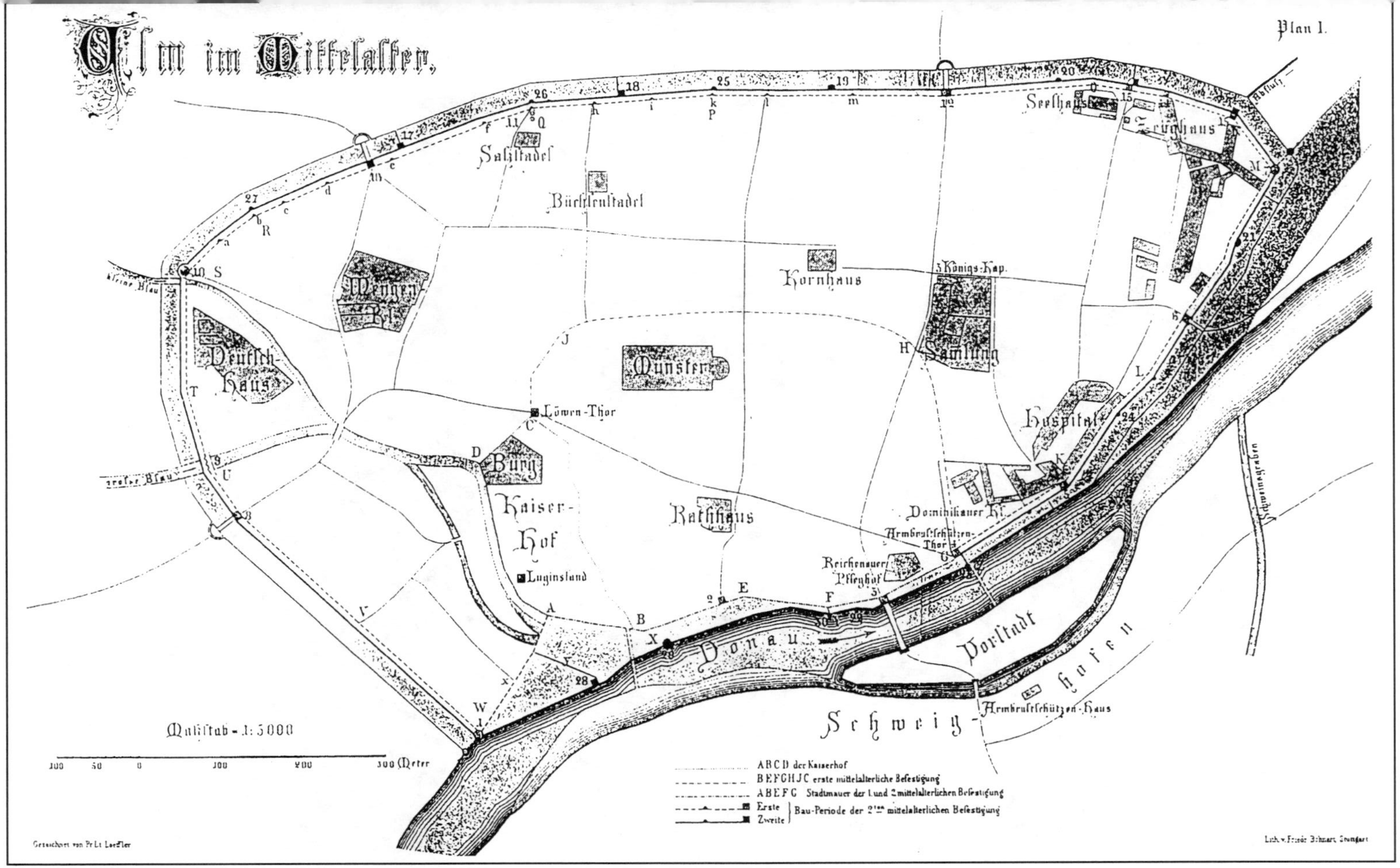

1 Fischerthurm, 2 Heerdbruckerthor, 4 Gefängnisthurm, 5 Spitalthurm, 6 Gänsthor, 7 Rother Thurm, 8 Glöcklerthor, 9 Durchfluß Gr. Blau, 10 Gremlinger-, Grüner Thurm, Durchfluß Kl. Blau, 12 Frauenthor, 13 Seelthurm, 15 Wacht-, Dietrichs-, Roetthurm, 16 Neues Thor, 28 Einlaßthurm, 29 Dicker-, später Fischerthurm, 30 Viereckiges Thürmchen

Plan 22: **Ulm** - Rekonstruktion von Emil Loeffler, 1881

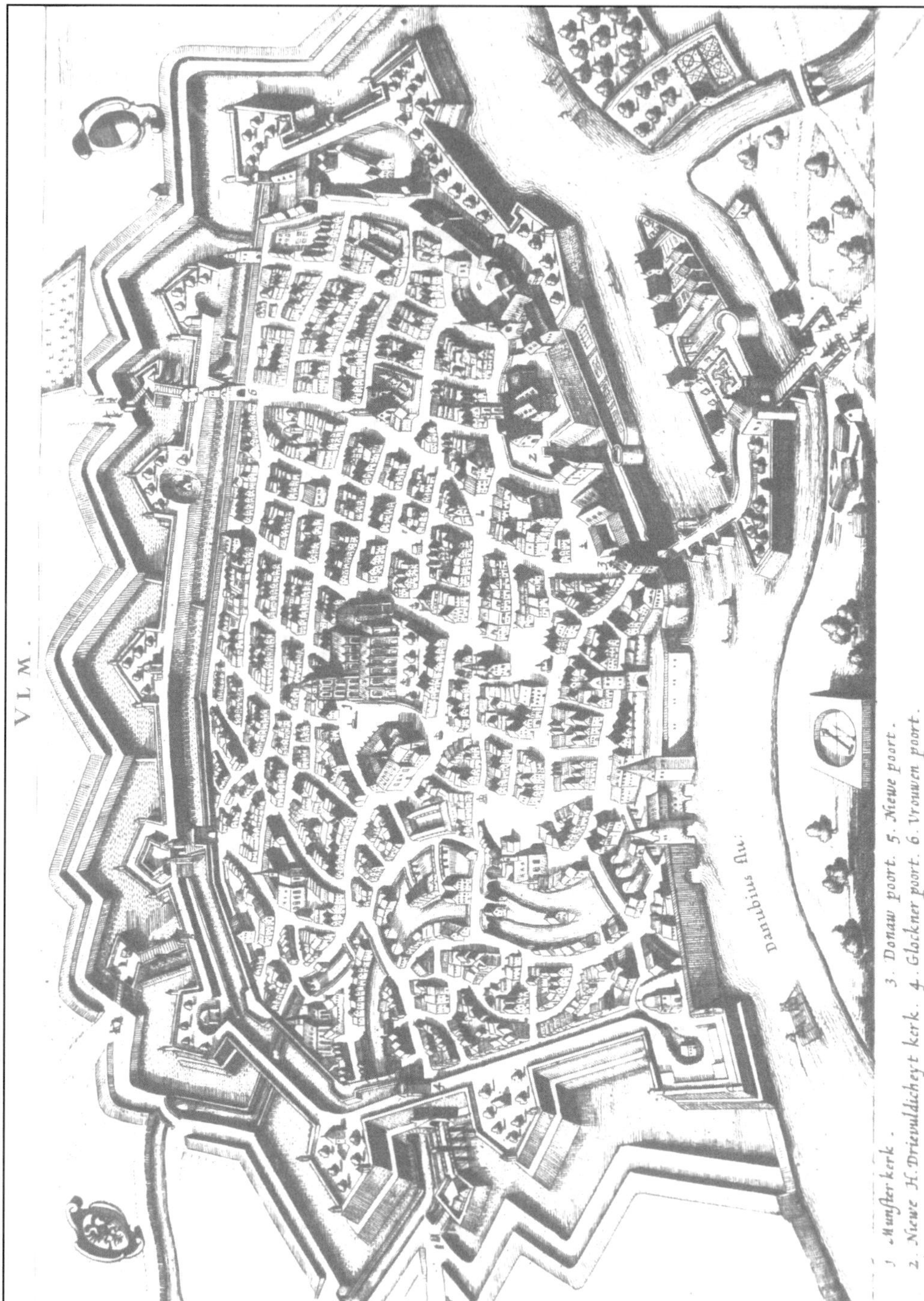
VLM.
1 Munster kerk. 3. Donaw poort. 5. Niewe poort.
2. Niewe H. Drievuldicheyt kerk. 4. Glockner poort. 6. Vrouwen poort.
Danubius flu:

Plan 24: **Emden** - Kupferstich von Braun-Hogenberg, 1575

Plan 25: **Emden** - Kupferstich von Mathaeus Merian, 1641

Plan 26: **Emmerich** - Kupferstich von Christian Rademacher, 1667

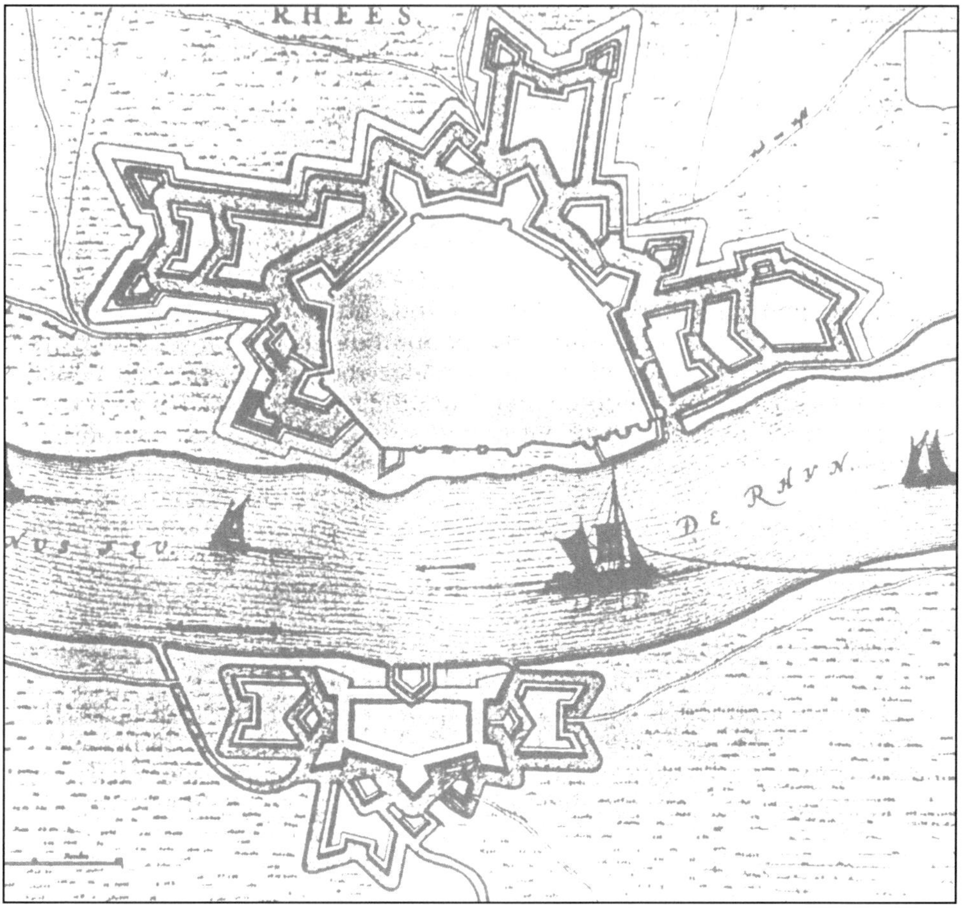

Plan 27: **Rees** - Kupferstich von Wilhelm Janzson Blaeu, 1659

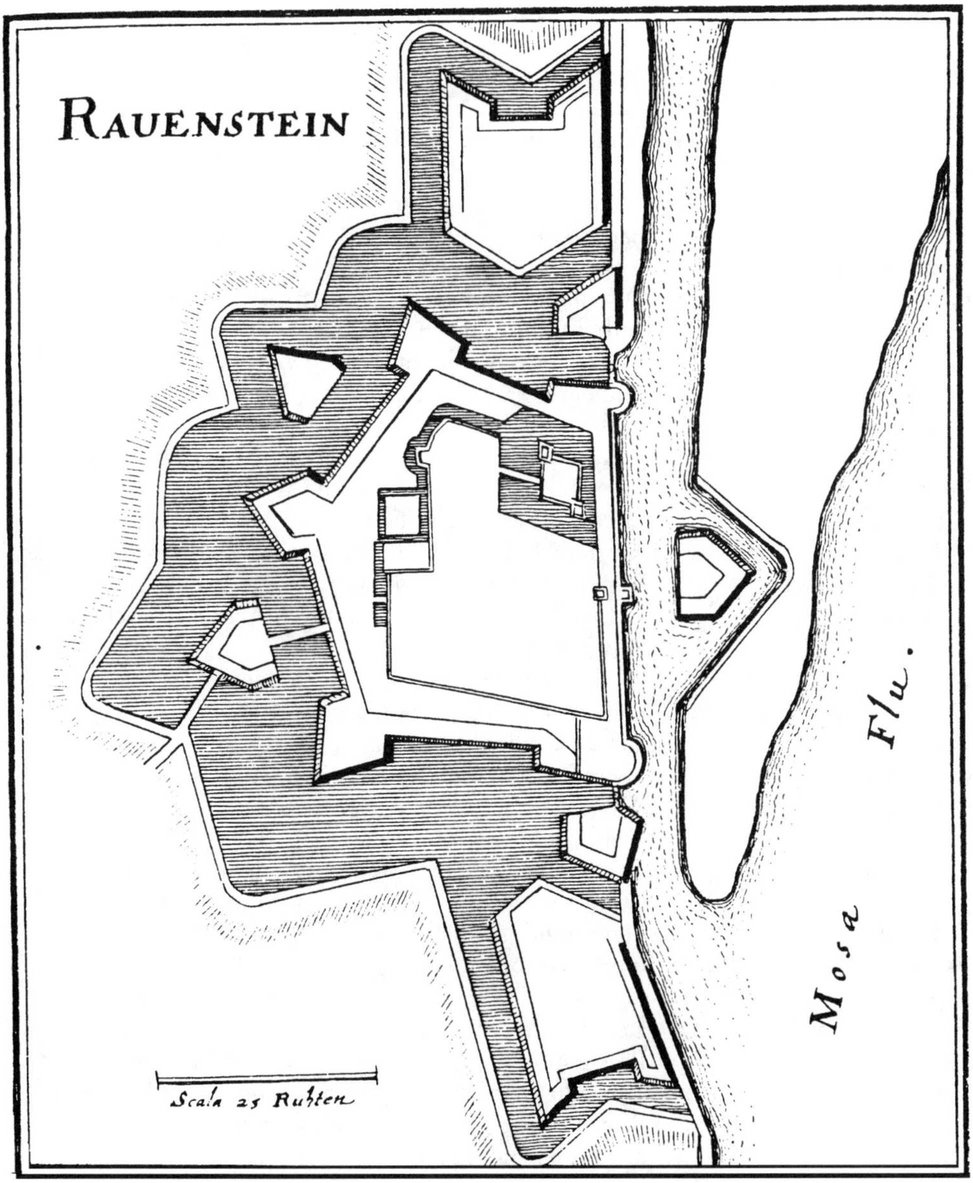

Plan 28: **Ravenstein** - Kupferstich von Caspar Merian, 1659

ANHANG

Verzeichnis militärischer Begriffe*

Approche	Laufgraben
Approchieren	Annäherung durch Laufgräben
Bär	Querdamm im Festungsgraben, Staudamm
Bankett	Auftritt hinter der Brustwehr
Barrikade	Sperre aus mit spitzen Pfählen versehenem Baum
Bastei	Bollwerk, häufig halbrund oder/und kasemattiert
Bastion	Bollwerk, häufig in Pentagonform
Baum	Holzstamm im Wasser zur Sperrung der Durchfahrt
Berme	Bereich zwischen Wallfuß und Graben
Blendung	Deckung gegen feindliche Sicht
Bollwerk	vor den Hauptwall vorspringendes Verteidigungswerk
Bollwerkswinkel	Winkel zwischen zwei Facen
Breschieren	Öffnen baulicher Anlagen durch Artilleriebeschuß oder Sprengung
Brille, Lunette	Werk aus zwei Facen vor Facen oder Pünten
Contregarde	Außenwerk vor Bastionsfacen
Contrescarpe	äußere Grabenböschung
Cordonstein	obere Begrenzung der Escarpenmauer
Corps de garde	Wachthaus
Couronnement	Wallkrone
Defenslinie	Streichlinie von einer Stellung zu dem zu bestreichenden Ort
Demilune	Halbmond, Außenwerk
Escarpe	innere Grabenböschung
Esplanade	Glacis
Facen, Gesichtslinien	äußere Seiten der Bastion
Faschinen	Reisigbündel zur Befestigung von Erdbauten
Faussebraie	Verteidigungsanlage vor und parallel zum Hauptwall
Flanke	Bastionsseite zwischen Face und Kourtine
Fort	kleine selbständige Festungsanlage
Futtermauer	stützende Böschungsmauer an Wall und Graben

* Auszüge aus HENNING EICHBERG: Militär und Technik. Schwedenfestungen des 17. Jahrhunderts in den Herzogtümern Bremen und Verden, Düsseldorf 1976, S. 284ff. Überarbeitung und Ergänzungen durch Verfasser. Vgl. u. a. EDMUND SPOHR: Düsseldorf. Stadt und Festung, 2., verb. u. erw. Aufl. Düsseldorf 1979, S. 565ff.

Gedeckter Gang	Infanteriestellung auf der Contrescarpe
Glacis	Brustwehr jenseits der Contrescarpe mit Abflachung zum Vorfeld
Grabenschere	kleiner gebrochener Wall im Graben
Halbmond	s. Demilune
Hamey, Homey	hölzernes Tor oder Zugbrücke auf einer Brücke
Haspel	Spanischer, auch Friesischer Reiter
Hornwerk	Außenwerk aus zwei halben Bastionen
Kaliber	Durchmesser der Kugel oder des Rohres
Kartätsche	Geschoß aus Eisenstücken in einer Büchse
Kartaune	kurze Kanone
Kasematte	Geschützgewölbe in Wall oder Flanken
Katze, Kavalier	Erdaufbau auf Wall oder Bastion zur Aufstellung von Geschützen
Kurtine	Hauptwall zwischen zwei Bastionen
Kurtinenwinkel	Winkel zwischen Kurtine und Flanke
Kronwerk	Außenwerk aus einer ganzen und zwei halben Bastionen
Lafette	Lagergestell des Geschützes mit Rädern
Landwehr	Landesbefestigung aus Graben, Wall und Schanzen
Lunette	s. Brille
Manier	Abwandlungen innerhalb eines Festungssystems
Mine	unterirdischer Gang, häufig mit Sprengkammern
Orillon, Bollwerksohr	vorderer, eingezogener Teil der Flanke
Palisade	Pfahl der Brustwehr, Teil der Palisadenwand
Petarde	Sprengkörper aus glockenförmigen Metall, als Handgranate benutzt
Polygon, inneres	Vieleck aus den verlängerten Kurtinen
Polygon, äußeres	Vieleck aus der Verbindung der Bastionspünten
Pünte	Spitze zwischen den beiden Facen
Ravelin	Außenwerk im Graben vor der Kurtine
Rayon	Zone um die Festung mit baulicher Beschränkung
Redoute	viereckige Feldschanze
Reguläre Fortifikation	Befestigung nach einheitlichen geometrischen Regeln
Rempart	Wall
Rondell	halbrundes Bollwerk
Sappe	unterirdischer Gang des Angreifers durch das Glacis zum Graben
Scherwerk	s. Tenaille
Schlange	lange Kanone
Schulterpunkt	Winkel zwischen Face und Flanke
Schweinsfeder	pikenartige Stichwaffe
Sortie	Ausfallöffnung im Wall
Souterrain	unterirdisches Gewölbe
Spanischer Reiter	Sperre aus Baumstamm mit Schweinsfedern
Speron	Bollwerkspitze
Stackett	Pfahlreihe, bes. im Wasser gegen Infanterie
Streichlinie	s. Defenslinie
Streichwehr	Grabenstreiche, Faussebraie, Capponier

Stück	Kanone
Tenaille, Scherwerk	Tracé aus einfachen Facen bzw. Saillants, auch Grabenschere
Tracé	Umriß
Tranchée	Laufgraben des Belagerers
Traverse	Quer- oder Schulterwall (Brustwehr quer zum Gedeckten Gang)
Überfall	s. Bär
Wasserschnecke	Gerät zum Heben des Wassers
Waffenplatz	Infanteriestellung auf der Contrescarpe
Wolfskuhle	Zugbrücke, auch Fallgrube
Zappieren	Herangraben an feindliche Befestigungen (s. Sappe)
Zingel	Torvorhof, auch kleines Tor vor dem Stadttor
Zitadelle	Kernfestung innerhalb einer Festung
Zwinger	Vorwerk vor dem Tor, auch Raum zwischen zwei Stadtmauern oder Bastion

Abkürzungen und Siglen

Abkürzungen

a. a. O.	am angegebenen Ort	Mk	Mark
a. St.	Zeitrechnung alten Stils	ML	Mark Lübisch
Anm.	Anmerkung	n. St.	Zeitrechnung neuen Stils
Aufl.	Auflage	o. D.	ohne Datum
Ausg.	Ausgabe	o. S.	ohne Seitenangabe
Bd.	Band	o. V.	ohne Verfasser
Bl.	Blatt	Pf	Pfennig
Brgmstr.	Bürgermeister	Phil. Diss.	philosophische Dissertation
f.,ff.	folgend(e)	Red.	Redaktion
fl	Florin (Gulden)	Rt	Reichstaler
fol.	folio	s.	siehe
Gl	Gulden	S.	Seite
Gr	Groschen	Sp.	Spalte
H.	Heft	Sh	Schilling
ha	Hektar	u.	und
Hg.	Herausgeber	u.a.	und andere, unter anderem
Hz.	Herzog	unveränd.	unverändert
NF	Neue Folge	usw.	und so weiter
Nr.	Nummer	v.	von
Lb	Librie (holländ. Pfund)	Vol.	Volume
masch.	maschinell	zit.	zitiert

Siglen

ADB	Allgemeine Deutsche Biographie
AHL	Archiv der Hansestadt Lübeck
A.R.A.	Algemeen Rijksarchief 's-Gravenhage
BGH	Beiträge zur Geschichte Hamburgs
BGRo	Beiträge zur Geschichte der Stadt Rostock
BJB	Bremisches Jahrbuch
BllDLg	Blätter für deutsche Landesgeschichte
BStA	Bayerisches Hauptstaatsarchiv
HGBll	Hansische Geschichtsblätter
HJB	Historisches Jahrbuch
H.H.M.	Hare Hooch Mogenden (Deputierte der Generalstaaten)
HStA	Hessisches Hauptstaatsarchiv Wiesbaden
JBrG	Jahrbuch des Braunschweigischen Geschichtsvereins
JGEmd	Jahrbuch der Gesellschaft für bildende Kunst und Altertümer zu Emden
JHF	Jahrbuch der historischen Forschung
JVMGA	Jahrbücher des Vereins für Mecklenburgische Geschichte und Altertumskunde
LhA Meckl	Mecklenburgisches Landeshauptarchiv
MHG	Mitteilungen des Vereins für Hamburgische Geschichte
NWStA	Nordrhein-Westfälisches Hauptstaatsarchiv
MVLGA	Mitteilungen des Vereins für Lübeckische Geschichte und Altertumskunde
NJb	Niedersächsisches Jahrbuch für Landesgeschichte
QDGN	Quellen und Darstellungen zur Geschichte Niedersachsens
R.A.Gr.	Rijksarchief Groningen
R.A.Hb.	Rijksarchief 's-Hertogenbosch
Res.R.v.St.	Resolutiën der Raad van Staten
Res.S.G.	Resolutiën der Staten-Generaal

StA Aur	Niedersächsisches Staatsarchiv Aurich
StA B	Staatsarchiv Bremen
StA Brg	Stadtarchiv Braunschweig
StA Dil	Stadtarchiv Dillenburg
StA Emd	Stadtarchiv Emden
StA H	Staatsarchiv Hamburg
StA Lbg	Stadtarchiv Lüneburg
StA Ro	Stadtarchiv Rostock
StA Str	Stadtarchiv Stralsund
StA Ulm	Stadtarchiv Ulm
StF	Städteforschung
SVRG	Schriften des Vereins für Reformationsgeschichte
VGHL	Veröffentlichungen zur Geschichte der Hansestadt Lübeck
ZHF	Zeitschrift für Historische Forschung
ZHG	Zeitschrift des Vereins für Hamburgische Geschichte
ZHVN	Zeitschrift des Historischen Vereins für Niedersachsen
ZVLGA	Zeitschrift des Vereins für Lübeckische Geschichte und Altertumskunde

Quellen- und Literaturverzeichnis

Ungedruckte Quellen

ALGEMEEN RIJKSARCHIEF 's-GRAVENHAGE: Resolutiën Raad van Staaten, 1.01.19, 1608–1617, 1620–1625; Briefe, 1.01.19, 575-593; Resolutiën Staaten General, 1.01.04, 1608–1625; Briefe 1.01.04, 6037, 6038, 6045-6058, 6704-6706, 6709; Lias, lopende Jan. 1621–Dez. 1622, 1.01.04, 4938-4941. Soldliste, Nr. 601, Nr. 5, 1613.

KONINKLIJKE HUISARCHIEF,'s-GRAVENHAGE: Archiv des Grafen Wilhelm Ludwig von Nassau, A 22 – IX c.

RIJKSARCHIEF NORD-BRABANT ('s-HERTOGENBOSCH): Resolutiën Staaten General, 026.06, 154-166, 1608–1618, 1624, 1625; Secrete Resol. Raad van Staaten – Oorlog (Soldlisten), 026.06, 472-474, 1607–1609, 1617, 1621;

RIJKSARCHIEF GRONINGEN: 805.22.

ARCHIVES GENERALES ROYAUME, Brüssel, arch. Merode Westeloo 1708, Livre Militaire.

BAYERISCHES HAUPTSTAATSARCHIV, München: Quellen aus Jülich-Berg; JB a 2/10; JB h 162; JB h 353/1; JB Nachdr. 30(2).

HESSISCHES HAUPTSTAATSARCHIV, Wiesbaden: Abt. 171; Abt. 3011 I.

STAATSARCHIV BREMEN: 2-A.5.a.6a.Nr. 2; 2-A.5.b.1.Bd. 1 und 3; 2-P.1.s.18.c, 18.k, 22.c; 2-P.2.b.1; 2-P.3.A.1; Rhederbücher 1609–1625; Wittheitsprotokolle 1620–1625; Post, Hermann v.: Bremische Chronik 1585–1756; Handschrift, 3. Jahrzehnt des 18. Jahrhunderts, 2-P.1.s.18.c.

STAATSARCHIV HAMBURG: Erbges. Bürgerschaft 1603–1630, 106 44 A.1.01; Kämmreibücher 1608–1625, Kämmerei I, Nr. 22, Bd. 68-96; Senat Cl. VII. Lit. Cc. No. 1. Vol 3a 1 und 2; Eidbuch 1604–1675.

NIEDERSÄCHSISCHE LANDESBIBLIOTHEK HANNOVER: Apologia undt Schutzschrift, o. D., Abt. XXIII, 902.

NIEDERSÄCHS. STAATSARCHIV IN AURICH: Chronik, Rep. 241, A.17a (Emder Chronik).

ARCHIV DER HANSESTADT LÜBECK: Ratsprotokolle, 1.Serie, 1604–1611, 1613, 1618, 1621, 1622; 3.Serie, 1611–1613; Walloffizium 6.5; Artillerie 18.7.

STADTARCHIV BRAUNSCHWEIG: Hauptrechnungsbücher B II 1:134-155; Musterrollen B II 20:59 u. 99; Militärwesen B IV 7:29; Personalia H VIII A, 1094.

STADTARCHIV EMDEN: Diarien IV.4, 1603–1630; Wallakte; Alte Kämmerei 4.19 und 20; Bürgerl. Kriegsrat, XXI.4, 1614 und 1615; Trifolium Aureum, A und B.

STADTARCHIV LÜNEBURG: UA b 1609–1612; Kämmereibuch 1609–1632; Vorgänge von 1638 u.1639, S 8, 19a; AB 56.7; Chroniken AB 1124, AB 1132, A.2.18a, A.2.36.

ARCHIV DER HANSESTADT ROSTOCK: Rat-Kriegswesen 40-42; Ratsprotokolle 51 und 55; Rat-Finanzbehörde, Bd. 45 und 56.

ARCHIV DER HANSESTADT STRALSUND: Senatsprotokolle 1622 und 1624; Ausgabenbücher, Register 1624.

STADTARCHIV ULM: Ratsprotokolle 1617–1619, A 35304; A [1129], Chronik Rep H. Nr. 9. Chronica von Hamburg, nach 1693, StA H, Hs 512.

DINNIES, J. A.: Nachrichten von der Belagerung Stralsunds durch Wallenstein, 1772, StA Str HS 18, Bd. 2.

FREITAG, ADAM: Architectura militaris nova et aucta [...], Leyden 1630.

HOOGHENBOOM, HUBRECHT: Von fortification ein reiß buch Inventeert Ende gheschreven Door Hubrecht Hooghenboom Anno 1632, fol. 1-32.

HOOGHENBOOM, HUBRECHT: Ein anders Buch über Fortification, o. D (nach 1620), fol. 64-110.

JANIBAL, WENTZEL: Chronik des ..., Hamburg 1727, StA H, Hs 511.

TRATZIGER, ADAM: Chronik des ..., nach 1699, StA H, Hs 573.

Gedruckte Quellen

Becker, Johann Rudolph: Umständliche Geschichte der Kaiserl. und des Heil. Römischen Reiches freyen Stadt Lübeck, Bd. 2, Lübeck 1784.

Dürer, Albrecht: Etliche underricht zu befestigung der Stett, Schloß und Flecken, Nürnberg 1527.

Feith, J. A. und Brugmans, H. (Hg.): De Kroniek van Abel Eppens tho Equart, Amsterdam 1911, Bd. 1 und 2.

Hahlweg, Werner (Bearb.): Die Heeresreform der Oranier. Das Kriegsbuch des Grafen Johann von Nassau-Siegen, (Veröffentlichungen der Historischen Kommission für Nassau XX), Wiesbaden 1973.

Hess, Jonas Ludwig von: Hamburg topographisch, politisch und historisch beschrieben, 1. Teil, Hamburg 1787.

Hudtwalcker (Bearb.): Des Grafen Galeazzo Gualdo Priorato Beschreibung von Hamburg im Jahre 1663, in: ZHG 3 (1851).

Koster, Peter: Bremer Chronik. StAB 2-P.1.s.22.c.1.

Lappenberg, J.M. (Hg.): Tratziger's Chronica der Stadt Hamburg, Hamburg 1865.

Merian, Caspar: Topographia Germaniae – Inferioris vel Circuli Burgundici, das ist Beschreibung vnd Abbildung der Fürnembsten Örter in den Niderländischen XVII Provincien oder Burgundischen Krayße, Franckfurt am Mayn, 2. Ausgabe 1659.

Merian, Matthaeus: Topographia Electorat[us] Brandenburgici et Ducatus Pomeraniae. &c. das ist Beschreibung der Vornembsten vnd bekantisten Stätte vnd Plätz in dem hochlöblichsten Churfürstenthum vnd March Brandenburg; vnd dem Hertzogtum Pom̄eren, zu sampt einem doppelten Anhang, 1 Vom Lande Preußen, vnnd Pomerellen 2 Von Lifflande vnnd Selbige beruffenisten Orten, 1. Ausgabe 1652.

Merian, Matthaeus: Topographia vnd Eigentliche Beschreibung Der Vornembsten Stäte, Schlösser auch anderer Plätze vnd Örter in denen Herzogthumer̄ Braunschweig vnd Lüneburg, vnd denen dazu gehörenden Grafschafften, Herrschaften vnd Landen, Franckfurt, 1. Ausgabe 1654.

Merian, Matthaeus: Topographia Hassiae, et Regionum Vicinarum: Das ist Beschreibung vnd eygentlicheh Abbildung der vornehmsten Landschafften/als Buchen/Wetteraw/Westerwaldt/Löhngaw/Solms/Nassaw/Witgenstein/vnd anderen, Franckfurt am Mayn, 2. Ausgabe 1655.

Merian, Matthaeus: Topographia Saxoniae Inferioris Das ist Beschreibung der Vornehmsten Stätte vnnd Plätz in dem hochl: Nider Sachß: Crayß. Franckfurt 1. Ausgabe 1653.

Merian, Matthaeus: Topographia Westphaliae. Das ist, Beschreibung der Vornembsten, vnd bekantisten Stätte, vnd Plätz, im Hochlöbl: Westphälischen Craiße. 1. Ausgabe o. J. (1647).

Oestreich, Gerhard: Graf Johanns VII. Verteidigungsbuch für Nassau-Dillenburg 1595, in: Ders.: Geist und Gestalt des frühmodernen Staates, Ausgewählte Aufsätze, Berlin 1969.

Pauli, Karl: Aus den Aufzeichnungen des Lübeckischen Bürgermeisters Heinrich Brokes, in: ZVLGA 1 (1860), S. 281-347, und 2 (1867), S. 1-37, 254-296 und 367-465.

Reincke, Heinrich (Hg.): Dokumente zur Geschichte der Hamburgischen Reichsfreiheit, Hamburg 1961, (Veröffentlichungen aus dem Staatsarchiv der Freien und Hansestadt Hamburg 7, Teil 1).

Resolutiën der Staten-General, N.R. – Rijks Geschiedkundige Publicatiën, Große Serie:

Band 131	's-Gravenhage 1970	Bearb.: H. P. Rijperman
Band 135	's-Gravenhage 1971	Bearb.: A. v. Deursen
Band 151	's-Gravenhage 1984	Bearb.: A. v. Deursen
Band 152	's-Gravenhage 1975	Bearb.: J. G. Smit
Band 176	's-Gravenhage 1981	Bearb.: J. G. Smit
Band 187	's-Gravenhage 1983	Bearb.: J. Roelevink
Band 208	's-Gravenhage 1989	Bearb.: J. Roelevink.

Resoluties van de Staten van Holland en West-Friesland, A.R.Hb., 026.06 – 705 (1625).

Roller, Christian Nikolaus: Versuch einer Geschichte der Kaiserlichen und Reichsfreyen Stadt Bremen, 1. Theil, Bremen 1799.

Speckle, Daniel: Architectura. Von Vestungen, Straßburg 1608.

STELTZNER, MICHAEL GOTTLIEB: Versuch einer zuverlässigen Nachricht von dem Kirchlichen und Politischen Zustande der Stadt Hamburg, Bd. 2 u. 3, 1731 u. 1733.
STEVIN, SIMON: De Sterctebouwing, Leiden 1594.
VERVOU, FREDRICH VAN: Enige gedenckwerdige Geschiedenissen, hg. durch die Provincaal Friesch Genootschap, Leeuwarden 1841.
WASSENBERG, EVERHARD: Embrica, 1667. Übers. v. Rudolf Reis, Teil 2, Emmerich 1984, (Emmericher Forschungen 6).
WETTKEN, JOHANN GEORG: Geschichte der Stadt und Herrschaft Rostock – Was sich von Anfang derselben biß auf das Jahr 1677 darinnen begeben, Wismar 1754.
WIARDA, TILMAN DOTHIAS: Ostfriesische Geschichte, Bd. 4, Aurich 1794.

Literatur

ADERS, GEBHARD: Bonn als Festung. Ein Beitrag zur Topographie der Stadt und zur Geschichte ihrer Belagerung, Bonn 1973, (Veröffentlichungen des Stadtarchivs Bonn 12).
ADLER, FRITZ: Stralsund, Stadtkreis Stralsund, in: Erich Keyser (Hg.): Deutsches Städtebuch, Bd. 1, Nordostdeutschland, Stuttgart, Berlin 1939, S. 244-247.
ALBRECHT, DIETER: Das konfessionelle Zeitalter, 2. Teil: Die Herzöge Wilhelm V. und Maximilian I., in: Max Spindler (Hg.): Handbuch der bayerischen Geschichte, Bd. 2, München 1969, S. 351-410.
Architekt & Ingenieur. Baumeister in Krieg & Frieden. Ausstellung der Herzog-August-Bibliothek Wolfenbüttel, Bearb.: Ulrich Schütte u. a., Wolfenbüttel 1984, (Ausstellungskatalog der HAB 42).
ARNDT, CARL: Die Einwohnerzahlen der niederdeutschen Städte von 1500–1816, phil. Diss. Hamburg 1946, (masch.).
ASCH, JÜRGEN: Rat und Bürgerschaft in Lübeck 1598–1669, Hamburg 1960, (VGHL 17).
Ausschuß Garnisontreffen Ulm 1954 (Hg.): Ulm – Garnison und Festung, 2. Aufl., Ulm, 1954.
BAASCH, ERNST: Der Kampf des Hauses Braunschweig-Lüneburg mit Hamburg um die Elbe vom 16.–18. Jahrhundert, Hannover, Leipzig 1905 (QDGN, 21).
BABENDERERDE, PAUL: Rostock, in: Erich Keyser (Hg.): Deutsches Städtebuch, Bd. 1, Nordostdeutschland, Stuttgart, Berlin 1939, S. 322-326.
BACHMANN, FRIEDRICH: Die älteren mecklenburgischen Städteansichten, in: JVMGA 88 (1924), S. 117-224.
BACHMANN, FRIEDRICH: Ein Plan der Belagerung Rostocks von 1631 und die Befestigungen der Stadt seit etwa 1613, in: BGRo 18 (1933), S. 5-78.
BACHMANN, FRIEDRICH (Hg.): Die alte deutsche Stadt. Ein Bildatlas der Städteansichten bis zum Ende des 30-jährigen Krieges, Bd. 3, Stuttgart 1949.
BECKER, EMIL: Das Dillenburger Schloß und seine Bollwerke, 2. Aufl., Dillenburg 1950.
BECKER, EMIL: Schloß und Stadt Dillenburg, Dillenburg 1950.
Beiträge zur Geschichte der frühneuzeitlichen Garnisons- und Festungsstadt. Referate eines Kolloquiums in Saarlouis 1980. Zuammengest. v. Hans-Walter Hermann und Franz Irsigler, Saarbrücken 1983.
BELONJE, J.: Johan van Rijswijck – Generaal der Fortificatien, in: Brabantsche Leeuw, Jg.16/1 (1967), S. 3-9.
BERNATZKY, ALOIS: Von der mittelalterlichen Stadtbefestigung zu den Wallgrünflächen von heute, Berlin, Hannover, Sarstedt 1960.
BIBLIOGRAPHIE ZUR DEUTSCHEN HISTORISCHEN STÄDTEFORSCHUNG, bearb. v. B. Schröder und H. Stoob. In Verbindung mit W. Ehbrecht und B. Schröder hg. v. H. Stoob, Teil 1, Köln, Wien 1986, (StF B1/I).
BINDING, GÜNTHER: Architektonische Formenlehre, 2. verb. Aufl., Darmstadt 1987.
BIPPEN, WILHELM V.: Heinrich Kreffting und das engere Bündnis der sechs korrespondierenden Hansestädte, in: BJB 18 (1896), S. 151-174.
BIPPEN, WILHELM V.: Geschichte der Stadt Bremen, Bd. 2, Bremen 1898.
BLECKER, P.: Festungsbaumeister Gert Everts Piloot, in: JGEmd 14 (1902), S. 372-375.

BOCKLITZ, KLAUS: Hamburgische Festungsanlagen, in: Armin Clasen, Hans Bocklitz: Studien zur Topographie Hamburgs, Hamburg 1979, (Beiträge zur Geschichte Hamburgs 14), S. 95-152.

BOLLAND, JÜRGEN: Senat und Bürgerschaft. Über das Verhältnis zwischen Bürger und Stadtregiment im alten Hamburg, 2. unveränd. Aufl., Hamburg 1977, (Vorträge und Aufsätze 7).

BRANDT, AHASVER V.: Geist und Politik in der Lübeckischen Geschichte, Lübeck 1954.

BREBBERMANN, ADOLF: Das wehrhafte Lüneburg in vergangenen Jahrhunderten, Lüneburg 1955/56. (Nichtveröffentlichtes Manuskript im StA Lbg. Lbb 1).

BREHMER, W[ILHELM]: Beiträge zu einer Baugeschichte Lübecks, 5. Die Befestigungswerke, in: ZVLGA 7 (1898), S. 341-498.

BRUNNER, HORST (Hg.): Literatur in der Stadt. Bedingungen und Beispiele städtischer Literatur des 15. bis 17. Jahrhunderts, Göppingen 1982, (Göppinger Arbeiten zur Germanistik 343).

BRUNNER, OTTO: Souveränitätsproblem und Sozialstruktur in den deutschen Reichsstädten der frühen Neuzeit (1963), in: Ders.: Neue Wege der Verfassungs- und Sozialgeschichte, 2. verm. Aufl., Göttingen 1968, S. 294-334.

BUCHENAU, FRANZ: Die freie Hansestadt Bremen und ihr Gebiet, 3. Aufl., Bremen 1900.

BUCHSTAB, GÜNTER: Reichsstädte, Städtekurie und Westfälischer Friedenskongreß. Münster 1976, (Schriftenreihe der Vereinigung zur Erforschung der Neueren Geschichte 7).

BÜCHEL, C.: Hamburgs Wälle und Wallanlagen in ihrer Entwicklung vom 17. bis zum 20. Jahrhundert, in: Die Heimat 17, Hamburg 1907.

BUHR, HERMANN DE: Konjunktur und beginnender Niedergang einer Hafenstadt. Emden in der zweiten Hälfte des 16. Jahrhunderts, in: H. Stoob (Hg.): See- und Flußhäfen vom Hochmittelalter bis zur Industrialisierung, Köln, Wien 1986, (StF A 24), S. 161-174.

DEDERICH, ANDREAS: Annalen der Stadt Emmerich, Düsseldorf 1867, (Nachdruck 1971).

DOLLINGER, PHILIPPE: Die Hanse, 4. erw. Aufl., Übers. Marga und Hans Krabusch, Stuttgart 1989, (Kröners Taschenausgabe 371).

DOTZAUER, WINFRIED: Die deutschen Reichskreise in der Verfassung des alten Reiches und ihr Eigenleben (1500–1806), Darmstadt 1989.

DUEKER, ALBERT: Lübecks Territorialpolitik im Mittelalter, phil. Diss. Hamburg 1932.

DÜFFEL, JACOB: Bilder aus der Vergangenheit der Stadt und Festung Rees, Emmerich 1939, (Neuauflage Kleve 1972).

DÜFFEL, JACOB: Rees, Kr. Rees, in: Erich Keyser (Hg.): Rheinisches Städtebuch, Stuttgart 1959, S. 348-351.

DUNTZE, JOH. HERMANN: Geschichte der freien Stadt Bremen, Bd. 3, Bremen 1848.

EHLERS, JOACHIM: Die Wehrverfassung der Stadt Hamburg im 17. und 18. Jahrhundert, Boppard a. Rh. 1966, (Wehrwissenschaftliche Forschungen, Abt. Militärgeschichtliche Studien 1).

EICHBERG, HENNING: Militär und Technik. Schwedenfestungen des 17. Jahrhunderts in den Herzogtümern Bremen und Verden, phil. Diss. Düsseldorf 1976.

EICHBERG, HENNING: Geometrie als barocke Verhaltensnorm. Fortifikation und Exercitien, in: ZHF 4 (1977), H. 1, S. 17-50.

EIMER, GERHARD: Die Stadtplanungen im schwedischen Ostseebereich 1600–1715, Stockholm 1961.

ELLERMEYER, JÜRGEN: Zu Handel, Hafen und Grundeigentum Hamburgs im 17. und 18. Jahrhundert, in: Ders. und Rainer Postel (Hg.): Stadt und Hafen. Hamburger Beiträge zur Geschichte von Handel und Schiffahrt, Hamburg 1986, (Arbeitshefte zur Denkmalpflege in Hamburg 8), S. 58-79.

ENDRISS, JULIUS: Abstimmung der Ulmer Bürgerschaft im November 1530, Ulm 1930.

ENNEN, EDITH: Die Stadt zwischen Mittelalter und Gegenwart, in: Rheinische Vierteljahrsblätter 30 (1965), S. 118-131 und in: Dies.: Gesammelte Abhandlungen, Bonn 1977, S. 198-209.

ENNEN, EDITH: Die Festungsstadt als Forschungsgegenstand – die Herausbildung der Festungs- und Garnisonsstadt als Stadttyp, in: Beiträge zur Geschichte der frühneuzeitlichen Garnisons- und Festungsstadt. Referate eines Kolloquiums in Saarlouis 1980. Zus. gest. v. Hans-Walter Hermann und Franz Irsigler, Saarbrücken 1983, S. 19-40.

ENNEN, EDITH: Mitteleuropäische Städte im 17. und 18. Jahrhundert, in: Wilhelm Rausch (Hg.): Die Städte Mitteleuropas im 17. und 18. Jahrhundert, Teil 1, Linz/Donau 1981, (Beiträge zur Geschichte der Städte Mitteleuropas 5), S. 1-20.

EWE, HERBERT (Hg.): Geschichte der Stadt Stralsund, Weimar 1984.

EYSTEN, J.: Adviezen van den Hollandsche Ingenieur Johan van Valckenburg over de Bevestiging van Rostock, in: Bijdragen en Mededelingen van het Historisch Genootschap 34 (1913), S. 272-292.

FERGER, IMME: Lüneburg. Eine siedlungsgeographische Untersuchung, Bonn-Bad Godesberg 1969, (Forschungen zur deutschen Landeskunde 173).

FINK, GEORG: Lübeck, in: Erich Keyser (Hg.): Deutsches Städtebuch, Bd. 1, Nordostdeutschland, Stuttgart, Berlin 1939, S. 417-424.

FOCKE, JOHANN: Bremische Werkmeister aus älterer Zeit, Bremen 1890.

FOCKE, JOHANN: Vom bremischen Stadtmilitär, in: BJB 19 (1900), S. 1-35.

FRANCKE, G.F.: Die Stadt Lüneburg vor und in dem dreißigjährigen Krieg, in: 3. und 4. Jahresbericht des Museumsvereins für das Fürstentum Lüneburg, 1880/81, S. 1-61.

FRANKE, HERMANN (Hg.): Handbuch der neuzeitlichen Wehrwissenschaft, Bd. 1, Berlin, Leipzig 1936.

FRIEDLAND, KLAUS: Der Kampf der Stadt Lüneburg mit ihren Landesherren. Stadtfreiheit und Fürstenhoheit im 16. Jahrhundert, Hildesheim 1953, (QDGN 53).

FRIEDRICH, PAUL: Der Untergrund der Stadt Lübeck, in: ZVLGA 12 (1910), S. 28-48.

GÄBLER, HANS-JÜRGEN: Baugrund und Bebauung Hamburgs. Der Einfluß des natürlichen Untergrundes auf die Entwicklung einer Welthafenstadt, Hamburg 1962, (Hamburger Geographische Studien 14).

GAEDECHENS, C[IPRIANO] F[RANCISCO]: Historische Topographie der Freien und Hansestadt Hamburg und ihrer nächsten Umgebung, 2. unveränd. Aufl., Hamburg 1880.

GAEDECHENS, C. F.: Die Befestigung Hamburgs im Mittelalter, in: Karl Koppmann (Hg.): Aus Hamburgs Vergangenheit. Kulturhistorische Bilder aus vergangenen Jahrhunderten, Bd. 1, Hamburg, Leipzig 1885, S. 323-344.

GAEDECHENS, C. F.: Das hamburgische Militär bis zum Jahre 1811, in: ZHG 8 (1889), S. 421-600.

GALLOIS, J. G.: Hamburgische Chronik von den ältesten Zeiten bis auf die Jetztzeit, 2. Ausg., Bd. 2 u. 3, Hamburg 1870.

GERDS, PETER, WOLF-DIETER GEHRKE: Und am Bug der Greif. Ein Beitrag zur Geschichte der Rostocker Schiffahrt, Rostock 1979.

GERTEIS, KLAUS: Frühneuzeitliche Stadtrevolten im sozialen und institutionellen Bedingungsrahmen, in: Wilhelm Rausch (Hg.): Die Städte Mitteleuropas im 17. und 18. Jahrhundert, Teil 1, Linz/Donau 1981, (Beiträge zur Geschichte der Städte Mitteleuropas 5), S. 43-58.

GERTEIS, KLAUS: Die deutschen Städte in der Frühen Neuzeit, Darmstadt 1986.

GOEBEL, FERDINAND, LEOPOLD KRUDEWIG: Emmerich, Kr. Rees, in: Erich Keyser (Hg.): Rheinisches Städtebuch, Stuttgart 1959, S. 144-147.

GOHLKE, W.: Geschichte der gesamten Feuerwaffen, Krefeld 1977, (Nachdruck von 1912).

GRASSMANN, ANTJEKATHRIN: Lübeck ohne Vergangenheit ? Zu den Lübecker Archivalien in der Deutschen Demokratischen Republik und in der Sowjetunion, in: Der Wagen 1986, S. 83-92.

GRASSMANN, ANTJEKATHRIN: Lübeck im 17. Jahrhundert: Wahrung des Erreichten, in: Dies. (Hg.): Lübeckische Geschichte, Lübeck 1988, S. 435-488.

GRUBER, KARL: Die Gestalt der deutschen Stadt – Ihr Wandel aus der geistigen Ordnung der Zeiten, 4. Aufl., München 1983.

HAASE, CARL: Die Entstehung der westfälischen Städte, 4. Aufl., Münster 1984, (Veröffentlichungen des Provinzialinstituts für westfälische Landes- und Volkskunde, Reihe 1, H. 11).

HABICH, JOHANNES (Hg.): Stadtkernatlas Schleswig-Holstein, Neumünster 1976.

HAHLWEG, WERNER: Untersuchungen zur Barrierepolitik Wilhelm III. von Oranien und der Generalstaaten im 17. und 18. Jahrhundert, in: Westfälische Forschungen 14 (1961), S. 42-81.

HARTWIG, JULIUS: Lübecks Einwohnerzahl in früherer Zeit, in: MVLGA 13 (1917–19), S. 77-92.

HATZ, GERT: Topografisches zur Hamburger Dadler-Medaille von 1636, in: De Beldenaar – munten- en penningkundig Nieuws, 1990, S. 163-165.

HEIMANN, HEINZ-DIETER: Stadtideal und Stadtpatriotismus in der ‚Alten Stadt' am Beispiel der ‚Laudationes Coloniae', in: HJB 111 (1991), S. 3-27.

HEINISCH, REINHARD RUDOLF: Die Stadt als Festung im 17. Jahrhundert, in: Wilhelm Rausch (Hg.): Die Städte Mitteleuropas im 17. und 18. Jahrhundert, Linz 1981, (Beiträge zur Geschichte der Städte Mitteleuropas 5), S. 283-310, Diskussion S. 374-380.

HENN, V[OLKER].: Die Hanse: Interessengemeinschaft oder Städtebund?, in: HGbll 102 (1984), S. 119-126.

Henning, Friedrich-Wilhelm: Das vorindustrielle Deutschland 800–1800, in: Ders.: Wirtschafts- und Sozialgeschichte, Bd. 1, 4. überarb. Aufl., Paderborn, München, Wien, Zürich 1985, (UTB Taschenbuch 398).
Heuer, Horst: Lüneburg im 16. und 17. Jahrhundert und seine Eingliederung in den Fürstenstaat, phil. Diss. Hamburg 1968.
Hofer, Paul: Die Reformation im Ulmer Landgebiet – religiöse, wirtschaftliche und soziale Aspekte, phil. Diss. Tübingen 1977, (masch.).
Hoyer, Johan Gottfried v.: Geschichte der Kriegskunst, Bd. 2.1 und 2, Göttingen 1799.
Hoyer, Johan Gottfried v.: Allgemeines Wörterbuch der Kriegsbaukunst, Bd. 1, Berlin 1815; Bd. 3, Berlin 1817.
Huber, Max, Albrecht Rieber: Ulm, in: Erich Keyser (Hg.): Deutsches Städtebuch, Bd. 4. – Württembergisches Städtebuch, Stuttgart 1962, S. 260-282.
Huizinga, Johan: Holländische Kultur des siebzehnten Jahrhunderts. Ihre sozialen Grundlagen und nationale Eigenart, Jena 1932, (Schriften des Deutsch-Niederländischen Instituts Köln 1).
Hulshof, A.: Verslag van een Onderzoek te Rostock naar Handschriften, Drukwerken en Bescheiden belangrik voor de Geschiedenis van Nederland, 's-Gravenhage 1909.
Imhof, Arthur E.: Demographische Aspekte des frühneuzeitlichen Städtewesens, in: Kersten Krüger (Hg.): Europäische Städte im Zeitalter des Barock, Köln, Wien 1988, (StF A/28), S. 57-92.
Jäger, Herbert: Reichsstadt Ulm und Schwäbischer Kreis. Korporative Städtepolitik im 16. Jahrhundert unter der Führung von Ulm und Augsburg, Göppingen 1975, (Göppinger Akademische Beiträge 95).
Jähns, Max: Geschichte der Kriegswissenschaft vornehmlich in Deutschland, Bd. 1, München, Leipzig 1899, (Nachdruck New York, Hildesheim 1966).
Jannasch, Wilhelm: Reformationsgeschichte Lübecks vom Petersablaß bis zum Augsburger Reichstag, 1515–1530, Lübeck 1958, (VGHL 16).
Kahlenberg, Friedrich P.: Kurmainzische Verteidigungseinrichtungen und Baugeschichte der Festung Mainz im 17. und 18. Jahrhundert, Mainz 1963, (Beiträge zur Geschichte der Stadt Mainz 19).
Kappelhoff, Bernd: Die ostfriesischen Landstände und die Stadt Emden, in: NJB 63 (1991), S. 73-85.
Kellinghusen, Hans: Das Amt Bergedorf. Geschichte der Verfassung und Verwaltung bis zum Jahre 1620, in: ZHG 13 (1908), S. 181-374.
„Klar und lichtvoll wie eine Regel", Planstädte der Neuzeit vom 16. bis zum 17. Jahrhundert. Katalog zur Ausstellung des Badischen Landesmuseums in Karlsruhe 1990, Karlsruhe 1990.
Koppmann, Karl: Geschichte der Stadt Rostock, 1. Teil, Von der Gründung der Stadt bis zum Tode Joachim Slüters (1532), Rostock 1887.
Koppmann, Karl: Zur Geschichte des Steinthores, in: BGRo 2.1 (1899), S. 69-80.
Koppmann, Karl: Rostocker Geschützwesen, in: BGRo 4.3 (1906), S. 43-58.
Kraus, Jürgen: Das Militärwesen der Reichsstadt Augsburg 1548-1806. Vergleichende Untersuchungen über städtische Militäreinrichtungen in Deutschland vom 16.–18. Jahrhundert, Augsburg 1980, (Abhandlungen zur Geschichte der Stadt Augsburg 26).
Krause, Ludwig: Zur Rostocker Topographie, in: BGRo 13 (1924), S. 12-82.
Krüger, Kersten: Albrecht Dürer, Daniel Speckle und die Anfänge frümoderner Stadtplanung in Deutschland, in: Mitteilungen des Vereins für Geschichte der Stadt Nürnberg 67 (1980), S. 79-97.
Krüger, Kersten: Wandel des Stadtbildes durch Festungsbau – Oldenburg in dänischer Zeit. Rainer Wohlfeil zum 60. Geburtstag, in: Oldenburger Jahrbuch 87 (1987), S. 47-108.
Krüger, Kersten: Militär und Stadt – Ratzeburg 1689–1695: Befestigung, Bombardierung und Wiederaufbau, in: Ders. (Hg.): Europäische Städte im Zeitalter des Barock, Köln, Wien 1988, (StF A/28), S. 399-436.
Kruft, Hanno-Walter: Utopie und Idealstadt, in: „Klar und lichtvoll wie eine Regel", Planstädte der Neuzeit vom 16. bis zum 17. Jahrhundert. Katalog zur Ausstellung des Badischen Landesmuseums in Karlsruhe 1990, Karlsruhe 1990, S. 31-37.
Langer, Herbert: Stralsund 1600–1630. Eine Hansestadt in der Krise und im europäischen Konflikt, Weimar 1970.

LAU, FRIEDRICH: Jülich, Historische Topographie der Stadt Jülich, Bonn 1932, (Quellen zur Rechts- und Wirtschaftsgeschichte der Rheinischen Städte 29).

LAUFS, ADOLF: Der Schwäbische Kreis. Studien über Einungswesen und Reichsverfassung im deutschen Südwesten zu Beginn der Neuzeit, Aalen 1971, (Untersuchungen zur deutschen Staats- und Rechtsgeschichte, N. F. 16).

Leonardo da Vinci (o. V.), Wiesbaden, Berlin 1955.

LOEFFLER, EMIL v.: Geschichte der Festung Ulm, Ulm 1881.

LOJEWSKI, GÜNTHER v.: Bayerns Weg nach Köln – Geschichte der bayerischen Bistumspolitik in der zweiten Hälfte des 16. Jahrhunderts, Bonn 1962.

LOOSE, HANS-DIETER: Hamburg und Christian IV. von Dänemark während des Dreißigjährigen Krieges, Hamburg 1963, (Veröffentlichungen des Vereins für hamburgische Geschichte 18).

LOOSE, HANS-DIETER: Das Zeitalter der Bürgerunruhen und der großen europäischen Kriege 1618–1712, in: Werner Jochmann und Hans-Dieter Loose (Hg.): Hamburg. Geschichte der Stadt und ihrer Bewohner, Bd. 1 – H. D. Loose (Hg.): Von den Anfängen bis zur Reichsgründung, Hamburg 1982, S. 259-350.

LOOSE, HANS-DIETER: Die Bedeutung des Festungsbaues 1616–1626 für Hamburgs Stadt- und Hafenentwicklung im 17. Jahrhundert, in: Jürgen Ellermeyer u. Rainer Postel (Hg.): Stadt und Hafen. Hamburger Beiträge zur Geschichte von Handel und Schiffahrt, Hamburg 1986, (Arbeitshefte zur Denkmalpflege in Hamburg 8), S. 54-57.

LORENZ, A.F.: Zur Geschichte der Rostocker Stadtbefestigung, in: BGRo 20 (1934/35), S. 27-78.

LÜHRS, WILHELM: Die Anfänge der Bremer Neustadt, in: Jahrbuch der Wittheit 17 (1973), S. 7-50.

LUTZ, HEINRICH: Reformation und Gegenreformation, 2. Aufl., München, Wien 1982, (Oldenbourg, Grundriß der Geschichte 10).

MAUERSBERG, HANS: Wirtschafts- und Sozialgeschichte zentraleuropäischer Städte in neuerer Zeit. Dargestellt an den Beispielen von Basel, Frankfurt a. M., Hamburg, Hannover und München, Göttingen 1960.

MAURER, HERMANN: Die Reichsstadt Ulm und die letzten Tage der Union 1620/21, phil. Diss. Tübingen 1925, (masch.).

MENNE, PAUL: Die Festungen des norddeutschen Raumes, Oldenburg 1942, (Schriften der wirtschaftswissenschaftlichen Gesellschaft zum Studium Niedersachsens e. V., N. F. 18).

MÖHLMANN, GÜNTHER: Die Epochen der ostfriesischen Geschichte, in: NJB 40 (1968), S. 14-30.

MOELLER, BERND: Reichsstadt und Reformation, Gütersloh 1962, (SVRG 69 Nr. 180).

MÖLLER, ILSE: Hamburg. Länderprofile – Geographische Strukturen, Daten, Entwicklungen, Stuttgart 1985.

MÖRKE, OLAF: Rat und Bürger in der Reformation. Soziale Gruppen und kirchlicher Wandel in den welfischen Hansestädten Lüneburg, Braunschweig und Göttingen, Hildesheim 1983, (Veröffentlichungen des Instituts für Historische Landesforschung der Universität Göttingen 19).

MRUSEK, HANS-JOACHIM: Magdeburg, 2. verb. Aufl., Leipzig 1966.

MÜLLER, JOHANNA: Handel und Verkehr Bremens im Mittelalter, 2. Teil, in: BJB 31 (1928), S. 1-107.

MÜLLER, KARL: Die staats- und verfassungsrechtliche Entwicklung in Bremen bis zum Jahre 1848. (Die Zeit der reichsstädtischen Ratsverfassung), Bremen 1931.

MÜLLER, WALTHER: Rostocks Seeschiffahrt und Seehandel im Wandel der Zeiten, Rostock 1930.

MUHSFELDT, THEODOR: Das hamburgische Militär. Übersicht über seine Organisation und seine Offiziere bis zu seiner Auflösung im Jahre 1811, in: ZHG 14 (1909), S. 37-149.

NAUJOKS, EBERHARD: Obrigkeitsgedanke, Zunftverfassung und Reformation. Stuttgart 1958, (Veröffentlichung der Kommission für geschichtl. Landeskunde in Baden-Württemberg, Reihe B, 3).

NEUER-LANDFRIED, FRANZISKA: Die katholische Liga. Gründung, Neugründung und Organisation eines Sonderbundes 1608–1620, Kallmünz/Opf. 1968, (Münchener Hist. Studien, Abt. Bayer. Geschichte 9).

NEUMANN, HARTWIG: Festungsbaukunst und Festungsbautechnik. Deutsche Wehrbauarchitektur vom XV. bis XX. Jahrhundert, Koblenz 1988.

NEUMANN, HARTWIG: Stadt und Festung Jülich auf bildlichen Darstellungen 1991, (Architectura Militaris 5).

Oestreich, Gerhard: Politischer Neustoizismus und Niederländische Bewegung in Europa und Brandenburg-Preußen (1965), in: Walther Hubatsch (Hg.): Absolutismus, Darmstadt 1988, (Wege der Forschung 314), S. 361-435.

Olechnowitz, Karl-Friedrich: Rostock – von der Stadtrechtsbestätigung im Jahre 1218 bis zur bürgerlich-demokratischen Revolution von 1848/49, Rostock 1968, (BGRo – Aus Anlaß der 750-Jahr-Feier).

Opel, Julius Otto: Der niedersächsisch-dänische Krieg, Bd. 1, Halle 1872; Bd. 2, Magdeburg 1877.

Peters, Franz: Jülich, in: Erich Keyser (Hg.): Rheinisches Städtebuch, Stuttgart 1956, S. 220-223.

Petersohn, Jürgen: Stralsund als schwedische Festung, in: Baltische Studien, NF 45 (1958), S. 95-124.

Petri, Franz: Im Zeitalter der Glaubenskämpfe (1500–1648), in: Franz Petri, Georg Droege (Hg.): Rheinische Geschichte, Bd. 2, Düsseldorf 1976, S. 1-217.

Postel, Rainer: Reformation und bürgerliche Mitsprache in Hamburg, in: ZHG 65 (1979), S. 1-20.

Postel, Rainer: Reformation und Gegenreformation 1517-1618, in: Werner Jochmann und Hans-Dieter Loose (Hg.): Hamburg. Geschichte der Stadt und ihrer Bewohner, Bd. 1, – H. D. Loose (Hg.): Von den Anfängen bis zur Reichsgründung, Hamburg 1982, S. 191-258.

Postel, Rainer: Die Reformation in Hamburg 1517-1528, Gütersloh 1986, (Quellen und Forschungen zur Reformationsgeschichte 52).

Postel, Rainer: Kirchlicher und weltlicher Fiskus in norddeutschen Städten am Beginn der Neuzeit, in: Michael Stolleis (Hg.): Recht, Verfassung und Verwaltung in der frühneuzeitlichen Stadt, Köln, Wien 1991, (StF A 31), S. 91-107.

Poten, B.: Friedrich Graf zu Solms-Rödelheim, in: Allgemeine Deutsche Biographie, Bd. 34, Berlin 1971, (Neudr. der 1. Aufl. von 1892), S. 575f.

Press, Volker (Hg.): Städtewesen und Merkantilismus, Köln, Wien 1983, (StF A 14), Einleitung.

Prittwitz, M. V. und Gaffron: Lehrbuch der Befestigungskunst, Berlin 1865.

Prüser, Friedrich: Bremen, in: Erich Keyser (Hg.): Niedersächsisches Städtebuch, Stuttgart 1952, S. 42-51.

Prüser, Friedrich (Bearb.): Heimatchronik der Freien Hansestadt Bremen, Köln 1955.

Raa, F. J. G.ten, Fr. de Bas: Het Staatsche Leger, Teil 3, Breda 1915.

Rathgens, Hugo u. Friedrich Bruns (Bearb.): Die Bau- und Kunstdenkmäler der Hansestadt Lübeck, Bd. 1, Teil 1: Stadtpläne und -ansichten, Stadtbefestigung, Wasserkünste und Mühlen, Lübeck 1939.

Rausch, Wilhelm (Hg.): Die Städte Mitteleuropas im 17. und 18. Jahrhundert, Linz/Donau, 1981, 1. Teil, (Beiträge zur Geschichte der Städte Mitteleuropas 5).

Reincke, Heinrich: Hamburgische Territorialpolitik, in: ZHG 38 (1939), S. 28-116.

Reincke, Heinrich: Bevölkerungsprobleme der Hansestädte, in: HGBll 70 (1951), S. 1-23.

Reincke, Heinrich: Hamburg, in: Erich Keyser (Hg.): Niedersächsisches Städtebuch, Stuttgart 1952, S. 387-403.

Reincke, Heinrich: Die alte Hamburger Stadtschuld der Hansezeit, in: Städtewesen und Bürgertum als geschichtliche Kräfte. Gedächtnisschrift für Fritz Rörig, Lübeck 1953, S. 489-511.

Reincke, Heinrich: Hamburgs Aufstieg zur Reichsfreiheit. Vortrag am 25. Januar 1956, in: ZHG 47 (1961); S. 17-34.

Reinecke, Wilhelm: Die Straßennamen Lüneburgs, Hildesheim 1914, (QDGN 30).

Reinecke, Wilhelm: Geschichte der Stadt Lüneburg, Bd. 2, Lüneburg 1933.

Reinhold, Werner: Chronik der Stadt Rostock, Rostock 1836, Neudruck 1911.

Reuter, Christian: Der Aufbau der Stadt Lübeck, in: ZVLGA 12 (1910), S. 3-27.

Rheydter Chronik, Geschichte der Herrschaft und Stadt Rheydt, Bd. 1, Rheydt 1897.

Rheydt, Stadtkreis Rheydt, Bearb. Stadtarchiv Rheydt, in: Erich Keyser (Hg.), Rheinisches Städtebuch, Stuttgart 1956, S. 369-372.

Ritter, Moriz: Geschichte der Deutschen Union – von den Vorbereitungen des Bundes bis zum Tode Kaiser Rudolph II. (1598–1612), Bd. 1 und 2, Schaffhausen 1873.

Ritter, Moriz: Deutsche Geschichte im Zeitalter der Gegenreformation und des Dreißigjährigen Krieges (1555–1648), Bd. 2, Stuttgart 1895.

ROBERTS, MICHAEL: Gustavus Adolphus. A History of Sweden 1611–1632, Bd. 2, London, New York, Toronto 1958.
ROGGE, WILHELM: Wallenstein und die Stadt Rostock, in: JVMGA 51 (1886), S. 283-350.
SACK, CARL WILHELM: Die Befestigung der Stadt Braunschweig, in: Archiv des historischen Vereins für Niedersachsen, NF, Gg. 1848.
SCHEPER, BURCHARD: Die Anfänge der Carlsburg bis 1674, in: Kersten Krüger (Hg.): Europäische Städte im Zeitalter des Barock, Köln, Wien 1988, (StF A 28), S. 355-398.
SCHILLING, HEINZ: Niederländische Exulanten im 16. Jahrhundert. Ihre Stellung im Sozialgefüge und im religiösen Leben deutscher und englischer Städte, Gütersloh 1972, (SVRG 187).
SCHILLING, HEINZ: Reformation und Bürgerfreiheit. Emdens Weg zur calvinistischen Stadtrepublik, in: Bernd Moeller: Stadt und Kirche im 16. Jahrhundert, Gütersloh 1977, (SVRG 190), S. 128-161.
SCHILLING, HEINZ: Aufbruch und Krise. Deutschland 1517–1648, Berlin 1988.
SCHILLING, HEINZ: Stadt und frühmoderner Territorialstaat: Stadtrepublikanismus versus Fürstensouveränität, in: Michael Stolleis (Hg.): Recht, Verfassung und Verwaltung in der frühneuzeitlichen Stadt, Köln, Wien 1991, (StF A 31), S. 19-40.
SCHILLING, HEINZ: Die Stadt in der frühen Neuzeit, München 1993, (Enzyklopädie deutscher Geschichte 24).
SCHLENKE, MANFRED (Hg.): Preußen-Ploetz, Freiburg, Münster 1983.
SCHMIDT, GEORG: Die Freien und Reichsstädte im Schmalkaldischen Bund, in: Volker Press und D. Siekmann (Hg.): Martin Luther. Probleme seiner Zeit, Stuttgart 1986, S. 177-218.
SCHMIDT, HEINRICH RICHARD: Der Schmalkaldische Bund und die oberdeutschen Städte bis 1536. Ein Beitrag zur politischen Konfessionalisierung im Protestantismus, in: Zwingliana 18 (1989), S. 36-61.
SCHMIDTCHEN, VOLKER: Bombarden, Befestigungen, Büchsenmeister, Düsseldorf 1977.
SCHMITT, MICHAEL, JOCHEN LUCKHARD: Realität und Abbild in Stadtdarstellungen des 16. bis 19. Jahrhunderts. Untersuchungen am Beispiel Lippstadt, München 1982, (Beiträge zur Volkskultur in Nordwestdeutschland 31).
SCHMITT, MICHAEL: Das Stadtbild in Druckgraphik und Malerei. Neuss 1477–1900, Köln, Wien 1991 (StF C 5).
SCHNATH, GEORG: Staatshoheit und Stadtfreiheit in der Geschichte Lüneburgs, in: Ders.: Ausgewählte Beiträge zur Landesgeschichte Niedersachsens, Hildesheim 1968, S. 26-44.
SCHÖFFER, J.: De Crisis van de jonge Republick, 1609–1625, in: J. A. v. Houtte u. a. (Hg.): Algemene Geschiedenis der Nederlanden, Teil 6, Utrecht 1953, S. 1-60.
SCHOTT, RUDOLF: Die Stellung des Wehrbaues in der Baukunst des 16. bis 17. Jahrhunderts. Text- und Bildband, Ing. Diss. Karlsruhe 1941, (masch.).
SCHRÖER, B. W., SCHÖNINGH, W.: Emden, in: Erich Keyser (Hg.): Niedersächsisches Städtebuch, Stuttgart 1952, S. 123-126.
SCHROETER, JOHANNES: Technik des Befestigungswesens, in: M. Schwate (Red.): Technik des Kriegswesens, Bd. 4, Berlin, Leipzig 1913, S. 472-568.
SCHUHMACHER, HERMANN ALBERT: Johan van Valckenburg, der Begründer der Neustadt und die Geschichte der bremischen Festungswerke, in: Weser-Zeitung, 14. und 16.2.1869.
SCHUKKING, W. H.: The Art of War, Amsterdam 1964, in: Ernst Crone u. a. (Hg.): The Principal Works of Simon Stevin, Bd. 4, De Sterctebouwing, S. 31-231; Nieuwe Maniere van Sterctebou door Spilsluysen, S. 233-246.
SCHULTES, D. A.: Chronik von Ulm, 7. Aufl., Ulm 1937, (1. Aufl. 1881).
SCHULTZ, HELGA: Soziale und politische Auseinandersetzungen in Rostock im 18. Jahrhundert, Weimar 1974.
SCHULTZ, HELGA: Im Zeichen der frühbürgerlichen Revolution (1476–1535), in: Dies. (Hg.): Rostock – Geschichte der Stadt in Wort und Bild, Berlin 1980, S. 38-45.
SCHWARZWÄLDER, HERBERT: Blick auf Bremen, Ansichten-Vogelschauen-Stadtpläne vom 16.–19. Jahrhundert, Bremen 1985.
SCHWARZWÄLDER, HERBERT: Geschichte der Freien Hansestadt Bremen, Bd. 1, 2. Aufl., Hamburg 1985.
SICKEN, BERNHARD: Residenz und Fortifikation. Probleme und Perspektiven der barocken Neubefestigung Würzburgs, in: Beiträge zur Geschichte der frühneuzeitlichen Garnisons- und Festungsstadt. Referate und Ergebnisse der Diskussionen eines Kolloquiums in Saarlouis

vom 24.-27.6.1980, zusammengestellt von Hans-Walter Herrmann und Franz Irsigler, Saarbrücken 1983, (Veröffentlichungen der Kommission für Saarländische Landesgeschichte und Volksforschung XIII), S. 124-147.
Siekmann, Mechthild: Die Stadt Münster um 1770. Eine räumlich-statistische Darstellung der Bevölkerung, Sozialgruppen und Gebäude, Münster 1989, (Siedlung und Landschaft in Westfalen 18).
Snep, J. u. a.: Vesting. Vier eeuwen vestingbouw in Nederland, Den Haag 1982.
Soenke, Jürgen: Johan van Rijswijk und Johan van Valckenburgh, in: Mitteilungen des Mindener Geschichtsvereins, 46 (1974), S. 9-39.
Solms-Rödelheim, Otto Graf zu: Friedrich Graf zu Solms-Laubach – erster regierender Graf zu Rödelheim (1574–1635), Bd. 1 [einziger Band], Berlin 1888.
Specker, Hans Eugen: Ulm – Stadtgeschichte, Ulm 1977.
Spiess, Werner: Braunschweig, in: Erich Keyser (Hg.): Niedersächsisches Städtebuch, Stuttgart 1952, S. 42-51.
Spiess, Werner: Geschichte der Stadt Braunschweig im Nachmittelalter – vom Ausgang des Mittelalters bis zum Ende der Stadtfreiheit (1491-1671), 1. und 2. Halbbd., Braunschweig 1966.
Spohr, Edmund: Düsseldorf – Stadt und Festung. Die städtebauliche Entwicklung, 2. verb. u. erw. Aufl., Düsseldorf 1979.
Stolleis, Michael (Hg.): Recht, Verfassung und Verwaltung in der frühneuzeitlichen Stadt, Köln, Wien 1991, (StF A 31), Einleitung, S. VII-XIV.
Stoob, Heinz: Kartographische Möglichkeiten zur Darstellung der Stadtentwicklung, besonders zwischen 1450 und 1800 (1956), in: Ders.: Forschungen zum Städtewesen, Bd. 1, Köln, Wien 1970, S. 15-42.
Stoob, Heinz: Über frühneuzeitliche Städtetypen (1965), in: Ders.: Forschungen zum Städtewesen, Bd. 1, Köln, Wien 1970, S. 246-284.
Stoob, Heinz: Frühneuzeitliche Städtetypen, in: Ders. (Hg.): Die Stadt. Gestalt und Wandel bis zum industriellen Zeitalter, 2. überarb. u. verm. Aufl., Köln, Wien 1985, (Städtewesen 1), S. 191-223.
Stoob, Heinz: Die Stadtbefestigung, in: Kersten Krüger (Hg.): Europäische Städte im Zeitalter des Barock, Köln, Wien 1988, (StF A 28), S. 25-56.
Thierfelder, Hildegard: Rostock – Osloer Handelsbeziehungen im 16. Jahrhundert. Weimar 1958, (Abhandlungengen zur Handels- und Sozialgeschichte 1).
Vermeulen, F. A. J.: Handboek tot de Geschiedenes der Nederlandse Bouwkunst, Bd. 2, 's-Gravenhage 1931.
Voigt, G. F.: Nachträge zur Geschichte des Kriegswesens der Stadt Hamburg in der ersten Hälfte des 17. Jahrhunderts, in: MHG 10 (1908), S. 260-266.
Voigt, G. F.: Einige Nachrichten betreffend den Bau der Festungswälle 1615 bis 1625, in: MHG 10 (1908), S. 468-471.
Vorbach, Alois: Die wirtschaftlichen Folgen des Dreißigjährigen Krieges für die Reichsstadt Ulm, Tübingen 1925.
Walther, Heinrich G.: Bernhard Besserer und die Politik der Reichsstadt Ulm während der Reformationszeit, Ulm 1929, phil. Diss. Leipzig 1928.
Warnke, Martin: Bau und Überbau. Soziologie der mittelalterlichen Architektur nach den Schriftquellen, Frankfurt/M. 1984, (Suhrkamp-Taschenbuch Wissenschaft 48).
Weber, Karl-Klaus: Verdingung von Bauleistungen bei öffentlichen Bauten in Griechenland [...] – Erkenntnisse aus einem Vergleich zur heutigen Zeit, in: Architectura 1/1992, S. 1-16.
Werner, Hermann: Das bastionäre Befestigungssystem und seine Einwirkungen auf den Grundriß deutscher Städte, nat. Diss. Würzburg 1935.
Wiegandt, Herbert: Ulm – Geschichte einer Stadt, Weißenborn 1977.
Wiemann, Harm: Das Reich, die Niederlande, der Graf und die Stände Ostfrieslands 1595–1603, in: NJB 39 (1967), S. 115-149.
Wiemann, Harm: Materialien zur Geschichte der Ostfriesischen Landschaft, Aurich 1982, (Abhandlungen und Vorträge zur Geschichte Ostfrieslands 58).
Winter, Georg: Lüneburg, in: Erich Keyser (Hg.): Niedersächsisches Städtebuch, Stuttgart 1952, S. 229-234.

WOHLFEIL, RAINER: Das Heerwesen im Übergang vom Ritter- zum Söldnerheer, in: Barbara Stollberg Rillinger und Johannes Kunisch (Hg.): Staatsverfassung und Heeresverfassung in der europäischen Geschichte der frühen Neuzeit, Berlin 1986, (Historische Forschungen 28), S. 108-127.
WOLFF, HEINZ: Die Geschichte der Bastionärsbefestigung Braunschweigs, in: JBrG 7 (1935), S. 5-55.
ZASTROW, A. v.: Geschichte der beständigen Befestigung, 2. umgearb. u. verm. Aufl., Leipzig 1839.
ZEEDEN, ERNST WALTER: Das Zeitalter der Glaubenskämpfe, in: Gebhardt, Handbuch der deutschen Geschichte, Bd. 2, 9. neu bearb. Aufl., Stuttgart 1970, S. 119-157.
ZEEDEN, ERNST WALTER: Deutschland von der Mitte des 15. Jahrhunderts bis zum Westfälischen Frieden (1648), in: Theodor Schieder (Hg.): Handbuch der europäischen Geschichte, Bd. 3, Stuttgart 1971, S. 445-580.
ZEEDEN, ERNST WALTER (HG.): Gegenreformation, Darmstadt 1973.
ZEIGER, KARL: Hamburger Finanzen 1563-1650, Rostock 1936.

PERSONEN- UND ORTSREGISTER